普通高等教育"十三五"规划教材

发酵食品工艺学

刘素纯　刘书亮　秦礼康　主编

·北京·

《发酵食品工艺学》以发酵和酿造食品的工业化生产为主线，注重现代生物技术及新设备在该领域的应用，内容包括发酵食品微生物及其生化机理与发展，发酵豆类食品、发酵粮食食品、发酵果蔬食品、发酵畜产食品现代生产工艺参数及产品质量标准，并对其安全生产管理进行了概述。全书内容丰富，理论全面、系统，工艺翔实，着力反映了当前学科新成就。

本书适用于食品科学工程、应用生物工程、发酵工程、农产品贮运与加工等专业的大学本科及研究生的课程教学使用，也可供从事食品发酵、食品加工及相关学科的研究者和生产者参考应用。

图书在版编目（CIP）数据

发酵食品工艺学/刘素纯，刘书亮，秦礼康主编. —北京：化学工业出版社，2018.11（2023.1 重印）
普通高等教育“十三五”规划教材
ISBN 978-7-122-33129-8

Ⅰ.①发… Ⅱ.①刘…②刘…③秦… Ⅲ.①发酵食品-生产工艺-高等学校-教材 Ⅳ.①TS26

中国版本图书馆 CIP 数据核字（2018）第 230478 号

责任编辑：魏　巍　赵玉清　　　文字编辑：周　倜
责任校对：边　涛　　　装帧设计：关　飞

出版发行：化学工业出版社（北京市东城区青年湖南街 13 号　邮政编码 100011）
印　　装：三河市双峰印刷装订有限公司
787mm×1092mm　1/16　印张 15¼　字数 379 千字　2023 年 1 月北京第 1 版第 6 次印刷

购书咨询：010-64518888　　　售后服务：010-64518899
网　　址：http://www.cip.com.cn
凡购买本书，如有缺损质量问题，本社销售中心负责调换。

定　　价：39.80 元

本书编写人员名单

主　　编	刘素纯	湖南农业大学
	刘书亮	四川农业大学
	秦礼康	贵州大学
副 主 编	胡亚平	湖南农业大学
	李云成	成都大学
其他参编人员	张　良	西华大学
	胡治远	湖南城市学院
	胡欣洁	四川农业大学

前言

发酵食品生产历史悠久，种类繁多，口感和风味多样，而且具有丰富的营养价值和保健功能，在食品工业和人们的日常生活中占据重要的地位。然而我国发酵食品生产多采用传统工艺，总体技术含量及工业化程度低，劳动强度大，产品质量不稳定，技术发展相对滞后。在传统发酵食品的生产中运用现代高新技术实现生产的现代化，是对传统发酵食品精髓的继承、发扬和发展，极大地推进发酵食品的工业化。

本书在吸取国内外相关教材的基础上，做到了理论和结构体系完善，从微生物的选育保藏及扩大培养到食品发酵过程的生化机理再到在各种原料中的运用，以发酵食品的工业化生产为主线，注重现代生物技术和食品安全知识在该领域的应用，重点突出，层次分明，以新成果、新技术、新法规、安全管理等替代了陈旧的工艺和实例。全书内容丰富，理论全面、系统，工艺翔实，反映了当前学科新成就。

该教材适用于高等院校的食品科学与工程、食品质量与安全、生物技术、应用生物工程、发酵工程、农产品贮运与加工、应用微生物等专业的大学本科及研究生的课程教学使用，也可供从事食品发酵、食品加工及相关学科的研究者和生产者参考应用。

本书共分五章，由刘素纯、刘书亮等组织编写，编写分工如下：绪论由秦礼康编写，第一章由刘书亮和秦礼康编写，第二章由李云成和胡治远编写（李云成完成第一～四节，胡治远完成第五～七节），第三章由胡欣洁、张良和李云成编写（胡欣洁完成第一、三、四节，张良完成第二节，李云成完成第五、六节），第四章由张良编写，第五章由刘素纯、胡治远和胡亚平编写（刘素纯完成第一节，胡治远完成第二节，胡亚平完成第三、四节）。胡治远和学生罗源参与大部分图的绘制。全书的整理、绘图、统编和定稿由刘素纯负责。

参加本书编写的人员均为国内多年从事发酵食品工艺学教学、科研的具有较丰富经验的高校科技工作者，在编写过程中力求做到重点突出，言简意赅，科学系统、深入浅出，理论联系实际，实用性强。由于编者学识水平有限，加之此领域发展迅速，涉及内容范围较广，书中疏漏和不妥之处在所难免，恳请读者批评指正，并提宝贵意见，以便今后修订时得以斧正。

编者

2018 年 4 月

目录

第三章　发酵粮食食品生产工艺　/ 94

第四章　发酵果蔬食品生产工艺　/ 159

第五章　发酵畜产食品生产工艺　/ 187

绪 论

发酵食品概述

一、发酵食品与食品发酵的概念

发酵一词英文 fermentation 源于拉丁文 fervere（发泡），发泡是早期判断发酵进程的标志，从表面上看，发酵伴随着热量的产生、发泡的翻涌等现象。我国民间利用发酵技术酿酒可以追溯到4000多年前，在很早以前就学会利用谷物制曲、制酱、酿酒、酿醋和腌菜等工艺生产食品。

现代生物和化学意义上的发酵是指微生物作用于各种有机物产生能量的过程，严格地讲发酵即有机物作为电子受体的氧化还原产能反应。现代生物学家把利用微生物在有氧或无氧条件下生命活动大量生产或积累微生物细胞、酶类和代谢产物的过程统称为发酵。发酵食品是指食品基质被可食用微生物自然入侵或人工接种，利用自身繁殖代谢和分泌的各种酶类，对蛋白质、多糖、脂肪等高分子物质进行明显生化改良而形成的无毒产品。发酵食品历史悠久、产品种类繁多，主要包括酒精类饮料（白酒、黄酒、果酒和啤酒）、乳制品（酸奶、奶酪）、豆制品（腐乳、豆豉和纳豆）、发酵蔬菜（泡菜、酸菜）、发酵调味品（醋、酱油、味精、酱、豆瓣）、发酵面制品（馒头、面包）和发酵肉制品（发酵肠类）等。发酵食品生产过程中，微生物能将初级农产品中的成分转化成另一种成分，如在酒类饮料生产过程中，酵母菌能将糖类转化为酒精，以及其他赋予白酒特征香气的成分；豆制品生产中利用曲霉产生的蛋白酶降解大豆中的蛋白质；发酵蔬菜生产中利用乳酸菌分解蔬菜中的糖类产生乳酸；发酵面制品中酵母产生的二氧化碳能使产品疏松、改善产品的质地。发酵食品不仅能给人们提供所需的营养成分，其中繁杂的微量成分不仅赋予食品特征的香气，还为人体提供各种保健功能。

酿造本质上也是通过微生物的作用转化有机物的过程。酿造注重的是对复杂成分的转化，酿造过程所发生的各种反应及产物都极其复杂，并能产生繁杂的微量成分，赋予酿造食品浓郁的特征风味。一般情况下，酿造食品不需要进行下游的分离、纯化等过程，进行简单的处理后即可食用，如酒精饮料（黄酒、啤酒和葡萄酒等）和调味品（酱油、食醋、豆腐乳和纳豆等）。现代发酵工业中，通过发酵技术大规模生产某种成分构成单一的产品时，需要对产品进行后续的分离、纯化处理，这类产品包括酒精、柠檬酸和谷氨酸等。

微生物是发酵过程的主要行使者，发酵工业中常用的微生物包括霉菌、细菌和酵母菌。

霉菌分布广泛、繁殖能力强，自然界中霉菌主要依靠孢子进行繁殖，霉菌具有分解淀粉、蛋白质、纤维素和脂肪等成分的能力，在食品发酵过程中利用黑曲霉制作麸曲，米曲霉酿造酱油。

酵母菌属于单细胞兼性厌氧菌，在有氧情况下能将糖类转化为二氧化碳和水，在缺氧情况下能将糖类转化为二氧化碳和酒精。酵母本身也是一种产品，食用酵母分为面包酵母、食品酵母和药用酵母。

细菌广泛分布于自然界中，在食品发酵领域细菌也同样有着广泛的应用，醋的生产就是利用醋酸菌（*Acetobacter*）发酵使酒转化为醋；乳链球菌（*Streptococcus lactis*）可将葡萄糖转化为右旋乳酸，常应用于乳制品工业；保加利亚乳杆菌（*Lactobacillus bulgaricus*）、嗜热链球菌（*Streptococcus thermophilus*）、两歧双歧杆菌（*Bifidobacterium bifidum*）和嗜酸乳杆菌（*Lactobacillus acidophilus*）等用来生产发酵乳制品。

按照发酵过程中微生物对氧的需求不同，发酵可分为厌氧发酵、需氧发酵和兼性厌氧发酵。厌氧发酵是指微生物在整个发酵过程中无需供给氧气；需氧发酵是指微生物在发酵过程中必需供给一定量的氧气，现代发酵工业中大部分属于需氧发酵，如谷氨酸发酵、柠檬酸发酵和抗生素发酵；兼性厌氧发酵是指微生物在有氧条件下进行生长繁殖，在厌氧条件下积累代谢产物，酵母菌就属于兼性厌氧。按照培养基的状态，发酵又分为液态发酵和固态发酵。液态发酵的培养基呈液态，液态发酵易进行大规模工业化生产，生产效率高。现代发酵工业中的有机酸、酶制剂和抗生素等都实行液态发酵。固态发酵是指培养基呈固态，整个发酵体系几乎没有自由水存在，固态发酵通常以农副产品为原料，是古老的发酵技术，传统的发酵食品如制酱和酿酒都采用固态发酵。

发酵食品除了营养丰富、风味独特、保存期长等特点外，还具有一系列的保健功能。发酵食品生产过程中微生物作用保留了食品中原有的功能性成分，如多糖、酚类化合物和膳食纤维等成分。发酵食品中的功能性成分包括：①有益的微生物（如乳酸菌、酵母菌）；② 多肽、氨基酸、多糖和低聚糖等；③ 酚类化合物及其他具有抗氧化、抗癌、降胆固醇和降血压等对人体健康有益的功能性成分。另外，微生物作用还能分解原料中对健康不利的成分，如豆类中的低聚糖、胀气因子和豆腥味成分等。据报道，发酵食品有预防肿瘤的功效，含有益生菌的发酵食品能维持肠道内菌群平衡，改善胃肠功能。另外，发酵食品碳水化合物、脂肪含量低，属于低热量食品，食用后不易发胖。

食品发酵是指利用微生物在一定的培养条件下对食品原料转化生成发酵食品的过程，食品发酵是一类重要的食品加工方式。食品发酵产品有如下几种。

（1）微生物代谢产物　微生物吸收外界物质进行新陈代谢，代谢过程中，生物体进行着各种繁杂的生物合成反应形成代谢产物，这些产物包括初级代谢产物和次级代谢产物。以代谢产物为主的产品数量最多、产量最大，也是发酵工业中重要的产品。初级代谢产物或中间代谢产物包括各种氨基酸、核苷酸、蛋白质、核酸、脂类、糖类、醇类和酸类等。次级代谢产物是由初级代谢的中间体或产品合成的，有些次级代谢产物具有抑制或杀灭微生物的作用（如抗生素），有些是特殊的酶抑制剂，有些是生长促进剂。

（2）酶制剂　食品工业中所用的酶大部分是微生物产生的胞内酶和胞外酶通过分离、纯化得到的成分较单一的酶制剂。例如 α-淀粉酶、β-淀粉酶、糖化酶、纤维素酶、碱性蛋白酶、酸性蛋白酶、中性蛋白酶、果胶酶、脂肪酶、凝乳酶、过氧化氢酶、青霉素酰化酶、胆固醇氧化酶、葡萄糖氧化酶、氨基酰化酶等。另外，酿酒工业、传统酿造工业等生产中应用的各种曲的生产也相当于酶制剂的生产。

（3）菌体　菌体制造是通过发酵技术生产一种具有特定用途的生物细胞的过程。传统的菌体发酵主要应用于面包工业的酵母培养和人类食品的微生物菌体发酵（单细胞蛋白）。现代发酵技术则大大扩展了应用范围，属于食品发酵范围的为酵母培养、单细胞蛋白培养和藻类、食用菌的发酵。酵母菌既可用于酿造工业，又可用来作为人类或动物的食物。藻类含有丰富的维生素和必需氨基酸以及含量高的蛋白质，其营养价值超过农作物，有些藻类含有许多生物活性物质被用来制作保健品。食用菌的营养保健状况与藻类类似，但食用菌菌丝体发酵很少被用作食物和饲料，主要被用来制备保健品或用作生产菌种，如冬虫夏草、蜜环菌、灵芝、茯苓、香菇等都已大规模发酵生产。活性乳酸菌制剂是在干燥菌体中加入了活性保护物质，用以提高人体的整肠作用，也是菌体直接作用的一种体现。

二、食品发酵的特点

食品发酵是一种重要的食品加工技术，食品原料经过发酵后，营养成分、贮藏期和食品风味都得到了极大的改善，提高了食品的营养价值和经济价值。食品发酵具有以下特点：

（1）设备要求简单，生产过程安全。食品发酵一般是在温和（常温和常压）的条件下进行，反应过程是微生物的自身代谢调节过程，多个反应可在同一个容器中进行。

（2）原材料来源广泛。发酵使用的原料多以淀粉、糖蜜等碳水化合物为主，水果、蔬菜、谷物、肉制品和乳制品以及其他形式的食品都可以作为食品发酵的原材料，原材料不必经过复杂的预处理，另外还可以利用农产品加工的副产物甚至废弃物作为原料。

（3）产物较单一。食品发酵是通过微生物产生的酶来实现的，酶促反应具有高度的专一性，从而能有选择性地将底物转化为代谢产物，并产生很多化学工业难以合成的复杂化合物（如酶、活性成分），产物较单一，有利于后续的分离纯化。

（4）适应范围广。发酵微生物的种类繁多，大部分化合物都可以找到对应的能将其降解的微生物。另外，微生物菌体本身也可以作为发酵产物（富含蛋白质、维生素和酶的单细胞蛋白）。

（5）发酵条件要求无菌。现代发酵过程一般都是纯种培养，且发酵原料营养丰富，发酵过程易被杂菌污染。因此，在发酵过程中设备、原料都必须进行严格的灭菌处理，发酵所用的空气也必须是无菌空气。

（6）菌种优化。菌种选育是决定发酵过程的重要因素，在一定的设备条件下，通过自然筛选、诱变、基因工程等技术获得发酵性能优良的菌种既可以提高原料的利用率，还可以生产出质量优良的发酵产品，从而提高经济效益。

（7）在大规模发酵工业生产中采用大型化、自动化和连续化提高了生产效率和产品的质量。

食品发酵工程同样也面临一些问题：

（1）菌种、发酵工艺等方面的改进能提高原料的利用率，但不能使微生物完全转化底物，因此未利用的原料回收仍是需要关注的问题。另外，微生物代谢通常会产生其他的副产物，目标产物和副产物的分离也是食品发酵工程下游阶段需要重点研究的内容。

（2）发酵过程采用的菌种都是活细胞，活细胞的活性受自身因素和外界环境两方面的影响，因此在发酵过程中各项发酵条件参数必须精准控制。

（3）食品发酵工程涉及灭菌、空气输送、传热和传质等方面的过程，因此发酵过程还需要一些辅助的设备，如空气净化系统、空气压缩机、灭菌系统和泵等。

三、发酵食品的发展历史、现状及发展趋势

（一）发酵食品的发展历史

发酵是最古老的食品加工方式之一，发酵食品的产生最初是为了延长产品的保质期，是一种经典的食品保藏方法。目前，全世界利用不同食品基质和多种微生物已生产出大量独特的发酵食品，主要包括肉、奶、谷物、豆类、蔬菜和茶等几大类，这些发酵食品以家庭作坊、小规模食品厂甚至大型商业公司等方式生产，在发展中国家和工业化国家都广泛存在。发酵食品占世界膳食消费的30%～40%，已成为人类营养供给的主要来源。

人类利用微生物发酵生产食品已有几千年的历史，但真正开始认识发酵却是近几百年的事。1680年，列文虎克第一次观察到完整的酵母细胞；1854年，法国化学家巴斯德发现酵母的发酵作用是酒精发酵的真正原因；1897年，德国化学家毕希纳发现碳水化合物发酵的本质是酵母菌所含的各种酶。

（1）自然发酵时期　自然发酵时期，人们尚未完全认识发酵过程，此时期的发酵生产活动全凭经验，多为非纯种培养，发酵产品易被杂菌污染。这一时期我们的祖先就已经开展了各种形式的发酵生产活动：在夏代初期，人们开始用黏高粱酿酒，在龙山文化时期已有酒器的出现，这些发酵活动距今约有4000年的历史；在公元前1000多年的殷商时代已有酿酒、制醋的文字记载；在2000多年前的汉武帝时代开始有了葡萄酒和白酒。这一时期的发酵食品还有酱油、酸乳、泡菜、干酪和腐乳等。

这一时期，世界其他地区也出现了关于发酵生产过程的记载，公元前6000年，古巴比伦人开始利用发酵方法酿造啤酒；公元前4000～公元前3000年，古埃及人已掌握了酒、醋和面包的发酵制作法；公元前2500年，古巴尔干人开始利用发酵技术制作酸奶；公元前2000年，古希腊人和古罗马人将葡萄通过微生物发酵酿造葡萄酒。

（2）纯培养技术时期　纯培养技术可以说是近代发酵技术的建立，这一时期人们开始逐渐弄清了发酵的本质。这一时期人们通过显微镜技术观察到了微生物，之后发现碳水化合物发酵的本质是酵母菌所含的各种酶。19世纪末德国的科赫发明了固体培养基，建立了微生物的分离和纯种微生物的培养技术，这为人为调控发酵过程以及生产不同发酵产品奠定了基础，同时极大地推动了发酵技术的工业化。丹麦科学家Hansen分离出了单个酵母细胞，并发明了啤酒酵母的纯培养法，并率先在啤酒行业实现大规模工业化生产。纯种培养技术易扩大培养，实现工业化生产，无菌操作技术能保证发酵过程的质量控制，从而提高了产品的质量。这一时期的发酵产品主要是一些厌氧发酵和表面固体发酵的初级代谢产物，如酵母、酒精、丙酮、丁醇、甘油、有机酸和淀粉酶等。纯培养技术标志着人类从自然发酵向纯培养人工控制发酵的转折，是发酵工业发展的第一个转折，同时也是近代发酵技术的开端。

（3）通气搅拌深层发酵技术时期　纯培养技术的发展极大地推动了发酵生产的规模，生产规模开始由作坊式向工业化转化。纯培养技术进行的主要是一些厌氧发酵和表面发酵，这种发酵方式在进一步扩大发酵时会出现供氧不足、占地面积大等情况。通气搅拌深层发酵技术是对青霉素极大需求情况下发展起来的。第二次世界大战期间对青霉素的需求量极大，早期的青霉素生产采用表面发酵培养法，这种方法产量低。出于大规模生产的需要，最终研制

出带有通气和搅拌装置的发酵罐，同时还解决了大量培养基和生产设备的灭菌和无菌空气的制备问题。通气搅拌深层发酵技术的建立标志着好氧菌的发酵生产走上了大规模的产业化道路。

在青霉素发现之后，科学家们相继发现了金霉素、土霉素、红霉素、四环素、卡那霉素、利福霉素、柱晶白霉素、麦迪霉素、螺旋霉素和庆大霉素等抗生素。抗生素产业的兴起促进了大型通气搅拌发酵设备的研制，也开发出许多新的发酵工艺，这为其他发酵产品如酶制剂、维生素、有机酸和氨基酸等微生物代谢产品的生产提供了基础。通气搅拌深层发酵技术的建立被认为是发酵工业发展史上的第二个转折点。

(4) 代谢控制发酵技术时期　随着人们对微生物代谢途径的进一步了解，人们开始通过代谢调控手段进行微生物菌种选育和发酵条件控制。根据产物的分子结构、生物合成路径和调控机制设计菌种的代谢路径，同时与传统的诱变育种相结合获得所需要的菌种，这样可以提高产品的产率。

利用DNA重组技术构建工程菌，这一方面可以提高产品的发酵水平，另一方面可以通过将外源基因导入微生物细胞生产出原有微生物所不能生产的产品。这些产品包括疫苗、单克隆抗体、免疫调节剂和激素等，极大扩大了发酵产品的种类。

(5) 开拓发酵原料时期　传统的发酵工业是以谷物、蔬菜等农产品为糖基发酵原料，随着发酵工业的发展，发酵产品的应用越来越广泛，人们急需寻找新的糖质原料。石油化工副产物是良好的发酵原料，在成本上有极大的优势。另外，秸秆和玉米芯等生物质原料发酵生产酒精是解决未来能源危机的有效办法，采用工程菌进行发酵是该研究领域主要的研究方向。美国现已把纤维废料制取乙醇作为可再生能源战略的重要项目。

(二) 发酵食品的现状与发展趋势

在全世界范围内，欧洲和北美洲的发酵食品产量最大，亚洲、南美洲次之，非洲和大洋洲最少。不同地区发酵食品的种类也有一定的差异，常见的发酵食品有发酵乳制品、发酵豆制品、发酵肉制品等。欧洲主要以发酵乳制品和发酵肉制品为主；中东以发酵乳制品为主，发酵豆制品和发酵肉制品次之；东亚和东南亚以发酵豆制品为主，发酵乳制品次之；北非和大洋洲以发酵乳制品为主，发酵豆制品次之。

近年来，随着我国经济的飞速发展，发酵食品产业也呈快速增长的态势，传统发酵酒精饮料、调味品及风味食品仍受到民众的青睐。然而目前我国发酵食品的工业化程度低下，只有白酒、啤酒和调味品等产品实现了工业化，许多具有特征风味的特色发酵食品仍处于作坊式生产规模，而西方的发酵食品奶酪、酸奶、啤酒、葡萄酒和香肠等都已实现了工业化。另外，我国发酵食品行业还存在产业结构不合理、经济效益低下、产品质量不稳定及难以标准化等方面的问题。因此，亟须引入新的技术从菌种筛选、发酵工艺优化和产品质量标准化等方面着力解决发酵食品行业存在的问题。

食品发酵已融入了微生物学、化学、工程学、细胞生物学、分子生物学和遗传学等学科的知识。食品发酵与发酵工程技术紧密相连，从发酵工程技术及其他相关学科的发展趋势来看，食品发酵技术应注重以下几个方面的发展。

(1) 筛选诱导培育优良菌种　微生物是发酵过程中的主要行使者，优良菌种对原料的转化率及产品质量都尤为重要。可从发酵产品、原料筛选出优良菌种，也可以通过诱导处理获得菌种。随着生物技术的发展也可以利用DNA重组技术构建工程菌，这种工程菌可以生产出普通微生物不能生产的产品。

（2）动植物组织培养　动植物组织能产生许多普通微生物不能产生的产品。这些产品除了部分的激素、疫苗外，有些产品是食品中存在的，如色素、黄酮类化合物、调味成分和香料成分等。这些产品可以用于生产功能性食品和调味品，如果用普通的提取法制备需要消耗大量的原料，利用发酵技术进行动植物组织培养技术生产这些产品可以降低生产成本。

（3）固定化技术　发酵过程中各种成分的转化是在酶促反应下进行的，食品发酵结束后，下游处理过程可能会对这些酶造成一定的破坏，因此难以重复利用。利用固定化技术固定微生物细胞或酶，可以保证发酵过程连续进行，同时也能简化发酵产物的分离、纯化工艺。

（4）注重大型化、自动化和连续化发酵设备的研发投入　发酵条件的控制是影响发酵进程的重要因素，在现代发酵生产过程中更注重发酵的高效率和低能耗，而这些都要求发酵的大型化、自动化和连续化。应将发酵工程与化工原理、生物传感器和计算机控制等知识相结合，开发出大型的、自动化和连续化的发酵设备。这种新型的发酵设备在能耗、原料利用率和劳动力成本上都会表现出极大的优势。

（5）加大发酵工程下游方面的研究　现代食品研究更注重成分的具体化，发酵产物的分离、纯化可以扩大产品的应用范围，纯化还能提高产品的价值。分离、纯化已成为发酵工程的研究热点。发酵产物种类繁多，且性质不同，因此发酵产物的分离纯化应采用多技术相结合的方式，先用简单的方法对产品进行初步的分离，然后采用逐步纯化的方式。发酵产物分离、纯化的研究有两个方向：一是结合其他学科的发展开发新的分离、纯化方法；二是对现有的纯化技术进行优化。目前已大规模应用于发酵工程的分离纯化技术有：双水相萃取、新型电泳分离、大规模制备色谱、膜分离和连续结晶等技术。这些分离纯化技术提高了产品的得率。

（6）开发更多的应用于发酵液的非热杀菌方式　食品原料经过发酵过程后，其中含有大量的具有生物活性的功能性成分，这些成分大部分对热敏感，另外热处理会破坏发酵食品中的风味物质以及其他成分，影响产品的色、香、味。常用的非热杀菌方式包括超高压杀菌、辐射杀菌和高压脉冲电场等。

（7）加强微生物代谢等基础理论方面的研究工作　现代食品发酵技术大多通过控制发酵条件获得代谢目标产物，提高产品得率。但微生物的代谢途径复杂、多样，只有弄清微生物的代谢途径及其机制，才能从根本上调控微生物的代谢方向，提高产品得率和质量。

（8）开发高值化产品　现有的发酵食品大多是初级农产品通过发酵过程转化而来，发酵食品的商业化品种单一、产值低。应结合多学科知识，利用先进技术加强新的发酵原料的开发和发酵产品的高值化处理，提高发酵产业的经济价值。

（9）注重开发环境友好型的发酵食品生产工艺　通过应用新技术和改进发酵工艺降低发酵过程中的能耗，减少废水、废气排放，实现发酵工业的可持续发展。

（10）利用发酵法生产单细胞蛋白　生产单细胞蛋白是解决未来食物短缺的有效措施，通过筛选、诱导培育出新的菌种和一定的发酵工艺，以农业和石油废料为原料生产单细胞蛋白，一方面可以生产出有用的单细胞蛋白，另一方面还可以处理影响环境的废弃物。

【思考题】

1. 发酵食品的分类及其对食品加工业的影响。

2. 发酵食品的功能性成分与人体健康之间的关系。

3. 食品发酵产业的未来发展趋势。

参考文献

[1] 樊明涛，张文学，葛武鹏，等. 发酵食品工艺学［M］. 北京：科学出版社，2014.

[2] 韩北忠，刘萍，殷丽君. 发酵工程［M］. 北京：中国轻工业出版社，2013.

[3] 侯红萍. 发酵食品工艺学［M］. 北京：中国农业大学出版社，2016.

[4] 黄方一，程爱芳. 发酵工程［M］. 武汉：华中师范大学出版社，2013.

[5] 王向东，孟良玉，赵晨霞. 发酵食品工艺［M］. 北京：中国计量出版社，2010.

[6] 陶永清，王素英. 发酵工程原理与技术［M］. 北京：中国水利水电出版社，2014.

[7] 李学如，涂俊铭. 发酵工艺原理与技术［M］. 武汉：华中科技大学出版社，2014.

[8] 陈坚，方芳，周景文. 发酵食品生物危害物的形成机制与消除策略［M］. 北京：化学工业出版社，2017.

[9] 秦礼康. 陈窖豆豉粑益酵菌、风味物及黑色物质研究［D］. 江南大学，2006.

第一章 发酵食品微生物及其生化机理

第一节 发酵食品微生物种类与用途

一、发酵食品常用的细菌及用途

1. 革兰氏阴性无芽孢杆菌

（1）大肠埃希氏菌（*Eschierichia coli*，俗称大肠杆菌） 作为基因工程受体菌，生产各种氨基酸和多种酶如凝乳酶、溶菌酶、谷氨酸脱羧酶、α-半乳糖苷酶等。

（2）醋酸杆菌（*Acetobacter*） 生产有机酸，如醋酸、酒石酸、葡萄糖酸、山梨酸等。

2. 革兰氏阳性无芽孢杆菌

（1）短杆菌（*Brevibacterium*）

① 发酵生产多种氨基酸 主要菌种有黄色短杆菌（*B. flavum*）及其变种、乳糖发酵短杆菌（*B. lactofermentum*）及其基因工程菌。

② 发酵生产核苷酸类产物 主要菌种为产氨短杆菌（*B. ammoniagenium*）及其变异菌种。发酵生产核苷酸产物：腺苷三磷酸（ATP）、肌苷酸（IMP）、烟酰胺腺嘌呤二核苷酸（NAD）、辅酶Ⅰ（CoⅠ）、辅酶A（CoA）、黄素腺嘌呤二核苷酸（FAD）等。

（2）棒状杆菌（*Corynebacterium*） 高产谷氨酸、生产多种氨基酸和5′-核苷酸、水杨酸、棒状杆菌素等。菌种主要有谷氨酸棒状杆菌（*C. glutamicum*）、北京棒状杆菌（*C. pekinense*）及其变异株等。

（3）乳酸杆菌（*Lactobacillus*）

① 生产乳酸 主要菌种有德氏乳酸杆菌（*L. delbrueckii*）。

② 生产发酵乳制品 主要菌种有德氏乳杆菌保加利亚亚种（*L. delbrueckii subsp. bulgaricus*）、嗜酸乳杆菌（*L. acidophilus*）和干酪乳杆菌（*L. casei*）。用来发酵制备酸奶、干酪等。

③ 生产其他乳酸发酵食品 如发酵蔬菜、发酵饮料、发酵谷物、发酵肉制品等。

④ 生产乳酸菌制剂和微生态制剂 用于保健、预防和治疗胃肠道疾病，作为食品添加

剂或微生物饲料添加剂生产保健食品或功能性饲料。主要有嗜酸乳杆菌（*L. fermentium*）、干酪乳杆菌（*L. casei*）、植物乳杆菌（*L. plantarium*）、莱氏乳杆菌（*L. leichmanni*）和纤维二糖乳杆菌（*L. cellobiosus*）等。

（4）双歧杆菌（*Bifidobacterium*）

① 生产微生态制剂　用于治疗各种因素引起的肠道微生态平衡失调和肠功能紊乱，还具有抗肿瘤、免疫调节、提供营养、降低胆固醇、控制内毒素和延缓衰老等作用。主要菌种有动物双歧杆菌（*B. adolescentis*）、短双歧杆菌（*B. breve*）、长双歧杆菌（*B. longum*）、青春双歧杆菌（*B. adolescentis*）、婴儿双歧杆菌（*B. infantis*）和两歧双歧杆菌（*B. bifidum*）等。若与某些乳酸杆菌混种，再加入某些低聚糖类作为双歧因子，制成复合微生态制剂，其功能更佳。

② 生产有活性双歧杆菌的乳制品　以嗜热链球菌（*S. thermophilus*）和保加利亚乳杆菌（*L. bulgaricus*）等菌种为主，辅以双歧杆菌等，混种发酵生产酸乳，是一种具有保健作用的功能性食品。

（5）丙酸杆菌（*Propionibacterium*）　生产丙酸、维生素 B_{12}，主要菌种为薛氏丙酸杆菌（*P. shermanii*）和傅氏丙酸杆菌（*P. freudenreichii*）。在发酵液中加入乳酸、氰化亚铜 35～50mg/kg 和钴离子 1～2mg/kg，可增加氰钴胺素的产量。

3. 革兰氏阳性芽孢杆菌

（1）枯草芽孢杆菌（*Bacillus subtilis*，简称枯草杆菌）　生产各种酶制剂如 α-淀粉酶、蛋白酶、溶菌酶，各种多肽、蛋白质类药物。

（2）其他芽孢杆菌　产生 α-半乳糖苷酶的嗜热脂肪芽孢杆菌（*B. stearothermophilus*），生成环糊精羟基转移酶（丁酰苷酶 A、B 等）的环状芽孢杆菌（*B. circulans*），生成葡萄糖异构酶、溶菌酶等的果糖芽孢杆菌（*B. fructosus*）。

（3）芽孢梭菌（*Clostridium*）　丁酸梭状芽孢杆菌（*C. butylicum*）能生产丁酸，巴氏芽孢梭菌（*C. barkeria*）能生产己酸。丁酸或己酸在传统大曲酒生产中能形成赋予白酒浓香型香味的成分，如丁酸乙酯、己酸乙酯等。

4. 革兰氏阳性球菌

（1）微球菌（*Micrococcus*）

① 生产氨基酸　如谷氨酸微球菌及其变异株可用于生产谷氨酸、赖氨酸、缬氨酸、鸟氨酸和高丝氨酸等。

② 生产酶类　如溶壁微球菌和玫瑰色微球菌可用于生产青霉素酰化酶和溶壁酶。

③ 生产有机酸　如黄色微球菌能氧化葡萄糖，生产葡萄糖酸和黄色色素。

（2）链球菌（*Streptococcus*）

① 生产抗菌肽　乳链球菌（*S. lactis*）可用于生产抗菌肽，如乳链球菌肽（nisin）和乳酸菌素（lactolin）。其中乳链球菌肽作为一种高效、无毒的天然食品防腐剂，已被广泛应用于多种食品。

② 生产乳制品　嗜热链球菌（*S. thermophilus*）常与保加利亚乳杆菌（*L. bulgaricus*）混合用于酸乳和干酪生产。

③ 生产乳酸菌制剂　粪链球菌（*S. faecalis*）又叫粪肠球菌（*Enterococcus faecalis*），用于生产乳酶生（也称表飞鸣）。乳酶生是我国最早的乳酸菌药品，用于治疗消化功能紊乱，现又加入乳杆菌以提高其疗效（称新表飞鸣）。

（3）明串珠菌（*Leuconostoc*）

① 生产右旋糖酐（dextran） 右旋糖酐也称葡聚糖，是蔗糖经肠膜明串珠菌（*L.mesenteroiides*）或葡聚糖明串珠菌（*L. dextranicum*）发酵而成的一种葡萄糖聚合物，已广泛应用在医疗、食品和生化试剂等方面，在临床上是一种优良的血浆代用品。

② 生产葡萄糖异构酶 上述两种明串珠菌也能生产葡萄糖异构酶，用于制造高果糖浆。

二、发酵食品常用的酵母菌及用途

1. 酿酒酵母（*Saccharomyces cerevisiae*）

酿酒酵母又称啤酒酵母，是酵母属中最主要的菌种，也是发酵工业中最常用最重要的菌种之一。

（1）用于生产酒精和酒类 可利用淀粉质糖化原料生产酒精、白酒，酿造葡萄酒和果酒，也可用于酿造啤酒等饮料酒。

（2）生产活性干酵母 食品或饲料添加剂的单细胞蛋白（single cell protein，SCP），是各种调味品（鸡精等）、酵母精（含 IMP 和 CMP 钠盐）的助鲜剂，水解蔗糖、制造果糖和人工蜂蜜等的转化酶。

2. 卡尔斯伯酵母（*Saccharomyces carlsbergensis*）

（1）用于生产啤酒 。该菌种是发酵啤酒的主要生产菌种，国内啤酒酿造目前使用的菌种中，很多是来自卡氏酵母或其变种。

（2）用于生产食用、药用和饲料酵母。

（3）用于提取麦角固醇（含量较高）。

（4）作为维生素测定菌，可用于测定泛酸、硫胺素、吡哆醇、肌醇等。

3. 异常汉逊氏酵母（*Hansenula anomala*）

（1）用于增加食品的风味 异常汉逊氏酵母能产生香味成分乙酸乙酯，故可用于白酒和清酒的浸香和串香，也可用于无盐发酵酱油的增香。

（2）用于生产单细胞蛋白 该菌种能利用烃类、甲醇、乙醇和甘油作为碳源生长繁殖，生产用作饲料添加剂的菌体蛋白。

（3）制造发酵食品 该酵母与啤酒酵母、米根霉和毛霉制成一种印度尼西亚米粉发酵食品——拉兹。

4. 假丝酵母

产朊假丝酵母（*Candida utilis*）的蛋白质含量和 B 族维生素含量均比酿酒酵母高，它能够在少量氮源的条件下，利用造纸工业的亚硫酸废液、木材水解液及食品工厂的某些废料废液（五碳糖和六碳糖）生长，常用于生产酵母蛋白。

5. 球拟酵母

（1）生产甘油等多元醇。某些种在合适条件下能将 40%葡萄糖转化成多元醇，其中以甘油为主，还有赤藓醇、D-阿拉伯糖醇和甘露醇等。

（2）利用烃类生产菌体蛋白。某些种氧化烃类能力较强，在 220～250℃石油馏分中培养，能够得到 70%的菌体蛋白。

（3）产生有机酸（柠檬酸）和油脂。

6. 红酵母

（1）提取脂肪 如黏红酵母变种（*R. glutinisrar* var. *glutinis*）的脂肪含量可达细胞干重的 50%～60%，产 1g 脂肪约需 4.5g 葡萄糖。

（2）生产 β-胡萝卜素 某些种能合成较多的 β-胡萝卜素。

（3）制取酶制剂 青霉素酰化酶、谷氨酸脱羧酶、酸性蛋白酶等。

三、发酵食品常用的霉菌及用途

1. 根霉（*Rhizopus*）

（1）用于制曲酿酒　米根霉（*R. oryzae*）、中国根霉（*R. chinensis*）、河内根霉（*R. tonkinensis*）、代氏根霉（*R. delemar*）和白曲根霉（*R. peka*）等许多根霉具有活力强大的淀粉糖化酶，多用来作糖化菌，并与酵母菌配合制成小曲，用于生产小曲米酒（白酒）。根霉除具有糖化作用外，还能产生少量乙醇和乳酸，乳酸和乙醇能生成乳酸乙酯，赋予小曲米酒特有的风味。此外，单独用根霉制成甜酒曲（酒药），以糯米为原料，可酿制出风味甚佳的甜酒或黄酒等传统性饮料酒。

（2）生产葡萄糖　上述所列根霉含有丰富的淀粉酶，其中糖化型淀粉酶与液化型淀粉酶的比例约为3.3∶1，可见其糖化型淀粉酶特别丰富，活力强大，能将淀粉结构中的α-1,4键和α-1,6键切断，将淀粉转化为纯度较高的葡萄糖。故利用根霉产生的糖化酶，再与α-淀粉酶配合，可用于酶法生产葡萄糖。

（3）生产酶制剂　淀粉糖化酶、脂肪酶主要生产菌为少孢根霉（*R. arrhizus*）和代氏根霉（*R. delemar*）；果胶酶主要生产菌为匍枝根霉（*R. stolonifer*）。

（4）生产有机酸　米根霉产L(＋)-乳酸量最强；匍枝根霉和少孢根霉的某些菌株可生产反丁烯二酸（富马酸）和顺丁烯二酸（马来酸）。

（5）生产发酵食品　匍枝根霉、米根霉和少孢根霉可用于发酵豆类和谷类食品，如大豆传统发酵食品丹贝。

2. 毛霉（*Mucor*）

（1）发酵生产大豆制品　毛霉大部分都能产生活力强大的蛋白酶，有很强的分解大豆的能力。霉菌型腐乳就是用毛霉发酵生产的，四川的豆豉也是用总状毛霉（*Mucor racemosus*）发酵制成的。

（2）生产多种酶类　生产蛋白酶如雅致放射毛霉（*Actinomcor elegans*）；生产淀粉糖化酶如高大毛霉（*M. miucedo*）、鲁氏毛霉（*M. rouxianus*）和总状毛霉等；生产脂肪酶如高大毛霉；生产果胶酶如爪哇毛霉（*M. javanicus*）；生产凝乳酶如微小毛霉（*M. pusillis*）、灰蓝毛霉（*M. griseocyanus*）和刺状毛霉（*M. spinosus*）等。

（3）生产有机酸、醇、酮　多数毛霉都产生草酸；鲁氏毛霉等产生乳酸、甘油；高大毛霉、鲁氏毛霉等产生琥珀酸；总状毛霉、高大毛霉产生3-羟基丁酮。

3. 犁头霉（*Absidia*）

（1）生产糖化酶　用于生产酒曲、酿酒，如蓝色犁头霉（*A. coerulea*）。

（2）生产α-半乳糖苷酶　用于制糖提高产率，如李克犁头霉（*A. lichtheimi*）、灰色犁头霉（*A. griseola*）等。

4. 曲霉（*Aspergillus*）

（1）生产传统发酵食品　米曲霉（*A. oryzae*）属于黄曲霉群，具有高活性的酸性蛋白酶和淀粉酶。我国很早就利用米曲霉来生产各种传统大豆发酵食品——酱油、豆酱、豆豉和面酱等。但黄曲霉群中的某些菌系能产生黄曲霉毒素，引起畜禽中毒死亡，也可引起人的急性、亚急性中毒和致癌。因此，必须对有关食品的安全性进行严格检测。

（2）生产多种重要的酶制剂　曲霉属的菌种具有很多活力强大的酶，可制成酶制剂应用于食品工业、发酵工业和医药工业。

① 淀粉酶　主要是α-淀粉酶和糖化型淀粉酶，尤以黑曲霉的糖化酶活性最为强大。我

国自行选育的淀粉糖化酶高产菌株uv-11-111，酶活力高达10 000U/mL，每毫升酶液可糖化淀粉100g以上。广泛用于酶法生产葡萄糖、淀粉水解糖，酒精工业和医药上的消化剂。

② 蛋白酶　黑曲霉、栖土曲霉（*A. terrucola*）和海枣曲霉（*A. phoenicis*）等产生酸性或中性蛋白酶，广泛用于食品加工、药用消化剂，制化妆品和纺织工业上除胶浆等。

③ 果胶酶　用于果汁和果酒的澄清，制酒、酱油和糖浆，精炼植物纤维等。主要产生菌有米曲霉、黑曲霉等。

④ 葡萄糖氧化酶　用于食品脱糖，氧化葡萄糖生产葡萄糖酸，除氧防锈，制医疗诊断用的检糖试纸等。主要生产菌有亮白曲霉（*A. candidus*）、黄柄曲霉（*A. flacipes*）和黑曲霉等。

⑤ 纤维素酶和半纤维素酶　纤维素酶用于分解纤维素产生葡萄糖，提高原料的糖化率或利用率。黑曲霉和土曲霉（*A. terreus*）均产生纤维素酶。半纤维素酶用于软化植物组织，用于造纸工业、饲料加工、果汁澄清等，亮白曲霉和黑曲霉可产生此酶。

⑥ 柚苷酶和橙皮苷酶　用于柑橘类罐头去苦味或防止白浊。主要菌种为黑曲霉。

⑦ 其他酶类　α-半乳糖苷酶（米曲霉、海枣曲霉）、葡萄糖异构酶（米曲霉）、酰化氨基酸水解酶（米曲霉）、右旋糖酐酶（温特氏曲霉）、脂肪酶（黑曲霉）、过氧化氢酶（亮白曲霉）。

（3）生产柠檬酸　黑曲霉是目前工业发酵生产柠檬酸的主要菌种。我国用于淀粉质原料发酵生产柠檬酸的菌株主要有5016、3008及其变异株，用于糖蜜原料发酵的菌株主要有川宁19-1、G23-4及其变异株。柠檬酸的用途广泛，主要用于食品工业（约占70%），还有医药工业（约10%）、化学工业（约10%）以及其他工业（约10%）。

（4）生产多种其他有机酸　葡萄糖酸（黑曲霉、海枣曲霉）、抗坏血酸（黑曲霉、海枣曲霉）、没食子酸（黑曲霉、海枣曲霉）、衣康酸[衣康曲霉(*A. itaconicus*)、土曲霉]。

5. 红曲霉（*Monascus*）

（1）生产食用红色素　紫色红曲霉（*M. purpureus*）、红色红曲霉（*M. ruber*）等能产生鲜红的红曲霉红素和红曲霉黄素，以培养物或菌体粉末、色素提取物等形式作为红色食用色素。

（2）生产传统发酵食品　用红曲霉酿制红酒、红露酒、老酒、曲醋、红曲及红腐乳等。

（3）生产葡萄糖　红曲霉能产生活力较强的淀粉糖化酶和麦芽糖酶，用于生产葡萄糖。

（4）制中药神曲　中药神曲有消食、活血、健脾胃、治疗赤白痢等作用。

6. 青霉（*Penicillium*）

（1）生产有机酸　葡萄糖酸由产黄青霉（*Penicillium citrinum*）、点青霉（*P. notatum*）和产紫青霉（*P. purpurogenum*）形成；柠檬酸由点青霉和产黄青霉形成；抗坏血酸由点青霉和产黄青霉形成。

（2）生产多种酶类　葡萄糖氧化酶由点青霉、产紫青霉、产黄青霉产生；中性、碱性蛋白酶由产黄青霉形成；青霉素酰化酶由产黄青霉形成；5′-磷酸二酯酶由橘青霉（*Penicillium citrinum*）形成，能水解RNA产生5′-单核苷酸和I+G助鲜剂；脂肪酶由橘青霉和娄地青霉形成；凝乳酶由橘青霉形成；真菌细胞壁溶解酶由产紫青霉形成。

【思考题】

1. 简述发酵食品常用的细菌及用途。

2. 简述发酵食品常用的霉菌及用途。

3. 简述发酵食品常用的酵母菌及用途。

第二节　发酵食品微生物菌种选育保藏及扩大培养

一、发酵食品微生物菌种的选育

菌种是发酵食品生产的关键，性能优良的菌种才能使发酵食品具有良好的色、香、味等食品特征。菌种的选与育是一个问题的两个方面，向大自然索取没有的菌种，即菌种的筛选；已有的菌种还要改造，以获得更好的发酵食品特征，即育种。因此菌种选育的任务是不断向自然界发掘新菌种，改造已有菌种，达到提高产量、符合生产的目的。

育种的理论基础是微生物的遗传与变异，遗传和变异现象是生物最基本的特性。遗传中包含变异，变异中也包含着遗传，遗传是相对的，而变异则是绝对的。微生物由于繁殖快速，生活周期短，在相同时间内，环境因素可以相当大地重复影响微生物，使个体较易于变异，变异了的个体可以迅速繁殖而形成一个群体表现出来，便于自然选择和人工选择。

（一）自然选育

自然选育是菌种选育的最基本方法，它是利用微生物在自然条件下产生自发变异，通过分离、筛选，排除劣质性状的菌株，选择出维持原有生产水平或具有更优良生产性能的高产菌株。因此，通过自然选育可达到纯化与复壮菌种、保持稳定生产性能的目的。当然，在自发突变中正突变概率是很低的，选出更高产菌株的概率一般来说也很低。由于自发突变的正突变率很低，多数菌种产生负变异，其结果是使生产水平不断下降。因此，在生产中需要经常进行自然选育工作，以维持正常生产的稳定。

自然选育也称自然分离，主要作用是对菌种进行分离纯化，以获得遗传背景较为单一的细胞群体。一般的菌种在长期的传代和保存过程中，由于自发突变使菌种变得不纯或生产能力下降，因此在生产和研究时要经常进行自然分离，对菌种进行纯化。其方法比较简单，尤其是单细胞细菌和产孢子的微生物，只需将它们制备成悬液，选择合适的稀释度，通过平板培养获得单菌落就能达到分离目的。而那些不产孢子的多细胞微生物（许多是异核的），则需要用原生质体再生法进行分离纯化。自然选育分以下几步进行。

1. 通过表现形态来淘汰不良菌株

菌落形态包括菌落大小、生长速度、颜色、孢子形成等可直接观察到的形态特征。通过形态变化分析判断去除可能的低产菌落，将高产型菌落逐步分离筛选出来。此方法用于那些特征明显的微生物，如丝状真菌、放线菌及部分细菌，而外观特征较难区别的微生物就不太适用。以抗生素菌种选育为例，一般低产菌的菌落不产生菌丝，菌落多光秃型；生长缓慢，菌落过小，产孢子少；孢子生长及孢子颜色不均匀，产生白斑、秃斑或裂变；或生长过于旺盛，菌落大，孢子过于丰富等。这类菌落中也可能包含着高产型菌，但由于表现出严重的混杂，其后代容易分离和不稳定，也不宜作保存菌种。判断高产菌落则根据：孢子生长有减弱趋势，菌落中等大小，菌落偏小但孢子生长丰富，孢子颜色有变浅趋势，菌落多、密、表面沟纹整齐，分泌色素或逐渐加深或逐渐变浅。

2. 通过目的代谢物产量进行考察

这种方法是建立在菌种分离或者诱变育种的基础上进行的，在第一步初筛的基础上对选出的高产菌落进行复筛，进一步淘汰不良菌株。复筛通过摇瓶培养（厌氧微生物则通过静置培养）进行，复筛可以考察出菌种生产能力的稳定性和传代稳定性，一般复筛的条件已较接近于发酵生产工艺。经过复筛的菌种，在生产中可表现出相近的产量水平。复筛出的菌种应及时进行保藏，避免过多传代而造成新的退化。

3. 进行遗传基因型纯度试验考察菌种的纯度

其方法是将复筛后得到的高产菌种进行分离，再次通过表观形态进行考察，分离后的菌落类型愈少，则表示纯度愈高，其遗传基因型较稳定。

4. 传代的稳定性试验

在生产中活化、逐级扩大菌种，必然要经过多次传代，这就要求菌种具有稳定的遗传性。在试验中一般需要进行3～5次的连续传代，产量仍保持稳定的菌种方能用于生产。在传代试验中，要注意试验条件的一致性，以便能正确反映各代间生产能力的差异。

通过自然发生的突变，筛选那些含有所需性状得到改良的菌种。随着富集筛选技术的不断完善和改进，自然育种技术的效率有所提高，如含有突变基因 *naE*、*mutD*、*mutT*、*mutM*、*mutH*、*mutI* 等的大肠杆菌突变率相对较高。酒精发酵是最早把微生物遗传学原理应用于微生物育种实践而提高发酵产物水平的成功实例。自然选育是一种简单易行的选育方法，可以达到纯化菌种、防止菌种退化、提高产量的目的，但发生自然突变率特别低，一般为 10^{-9}～10^{-6}。这样低的突变率导致自然选育耗时长，工作量大，影响了育种工作效率。

（二）诱变育种

诱变育种是利用物理、化学或生物的方法处理均匀分散的细胞群，促使其发生更多的突变，在此基础上采用简便、实用、快速的筛选方法，从中挑选出符合目的的突变株。在现代育种领域，诱变育种主要是提高突变菌株产生某种产物的能力。

1. 诱变育种的基本方法

诱变育种的基本方法包括物理因子诱变、化学因子诱变和复合因子诱变3种。

（1）物理因子诱变　物理诱变剂包括紫外线、X射线、γ射线、激光、低能离子等。DNA和RNA的嘌呤和嘧啶有很强的紫外线吸收能力，最大吸收峰在260nm，此时紫外辐射作用DNA最强，是最有效的致死剂量。紫外辐射可以引起转换、颠换、移码突变或缺失等。紫外线是常用的物理诱变因子，是诱发微生物突变的一种非常有用的工具。由于紫外线的能量比X射线和γ射线低得多，在核酸中能造成比较单一的损伤，所以在DNA的损伤与修复的研究中，紫外线也具有一定的重要性。常用的电离辐射有X射线、γ射线、β射线和快中子等，如γ射线具有很高的能量，能产生电离作用，因而直接或间接地改变DNA结构。电离辐射还能引起染色体畸变，发生染色体断裂，形成染色体结构的缺失、易位和倒位等。

低能离子注入育种技术是近些年发展起来的物理诱变技术。该技术以较小的生理损伤得到较高的突变率、较广的突变谱，而且具有设备简单、成本低廉、对人体和环境无害等优点。目前，利用离子注入进行微生物菌种选育时所选用的离子大多为气体单质离子，并且均为正离子，其中以 N^+ 最多，也有报道使用其他离子的，如 H^+、Ar^+ 等。辐射能量大多集中在低能量辐射区。早在1996年，离子束诱变用于右旋糖酐产生菌，得到产量提高36.5%的突变株；随后 N_2 激光辐照钝齿棒状杆菌，使其谷氨酸产量和糖酸转化率提高31%；用低能离子注入糖化酶生产菌，糖化酶活力从1.5万单位提高到2万单位。此外，用红外射线诱变果胶酶产生菌、双向磁场应用于产腈水合酶的诺卡氏菌种的诱变育种都得到了较好效果；还有微波、双向复合磁场、红外射线和高能电子流等新诱变技术，它们与其他诱变源一起进行复合诱变，能起到很好的诱变效果，因此从某种意义上称这些诱变源为“增变剂”。

(2) 化学因子诱变　这是一类能与DNA起作用而改变其结构，并引起DNA变异的物质。其作用机制都是与DNA起化学作用，从而引起遗传物质的改变。化学诱变剂包括烷化剂（如甲基磺酸乙酯、硫酸二乙酯、亚硝基胍、亚硝基乙基脲、乙烯亚胺及氮芥等）、天然碱基类似物、脱氨剂如亚硝酸、移码诱变剂、羟化剂和金属盐类如氯化锂及硫酸锰等。烷化剂是最有效，也是应用最广泛的化学诱变剂之一，依靠其诱发的突变主要是GC-AT转换，另外还有小范围切除、移码突变及GC对的缺失。化学诱变剂的突变率通常要比电离辐射的高，并且十分经济，但这些物质大多是致癌剂，使用时必须十分谨慎。

(3) 复合因子诱变　菌株长期使用诱变剂之后，除产生诱变剂“疲劳效应”外，还会引起菌种生长周期延长、孢子量减少、代谢减慢等，这对生产不利，在实际生产中多采用几种诱变剂复合处理、交叉使用的方法进行菌株诱变。复合诱变是指两种或多种诱变剂的先后使用、同一种诱变剂的重复作用、两种或多种诱变剂同时使用等诱变方法。普遍认为复合诱变具有协同效应，即诱变剂合理搭配使用较单一诱变效果更好。

2. 诱变育种的影响因素

(1) 诱变剂的种类：诱变剂的种类繁多，应根据实际情况，选用简便有效的诱变剂。诱变剂所处理的微生物一般要求呈悬浮液状态，细胞尽可能分散，有利于细胞均匀地接受诱变，便于随后培养形成单菌落。

(2) 细胞核的结构：诱变剂所处理的细胞中的细胞核（或核质体）越少越好，最好是处理单核细胞。

(3) 微生物的生长期：微生物的生理状态对于诱变的效果也有影响，一般对数期的细菌对于诱变剂的处理最敏感。用抗缬氨酸突变为指标，曾经测得大肠杆菌在对数期中所诱发的突变，比在停滞期高出4～10倍。

(4) 诱变剂的剂量：因为诱变剂往往也是杀菌剂，在接触低剂量诱变剂的细胞群体中，突变发生的频率较低，而高剂量的诱变剂可能造成大批细胞的死亡，不利于特定的筛选。在产量性状的诱变育种中，凡在提高诱变率的基础上，既能提高变异幅度，又能促使变异移向正变范围的剂量，就是合适的剂量。

(5) 出发菌株：出发菌株就是用于育种的原始菌株，选用合适的出发菌株有利于提高育种效率。一般多用生产上正在使用、对诱变剂敏感的菌株。

3. 高产菌株筛选

诱变育种的目的在于提高微生物的生产量，但对于产量性状的突变来讲，不能用选择性培养方法筛选。因为高产菌株和低产菌株在培养基上同样生长，也没有一种显示差别性的杀菌作用能区分高产菌株和低产菌株。

测定菌株的产量高低采用摇瓶培养，然后测定发酵液中产物的数量。如果把经诱变剂处理后出现的菌落逐一用上述方法进行产量测定，工作量很大。如果能找到产量和某些形态指标的关联，甚至设法创造两者间的相关性，则可以大大提高育种的工作效率。因此在诱变育种工作中应该利用菌落可以鉴别的特性进行初筛，例如在琼脂平板培养基上，通过观察和测定某突变菌菌落周围蛋白酶水解圈、淀粉酶变色圈、色氨酸显色圈、柠檬酸变色圈、抗生素抑菌圈、纤维素酶对纤维素水解圈等的大小，估计该菌落菌株产量的高低，然后再进行摇瓶培养法测定实际的产量，可以大大提高工作效率。

上述这一类方法存在的缺陷是对于产量高的菌株，作用圈的直径和产量并不呈直线关系。为了克服这一难点，在抗生素生产菌株的育种工作中，可以采用耐药性的菌株作为指示菌，或者在菌落和指示菌中间加一层吸附剂吸去一部分抗生素。

一个菌落的产量愈高，它的产物必然扩散得也愈远。对于特别容易扩散的抗生素，即使产量不高，同一培养皿上各个菌落之间也会相互干扰，可以采用琼脂块法克服产物扩散所造成的困难。该方法是在菌落刚开始出现时就用打孔器连同一块琼脂打下，把许多小块放在空的培养皿中培养，待菌落长到合适大小时，把小块移到已含有供试菌种的一大块琼脂平板上，以分别测定各小块抑菌圈大小并判断其抗生素的效价。由于各琼脂块的大小一样，且该菌落的菌株所产生的抗生素都集中在琼脂块上，所以只要控制每一培养皿上的琼脂小块数和培养时间，或者再利用耐药性指示菌，就可以得到彼此不相干扰的抑菌圈。

（三）杂交育种

杂交育种是指两个不同基因型的菌株通过接合使遗传物质重新组合，从中分离和筛选具有新性状的菌株的方法。杂交育种往往可以消除某一菌株在诱变处理后所出现的产量上升缓慢的现象，因而是一种重要的育种手段。但杂交育种方法较复杂，许多工业微生物有性世代不十分清楚，故没有像诱变育种那样得到普遍推广和使用。

1. 杂交育种的目的

（1）通过杂交育种使不同菌株的遗传物质进行交换和重新组合，从而改变原有菌株的遗传物质基础，获得杂种菌株（重组体）。

（2）通过杂交把不同菌株的优良性状汇集重组体菌株中，提高产量和质量，甚至改变菌种特性，获得新的品种。

（3）获得的重组体可能对诱变剂敏感性提高，便于重新使用诱变方法进行选育。

2. 杂交育种的过程

（1）菌种准备　杂交育种中使用原始亲本和直接亲本两种菌株。原始亲本菌株是用来进行杂交的野生型菌株，可以是不同系谱的，也可以是相同系谱但代数相差较多的，主要是遗传基础差别要大，这样重组后的变异性也大；另外，菌种特性必须清楚，遗传标记明显，要具有生产上需要的特性，如高产、孢子丰富、代谢速度快、发酵液后处理容易等，两菌株的优点能互相补充，亲本菌株要有较广泛的适应性。所谓直接亲本菌株是直接用于进行配对的菌株，一般由原始亲本经诱变剂处理得到。直接亲本菌株要有遗传标记，常用的标记有营养、形态、抗性、敏感性、产量、酶活力等，用得最多的是经诱变得到的营养缺陷型。

（2）营养缺陷型的筛选　它的诱变处理和一般处理基本相同。在经处理的群体中往往野生型占多数，因此必须设法把野生型淘汰，使缺陷型浓缩以便于检出。浓缩方法有青霉素法、菌丝过滤法、差别杀菌法、饥饿法等。

① 青霉素法　青霉素能杀死细菌，是因为它能抑制细菌合成细胞壁。在含有青霉素的基本培养基中，野生型细菌细胞中的蛋白质等物质继续在合成增长，可是细胞壁却不再增大，造成细菌破裂死亡，而缺陷型细菌在基本培养基中不生长，不被杀死，这便是用青霉素法淘汰野生型的原理。

② 菌丝过滤法　野生型霉菌或放线菌的孢子能在基本培养液中萌发并长成菌丝，缺陷型的孢子一般不能萌发，或者虽能萌发却不能长成菌丝。所以把经诱变剂处理的孢子悬浮在

基本培养液中，振荡培养若干小时后滤去菌丝，缺陷型孢子便得以浓缩。振荡培养和过滤应重复几次，每次培养时间不宜过长，这样才能达到充分浓缩的效果。

③ 差别杀菌法　细菌的芽孢远较营养体耐热。经诱变剂处理的细菌形成芽孢，把芽孢在基本培养液中培养一段时间，然后加热（例如80℃、15min）杀死营养体。由于野生型芽孢能萌发所以被杀死，缺陷型芽孢不能萌发所以不被杀死而得到浓缩。

酵母菌和子囊菌的孢子虽然不像细菌芽孢那样耐热，但是比起它们的营养体来也较为耐热，所以可用同样方法（例如58℃、4min）浓缩缺陷型。

④ 饥饿法　微生物的某些缺陷型菌株在某些培养条件下会自行死亡，可是如果在某一细胞中发生了另一营养缺陷型突变，这一细胞反而会避免死亡，从而被浓缩。比如，胸腺嘧啶缺陷型细菌在不给以胸腺嘧啶时短时间内细胞大量死亡，在残留下来的细菌中可以发现许多营养缺陷型。暂且不管这些突变是怎样发生的，但是只要发生了另一突变，它们往往就能避免死亡，便会积累起来。

(3) 营养缺陷型的检出　营养缺陷型的检出可以采用逐个测定法、夹层培养法、限量补给法和影印培养法等。

① 逐个测定法　把经过浓缩的缺陷型菌液接种在完全培养基上，待长出菌落后将每一菌落分别接种在基本培养基和完全培养基上。凡是在基本培养基上不能生长而在完全培养基上能生长的菌落就是营养缺陷型。

② 夹层培养法　先在培养皿上倒上一层不含细菌的基本培养基，待冷凝以后加上一层含菌的基本培养基，冷凝以后再加上一层不含菌的基本培养基。经培养出现菌落后在培养皿底做上菌落标记，然后再加上一层完全培养基，再经培养以后出现的菌落多数是营养缺陷型。

③ 限量补给法　将经诱变剂处理的细菌接种在含有微量补充养料（例如0.01%蛋白胨）的基本培养基上，野生型迅速生长为较大的菌落，缺陷型则较慢地生长为较小的菌落。

④ 影印培养法　将经处理的细菌涂在完全培养基的表面，待出现菌落以后用灭菌丝绒布将菌落影印接种到基本培养基表面。待菌落出现以后比较两个培养皿，凡在完全培养基上出现菌落而在基本培养基上的同一位置上不出现菌落者，便可以初步断定是一个缺陷型。

以上这些方法都可以应用在微生物营养缺陷型的检出中，不过具体方法应随着研究的对象不同而改变。

(4) 营养缺陷型的鉴定　营养缺陷型的鉴定方法可以分为2类：一类方法是在同一培养皿上测定一个缺陷型对于多种化合物的需要情况；另一类方法是在同一培养皿上测定许多缺陷型对于同一化合物的需要情况。方法是把待测微生物（$10^7 \sim 10^8$CFU/mL）悬液0.1mL加入到基本培养基平皿中混合，待冷凝后在标定的位置上放置少量氨基酸、碱基等结晶或粉末（滤纸片法也可），经培养就可以看到在缺陷型所需要的营养物的周围出现生长圈，说明此菌就是该营养物的缺陷新突变株。

用类似方法可测定双重或多重营养缺陷型。测定需要2种甚至3种化合物的缺陷型菌株，可以使每一培养皿中缺少一种化合物，当一个缺陷型菌株在缺A培养基上不能生长，而在缺B、C等培养基上都能生长，可以知道它需要化合物A；如果它在缺A培养基和缺B培养基上都不能生长，而在其他培养基上都能生长，可以知道它需要化合物A和B。此外，可以采用影印接种方法来代替多次重复接种。

3. 杂交育种使用的培养基

杂交育种使用的培养基常见有：完全培养基、基本培养基、有限培养基和补充培养基4种。

（1）完全培养基　一种含有糖类、多种氨基酸、维生素、核酸碱基及无机盐等比较完全的营养物质，野生型和营养缺陷型菌株均可生长。

（2）基本培养基　只含纯的碳源、无机氮和无机盐类，不含有氨基酸、维生素、核苷酸等有机营养物，营养缺陷型菌株不能在其上生长，只允许野生型生长。这种培养基要求严格，所用器皿必须用洗液浸泡过，用蒸馏水冲净，琼脂也必须事先洗净。

（3）有限培养基　在基本培养基或蒸馏水中含有完全培养基成分。

（4）补充培养基（鉴别培养基）　在基本培养基中加入已知成分的氨基酸、维生素、核苷酸等。本培养基通常是在鉴别营养缺陷型的类型时使用。

在考察所选出的杂交株的生产性能时，应该用生产试验中使用的种子和发酵用培养基。

4. 杂交育种的方法

（1）细菌杂交　将两个具有不同营养缺陷型、不能在基本培养基上生长的菌株，以10^5CFU/mL的浓度在基本培养基中混合培养，结果可以有少量菌落生长，这些菌落就是杂交菌株。细菌杂交还可通过F因子转移、转化和转导等方式发生基因重组。

（2）放线菌的杂交育种　放线菌杂交是在细菌杂交基础上建立起来的，虽然放线菌也是原核生物，但它有菌丝和孢子，其基因重组方式近似于细菌，育种方法与霉菌有许多相似之处。

（3）霉菌的杂交育种　不产生有性孢子的霉菌是通过准性生殖进行杂交育种的。准性生殖是真菌中不通过有性生殖的基因重组过程。准性生殖包括3个相互联系的阶段：异核体形成、杂合二倍体的形成和体细胞重组（即杂合二倍体在繁殖过程中染色体发生交换和染色体单倍化，从而形成各种分离子）。准性生殖具有和有性生殖类似的遗传现象，如核融合，形成杂合二倍体，接着是染色体分离，同源染色体间进行交换，出现重组体等。

霉菌的杂交通过4步完成：选择直接亲本、形成异核体、检出二倍体和检出分离子。

① 选择直接亲本　两个用于杂交的野生型菌株即原始亲本，经过人工诱变得到的用于形成异核体的亲本菌株称为直接亲本，直接亲本有多种遗传标记，在杂交育种中用得最多的是营养缺陷型菌株。

② 形成异核体　把两个营养缺陷型直接亲本接种在基本培养基上，强迫其互补营养，使其菌丝细胞间吻合形成异核体。此外还有液体完全培养基混合培养法、固体完全培养基混合培养法、液体有限培养基混合培养法、有限培养基异核丛形成法等。

③ 检出二倍体　一般有3种方法：一是将菌落表面有野生型颜色的斑点和扇面的孢子挑出进行分离纯化；二是将异核体菌丝打碎，在完全培养基和基本培养基上进行培养，出现异核体菌落，将具有野生型的斑点或扇面的孢子或菌丝挑出，进行分离纯化；三是将大量异核体孢子接于基本培养基平板上，将长出的野生型原养型菌落挑出分离纯化。

④ 检出分离子　将杂合二倍体的孢子制成孢子悬液，在完全培养基平板上分离成单孢子菌落，在一些菌落表面会出现斑点或扇面，每个菌落接出一个斑点或扇面的孢子于完全培养基的斜面上，经培养纯化，鉴别而得到分离子。也可用完全培养基加重组剂对氟苯丙氨或吖啶黄类物质制成选择性培养基，进行分离子的鉴别检出。

（四）原生质体融合育种

原生质体融合就是通过酶解作用将两个亲株的细胞壁去除，在高渗条件下释放出只有原生质膜包被着的球状原生质体，然后将两个亲株的原生质体在高渗条件下混合，加入融合促进剂聚乙二醇（化学）、仙台病毒（生物）或电融合等助融，使它们相互凝集。通过细胞质融合，促使两套基因组之间的接触、交换、遗传重组，在适宜条件下使细胞壁再生，在再生的细胞中获得重组体。

1. 原生质体融合技术的特点

(1) 重组频率较高　由于没有细胞壁的阻碍，且在原生质体融合时又加入融合促进剂，所以微生物的原生质体间的杂交频率明显高于常规的杂交方法，如霉菌和放线菌的融合频率为 10^{-3}～10^{-1}，细菌、酵母菌融合频率也达 10^{-6}～10^{-3}；天蓝色链霉菌的种内重组率可达 20%。

(2) 受接合型或致育性的限制较小　两亲株中任何一株都可能起受体或供体的作用，因而有利于不同属间微生物的杂交。另外，原生质体融合是和性无关的杂交，所以受接合型或致育性的限制比较小。

(3) 重组体种类较多　由于原生质体融合后，两个亲株的整个基因组之间发生相互接触，有机会发生多次交换，产生各种各样的基因组而得到多种类型的重组子；参与融合的亲株不限于两株，这是常规杂交达不到的。

(4) 遗传物质的传递更为完整　由于原生质体的融合是两个亲株的细胞质和细胞核进行类似合二为一的过程，因此，遗传物质的交换更为完整。原核生物中可以得到将两个或更多个完整的基因组携带到一起的融合产物，放线菌中能形成短暂的或稳定的杂合二倍体或四倍体等多倍体。

虽然各类参与食品发酵的微生物的形态与结构不同、遗传特性各异，生理代谢类型差异也较大，但制备原生质体，并对其进行融合的程序有类似之处，原生质体融合的关键步骤也基本一致。微生物原生质体融合技术的基本程序包括：原生质体的制备与形成、原生质体融合与融合子形成、原生质体或融合子再生、正变融合子的筛选与保藏。

2. 微生物原生质体融合育种的过程

(1) 标记菌株的筛选　原生质体融合过程中，两个亲本菌株需要带有遗传标记，以便于筛选，而且两亲本株应带有不同的遗传标记，以便筛选融合子。常用的遗传标记有营养缺陷型、耐药性和形态特征等，标记必须稳定。不同目的选用标记不同，如以提高抗生素产量为目的的融合试验，用营养缺陷型就不理想，而用耐药性标记就比较好。一般诱变的方法可获得遗传标记，但诱变同时会影响到菌株的生产性能。因此，在选择标记时最好选取菌株本身原有的各种遗传标记，如营养缺陷、耐药、利用某些物质、产生某些产物、菌落特征、细胞形态、培养条件等。

(2) 原生质体的制备　在制备原生质体时主要是通过酶解去除细胞壁，根据不同微生物细胞壁的化学组分不同，选用不同的酶处理。细菌和放线菌制备原生质体主要采用溶菌酶；制备酵母菌原生质体，一般采用蜗牛酶；制备丝状真菌原生质体时可用蜗牛酶和纤维素酶，对丝状真菌一般采用两种或三种酶混合进行处理才能收到好的效果。

(3) 原生质体的再生试验　在进行原生质体融合前，需要对制备好的原生质体进行再生试验，测定其再生率，以判别亲本菌株的融合频率和再生频率，并可作为检查、改善原生质体再生条件，分析融合试验结果，改善融合条件的重要指标。

(4) 原生质体的融合　为了使融合频率大幅度提高，必须加入表面活性剂聚乙二醇(PEG，又称为融合促进剂)。PEG 具有强制性地促进原生质体融合的作用，同时还起到稳定作用。作为微生物原生质体促融剂的 PEG 合适分子量为 100～6000，尤其是 4000 和 6000，其中在链霉菌原生质体融合时，采用分子量为 1000 的 PEG，其浓度为 40%～60%，低于 40%时融合率较低；霉菌和细菌原生质体融合时用分子量为 4000 或 6000 的 PEG，其浓度细菌为40%，霉菌为30%。在原生质体融合中除加 PEG 外，加钙离子、镁离子等阳离子也有促进融合作用，见图 1-1。

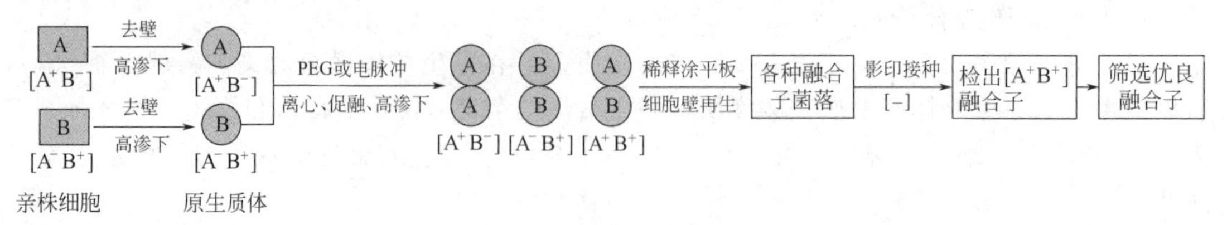

图 1-1　原生质体融合操作示意图

（5）融合子的选择　原生质体经过融合得到的融合细胞出现两种情况：一种是真正的融合，产生杂合二倍体（融合后的二倍体细胞分裂而不分离，分裂后的细胞仍保持二倍体状态）或单倍重组体；第二种情况是暂时的融合，形成异核体。如何将真正的融合子从众多的细胞中选择出来，进一步做人工筛选，以得到所需要的变异菌株，这是极其重要的。根据微生物种类不同，其选择方法也不同。

（6）优良菌株的筛选　微生物原生质体融合实际是一种基因重组技术，它具有定向育种的含义，但原生质体经融合后所产生的融合子类型是多样性的，其性状和生产性能也不一样，因此，对得到的融合子仍要通过常规的人工筛选方法，把优良菌株筛选出来。

3. 影响原生质体融合的因素

影响原生质体融合率的因素有很多，除了影响原生质体制备与原生质体再生的因素均与融合率有关以外，原生质体融合的聚合剂种类、剂量、型号以及融合处理的条件（如渗透压、离子种类和浓度、pH、温度、时间）等，都会直接影响到原生质体的融合率。

（1）培养基成分　培养基成分的改变直接或间接地影响着细胞壁的状况，对原生质体的释放量也有显著影响。因此，选择适合的培养基成分是十分必要的。

（2）溶壁酶　用酶法破壁制备原生质体，酶的作用是关键。不同种类真菌的细胞壁成分和结构是不同的，鞭毛菌亚门是以纤维素和 β-葡聚糖为主要成分；接合菌亚门是以脱乙酰几丁质为主要成分；子囊菌亚门（半子囊菌除外）和担子菌亚门则以几丁质、β-葡聚糖为主要成分。同一种真菌的不同发育时期或不同菌态的细胞壁成分不同。因此分离原生质体时，不同的真菌、同一种真菌的不同发育时期、不同培养方式，对溶壁酶的种类和浓度要求不同。

（3）渗透压稳定剂　渗透压稳定剂对原生质体的形成之所以重要，是因为其在菌丝与酶这样一个反应系统中起着一种媒介物的作用。首先，渗透压稳定剂的浓度是维持和控制原生质体数量的重要因素。它使菌丝细胞内外压力一致，使菌丝细胞保持生理状况的稳定，原生质体完整地释放出来，且保持原生质体不破裂也不收缩。其次，渗透压稳定剂的性质影响着裂解酶的反应活性。不同的裂解酶需要不同性质的渗透压稳定剂才能得到最佳的效果。例如分离台湾根霉原生质体时以糖醇为渗透压稳定剂，酶解初期有原生质体释放，而3～4h后菌丝在酶液中生长起来，可见糖醇大大降低或是抑制了酶的反应活性，促使了菌丝生长。而以 KCl 或 NaCl 为渗透压稳定剂，则可能有助于酶与底物的结合，对酶反应起促进作用。

（4）菌龄　菌丝体生理状况是决定原生质体产量的主要因素，而菌丝体的生理状况又受菌龄和培养基成分的影响。菌丝体的菌龄对原生质体释放的影响主要由于壁的成分和结构的变化引起。菌龄短的菌丝体的壁成分相对简单，壁也相对薄些；随着菌龄增加，壁上沉积色素等次生物质，酶的作用相对困难些，壁难以被溶解。但菌龄过短，又会造成菌丝量不足，或影响原生质体的再生。不同种类的真菌对酶解时最佳菌龄是不同的，研究报道产生大量原生质体的关键是获得足够的对数早期和中期的菌丝体。

（五）基因工程育种

基因工程育种是指利用基因工程方法对生产菌株进行改造而获得高产菌株，或者是通过微生物间的转基因而获得新菌种的育种方法。通过体外DNA重组和转移等技术，对原物种进行定向改造，获得对人类有用的新性状，大大缩短了育种时间。

1. 基因工程育种的过程

重组DNA技术一般包括4步，即目的基因的获得、与载体DNA分子的连接、重组DNA分子引入宿主细胞及从中筛选出含有所需重组DNA分子的宿主细胞。作为发酵工业的工程菌株在此基础上再加上外源基因的表达及稳定性的考虑。

2. 基因工程育种的关键步骤

（1）获取目的基因　获取目的基因是实施基因工程的第一步，主要有两条途径：一条是从供体细胞的DNA中直接分离基因；另一条是人工合成基因。

直接分离基因最常用的方法是“鸟枪法”，又叫“散弹射击法”。该方法是用限制酶将供体细胞中的DNA切成许多片段，再将这些片段分别载入运载体，然后通过运载体分别转入不同的受体细胞，让这些外源DNA的所有片段分别在各个受体细胞中大量复制（也称扩增），从中找出含有目的基因的细胞，再用一定的方法把带有目的基因的DNA片段分离出来。用鸟枪法获得目的基因的优点是操作简便，缺点是工作量大，具有一定的盲目性。

对于含有不表达的DNA片段的真核细胞基因，一般使用人工合成的方法。目前人工合成基因的方法主要有两条途径：一条途径是以目的基因转录成的mRNA为模板，反转录成互补的单链DNA，然后在酶的作用下合成双链DNA，从而获得所需要的基因；另一条途径是根据已知蛋白质的氨基酸序列，推测出相应的mRNA序列，然后按照碱基互补配对的原则，推测出它的基因的核苷酸序列，再通过化学方法，以单核苷酸为原料合成目的基因。如人的血红蛋白基因、胰岛素基因等就是通过人工合成基因的方法获得。

（2）基因表达载体的构建（即目的基因与运载体结合）　基因表达载体的构建即为目的基因与运载体结合，是实施基因工程的第二步，也是基因工程的核心。将目的基因与运载体结合的过程，实际上是不同来源的DNA重新组合的过程。如果以质粒作为运载体，首先要用一定的限制酶切割质粒，使质粒出现一个缺口，露出黏性末端。然后用同一种限制酶切割目的基因，使其产生相同的黏性末端。将切下的目的基因的片段插入质粒的切口处，再加入适量DNA连接酶，质粒的黏性末端与目的基因DNA片段的黏性末端就会因碱基互补配对而结合，形成一个重组DNA分子。如人的胰岛素基因就是通过这种方法与大肠杆菌中的质粒DNA分子结合，形成重组DNA分子（也叫重组质粒）的。

（3）将目的基因导入受体细胞　目的基因导入受体细胞是实施基因工程的第三步。目的基因的片段与运载体在生物体外连接形成重组DNA分子后，下一步是将重组DNA分子引入受体细胞中进行扩增。基因工程中常用的受体细胞有大肠杆菌、枯草杆菌、土壤农杆菌、酵母菌和动植物细胞等。用人工方法使体外重组的DNA分子转移到受体细胞，主要是借鉴细菌或病毒侵染细胞的途径。例如载体是质粒，受体细胞是细菌，一般是将细菌用氯化钙处理，以增大细菌细胞壁的通透性，使含有目的基因的重组质粒进入受体细胞。目的基因导入受体细胞后，就可以随着受体细胞的繁殖而复制，由于细菌的繁殖速度非常快，在很短的时间内就能够获得大量的目的基因。

(4) 检测并鉴定　目的基因导入受体细胞后，是否可以维持稳定并表达其遗传特性，只有通过检测与鉴定才能知道，这是实施基因工程的第四步。在全部的受体细胞中真正能够摄入重组 DNA 分子的受体细胞是很少的，因此必须通过一定的手段对受体细胞中是否导入了目的基因进行检测。检测的方法有很多种，例如大肠杆菌的某种质粒具有青霉素抗性基因，当这种质粒与外源 DNA 组合在一起形成重组质粒并被转入受体细胞后，就可以根据受体细胞是否具有青霉素抗性来判断受体细胞是否获得了目的基因。重组 DNA 分子进入受体细胞后，受体细胞必须表现出特定的性状，才能说明目的基因完成了表达过程。

通过基因工程方法获得的工程菌包括氨基酸类、工业用酶制剂（脂肪酶、纤维素酶、乙酰乳酸脱羧酶及淀粉酶等）以及头孢菌素 C 等。工程菌的出现大幅度提高了生产能力，改造了传统发酵工艺，如与氧传递有关的血红蛋白基因克隆到远青链霉菌，降低了对氧的敏感性，在通气不足时，其目的产物放线红菌素产量可提高 4 倍。

（六）基因组改组

20 世纪 90 年代，美国 Maxgen 公司 Cardayr 等提出了基因组改组（genome shuffling）的概念。基因组改组技术（也称为基因组重排技术）是微生物育种的新技术，基因组改组在首轮改组之前，通过经典诱变技术获得初始突变株，然后将包含若干正突变的突变株作为第一轮原生质体融合的出发菌株，此后经过递推式的多轮融合，最终使引起正向突变的不同基因重组到同一个细胞株中。基因组改组技术的重组对象是整个基因组，可以同时在整个基因组的不同位点重组，将多个亲本的优良表型通过多轮的重组集中于同一株菌株，不必了解整个基因组的序列数据和代谢网的信息。与经典的诱变方法相比，基因组改组技术可以快速、高效地筛选出优良菌株，而且这些菌株集多种正突变于一体，因此在很大程度上弥补了经典诱变方法的缺陷。

基因组改组技术是经典微生物诱变育种技术与原生质体融合技术的有机结合，在微生物经典诱变的基础上，通过原生质体融合，使多个带有正突变的亲本杂交，产生新的复合子。具体方法如下：①利用传统诱变方法获得突变菌株库，并筛选出正向突变株；②以筛选出来的正向突变株作为出发菌株，利用原生质体融合技术进行多轮递推原生质体融合；③最终从获得的突变体库中筛选出性状优良的目的菌株。

例如，R. J. Patnaik 等（2002）将基因组改组应用于乳酸生产菌 Lactobacillus 的低 pH 耐受性菌种的筛选，通过 5 轮基因组改组得到在 pH 3.8 的酸性环境下生长良好的菌株，提高了乳杆菌的耐酸性能，在 pH 4.0 的条件下该菌株的乳酸产量比野生型菌株提高了 3 倍，这对乳酸的大规模工业生产具有重要的意义。

基因组改组技术不是对微生物基因进行人工改造，而是利用原有基因进行重组。这是在传统育种、原生质体融合的基础上对微生物育种技术的一次革命性的创新。基因组改组技术不需对微生物的遗传特性完全掌握，只需了解微生物遗传性状就实现了微生物的定向育种，获得了大幅度正突变的菌株，成为发酵工程中的一种安全有效的育种工具。

（七）代谢控制育种

代谢控制育种兴起于 20 世纪 50 年代末，以 1957 年谷氨酸代谢控制发酵成功为标志，并促使发酵工业进入代谢控制发酵时期。近年来代谢工程取得了迅猛发展，尤其是基因组学、应用分子生物学和分析技术的发展，使得导入定向改造的基因及随后在细胞水平上分析导入外源基因后的结果成为可能。快速代谢控制育种的活力在于以诱变育种为基础，获得各种解除或绕过微生物正常代谢途径的突变株，从而为有用产物选择性地大量生成积累，打破了微生物调节这一障碍。

代谢控制育种在工业上应用非常广泛。Tsuchida 等采用亚硝基胍诱变等方法处理乳糖发酵短杆菌 2256，最终选出一株 L-亮氨酸高产菌，可在 13%葡萄糖培养基中积累 L-亮氨酸至 34g/L。代谢控制育种提供了大量工业发酵生产菌种，使得氨基酸、核苷酸、抗生素等次级代谢产物产量成倍地提高，大大促进了相关产业的发展。

二、发酵食品微生物菌种的衰退

菌种退化是指群体中退化细胞在数量上占一定数值后，表现出菌种生产性能下降的现象。在形态上常表现为分生孢子减少或颜色改变，甚至变形，如放线菌和霉菌在斜面上经多次传代后产生了“光秃”型，从而造成生产上用孢子接种的困难；在生理上常指产量的下降，如乳酸菌发酵性能的退化、黑曲霉的糖化能力衰退、抗生素生产菌的抗生素发酵单位下降等。

1. 菌种衰退原因

菌种衰退不是突然发生的，而是从量变到质变的逐步演变过程。开始时，在群体细胞中仅有个别细胞发生自发突变（一般均为负变），不会使群体菌株性能发生改变。经过连续传代，群体中的负变个体达到一定数量，发展成为优势群体，从而使整个群体表现为严重的衰退。导致这一现象的原因有以下几方面。

（1）基因突变导致菌种衰退　菌种衰退的主要原因是有关基因的负突变。如果控制产量的基因发生负突变，则表现为产量下降；如果控制孢子生成的基因发生负突变，则产生孢子的能力下降。

（2）表型延迟造成菌种衰退　表型延迟现象也会造成菌种衰退。如在诱变育种过程中，经常会发现某菌株初筛时产量较高，进行复筛时产量却下降了。

（3）质粒脱落导致菌种衰退　质粒脱落导致菌种衰退的情况在抗生素生产中较多，不少抗生素的合成是受质粒控制的。当菌株细胞由于自发突变或外界条件影响（如高温），致使控制产量的质粒脱落或者核内 DNA 和质粒复制不一致，即 DNA 复制速度超过质粒。经多次传代后，某些细胞中就不具有对产量起决定作用的质粒，这类细胞数量不断提高达到优势，则菌种表现为衰退。

2. 影响菌种衰退的因素

（1）连续传代 连续传代是加速菌种衰退的一个重要原因。有数据显示在 DNA 的复制过程中，碱基发生错配的概率低于 5×10^{-1}，菌种在移种传代过程中发生自发突变，由于微生物具有极高的代谢繁殖能力，随着传代次数增加，衰退细胞的数目就会不断增加，在数量上逐渐占优势，致使群体表型出现衰退，最终成为一株衰退了的菌株。

（2）不适宜的培养和保藏条件 不适宜的培养和保藏条件是加速菌种衰退的另一个重要原因。不良的培养条件（如营养成分、温度、湿度、pH、通气量等）和保藏条件（如营养、含水量、温度、氧气等）不仅会诱发衰退型细胞的出现，还会促进衰退细胞迅速繁殖，在数量上大大超过正常细胞，造成菌种衰退。

3. 菌种衰退的防止

根据菌种衰退原因的分析，可以制定出一些防治衰退的措施，主要从以下几方面考虑。

(1) 创造良好的培养条件　创造一个适合原种的良好培养条件，可以防止菌种衰退。如培养营养缺陷型菌株时应保证适当的营养成分，尤其是生长因子；培养一些抗性菌时应添加一定浓度的药物于培养基中，使回复的敏感型菌株的生长受到抑制，而生产菌能正常生长；控制好碳源、氮源等培养基成分和pH、温度等培养条件，使之有利于正常菌株生长，限制退化菌株的数量，防止衰退。

(2) 利用不易衰退的细胞移种传代　在放线菌和霉菌中，由于它们的菌丝细胞常含几个细胞核，甚至是异核体，因此用菌丝接种就会出现不纯和衰退，而孢子一般是单核的，用它接种时，就不会发生这种现象。在实践中，若用灭过菌的棉团对放线菌进行斜面移种，避免了菌丝的接入，因而达到了防止衰退的效果；另外，有些霉菌（如构巢曲霉）若用其分生孢子传代就易衰退，而改用子囊孢子移种则能避免衰退。

(3) 采用有效的菌种保藏方法控制传代次数　尽量避免不必要的移种和传代，将必要的传代降低到最低限度，以减少发生突变的概率。不论在实验室还是在生产实践上，必须采用良好的菌种保藏方法，减少不必要的移种和传代次数。有效的菌种保藏方法是防止菌种衰退极其必要的措施。在实践中，有针对性地选择菌种保藏的方法。例如啤酒酿造中常用的酿酒酵母，保持其优良发酵性能最有效的保藏方法是－70℃低温保藏，其次是4℃低温保藏，若采用绝大多数微生物保藏效果很好的冷冻干燥保藏法和液氮保藏法，其效果并不理想。

一般斜面冰箱保藏法只适用于短期保藏，而需要长期保藏的菌种，应当采用砂土保藏法、冷冻干燥保藏法及液氮保藏法等方法。对于比较重要的菌种，尽可能采用多种保藏方法。

(4) 利用菌种选育技术　在菌种选育时，应尽量使用单核细胞或孢子，并采用较高剂量使单链突变而使另一单链丧失作为模板的能力，避免表型延迟现象。同时，在诱变处理后应进行充分的后培养及分离纯化，以保证菌种的纯度。

(5) 定期进行分离纯化　定期对菌种进行分离纯化，挑选指标明显的特征菌落是有效防止菌种衰退的方法。

三、发酵食品微生物菌种的复壮

狭义的复壮是指在菌种已经发生衰退的情况下，通过纯种分离和测定典型性状、生产性能等指标，从已衰退的群体中筛选出少数尚未退化的个体，以达到恢复原菌株固有性状的相应措施。广义的复壮是指在菌种的典型特征或生产性状尚未衰退前，就经常有意识地采取纯种分离和生产性状测定工作，以期从中选择到自发的正突变个体。

由此可见，狭义的复壮是一种消极的措施，而广义的复壮是一种积极的措施，也是目前工业生产中积极提倡的措施。复壮的方法有纯种分离法、淘汰法和遗传育种法。

1. 纯种分离法

通过纯种分离，可将衰退菌种细胞群体中一部分仍保持原有典型性状的单细胞分离出来，经扩大培养，就可恢复原菌株的典型性状。常用的分离纯化方法归纳为两类：一类较粗放，只能达到“菌落纯”的水平，即从种的水平来说是纯的，例如采用稀释平板法、涂布平板法、平板划线法等方法获得单菌落；另一类是较精细的单细胞或单孢子分离方法，它可以达到“细胞纯”，即“菌株纯”的水平。后一类方法应用较广，种类很多，既有简单的利用培养皿或凹玻片等作为分离室的方法，也有利用复杂的显微操纵器的纯种分离方法。对于不长孢子的丝状菌，则可用无菌小刀切取菌落边缘的菌丝尖端进行分离移植，也可用无菌毛细管截取菌丝尖端单细胞进行纯种分离。

2. 淘汰法

将衰退菌种进行一定的处理（如药物、低温、高温等），往往可以起到淘汰已衰退个体而达到复壮的目的。如将“5406”的分生孢子在低温（−30～−10℃）下处理5～7d，使其死亡率达到80%，结果发现在抗低温的存活个体中留下了未退化的健壮个体。

3. 遗传育种法

遗传育种法是把退化的菌种重新进行遗传育种，从中选出高产、不易退化、稳定性较好的生产菌种。

进行复壮前应仔细分析和判断一下自己的菌种究竟是发生了衰退，还是仅属一般性的表型变化（饰变）或只是杂菌的污染。只有对症下药，才能使复壮工作奏效。

四、发酵食品微生物菌种的保藏

微生物在使用和传代过程中容易发生污染、变异甚至死亡，因而常常造成菌种的衰退，并有可能使优良菌种丢失。菌种保藏的重要意义就在于尽可能保持其原有性状和活力的稳定，确保菌种不死亡、不变异、不被污染，以达到便于研究、交换和使用等诸方面的需要。

首先，挑选典型菌种的优良纯菌株来进行保藏，最好保藏它们的休眠体，如孢子、芽孢等。其次，应根据微生物生理、生化特点，人为地破坏生长条件，使微生物长期处于代谢不活泼、生长繁殖受抑制的休眠状态。生长条件是干燥、低温和缺氧，另外，避光、缺乏营养、添加保护剂或酸度中和剂。

菌种的保藏方法多样。生产中常用的保藏方法有斜面低温保藏法、悬液保藏法、寄主保藏法、石蜡油封藏法、砂土管保藏法、麸皮保藏法、冷冻干燥保藏法、液氮超低温保藏法等。实验室中最常用的几种菌种保藏方法见表1-1。

表1-1 几种常用菌种保藏方法的比较

方法名称	主要措施	适宜菌种	保藏期	评价
冰箱保藏法(斜面)①	低温	各类	3～6个月	简便
冰箱保藏法(半固体)①	低温	细菌、酵母	6～12个月	简便
石蜡油封藏法	低温、缺氧	各类②	1～2年	简便
砂土管保藏法	干燥、缺营养	产孢子的微生物	1～10年	简便有效
冷冻干燥保藏法	干燥、无氧、低温、有保护剂	各类	5～15年以上	简便有效

① 用斜面或半固体穿刺培养物均可，也放在4℃冰箱保藏。

② 发酵石油的微生物不适宜。

菌种是一种资源，为了使分离到的可以用于科研、教学和生产的菌种能够妥善保存下来，便于互相交流和充分利用这些资源，以及避免不必要的混乱，国内外都成立了相应的机构，负责菌种的保存和管理，特别是对一些标准的模式菌种的保存。

在各机构保藏的菌种中，第一类是模式菌种即标准菌种，第二类是用于教学科研的普通菌种，第三类是生产应用菌种。根据需要向有关机构索购，保藏机构在寄售菌种时附送说明中包括该菌种较适合的培养基、培养条件等。

五、发酵食品微生物菌种的扩大培养

（一）菌种扩大培养的目的和任务

菌种扩大培养是将保存的菌种接入试管斜面或液体培养基中活化后，经过三角瓶（茄形瓶）液体摇床培养（或固体培养）以及种子罐逐级扩大培养而获得一定数量和质量的纯种的过程。这些纯种培养物又称种子。菌种扩大培养的目的是为每次发酵的投料提供相当数量、代谢旺盛的种子。

（二）菌种扩大培养的类型和方法

按照不同的划分标准，食品发酵菌种的培养可分为以下几种基本方法。

1. 静止培养和通气培养

根据菌种对氧的要求，可分为静止培养和通气培养。静止培养又称嫌氧培养或厌氧培养，是指将发酵菌种接种于含有培养基的培养容器中，进行不通气培养的方法。该方法适用于厌氧微生物的培养，如双歧杆菌发酵、乳酸发酵、丙酮-丁醇发酵的菌种培养。通气培养又称好气（氧）培养，是指发酵过程中进行人工通气。

2. 固体培养和液体培养

根据培养基的性质，可分为固体培养和液体培养。固体培养又称曲法培养，是指发酵菌种接种于固体培养基中进行培养的方法，如酿酒、制醋中各种曲的培养，酱油酿造和食用菌生产中的菌种培养。液体培养系指将发酵菌种接种于液体培养基中进行培养的方法，这是发酵工业中菌种培养的主要方法。

3. 浅层培养和深层培养

根据培养基的厚度，可分为浅层培养和深层培养。浅层培养又称表面培养，是指在三角瓶、茄形瓶、克氏瓶、蘑菇瓶、瓷盘或曲盘（盒）中进行液体或固体培养的方法，其料液厚度一般小于3cm。浅层培养适用于需氧型发酵培养。一般来说，实验室一级种子常采用浅层培养。深层培养是指在种子罐、发酵罐或曲池中进行液体或固体培养的方法。料液层较厚，一般来说，生产现场的二级种子、三级种子及发酵罐种子常采用深层培养。

（三）扩大培养对菌种的要求

微生物广泛分布于土壤、水和空气等自然界中，资源非常丰富。作为大规模生产的微生物工业菌种，应尽可能满足下列要求：菌种细胞的生长活力强，移种至发酵罐或曲池后能迅速生长，延缓期短；生理性状稳定；菌体总量及浓度能满足大容量发酵罐或曲池的要求；无杂菌污染；保持稳定的生产能力；菌种不是病原菌，在培养和发酵过程中不产生任何有害物质和毒素，以保证食品安全。

（四）扩大培养级数的确定

1. 一般工艺流程

食品发酵菌种扩大培养过程可分为实验室和生产车间种子制备两个阶段。其一般工艺流程如图1-2所示。

2. 食品发酵菌种扩大培养

（1）实验室种子制备　保藏的菌种经无菌操作接入适合于孢子发芽或营养体生长的斜面培养基中，经培养成熟后挑选菌苔正常的孢子或营养体再一次接入试管斜面，反复培养几次，这一阶段也称菌种活化。活化的目的是使贮藏的菌种达到正常稳定的生长代谢速度。斜面活化的菌种进一步扩大培养，根据菌种特性不同可采用不同的培养方法。

① 细菌和放线菌　常见的细菌斜面培养基多采用碳源限量而氮源丰富的配方。培养温度为37℃，时间为1～2d，产芽孢的细菌培养则需要5～10d。放线菌的孢子培养一般采用琼脂斜面培养基，培养基中含有一些适合产孢子的营养成分，如麸皮、豌豆浸汁、蛋白胨和

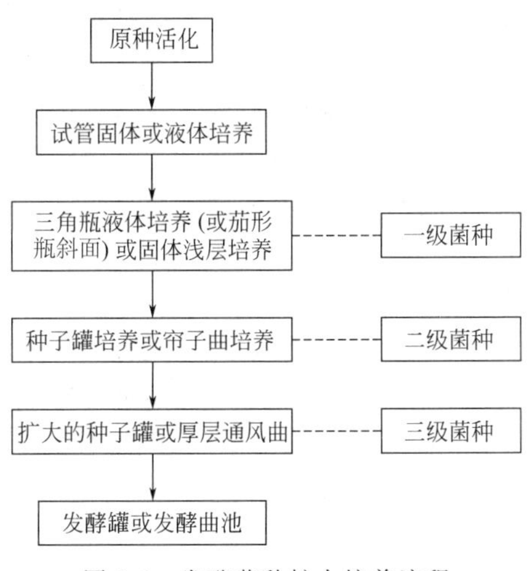

图 1-2　发酵菌种扩大培养流程

一些无机盐等。培养温度一般为 28℃，培养时间为 5～7d。

② 霉菌　霉菌为好氧微生物，实验室培养时多采用浅层固态培养，孢子的培养一般以大米、小米、玉米、麸皮、麦粒等天然农产品为培养基。培养温度一般为 25～28℃，培养时间一般为 5～7d。

③ 酵母菌　酵母菌为兼性厌氧性微生物，对氧的要求不甚严格，易在糖基培养基上生长繁殖。培养温度为 20～30℃，时间为 1～2d。

(2) 生产车间种子制备　实验室制备的孢子或液体种子移种至种子罐或盘（盒）扩大培养，种子罐或盘（盒）的作用在于使实验室制备的有限数量的菌种营养体或孢子发芽、生长并繁殖成足够量的营养体或孢子，接入发酵罐或发酵曲池培养基后能迅速生长，达到一定菌体量，以利于产物的合成。

种子罐级数的确定及扩大培养：种子罐级数是指制备种子需逐级扩大培养的次数。种子罐种子制备的工艺过程因菌种不同而异，一般可分为一级种子、二级种子和三级种子。采用茄形瓶孢子、营养体或摇瓶种子接入体积较小的种子罐培养得到的种子称为一级种子；将一级种子接入体积较大的种子罐内，经培养得到的种子称为二级种子；将二级种子接入发酵罐内发酵，称为三级发酵，得到的种子称为三级种子。同理，使用三级种子的发酵称为四级发酵。

① 细菌种子罐级数及扩大培养　对于细菌种子的培养，由于细菌生长快，种子用量比例少，级数也较少，一般常采用二级发酵。其制备过程为茄形瓶→种子罐→发酵罐。

② 霉菌种子罐级数及扩大培养　由于霉菌生长缓慢，种子制备需要较长的时间，因此，常采用三级发酵。其制备过程为孢子悬浮液→一级种子罐（27℃，40h 孢子发芽，产生菌丝）→二级种子罐（27℃，10～24h，菌体迅速繁殖，粗壮菌丝体）→发酵罐。

③ 放线菌种子罐级数及扩大培养　放线菌菌体生长很慢，所以常采用四级发酵。

④ 酵母种子罐级数及扩大培养　由于酵母的生长速度比细菌慢，但比霉菌、放线菌快，所以，通常直接使用一级种子。

（五）扩大培养影响种子质量的主要因素

菌种扩大培养的关键就是种子罐或曲池的扩大培养，影响种子罐或曲池培养的主要因素包括营养条件、培养条件、染菌的控制、扩大级数和接种量控制等。

1. 培养基

培养基对微生物生长繁殖、酶的活性与产量都有直接的影响。不同微生物对营养的要求不一样，但它们所需要的基本营养大体是一致的，其中以碳源、氮源、无机盐、生长素和无机盐等最为重要。不同类型的微生物所需要的培养基成分与浓度配比并不完全相同，必须按照实际情况加以选择。

2. 种龄与接种量

种子培养期应选取菌种的对数生长期。种龄过短或过长，不但会延长发酵周期，而且会降低产量。因此，对种子的种龄必须严格掌控。接种量直接影响发酵周期。大量接入成熟的菌种，可以缩短生长过程的延缓期，缩短发酵周期，有利于降低染菌的概率。因此，一般都将菌种扩大培养，进行二级发酵或三级发酵。

3. 温度

大多数微生物的最适生长温度为25～37℃，细菌的最适生长温度大多比霉菌高些。如果所培养的微生物能承受稍高一些的温度进行生长、繁殖，则可降低染菌的概率，减少夏季培养所需的降温辅助设备，对工业生产有很大好处。

4. pH

各种微生物都有自己生成合成酶的最适pH。同一菌种合成酶的类型与酶系组成可随pH的改变而产生不同程度的变化，培养基pH在发酵过程中能被菌体代谢所改变，阴离子（醋酸根、磷酸根）被吸收或氮源被利用后产生NH_4^+，使pH上升；阳离子（Na^+、K^+）被吸收或有机酸的积累，使pH下降。一般来说，高碳源培养基倾向于酸性pH转移，高氮源培养基倾向于碱性pH转移，这都与碳氮比直接相关。

5. 通气和搅拌

需氧菌或兼性需氧菌的生长与合成酶都需要供给氧气。不同微生物要求的通气量不同，即使是同一菌种，在不同生理时期对通气量的要求也不相同。因此，在控制通气条件时，必须考虑到既能满足菌种生长与合成酶的不同要求，又能降低电耗，以提高经济效益。通气量最好按氧溶解的量确定。一般来说，培养罐深、搅拌转速大、通气管开孔小或多，气泡在培养液内停留时间就长，氧的溶解速度也就大，且在这些因素确定的条件下，培养基的黏度越小，氧的溶解速度就越大。因此，根据罐的结构和培养液的黏度，增减通气量，使溶解氧达到菌体所需的浓度，满足菌体呼吸的需要。

6. 泡沫

菌种培养过程中产生的泡沫与微生物的生长和酶合成有关。泡沫的持久存在影响微生物对氧的吸收，阻碍CO_2的排除，不利于发酵。此外，由于泡沫大量地产生，导致培养液的体积一般只占种子罐容量的一半左右，大大影响设备的利用率，甚至发生跑料现象，导致染菌，增加损失。

微生物工业目前使用的消泡剂有各种天然的动植物油以及来自石油化工生产的矿物油、改性油、表面活性剂等，这类消泡剂往往因培养液的pH、温度、成分、离子浓度以及表面性质的改变，在消泡能力上出现很大的差别，且在培养液内残留量也高，给净化处理造成一定的困难。而新型的有机硅聚合物（如硅油、聚硅氧烷树脂等），则具有效率高、用量省、无毒性、无代谢性、可提高微生物合成酶的效率等优良特性。

7. 染菌的控制

染菌是微生物发酵生产的大敌，一旦发现染菌，应及时进行处理，以免造成更大的损失。染菌的原因，除设备本身结构存在“死角”外，还包括设备、管道、阀门漏损或灭菌不彻底，空气净化不好，无菌操作不严或菌种不纯等。要控制染菌继续发展，必须及时找出染菌的原因，采取措施，杜绝染菌事故再现。

（六）各类食品发酵菌种的扩大培养

各类食品发酵菌种的扩大培养包括了常见的细菌类、酵母菌类、霉菌类发酵菌种的扩大培养以及传统曲（大曲、小曲、红曲）的制造，获得满足各类发酵食品生产使用的“种子”。另外，“种子”也有直投式的干燥菌剂或孢子粉，按一定比例（一般接种量为千分之几至万分之几）添加于发酵培养基中，进行发酵食品生产，如应用广泛的直投式发酵乳酸菌剂（酸奶、泡菜等）、活性干酵母（白酒、面包等）、曲精（酱油等）。具体各类食品发酵菌种的扩大培养参见各类发酵食品生产。

【思考题】

1. 简述发酵工业常用微生物种类。
2. 什么因素导致菌种衰退？菌种复壮的方法有哪些？如何保藏发酵菌种？
3. 简述食品发酵菌种的育种方法。
4. 论述食品发酵菌种发酵剂的制备。

第三节　食品发酵过程的生化机理

一、微生物的生长繁殖及食物大分子的降解

微生物在生长繁殖过程中与周围进行着物质交换和能量交换，微生物吸收外界的能量完成自身的生长与繁殖，同时完成代谢产物的转化，包括合成代谢和分解代谢。

（一）微生物的生长繁殖

微生物在适宜的环境条件下，不断地吸收营养物质，进行自身的代谢活动。当同化作用大于异化作用，细胞数目不断增加，体积得以增大，表现为生长；微生物的生长往往伴随着细胞数目的增加，进而引起个体数目增加，称为繁殖。生长和繁殖始终是交替进行的，当环境条件适宜，微生物正常生长，繁殖速率高；如果某些环境条件发生改变，并超出微生物可以适应的范围，就会对机体产生抑制作用。

1. 微生物的生长规律

在一定的培养条件下，微生物的生长遵循一定的规律，通常把微生物的生长分为适应期、对数期、稳定期和衰亡期 4 个时期。

（1）适应期　通常又称为迟缓期，适应期指微生物接种到新的培养基开始到正常繁殖之前。在这段时间内，微生物细胞基本不增长，但为细胞分裂做准备（细胞体积增大、DNA 含量增多）。微生物细胞在适应期内完成对新环境的适应，合成相关的酶类、辅酶或中间代谢产物。如巨大芽孢杆菌接种在新的培养基后，细胞长度明显增大、代谢机能非常活跃。微生物细胞的适应期因菌种不同而异，这主要受菌种本身（遗传性、菌种的代数）和外界环境

因素（培养基）的影响。在发酵工业生产中，通常采用缩短适应期的方式来提高生产效率，主要措施有：①采用对数期的菌种，同时适当增大接种量；②微生物的原培养基和接种后培养基的营养成分尽量保持一致。

（2）对数期　微生物经过适应期后适应了新的培养环境，同时也完成了进行细胞分裂的准备工作。在适应期之后的一个时期细胞以最快的速度进行生长，此时细胞内各种酶系活跃、代谢旺盛，细胞数目以几何级数增加，即细胞数目遵循以下的公式 $2^0 \rightarrow 2^1 \rightarrow 2^2 \rightarrow 2^3 \rightarrow 2^4 \rightarrow \cdots\cdots \rightarrow 2^n$，其中 n 为细胞分裂的代数。

若细胞每分裂一次所需的时间为 G，单位时间内繁殖的代数为 R，设在 t_0 时刻细胞数目为 x，经过 n 次分裂后，t_1 时刻细胞数目为 y，则有：

$$y=2^n x;\lg y=\lg x+n\lg 2$$

即

$$n=(\lg y-\lg x)/\lg 2$$

则

$$G=(t_1-t_0)/n;R=n/(t_1-t_0)$$

从以上可以看出，一定时间内细胞分裂的次数越多，细胞每分裂一次所需的时间 G 越短，细胞繁殖的代数 R 就越多。

细胞在对数期分裂一次所需时间与菌种本身和培养条件等因素有关，不同菌种的代时 G 不同，培养基成分和外界环境也会影响菌种的代时。

（3）稳定期　微生物细胞经过一段时期的对数生长后，细胞数目开始趋于稳定，此时繁殖的新细胞数与死亡的细胞数趋于动态平衡。稳定期细胞的活力逐渐减弱，代谢产物开始大量积累，其中有部分代谢产物会对微生物活动产生消极作用，从而逐渐形成了不利于微生物生长的因素。稳定期是获得代谢产物的最佳时期，同时稳定期的细胞数目达到最大值，因此也是收获菌体的最佳时期。在实际发酵生产中通常采用延长稳定期的方法来获得更多的发酵产物，延长稳定期的措施主要有添加培养基、调节温度和 pH 等。

（4）衰亡期　微生物细胞经过稳定期后，死亡细胞数大于增殖的新细胞数，净活细胞数出现减少，此阶段的细胞多表现为膨胀、不规则的退化和多液泡等特征，有的还出现细胞自溶现象。出现衰亡期的主要原因是培养基的营养成分已消耗殆尽，代谢产物大量积累，微生物生长环境中 pH 及氧化还原电位的改变已不再适宜微生物的生长，从而引起微生物细胞内分解代谢大于合成代谢，导致菌体死亡。

2. 连续培养

微生物的生长规律是描述微生物在一定容积容器中进行生长、繁殖和死亡的规律。这种采用固定容积培养基培养微生物的方式称为分批培养。分批培养的特点是根据生产的需要采用一定体积的培养基培养微生物，定时收获发酵产物。在分批培养中随着发酵的进行，培养基中营养物质不断被消耗，代谢产物的积累使得微生物很快进入衰亡期。在发酵生产中为了持续不断地获得发酵产物，必须使微生物细胞处于一种稳定的培养环境。连续培养是指微生物在以分批培养方式培养到对数期后期时，以一定的速度向发酵罐中加入新鲜的培养基，同时以相同的速度不断地排出发酵物，使培养物达到动态平衡，其中的微生物可以长时间保持在对数期，从而不断地产生代谢产物。连续培养可以提高发酵产物的生产效率，同时促进了发酵自动化的发展。连续培养主要有恒浊连续培养和恒化连续培养 2 种。

（1）恒浊连续培养　该方法是利用光电控制系统通过培养液的浊度来分析微生物细胞浓度，进而通过控制培养液的流速获得菌体密度高、生长速度恒定的微生物细胞培养液。在实际生产中为了获得大量菌体或与菌体数量一致的代谢产物可以采用恒浊连续培养法。

（2）恒化连续培养　该方法是使培养液保持恒定的流速，使微生物处于一定生长速率（低于最高生长速率）的培养方式。在恒化培养过程中将某种营养物质限定在低浓度（限制因子），其他营养物质充足，微生物的生长速率决定于限制因子的量，限制因子随着微生物细胞的生长含量逐渐降低，而恒定流速培养液的加入又补充了限制因子的量，因此使微生物保持一个恒定的生长速率。

3. 同步培养

在微生物发酵中，细胞以一定的速率生长，但这些细胞并非处在同一阶段，对每个细胞的变化情况进行研究时应使每个细胞处于同一生长阶段。获得同步细胞的方法有 2 种：一是利用离心法或过滤法分离体积较小的细胞，这部分细胞一般是刚刚完成分裂的细胞；二是通过控制外界环境如温度、光线和添加培养基来诱导细胞处于同步。由于细胞之间的个体差异性，随着培养的进行，同步细胞经过几代分裂便会失去同步性。

4. 影响微生物生长的因素

影响微生物生长的因素除了培养基营养成分外，还包括许多外界环境因素。了解影响微生物生长的各种外界环境因素可以指导食品发酵。

（1）温度　温度是影响微生物生长的重要因素，任何一种微生物都有其最适生长范围，这个范围包括最低生长温度、最适生长温度和最高生长温度。酵母菌和霉菌的最适生长温度一般为 25～28℃，腐生性细菌最适生长温度一般在 30～35℃，寄生于人体和动物体内的微生物最适生长温度为 37℃。在低温条件下，微生物的生长繁殖速度较缓慢，在最低温度时大多数微生物的活动呈极低的状态，且能较长时间保持活力。因此，低温也是保存微生物菌种的一种有效方法，一般的菌种在 5～10 ℃能保存较长的时间。然而，低温会导致某些微生物死亡，当环境温度在 0℃以下时，细胞内的水分会形成冰晶，造成细胞脱水或者细胞膜的物理损伤，从而死亡。最适生长温度是微生物生长速率最高时的温度，不同的微生物有不同的最适生长温度，同一微生物在不同生长时期的最适生长温度也不同。最高生长温度是微生物所能承受的最高温度，当环境温度高于最高温度时，微生物不能生长，甚至可能死亡，主要原因是高温使微生物细胞内的蛋白质和酶变性、失活，这也是高温灭菌的原理。

温度是控制微生物生长繁殖的重要因素，在发酵生产中可以利用微生物对温度的适应性，通过调控发酵温度保证产品的质量。腐乳发酵利用的毛霉的最适生长温度是 16～22℃，腐乳前期发酵是使毛霉生长旺盛，而毛霉在生长过程中会散发热量，一段时间后温高可达 30℃，这一温度不再适应毛霉的生长，必须降低发酵温度，从而保证腐乳的质量。另外，还可以通过调控发酵温度来控制代谢产物的产生。在浓香型白酒发酵中，发酵前期控制窖池内温度上升速度，酵母菌成为优势菌，好氧菌和兼性厌氧菌得到抑制，促进了酒精发酵，减少了乳酸的生成；在发酵后期使窖池内温度高于正常发酵，促进兼性厌氧菌的生长繁殖，有利于窖池内生酸产酯。

（2）氧气　根据微生物和氧的关系，微生物可分为专性好氧菌、兼性厌氧菌、微好氧菌、耐氧菌和厌氧菌 5 大类，微生物对氧的需求主要取决于自身的生理代谢特征。

① 专性好氧菌　这类微生物在有高浓度分子氧的条件下才能正常生长，细胞内有超氧化物歧化酶（SOD）和过氧化氢酶，大部分真菌、细菌和放线菌都属于此类微生物。

② 兼性厌氧菌　这类微生物细胞内含 SOD 和过氧化氢酶，在有氧和无氧条件下都能正常生长。有氧时通过呼吸产能，无氧时通过发酵和无氧呼吸产能。兼性厌氧菌包括部分酵母菌和细菌，如酿酒酵母（*Saccharomyces cerevisiae*）、地衣芽孢杆菌（*Bacillus licheniformis*）等。

③ 微好氧菌　这类微生物只有在较低氧分压（1～3kPa）条件下才能正常生长，这类微生物也是通过呼吸链产能。微好氧菌包括霍乱弧菌（*Vibrio cholerae*）、氢单胞菌属（*Hydrogenomonas*）等。

④ 耐氧菌　这类微生物在分子氧存在下可进行厌氧发酵，分子氧对它未表现出毒性，不具有呼吸链，依靠专性发酵获得能量，细胞内存在SOD和过氧化物酶，但没有过氧化氢酶。耐氧菌包括乳酸乳杆菌（*Lactobacillus lactis*）、乳链球菌（*Streptococcus lactis*）等。

⑤ 厌氧菌　这类微生物细胞内缺乏SOD和细胞色素氧化酶，另外一部分菌还缺乏过氧化氢酶。SOD是决定微生物对氧气耐受性的重要原因，在有氧气条件下细胞产生的$O^{2-}\cdot$（超氧阴离子自由基）能破坏各种高分子化合物和膜结构，从而对细胞造成损伤。SOD的存在可催化$O^{2-}\cdot$转化为H_2O_2，过氧化氢酶可进一步催化H_2O_2转化为H_2O，因此解除了$O^{2-}\cdot$对细胞的损伤。厌氧菌细胞内不存在SOD，因此分子氧对它们有毒。这类微生物通过发酵、无氧呼吸、循环光合磷酸化或甲烷发酵获得能量。常见的厌氧菌有梭菌属（*Clostridium*）、双歧杆菌属（*Bifidobacterium*）等。

在实际生产过程中，可以根据发酵特点控制不同发酵阶段的供氧量来调控发酵进程。例如啤酒生产过程中，发酵早期向发酵液中提供大量氧气以促进酵母的繁殖，此后发酵的各个阶段应严格控制氧气量，因为氧气会促进酵母进行有氧呼吸，降低了乙醇发酵。氨基酸发酵工业中，氧气量也会影响氨基酸的种类，供氧充足情况下，谷氨酸产生菌能顺利生产谷氨酸，从而获得较高的产率；若氧气不足，谷氨酸的代谢途径就偏向生产琥珀酸和乳酸方向，产率降低。

（3）pH值　每种微生物有各自适应的pH范围，其中包括最低、最适和最高pH，一般霉菌的pH范围最大，酵母菌次之，细菌最小。pH主要是通过影响膜结构的稳定性、通透性和物质的溶解度来影响营养物质的吸收；另外，pH还会影响酶的活性。微生物在生长过程中伴随着营养物质的消耗和代谢产物的积累，发酵体系的pH会随着发酵的进行而发生改变，在发酵过程中一般采用添加缓冲液的方式维持体系恒定的pH。在发酵生产过程中，还应根据微生物在不同生长阶段和不同生理生化过程的实际情况适当调整pH。柠檬酸发酵生产中，一般采用黑曲霉作为柠檬酸生产菌，黑曲霉可以在pH3～7范围内进行发育，当菌体进入产酸期后合成积累柠檬酸的最适pH是小于3.0，而pH在3.0以上时容易产生草酸，pH5.6时容易生成葡萄糖酸。

（4）水分　水是微生物生命活动的重要物质，微生物生命活动过程中对营养物质的吸收和代谢产物的排放都要以水作为溶剂或传递介质，水还具有调节微生物温度的作用。任何一种微生物都有其适宜生长的水分活度范围，水分活度是溶液中水的蒸汽压与纯水的蒸汽压之比。对于某种微生物，当周围环境中的水分活度低于最低值时，该微生物就不能正常生长，甚至死亡。在食品贮藏过程中通常采用降低水分活度的方法抑制微生物的增长，延长食品的贮藏期。一般细菌在水分活度降至0.91以下时停止生长，霉菌在水分活度降至0.8以下时停止生长，酵母菌在水分活度降至0.6以下时停止生长。当水分活度低于0.60时，绝大多数微生物无法生长。

（二）食物大分子的降解

食品发酵原料包含的大分子物质主要是淀粉、蛋白质和脂肪，食品发酵的过程实质就是通过微生物代谢将这些大分子物质转化为小分子的醇类、有机酸、氨基酸等物质的过程。

1. 淀粉的降解

淀粉可分为直链淀粉和支链淀粉，自然状态中的淀粉，直链淀粉约占20%，支链淀粉占80%。直链淀粉是由α-1,4-糖苷键将葡萄糖连接而成，含有250～300个葡萄糖单位；支链淀粉的葡萄糖单位除了以α-1,4-糖苷键连接外，在分支的支点处由α-1,6-糖苷键连接。

淀粉酶是一类能催化淀粉糖苷键水解的酶类，常见的淀粉酶主要有α-淀粉酶、β-淀粉酶、葡萄糖淀粉酶、葡萄糖苷酶、普鲁兰酶和异淀粉酶。

(1) α-淀粉酶　它能在淀粉分子内部任意切开α-1，4-糖苷键，但不能切α-1，6-糖苷键。淀粉经α-淀粉酶作用后，淀粉溶液的黏度会下降，得到的产物为糊精、麦芽糖和少量的葡萄糖。常用的α-淀粉酶多来自微生物，主要有芽孢杆菌、米曲霉等。耐高温α-淀粉酶是一种新型的液化酶制剂，它的热稳定性在90℃以上，该酶具有良好的热稳定性，便于储存和运输，现广泛应用于啤酒酿造和酒精生产。在酒精生产中，应用耐高温α-淀粉酶可以进行"中温蒸煮"，从而可以节能降耗，降低发酵液的黏度，便于管道输送。

(2) β-淀粉酶　这种酶是从非还原性末端以麦芽糖为单位顺次水解淀粉分子的α-1,4-糖苷键，生成麦芽糖及大分子的β-极限糊精，它不能作用于α-1，6-糖苷键，也不能越过α-1,6-糖苷键。假单胞菌、多黏芽孢杆菌和部分的放线菌能产生β-淀粉酶，工业上所用的β-淀粉酶大部分从植物(麦芽)中提取。β-淀粉酶在食品工业用于制造麦芽糖浆、啤酒、面包和酱油，在啤酒生产中，β-淀粉酶可以适当选用大米取代部分大麦芽，节省麦芽用量，降低生产成本。

(3) 葡萄糖淀粉酶　葡萄糖淀粉酶能从非还原末端顺次水解α-1，4-糖苷键，也可慢速水解α-1,6-糖苷键和α-1,3-糖苷键，该酶主要来自于根霉和黑曲霉。

(4) 葡萄糖苷酶　这种酶也能从淀粉分子的非还原性末端依次切断α-1,4-糖苷键，逐个生成葡萄糖，能水解支链淀粉分支点的α-1,6-糖苷键。霉菌是该酶的主要来源。

(5) 普鲁兰酶　又称支链淀粉酶，这种酶可水解普鲁兰糖（由麦芽三糖通过α-1,6-糖苷键连接成的线状结构的多糖）的α-1,6-糖苷键，同时可水解α-极限糊精和β-极限糊精中由2～3个葡萄糖残基所构成的侧链分支点的α-1,6-键。

(6) 异淀粉酶　能水解支链淀粉、糖原等高分子多糖的α-1,6-键，使侧链切下来生产较短的直链淀粉。异淀粉酶用来水解由α-淀粉酶和β-淀粉酶产生的极限糊精。

2. 蛋白质的降解

微生物对蛋白质的降解、利用过程分2步：首先微生物分泌蛋白酶至体外，将蛋白质降解为小分子的多肽或氨基酸；然后微生物吸收这些小分子物质，在胞内进一步降解或直接吸收、利用。能产生蛋白酶的菌种包括细菌、放线菌和霉菌。在微生物降解蛋白质过程中，胞外酶一般是内肽酶，胞内酶一般是端肽酶。

微生物对氨基酸的分解作用包括脱氨和脱羧。脱氨作用主要包括氧化脱氨、还原脱氨、水解脱氨、减饱和脱氨和脱水脱氨。脱羧作用由专一性脱羧酶执行，生成胺和二氧化碳。

3. 脂类的降解

脂类是生物体内不溶于水而溶于有机溶剂的一大类物质的总称，脂类包括油脂和类脂，油脂由1分子甘油和3分子脂肪酸组成三酰甘油酯；类脂是由脂肪与磷酸、糖类、蛋白质等成分组合而成，主要包括磷脂、糖脂等。在脂肪酶的作用下脂肪水解为甘油和脂肪酸，微生物可以通过β-氧化的方式降解脂肪酸。β-氧化时脂肪酸碳链从羧基端开始每次氧化裂解失去两个碳原子，裂解产物通过TCA彻底氧化。

β-氧化发生在原核细胞的细胞膜或真核细胞的线粒体内，具体过程为：脂肪酸在脂肪酸激酶的作用下生成脂酰CoA；脂酰CoA通过酶催化脱氢生成烯脂酰CoA；烯脂酰CoA在酶的催化下加水生成β-羟脂酰CoA；β-羟脂酰CoA在脱氢酶作用下脱氢生成β-酮脂酰CoA；

在β-酮硫解酶催化下，β-酮脂酰CoA与CoA结合裂解产生乙酰CoA和比原来少2个碳原子的脂酰CoA，裂解的脂酰CoA再次重复上述裂解过程。

4. 纤维素的降解

纤维素广泛存在于自然界中，是植物细胞壁的主要成分，是葡萄糖通过β-1,4-糖苷键连接而成的大分子化合物。纤维素比较稳定，不易被降解，只有在纤维素酶的作用下，才能被降解。纤维素酶包括C1酶、Cx酶和β-葡萄糖苷酶。

C1酶是糖蛋白，主要由甘露糖、半乳糖、葡萄糖及氨基葡萄糖组成，C1酶具有较强的热稳定性。Cx酶可分为Cx1酶和Cx2酶，分别属于内切纤维素酶和外切纤维素酶，Cx1酶从水合非结晶纤维素分子内部作用于β-1,4-糖苷键，Cx2酶则从水合非结晶纤维素的非还原末端作用于β-1, 4-糖苷键。β-葡萄糖苷酶是一类能催化纤维素和纤维低聚糖等糖链末端非还原性β-D-葡萄糖苷键水解的酶类。β-葡萄糖苷酶广泛存在于自然界中的植物、动物、丝状真菌、酵母菌和细菌中。在食品工业中β-葡萄糖苷酶除了能降解纤维素外，还能用于提升葡萄酒等果酒的风味。能产生纤维素酶的菌种有绿色木霉、康氏木霉以及部分的放线菌和细菌。

5. 果胶质的降解

果胶是由半乳糖醛酸以α-1,6-糖苷键连接而成的直链大分子化合物，是植物细胞的间隙物质，对细胞组织起着软化和黏合作用，同时还是抵御病原微生物入侵的天然屏障。

果胶酶主要有果胶酯酶和多聚半乳糖醛酸酶两种，广泛分布在植物、霉菌、细菌和酵母中。果胶酯酶是一种能水解果胶生成果胶酸和甲醇的酶，在食品工业中果胶酯酶常用于制备低甲氧基果胶以及用于澄清果汁等。根据多聚半乳糖醛酸酶消除半乳糖醛酸的方式不同，它可分为内切多聚半乳糖醛酸酶和外切多聚半乳糖醛酸酶两种。

二、微生物的中间代谢及小分子有机物的形成

（一）分解代谢和合成代谢

分解代谢和合成代谢组成了微生物的物质代谢。分解代谢是指微生物利用大分子物质，并将其降解为小分子物质，同时释放能量的过程。在分解代谢过程中，蛋白质、糖类和脂类物质首先被降解为氨基酸、单糖和脂肪酸，然后这些降解生成的小分子物质进一步降解为乙酰辅酶A、丙酮酸和其他的中间代谢产物，最后这些中间代谢产物进入三羧酸循环被完全降解为CO_2，同时产生大量的ATP。

分解代谢能为微生物的生长提供必需的ATP、还原力［H］和小分子的中间代谢产物。合成代谢是微生物利用能量、中间代谢产物和吸收的小分子物质合成复杂的物质的过程。分解代谢和合成代谢具有密切的关系，分解代谢为合成代谢提供能量及原料，合成代谢为分解代谢提供物质基础。

糖酵解途径（EMP）、磷酸戊糖途径（HMP）、2-酮-3-脱氧-6-磷酸葡萄糖酸裂解途径（ED）和三羧酸循环（TCA）是微生物重要的代谢途径，许多营养成分通过初步降解后最后进入这些途径作进一步的降解。

1. EMP

EMP是一个将葡萄糖分解转化为丙酮酸的过程，同时伴随着ATP的产生，该过程分为2个阶段。在第一阶段是耗能阶段，1分子葡萄糖经过一系列酶促反应转化为2分子3-磷酸甘油醛，同时消耗2分子ATP。第二阶段为产能阶段，1分子3-磷酸甘油醛经过5步反应转化为1分子丙酮酸，同时生成2分子ATP。因此，在总反应中1分子葡萄糖经过EMP，生

成2分子的丙酮酸，同时产生2分子的ATP。葡萄糖经EMP发酵得到的丙酮酸主要有以下几个去向：①丙酮酸在丙酮酸脱氢酶作用下通过脱氢作用转化成乙酰辅酶A进入TCA；②丙酮酸脱羧酶使丙酮酸脱羧形成乙醛，然后生成乙醇或乙酸；③通过丙酮酸旁路路径，丙酮酸形成乙酰辅酶A。

2. HMP

HMP大致可分为3个阶段，经过HMP后1分子的6-磷酸葡萄糖可转变成1分子的3-磷酸甘油醛。3-磷酸甘油醛可进入EMP，生成丙酮酸，最后通过TCA循环氧化。HMP能为核苷酸、核酸和多糖等成分的合成提供原料。乳酸菌能以葡萄糖为原料，通过HMP产生乳酸、乙醇和乙酸等多种发酵产物。

3. ED

ED在革兰氏阴性菌中分布较广，在ED中葡萄糖消耗ATP生成6-磷酸葡萄糖，之后6-磷酸葡萄糖先脱氢生成6-磷酸葡萄糖酸，然后进一步生成3-磷酸甘油醛和丙酮酸，3-磷酸甘油醛进入EMP最终转化为丙酮酸。1mol葡萄糖经过ED后可产生2mol丙酮酸和1mol ATP。虽然ED中的产物3-磷酸甘油醛可进入EMP转化为丙酮酸，但ED可独立于EMP和HMP而存在。ED在嗜糖假单胞菌、铜绿假单细胞、荧光假单胞菌、林氏假单胞菌及部分固氮菌中存在。

4. TCA

TCA在微生物的呼吸代谢中起着重要的作用，是糖类、脂肪和蛋白质代谢的中心枢纽。TCA的具体过程为，丙酮酸经氧化脱羧作用形成乙酰辅酶A，然后乙酰辅酶A经过一系列反应最终被彻底氧化为二氧化碳和水，并产生能量。TCA还能为多种物质的合成代谢提供前体物，如柠檬酸、草酰乙酸、琥珀酸和苹果酸等。TCA的这些产物也是发酵工业中的重要产品。发酵工业中通常以葡萄糖为原料，利用黑曲霉发酵生产柠檬酸，葡萄糖首先经EMP生成丙酮酸，然后丙酮酸经过一系列反应转化为乙酰辅酶A，之后乙酰辅酶A和草酰乙酸在柠檬酸合成酶的催化下合成柠檬酸。发酵工业中利用葡萄糖发酵生产L-谷氨酸也利用了TCA，葡萄糖首先经EMP生成丙酮酸，之后反应生成乙酰辅酶A，进入TCA生成α-酮戊二酸，之后生成谷氨酸。TCA速度受细胞对能量的需求及细胞对中间代谢产物需求两方面的影响。有3个酶可以调控TCA的速度，分别为柠檬酸合酶、异柠檬酸脱氢酶和α-酮戊二酸脱氢酶。

（二）小分子有机物的形成

1. 氨基酸的生物合成

氨基酸是重要的生物分子，如激素、嘌呤、嘧啶、卟啉和某些维生素的前体。蛋白质是生命体重要的物质基础，氨基酸是蛋白质的组成单位。随着工业的发展，氨基酸的需求量呈逐年上升的趋势。大肠杆菌、细菌、真菌和固氮菌都可以用来生产氨基酸。氨基酸的生物合成与机体中的EMP、HMP和TCA密切相关，这些代谢途径的中间代谢产物可以合成各种氨基酸。如EMP中的3-磷酸甘油酸可以进一步反应生成丝氨酸、半胱氨酸，丙酮酸可以合成丙氨酸、缬氨酸和亮氨酸；HMP中的磷酸核糖可以合成苯丙氨酸、酪氨酸和色氨酸；TCA中的草酰乙酸可以合成天冬氨酸、甲硫氨酸、苏氨酸、异亮氨酸，α-酮戊二酸可以合成谷氨酸、鸟氨酸、瓜氨酸、精氨酸、脯氨酸和羟脯氨酸等。氨基酸的生物合成是一个极其复杂的过程，需要许多酶的参与，其中NADPH参与氨基酸代谢反应，赖氨酸、L-异亮氨酸、谷氨酸、鸟氨酸、脯氨酸和精氨酸的合成都需要NADPH。L-苯丙氨酸（L-Phe）是重要的氨基酸，谷氨酸棒杆菌合成L-苯丙氨酸大致可分为3步：①通过中心碳源代谢途径生成两种前体物质，EMP 生成磷酸烯醇式丙酮酸，糖酵解途径生成 4-磷酸-赤藓糖；②磷酸烯醇式丙酮酸和 4-磷酸-赤藓糖结合进入莽草酸途径，并经过一系列酶促反应生成分支酸；③通过分支酸路径生成 L-苯丙氨酸、L-色氨酸和 L-酪氨酸。

2. 脂肪酸的生物合成

脂肪酸是脂类物质的组成单位，脂肪酸既是重要的储能物质，同时也是细胞膜脂的重要成分。脂肪酸对保护细胞组织、防止热量散失、细胞识别及组织免疫具有重要的作用。脂肪酸的生物合成主要以从头合成方式进行，以乙酰 CoA 为原料，在乙酰 CoA 羧化酶的作用下合成丙二酰 CoA，然后在脂肪酸合成酶的催化下经缩合、还原、脱水合成脂肪酸。从头合成路径只能完成 C_{16} 以下的脂肪酸的合成，对于更长碳链的脂肪酸通常是通过延长系统催化形成的。

糖类、脂肪和蛋白质 3 大营养物质的分解代谢、合成代谢及一些主要产物的生成过程大致如图 1-3。

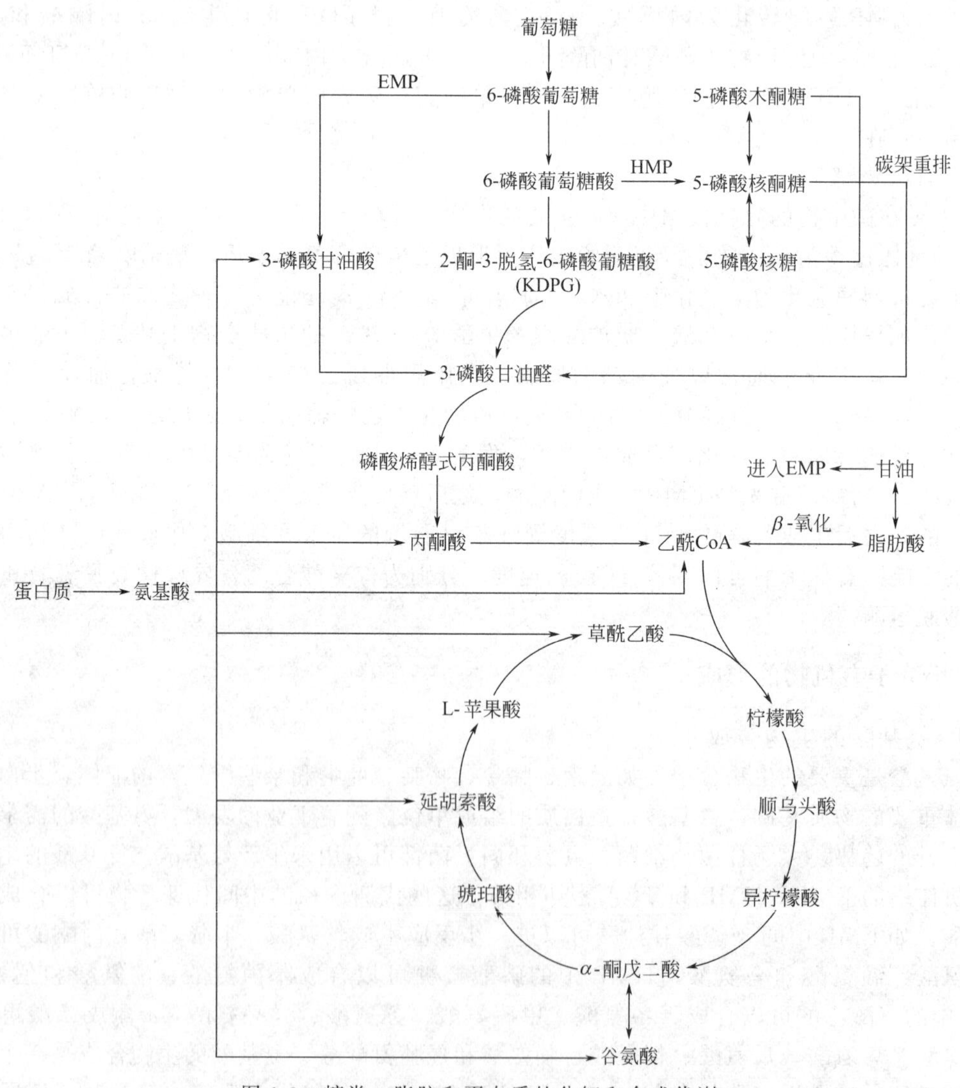

图 1-3　糖类、脂肪和蛋白质的分解和合成代谢及主要产物生成的生化过程

（三）微生物的代谢调控与有机物的形成

1. 初级代谢与次级代谢

初级代谢和次级代谢是微生物细胞内的两种代谢类型。初级代谢是微生物利用外界吸收的营养物质，通过分解代谢和合成代谢过程，生成自身生命活动所需要的各种物质和能量的过程。些物质包括糖类、蛋白质和脂类。初级代谢是各种生物具有的一种基本代谢类型。次级代谢是指微生物以初级代谢产物为前体，通过次级代谢途径合成自身机体非必需的化合物的过程。次级代谢只存在于部分生物中。次级代谢产物有很多是重要的发酵产品，如抗生素、色素、维生素、生长激素和生物碱等。

2. 微生物的代谢调节

微生物是在一系列酶的催化下发生各种代谢反应，因此微生物通过调节酶的合成和活性来调节代谢。

（1）酶合成的调节　酶合成的调节分为诱导和阻遏，诱导酶是细胞为了适应外界底物或类似物而合成的一种酶，诱导酶合成的这种现象称为诱导，大多数分解代谢的酶是诱导合成的。酶诱导合成的分子机制可以由操纵子学说来解释。操纵子由启动基因、操纵基因和结构基因构成，启动基因是RNA聚合酶的结合位点，又是转录的起始点；操纵基因位于启动基因和结构基因之间，它能与调节蛋白结合，调节蛋白的另一端可与效应物结合，调节蛋白与效应物结合后发生变构作用，失去与操纵基因的结合能力，结构基因的转录得以进行，从而合成出相关的酶类。

微生物代谢过程中，当某代谢途径中的产物过量时，微生物可以采用反馈抑制的方式抑制关键酶的活性，同时还可以通过反馈阻遏作用抑制相关酶的生物合成，减少产物的生物合成，阻碍酶生物合成的现象称为阻遏。反馈阻遏分为末端产物阻遏和分解代谢物阻遏2种，末端产物阻遏是指代谢终产物过量时引起的关键酶合成的抑制；分解代谢物阻遏是指当有2种可供微生物利用的底物存在时，微生物会优先利用使其生长快的一种底物，这种底物的中间代谢产物会阻遏降解另一种底物相关酶的合成。

（2）酶活性的调节　酶活性的调节是指通过调控代谢反应中各种酶的活性来控制代谢进程，可从激活和抑制两个方面调节酶活性。酶活性的激活常出现在分解代谢中，前一个反应的产物可以激活后一个反应的酶；酶活性的抑制主要是因为代谢产物的过量积累会抑制该反应的酶的活性，从而调节整个反应进程。

（3）次级代谢调控　次级代谢也受到酶活性和酶合成的调控，初级代谢产物作为次级代谢反应的前体，会调控次级代谢过程。分解代谢物也会对次级代谢产生一定的影响，微生物生长阶段需要消耗大量的碳源，而碳源的分解物会抑制次级代谢酶的合成，因此次级代谢产物的合成只有在碳源消耗尽的稳定期才能合成。另外在次级代谢中也存在着反馈抑制机制，代谢产物的大量积累会影响相关酶的活性，从而降低产物的生成量。

三、食品产物成分的再平衡及发酵食品风味的形成

（一）食品产物成分的再平衡

产物再平衡阶段是酿造食品特有的进一步形成食品风味的一个漫长而复杂的过程，直至酿造食品到餐桌上为止。大分子降解代谢给予食品丰富的组分，合成代谢产物是食品风味及其食品功能的基础，通过产物的再平衡，发生一系列的生物、物理、化学反应，增加了酿造食品的色泽、透明度、香味、绵软等。产物的再平衡就是产物的横向作用，从表面上理解主

要是指发酵食品的陈酿阶段或称为后发酵阶段。其实不然，从原料的粉碎、浸泡等预处理直至产品到餐桌这一漫长的过程中，产物的再平衡就一直没有停止过。在整个工艺过程中除一部分被彻底氧化为CO_2、H_2O和矿物质外，还有其他大部分物质彼此之间有着错综复杂的、往复交替的一系列物理化学变化。

（二）发酵食品风味的形成

1. 食品风味的定义

微生物发酵法已经成为生产食品风味物质的一种重要手段。食品风味的定义是食品成分作用于人的多种感觉器官所产生的各种感官反应。如图 1-4 所示。

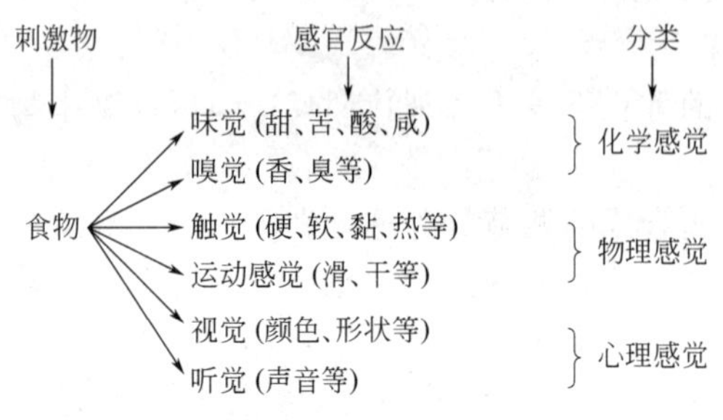

图 1-4　食物与感官反应图

食品风味物质是能够引起人多种感觉器官产生感觉反应的食品中所含的刺激物。如醋的酸味、蔗糖的甜味、食盐的咸味、茉莉的香气等。

2. 食品中风味物质的特点及分类

（1）食品中风味物质的特点

① 种类繁多、相互影响。食品的风味是大量的风味物质相互协调或拮抗而形成的，如2-丁酮、2-戊酮、2-己酮、2-庚酮、2-辛酮单独存在时不产生嗅感，但当以一定比例混合时，就会产生明显的嗅感。

② 含量极微，效果显著。食品中风味物质的含量一般在$10^{-12}\sim10^{-6}$mg/kg。马钱子碱在食品中含量为7×10^{-5}mg/kg时，就有明显的苦味；水中乙酸异戊酯含量为5×10^{-6}mg/kg时，就有明显的水果香气。

③ 稳定性差，易被破坏。

④ 风味类型与风味物质种类和结构缺乏普遍的规律性。

（2）食品风味分类　水果风味、蔬菜风味、调味品风味、饮料风味、肉类风味、脂肪风味、烹调风味、烘烤风味、恶臭风味（为 1972 年 Ohloff 提出的分类法）。

3. 发酵食品风味的形成途径

食品原料经微生物作用后，其中的大分子物质被降解、营养成分被转化，同时还会形成特征的香气成分。发酵过程对食品原料的转化能改善食品的感官、营养成分及风味成分，因此提高了食品的营养价值。在实际生产过程中，为了获得更加浓郁的香气成分，发酵结束后通常会对食品进行一段时间的后发酵处理过程，在这一阶段，食品中的成分会进行一系列复杂的反应，这些反应能促进食品特征香气成分的形成。有时为了获得预期的组成成分和香气成分，也会采用人工勾兑、修饰等方式来调节食品中各成分的组成。

发酵食品中的香气物质及组合是非常复杂的，其主要的香气物质是醇、醛、酮、酸、酯类等化合物。

发酵食品香气物质形成的主要途径有：①生物合成，直接由生物体合成的香气成分，主要是由脂肪酸经脂肪氧合酶酶促生物合成的挥发物。前体物多为亚油酸和亚麻酸，产物为C_6和C_9的醇醛类以及C_6和C_9脂肪酸所生成的酯。②酶直接作用，酶直接作用于香味前体物质形成的香气成分。③酶间接作用，酶促反应的产物再作用于香味前体物质形成香气成分。④加热作用，美德拉反应、焦糖化反应、Strecker 降解反应可产生风味物质。油脂、含硫化合物等热分解也能生成各种特有的香气。⑤微生物作用，微生物产生的酶（氧化还原酶、水解酶、异构化酶、裂解酶、转移酶、连接酶等）使原料成分生成小分子，这些分子经过不同时期的化学反应生成许多风味物质。发酵食品的后熟阶段对风味的形成有较大贡献。

【思考题】

1. 简述影响微生物生长繁殖的各种因素。
2. 阐述微生物的主要代谢途径及其之间的相互联系。
3. 论述微生物的生长和代谢调控及其在食品发酵工程中的应用。

参考文献

[1] 侯红萍．发酵食品工艺学［M］．北京：中国农业大学出版社，2016.
[2] 江汉湖，史贤明，何国庆．食品微生物学［M］．北京：中国农业出版社，2005.
[3] 吕嘉枥．食品微生物学［M］．北京：化学工业出版社，2007.
[4] 殷文政，樊明涛，刘慧，等．食品微生物学［M］．北京：科学出版社，2015.
[5] 樊明涛，张文学，葛武鹏，等．发酵食品工艺学［M］．北京：科学出版社，2014.
[6] 韩北忠，刘萍，殷丽君．发酵工程［M］．北京：中国轻工业出版社，2013.
[7] 张兰威．发酵食品原理与技术［M］．北京：科学出版社，2014.
[8] 张兰威，孙俊良，许高升．发酵食品［M］．哈尔滨：哈尔滨工程大学出版社，1997.
[9] 路振卿，鲁泉．控温发酵是提高腐乳产品质量缩短腐乳生产周期的有效途径——腐乳发酵工艺改革初探［J］．上海调味品，1992，(03)：7.
[10] 张超，蒲岚，李璐，等．浓香型白酒控温发酵下糟醅典型微生物的变化趋势［J］．食品与发酵工业，2011，(09)：41.
[11] 黄建华．关于氧气与呼吸作用几个问题的解答［J］．生物学通报，2009，(07)：57.
[12] 赵宇，陈忠敏．微生物发酵过程中溶氧的影响及其调控［J］．食品与发酵科技，2016，(04)：15.
[13] 高俊德．供氧条件对氨基酸发酵产率的影响．北京食品学会1985年年会．北京：［出版者不详］，1985.
[14] 李爱江，张敏，辛莉．发酵生产过程中发酵条件对微生物生长的影响［J］．农技服务，2007，(04)：124.
[15] 陈西伟．pH 值对柠檬酸深层发酵的影响与调节控制探讨［J］．现代农业科技，2009，(05)：11.
[16] 黄英．影响微生物生长繁殖的因素［J］．中国科技信息，2006，(2)：82.
[17] 王慧超，陈今朝，韩宗先．α-淀粉酶的研究与应用［J］．重庆工商大学学报：自然科学版，2010，(04)：368.
[18] 张剑，林庭龙，秦瑛，等．β-淀粉酶研究进展［J］．中国酿造，2009，(4)：5.
[19] 黄允升，罗虎，孙振江，等．糖化酶在酒精发酵中的生产应用［J］．轻工科技，2017，(10)：5.
[20] 那安，崔福绵，马建华，等．纤维素酶系中 C1 酶性质的研究［J］．微生物学报，1982，(04)：333.
[21] 王玉霞．阿氏丝孢酵母（*Trichospo asahii*）β-葡萄糖苷酶及葡萄糖苷类风味物质水解机制的研究［D］．2012.
[22] 孙静．果胶多糖的降解及其产物的分离分析与活性研究［D］．西安：西北大学，2009.
[23] 叶华，马力，高秀容．果胶酯酶的研究进展［J］．生物学杂志，2005，22 (6)：5.
[24] 董章勇，王振中．真菌多聚半乳糖醛酸酶的研究进展［J］．广东农业科学，2011，38 (18)：125.
[25] 韩立英．高油玉米青贮中脂肪酸的降解与抑制［D］．北京：中国农业大学，2014.
[26] 高雪峰，樊星，赵鹏，等．酸菌的代谢、发酵及其在青储工业中的应用［J］．河南农业，2017，(8)：53.
[27] 谢涛．产甘油假丝酵母产甘油发酵的代谢机理［D］．无锡：江南大学，2006.
[28] 胡江如．野油菜黄单胞菌 EMP 途径相关基因的突变分析［D］．南宁：广西大学，2007.
[29] 常海涛．猪链球菌 2 型 GlnA 和 GlnR 对 TCA 循环酶调控的研究［D］．武汉：华中农业大学，2011.
[30] 陈进聪，陈雪岚，张斌，等．NADPH 代谢对氨基酸生物合成影响的研究进展［J］．食品科学，2014，(19)：280.
[31] 张传志．谷氨酸棒杆菌 L-苯丙氨酸合成途径系统改造及发酵优化［D］．无锡：江南大学，2014.
[32] 李昌珠，李正茂．植物脂肪酸的生物合成及其生理功能的研究进展［J］．湖南林业科技，2009，(06)：45.

第二章
发酵豆类食品生产工艺

第一节　酱油

一、酱油概述

（一）酱油的定义

酱油是以大豆和/或脱脂大豆、小麦和/或小麦粉为原料，经微生物发酵制成的具有特殊色、香、味的液体调味品。酱油含有大豆多肽、大豆异黄酮、类黑精、大豆皂苷、呋喃酮类物质等生理活性物质。酱油是人们生活中不可缺少的调味品，在烹调时加入一定量的酱油，可增加食物的香味，调整色泽、增加鲜味、促进食欲。

（二）酱油的发展历史

酱油起源于中国，最初是从酱、豉衍变而来。我国人民早在周朝时（约公元前十一世纪到公元前三世纪）就有了酱的生产记载，所用原料为大豆，称为豆酱，酱油则是由豆酱演化而来。

酱的文字记载始见于《周礼·天官》篇："醢人掌四豆之实，又酱用有百二十瓮。""膳夫掌王馈，食酱百有二十瓮。"可见酱的生产和食用当时已相当普遍。此后，战国时代《论语·乡党》篇中又有"不得其酱不食"之说。在北魏末年贾思勰所著《齐民要术》中详细记载了豆酱、肉酱和鱼酱的制法，还把制酱用的曲与酒曲相区分，称为"黄衣、黄蒸"。黄衣是用整粒小麦做的曲，黄蒸则是用麦粉做的曲。

中国历史上最早使用"酱油"名称是在宋朝，林洪著《山家清供》中有"韭叶嫩者，用姜丝、酱油、滴醋拌食"的记述。此外，古代酱油还有其他名称，如清酱、酱汁、酱料、豉油、豉汁、淋油、套油等。

公元755年后，酱油生产技术随鉴真大师传至日本。至今日本酱油的生产和食用方法均与我国传统方法相符。目前，日本是仅次于我国的酱油生产、消费和出口大国。千百年来，随着我国侨民移居世界各地，也将酱油的生产和食用方法传播到全世界，使其成为当今全球深受欢迎的调味品。

从酱油出现到20世纪30年代，约三千年生产历史中，我国酱油生产工艺几乎没有改进，一直沿用传统的天然晒露酿造方法，即常压蒸煮原料，自然接种制曲，高盐低温长时间日晒夜露发酵，再压榨提取酱油。

到20世纪30年代初，陈陶声先生等试验成功酱油速酿法，改用廉价原料，以豆饼代替大豆，以麸皮、米糠代替小麦或面粉。选育出高蛋白酶活力的米曲霉菌种进行纯种制曲，缩短了制曲时间。采用保温发酵，大大缩短了发酵周期。将原来的木榨取油改为螺旋压榨机或水压机取油，降低了劳动强度。

1949年以来，酱油生产得到了大力发展。1956年，利用代用原料酿制酱油的方法，并拟定了一套比较完整的稀醪发酵工艺和固稀发酵工艺。1957年重点推广高蛋白酶活力米曲霉菌株中科3.863和固态无盐发酵工艺，并改用浸出法代替压榨法取油，彻底替代了自古以来笨重的取油方法。

1958年，低盐固态发酵工艺迅速推广至全国各地。此后，广东等地普遍采用加压蒸料。到了20世纪60年代末期，酱油生产工艺出现了两个重大改革：一是将传统的浅盘制曲改为厚层机械通风制曲；二是上海酿造一厂研制成功旋转式加压蒸煮锅。

1976年，上海市粮油工业公司酿造实验工厂（上海酿造科研所前身）以中科3.863号米曲霉为出发菌株，通过诱变育种，选育出蛋白酶活力更高、生长繁殖更快的变异株，定名为沪酿3.042号米曲霉，经中科院微生物所审核后统一编号为中科3.951米曲霉。该菌株在全国绝大多数厂推广应用至今。

进入20世纪80年代后，生物化学工程、酶工程和细胞工程、遗传工程以及自动化技术在发酵工业的应用加快了酱油生产工艺改革的步伐。如采用旋转圆盘式自动制曲机，液体深层发酵制液体曲，多菌种混合制曲，选育高蛋白酶活力、淀粉酶活力以及高肽酶活力和谷氨酰胺酶活力的优良菌株等，以提高酱油原料利用率和氨基酸生成率。分离出多株耐盐性乳酸菌和生香酵母菌菌株，并应用于酱油发酵，以提高酱油香气。

近年来，我国酱油产量总体平稳增长，龙头企业规模效益明显。根据中国调味品品牌企业百强统计结果显示，2012～2016年，全国酱油总产量分别为700.42万吨、758.13万吨、938.21万吨、980.21万吨 、1059.43万吨，2016年比2015年增加了8.08％。2016年中国酱油产量省份分布华东地区集中度最高，其次是华北、华中和华南等地。同时，随着市场发展和消费升级，酱油产品消费需求也得到进一步市场细分，目前市场上也出现了多种细分产品，定位于不同人群或不同用途，如儿童酱油、凉拌酱油、火锅酱油、烧菜酱油、寿司酱油、铁强化酱油、海鲜酱油、面条鲜酱油等。

今后，酱油生产在满足市场需要的前提下，应该进一步提高产品质量，降低粮耗和能耗。应用现代科学技术，继续选育优良菌种，深入开展酱油风味形成的基础研究，解决生产周期与酱油风味的矛盾；增加酱油品种，适应消费者需求变化。开展生产协作，将酱油生产工序分解，进行各工序专业厂接力生产，建立多层次的酱油工业体系，改变目前一些厂小而全的状况，以提高全行业的生产技术水平，获得最佳的经济效益和社会效益。

（三）酱油的分类

根据不同的分类标准，酱油有多种分类方法。

1. 按酱油用途或颜色分类

根据酱油着色力不同，用途存在差异，酱油可分为生抽和老抽。

（1）生抽酱油　是以大豆、面粉为主要原料，人工接入种曲，经天然露晒、发酵而成。其产品色泽红润，滋味鲜美协调，豉味浓郁，体态清澈透明，风味独特。生抽味道较咸、颜色较淡，故一般用于炒菜或者拌凉菜，起调味的作用。

（2）老抽酱油　是在生抽酱油的基础上，把榨制的酱油再晒制 2～3 个月，经沉淀过滤而成，其产品质量比生抽酱油更加浓郁。老抽中大多加入焦糖色，颜色较深，呈棕褐色有光泽，味道较咸。一般用来给食品着色，比如做红烧等需要上色的菜时使用较好。

2. 按发酵工艺分类

主要有高盐稀态发酵酱油和低盐固态发酵酱油。

（1）高盐稀态发酵酱油（含固稀发酵酱油）　是以大豆和/或脱脂大豆、小麦和/或小麦粉为原料，经蒸煮、曲霉菌制曲后与盐水混合成稀醪，再经发酵制成的酱油。高盐稀态酱油颜色较浅，呈红褐色或浅红褐色。高盐稀态酱油香味浓郁，具有酱香和酯香香气。

（2）低盐固态发酵酱油　是以脱脂大豆及麦麸为原料，经蒸煮、曲霉菌制曲后与盐水混合成固态酱醅，再经发酵制成的酱油。低盐固态酱油颜色较深，呈深红褐色或棕褐色。在香味上，低盐固态发酵酱油酱香香气突出，酯香香气不明显。

二、酱油生产的原料

酱油生产所需要的原料有蛋白质原料、淀粉质原料、食盐、水以及一些辅料。酱油生产的原料既要保证食品安全，又要保证生产能顺利进行，还要使产品具有必要的风味。因此合理选择原料是保证生产的重要环节。酱油生产的主要原料应符合食品安全国家标准 GB 2715 的规定。

（一）蛋白质原料

酿造酱油用的蛋白质原料以大豆为主。大豆中含有 20%左右的油脂，对酱油品质的贡献甚微，几乎可以认为是被浪费在酱渣中，因此，除少数厂采用传统酿造法仍用大豆外，绝大部分厂都改用了大豆榨油后的饼粕。

1. 大豆

大豆的蛋白质含量高达 36%～40%（表 2-1），酱油全氮中的 3/4 来自大豆蛋白质，仅 1/4 来自小麦等淀粉质原料。在大豆的氮素成分中，非蛋白质态氮（包括嘌呤、嘧啶等）含量很少，仅占 5%～7%；95%左右都是蛋白质态氮，其中水溶性蛋白质为 90%，可被蛋白酶水解，6%～7%的部分为非水溶性蛋白质，是各种酶及其他低分子量蛋白质，这部分蛋白质不能被蛋白酶水解。

表 2-1　几种常用于酱油生产的蛋白质原料及其主要成分

原料	水分/%	蛋白质/%	粗脂肪/%	碳水化合物/%	粗纤维素/%	灰分/%
大豆	10～12	36～40	16～20	17～20	4～5	4～5
蚕豆	12.3	24～28	0.5～1.7	44.6～59.4		2.5～3.1
冷榨豆饼	12	44～47	6～7	18～21		5～6
热榨豆饼	11	45～48	3～4.5	18～21		5～6.5
豆粕	7～10	46～51	0.5～1.5	19～22		5
花生饼	9～12	40～45	5～7	20～30	4～6	6～7
菜籽饼	8～9	36～38	3～4	30～31		7～8

2. 豆粕和豆饼

豆子采用压榨法提取油脂后的副产物称为豆饼，采用浸出法提取油脂后所剩的副产物称为豆粕。和大豆相比，豆饼（粕）的脂肪含量显著降低，而蛋白质含量大幅度提高，高出20%～25%。经压榨处理后，大豆的细胞壁结构被破坏，豆饼（粕）的组织结构和大豆相比有了显著改善，可缩短润水和蒸煮时间，加快酶解速度，从而能缩短发酵周期，提高原料的全氮利用率。豆饼（粕）的价格比大豆便宜，生产成本有所下降，又避免了食用豆油的浪费。然而，豆饼（粕）对酱油酿造也有某些不利影响。热榨豆饼由于在加热蒸炒时，经长时间高温处理，部分蛋白质过度变性成为不溶性蛋白质，用于生产酱油时，降低了原料的全氮利用率。豆粕和冷榨豆饼因在生产时没有受到高温处理，蛋白质变性少，不溶性氮含量低，和大豆蛋白质性质类似。

3. 其他蛋白质原料

我国幅员辽阔，各地作物种植结构不同，植物蛋白质资源多样，这些植物的种子及其加工副产物可作为蛋白质代用原料用于酱油生产。如花生仁榨油后剩下的花生饼；豌豆、绿豆等豆类；葵花籽饼、油菜籽饼和芝麻饼等油料作物榨油后的副产物等。但需注意的是，油菜籽饼和棉籽饼由于含有有毒物质菜油酚和棉酚，应先去毒后才能用作酱油原料。

（二）淀粉质原料

过去淀粉质原料多采用小麦和面粉，现在除沿用传统工艺的少数厂家仍然采用外，绝大多数厂家一般改用麸皮，或辅以面粉、小麦、玉米、碎米、薯干等富含淀粉的原料。淀粉质原料是生产酱油中糖分、醇类、有机酸、酯类、色素及浓度的重要来源，与酱油的色、香、味、体等感官指标有重要关系。

1. 小麦

小麦是最为适宜的淀粉质原料。它不仅碳水化合物含量高，而且蛋白质含量也比较高（表2-2）。生产中常将小麦焙炒后粉碎用于制曲或直接磨粉后用麦粉或面粉进行制曲。

表2-2　小麦和麸皮原料的主要成分

原料	水分/%	蛋白质/%	粗脂肪/%	无氮浸出物/%	粗纤维素/%	灰分/%
小麦	10～15	9.8～13.1	1.9～2.0	67～72	1.6～2.3	1.5～1.9
麸皮	7～9	12～21	3～5	60	5～12	10～15

小麦的碳水化合物（无氮浸出物）包括含量65%左右的淀粉，主要存在于胚乳中，以及少量的蔗糖、葡萄糖、果糖和糊精等，主要存在于胚芽和麸皮中。这些碳水化合物在制曲过程中是曲霉的良好碳源，在发酵过程中，被逐步糖化，能增加酱油的甜味和固形物，也能被酵母菌、乳酸菌等利用发酵产生酒精和乳酸等，是酱油生香物质的前体。

小麦的蛋白质组成主要是麸蛋白和麦谷蛋白，统称为谷蛋白（也称面筋），谷蛋白的高级结构松弛，即使不经加热变性，也能比较容易地被酶水解。而且谷蛋白中谷氨酸含量比其他氨基酸高出5倍多，是重要的鲜味来源。

2. 麸皮

麸皮是小麦磨粉后的副产物。麸皮是比较理想的淀粉质原料。麸皮的成分因小麦的品种、产地以及制粉机械的不同而有一定差异。

麸皮的碳水化合物含量比小麦要低20%左右，生产中常用添加淀粉糖化液制醅发酵的方法以补充其不足。麸皮的碳水化合物中多聚戊糖的含量高达20%～40%，水解后生成大量的戊糖，非常有利于酱油香气物质和色素物质的形成。另外，麸皮的纤维素含量高，质地疏松，表面积大，有利于通风制曲和淋油；灰分（无机盐）和维生素的含量也显著高于小麦和面粉，能够满足霉菌生长繁殖需要，不必另加其他营养物质。然而，若麸皮的添加量过大，将降低酱油品质。因为麸皮中含有大约20%的多缩戊糖，这类五碳糖不能被酵母菌发酵，不能产生醇类物质，不利于改善酱油风味。特别是五碳糖形成的色素乌黑发暗，不及六碳糖（如葡萄糖）好。

3. 其他淀粉质原料

除了小麦、麸皮之外，各地就地取材，凡是含有淀粉而又无毒无异味的谷物，均可作为酱油生产的淀粉质原料，例如碎米、玉米、甘薯干、小米、高粱、大麦、米糠等。常用的各种淀粉质原料的主要成分见表2-3。

表 2-3　几种常用于酱油生产的淀粉质原料及其主要成分

种类	水分/%	粗蛋白/%	粗脂肪/%	粗淀粉/%	灰分/%
玉米	11.03	8.81	3.15	67.61	0.97
高粱	14.49	7.59	2.19	70.35	0.57
小米	12.20	11.40	4.82	64.90	1.88
碎米	9.15	7.19	0.69	74.31	0.43
甘薯干	10.90	2.30	3.20	70.20	2.00

（三）食盐

食盐是酱油生产不可缺少的主要原料之一，它使酱油具有适当的咸味，能提高鲜味口感，增加酱油的风味。食盐在发酵过程中相应减少杂菌污染，起到防腐的作用。酱油酿造用食用盐应符合GB 5461的规定。

（四）水

用于酱油生产的水必须符合生活饮用水卫生标准GB 5749。目前随着工业化的进展，酿造酱油用水多选用自来水，自来水需经过处理达到酿造水的要求方能使用。

三、酱油生产用的微生物及生化机制

酱油是曲霉、酵母和乳酸菌等微生物综合作用的产物。传统的酱油生产中，制曲是依靠野生微生物自然繁殖发酵，由于有杂菌的繁殖，曲的酶活力不高，原料利用率低，有的杂菌会使产品带有异味甚至产生有毒有害物质。20世纪30年代开始试用纯菌种制曲，50年代米曲霉优良菌株纯种发酵在全国推广之后，纯培养的耐盐酵母、耐盐乳酸菌也应用于酱醪发酵，用来增强酱油的风味。

（一）酱油酿造的主要微生物

1. 曲霉菌

（1）米曲霉（*Aspergillus oryzae*）米曲霉是酱油常用的发酵菌种。米曲霉通常为黄绿色，成熟后为黄褐色或绿褐色。分生孢子头呈放射形，顶囊近球形。以无性孢子繁殖为主。生长最适温度是32～35℃，低于28℃或高于40℃时生长缓慢，42℃以上停止生长。28～30℃时有利于蛋白酶和谷氨酰胺酶的生成。生长和产酶的最适pH值为6.5～6.8。

米曲霉属于好氧微生物，当氧气不足时，生长受到抑制，菌体细胞呼吸所产生的CO_2，少量时可能促进产酶，如果过多积聚于曲料中，对米曲霉的生长和产酶不利。故在选择米曲霉时，应考虑以下 4 个条件：①不产黄曲霉毒素或其他真菌毒素；②蛋白酶、淀粉酶活力高，有谷氨酰胺酶活力；③生长快速、培养条件粗放、抗杂菌能力强；④不产生异味，酿制的酱油香气好。目前国内常用的米曲霉菌株有 AS3.863、AS3.951、UE328、UE336、渝 3.811 等，每个菌株都有自己的优缺点。

（2）酱油曲霉（*Aspergillus sojae*） 酱油曲霉是酱油生产常用的发酵菌种，是 20 世纪 30 年代日本学者坂口从酱曲中分离而得的，其分生孢子表面有小突起，孢子梗表面平滑，培养成熟的菌落（34℃培养 7d）呈茶色、茶褐色、茶绿色。菌落直径 60～70mm，通常反面有褶、着色。

与米曲霉相比有如下特征：成曲中的碱性蛋白酶活力较强，通常产生曲酸，α-淀粉酶、酸性蛋白酶、酸性羧基肽酶活性较米曲霉低；所制成曲的 pH 值高于米曲霉成曲，通常 pH7 以上；柠檬酸等有机酸含量少；制曲过程中碳水化合物的消耗量少；酱醪黏度低；生酱油中残留的各种酶系酶量少，加热后沉降物少；生酱油中，还原糖、乙醇、氨的含量高，pH 值低；氧化褐变性强。

（3）黑曲霉（*Aspergillus niger*） 黑曲霉是曲霉属黑曲霉群的霉菌，菌丝厚绒状、呈白色，初生孢子为嫩黄色，2～3d 后全部变成褐黑色孢子，生长温度 37℃。在麸皮培养基上生长迅速，其抑制细菌能力强于米曲霉。黑曲霉具有较强的糖化酶及果胶酶、纤维素酶活力，并具有较强的酸性蛋白酶活力。黑曲霉还产生大量的纤维素酶以及能分解有机质生成多种有机酸。目前我国应用较多的黑曲霉有 AS3.350 黑曲霉和 AS3.324 甘薯曲霉。

2. 酵母菌

酵母菌对酱油风味和香气的形成有重要作用，能够适用于酱油发酵并给予酱油良好风味的酵母菌并不多，最常见的有鲁氏酵母（*Zygosaccharomyces rouxii*）和球拟酵母（*Torulopsis*）。在高盐稀态发酵工艺生产酱油时，在发酵初期，基质内存在多量糖分，pH 值在适宜生长的范围时鲁氏酵母迅速生长繁殖，进行旺盛的酒精发酵，产生乙醇和甘油。一般在制醅 45d 左右，鲁氏酵母菌体可达最大量。随着基质内糖分降低及含氮量的增多，鲁氏酵母已不适合生长，超过 90d 后几乎死亡和自溶，此时球拟酵母大量繁殖。球拟酵母产生的聚乙醇和 4-乙基愈创木酚对增强酱油风味有较大作用。

（1）鲁氏酵母（*Zygosaccharomyces rouxii*） 酱醅中典型的鲁氏酵母是大豆接合鲁氏酵母（*Zygosaccharomyces sojae*）和酱醪接合鲁氏酵母（*Zygosaccharomyces major*），它们都是耐盐性的非产膜酵母，在分类上是非常近缘的种属，其形态学和生理学差别较小；适宜生长温度为 28～30℃，最适 pH 值为 4～5。耐盐性强，能抗高渗透压，在含食盐 5%～8% 的培养基中生长良好，某些菌株在 18% 食盐浓度下仍能生长。在高食盐浓度下，其生长的 pH 值范围很窄，仅为 4.0～5.0。培养基中食盐浓度不同，其发酵糖类的能力也不同。在不添加食盐的基质中，能利用葡萄糖和麦芽糖发酵。食盐浓度 18% 的培养基中，能发酵葡萄糖，但几乎不发酵麦芽糖。

鲁氏酵母出现在主发酵期，属于增香酵母，约占酵母总数的 45%，对酱油酿造的影响最为重要。由于酱醪中糖含量高，pH 值适宜，酵母的酒精发酵旺盛，酱醪的酒精体积分数可达到 2%以上，同时生成少量甘油、琥珀酸以及其他多元醇、呋喃酮类等风味物质。此外，鲁氏酵母还能发酵糖类物质生成琥珀酸等，与嗜盐片球菌联合作用生成糠醇，产生特殊的酱油香气。鲁氏酵母的谷氨酰胺酶能转化底物生成谷氨酸而增强酱油的鲜味。另外，自溶后释放胞内物质也为酱油增添了鲜味。在发酵后期，随着发酵温度升高，鲁氏酵母开始自溶，促进了球拟酵母的生长，自溶的酵母又增添了酱油的鲜味。鲁氏酵母的添加，使成品酱油的风味纯正浓厚，即使添加量过大也不会造成负面影响。

(2) 球拟酵母 (*Torulopsis*)　球拟酵母属于酯香型酵母，能生成酱油的重要芳香成分。如4-乙基苯酚、4-乙基愈创木酚、2-苯乙醇、酯类等，与酱醅的香味有关。酱醅中重要的球拟酵母有易变球拟酵母 (*Torulopsis versatilis*)、埃契氏球拟酵母 (*Torulopsis etchellsii*)、蒙奇球拟酵母 (*Torulopsis mogii*)。

3. 乳酸菌

乳酸菌是一类能利用可发酵糖生成乳酸的细菌的总称。酱油乳酸菌是指生长在酱醅特定环境中的特殊的乳酸菌，此环境中生长的乳酸菌是耐盐的。乳酸菌的耐乳酸能力不强，因此不会因产生过量乳酸使酱醪pH值过低而造成酱醪腐败。天然发酵的酱醪中存在大量乳酸菌，对酱油品质的提升有着重要的作用。主要表现在以下几个方面：

(1) 改变发酵体系的pH值，促进酵母菌生长繁殖　鲁氏酵母和球拟酵母的发酵能够显著提升酱油的香味。当酱醅或酱醪pH值降低至5.2以下时，这些酵母能在高盐量的酱醪中生长，乳酸菌的繁殖促进了酱醪pH值下降，使之达到酵母活动的pH 5.2以下，从而促进酵母的繁殖。

适量的乳酸是构成酱油风味的重要因素之一，乳酸本身具有特殊香气而对酱油有调味和增香作用，而且与酵母产生的乙醇生成乳酸乙酯，也是一种重要的香气成分。一般酱油中乳酸含量在15g/L。

(2) 在制曲和发酵阶段抑制杂菌污染　乳酸菌是厌氧菌，在制曲过程中它生长在曲料团粒内部，而米曲霉、酱油曲霉是好氧菌，首先生长于曲料团粒的表面。随着曲霉的繁殖、产热，品温逐渐升高，乳酸菌的生长被抑制，在制曲过程中乳酸菌产生的乳酸能有效抑制小球菌、枯草芽孢杆菌、纳豆菌等不耐酸的杂菌生长繁殖。同时，乳酸菌随成曲进入酱醪，同样抑制杂菌的生长，对于发酵生香效果显著。

酱油酿造过程中具有代表性的乳酸菌有嗜盐片球菌 (*Pediococcus halophilus*)、酱油四联球菌 (*Tetracoccus sojae*)、植物乳杆菌 (*Lactobacillus plantarum*)。

(二) 酱油酿造的生化机制

在酱油生产过程中，主要原料经浸泡、蒸煮后，利用特定的微生物，通过对发酵参数如通气量、温度、湿度和微生物群落等有效控制，使成熟的酱醅中富含微生物酶系，利用这些酶使原料中大分子物质降解并进行生物转化。因此说，酱油酿造的生化机制实质是曲霉、酵母和乳酸菌等微生物酶协同作用的过程。

1. 蛋白质的分解

酱醅中的蛋白水解酶在制曲时由米曲霉产生。米曲霉可分泌3种蛋白酶：酸性蛋白酶(最适pH值为3)、中性蛋白酶 (最适pH值为7左右)、碱性蛋白酶 (最适pH值为8)。酱醅中的蛋白酶以中性和碱性蛋白酶为主，酸性蛋白酶较弱。

在发酵过程中，原料中蛋白质经微生物所产生的蛋白酶分解，生成分子量较小的氨基酸和小分子多肽等物质，成为酱油的营养成分和鲜味来源。某些氨基酸如谷氨酸、天冬氨酸等构成酱油的鲜味；某些氨基酸如甘氨酸、丙氨酸和色氨酸具有甜味；某些氨基酸如酪氨酸、色氨酸和苯丙氨酸产色效果显著，能氧化生成黑色及棕色化合物，形成酱油的颜色。因此蛋白质原料对酱油的色、香、味、体的形成至关重要，是生产酱油的主要原料。由于各种因素的影响，原料蛋白质在发酵过程中并不能完全分解为氨基酸，成熟酱醅中除含氨基酸外，还存在着朊、胨和肽等。成品酱油中氨基氮的含量应达到全氮的50%以上。

2. 淀粉糖化

制曲过程中，曲霉会分泌一系列的淀粉水解酶系，如α-淀粉酶、淀粉1,4-葡萄糖苷酶、β-淀粉酶、淀粉α-1，6-糊精酶和麦芽糖酶等，这些酶共同作用淀粉生成糊精和葡萄糖。生成的单糖构成酱油的甜味，有部分单糖被耐盐酵母及乳酸菌发酵生成醇和有机酸，成为酱油的风味成分。除葡萄糖外，还有果糖和五碳糖。果糖主要来源于豆粕（饼）中糖的水解，五碳糖来源于麸皮中的多缩戊糖。这些糖与酱油的色、香、味、体的形成密切相关。糖化作用的结果对酱油的风味有重要影响。糖化作用完全，酱油的甜味好，体态浓厚，无盐固形物高。

3. 有机酸的形成

有机酸是酱油的重要呈味物质，也是香气的重要组成成分。酱油中总酸在15g/L左右时，酱油风味柔和。酱油中含有多种脂肪酸，其中最重要的有乳酸、醋酸、琥珀酸、葡萄糖醛酸等。乳酸菌利用五碳糖（阿拉伯糖和木糖）发酵生成乳酸和醋酸；琥珀酸可经TCA循环产生，也可经谷氨酸氧化产生；葡萄糖醛酸则由葡萄糖经醋酸菌氧化生成。发酵过程中，米曲霉分泌的解脂酶使少量油脂水解生成脂肪酸和甘油。而甲酸、丙酸、丁酸、异戊酸、香草酸等是由相应的醛类物质氧化而成。

4. 酒精发酵

酒精发酵主要是酵母作用的结果。成曲入池后，酵母菌的繁殖情况与发酵温度密切相关，10℃时酵母菌只繁殖不发酵，30℃左右最适合酵母菌的繁殖和发酵，发酵温度超过40℃时酵母菌会发生自溶。酵母菌利用糖生成酒精和CO_2，并有少量副产物生成，如甘油、杂醇油、有机酸等。发酵产生的酒精并非完全存在于酱油中，其中一部分氧化生成有机酸类；一部分挥发散失；一部分与氨基酸及有机酸等化合生成酯类；微量残存在酱醪中构成酱油的香气。在固态低盐后熟发酵过程中，成曲接入鲁氏酵母和蒙奇球拟酵母，产生酒精、异戊醇、异丁醇和各种有机酸，可显著改善酱油的香气。

5. 酱油色香味体的形成

（1）酱油色的形成　酱油色素形成的主要途径有两条：一是通过美拉德反应最终形成褐色的类黑色素，这是最主要的生成途径；二是酶促褐变反应，由曲生成的多酚氧化酶将酪氨酸氧化成黑色素。与美拉德反应相比，通过酶促褐变反应生产的色素量则要少得多。酶促褐变在有氧条件进行，所生成的黑色素颜色要比非酶促褐变生成的要深。色素的形成，与原料的种类、配比、制曲和发酵温度、酱醅含水量等条件有关。

（2）酱油香气的形成　酱油的香气是决定酱油风味的重要因素。酱油的香气是各种香气成分的综合，成分复杂，香味包括烃类、醇类、酯类、醛类、醛缩醇类、酮类、酸类等。其中与酱油香味关系密切的有：①酒精。日本酿造酱油中酒精体积分数有高达2%以上的，一般也在1%左右。②酵母分解亮氨酸和异亮氨酸，生成的戊醇、异戊醇等各种醇，同时与有机酸经酯化生成酯类。③小麦和麸皮经曲霉和球拟酵母等微生物作用产生酚类后，转化为4-乙基愈创木酚(4EG)和4-乙基苯酚(4EP)。④呋喃酮类化合物4-羟基-2(5)-乙基-5(2)-甲基-3(2*H*)-呋喃酮(HEMF)，在酱油中以互变体形式存在。它的同族物4-羟基-2,5-二甲基-(2*H*)-呋喃酮(HDMF)和4-羟基-5甲基-3-(2*H*)-呋喃酮（HMMF）都是酱油的呈香物质。HEMF是酵母代谢产物，给酱油带来柔和的咸味，它是酱油中特殊香味成分。

（3）酱油味的形成　酱油是多种味调和的咸味调味品。主要包括：①咸味。酱油的咸味来自于食盐。②鲜味。谷氨酸、盐、天冬氨酸和部分甜味氨基酸的协同作用，是酱油鲜味的主要来源。鲜味物质主要来源于蛋白质的分解，有少部分由微生物代谢生成。霉菌、酵母菌和细菌中的核酸水解后生成鸟苷酸、肌肽酸和黄苷酸等呈味核苷酸，也是强鲜味物质。③甜味。甜味来源于常见的糖，如葡萄糖、果糖、麦芽糖等，以及一些氨基酸和多元醇。④酸味。酱油应在感官上不能感觉到酸味，但是有机酸对酱油的风味起着重要的调和作用。酱油中的有机酸以乳酸为代表，还包括乙酸、丙酮酸、琥珀酸、柠檬酸酸、α-酮戊二酸等。⑤苦味。苦味在酱油中含量少因而感觉不到，来源于酪氨酸和缬氨酸等苦味氨基酸及部分二肽，发酵过程中产生的乙醛，食盐中带入的 $MgCl_2$、$CaCl_2$ 等杂质。

（4）酱油体的形成　酱油的体指酱油的浓稠度，俗称为酱油的体态，由各种可溶性固形物构成。酱油固形物是指酱油水分蒸发后留下的不挥发性固体物质，主要有食盐和无盐固形物。无盐固形物包括可溶性蛋白质、氨基酸、维生素、矿物质、糊精、糖类和色素等。无盐固形物的含量高低也是酱油质量指标之一，最低控制在 80g/L 以上，优质酱油无盐固形物含量达到 200 g/L 以上。

四、酱油现代生产流程及技术参数

经过数千年的生产演变，尽管目前酿制酱油的方法各有不同，但是酱油生产的工序基本一致（图 2-1），均需经原料处理、菌种选择与种曲制备、成曲制备、发酵、取油及加热调配等过程。

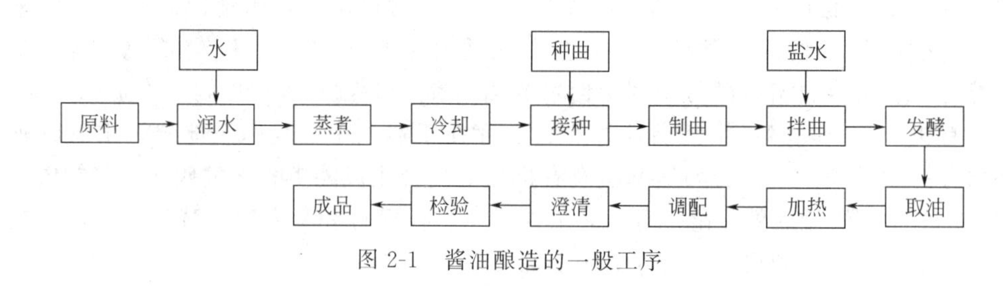

图 2-1　酱油酿造的一般工序

（一）原料处理

原料处理是酱油酿造的第一道重要工序。原料处理是否得当将直接影响到制曲的难易，成曲的质量的好坏，酱醅和酱醪的成熟，淋油及压榨的速度及出油率的多少等。

原料处理包括原料预处理、粉碎、润水、蒸煮，经过充分润水和蒸熟，使蛋白质达到适度变性，淀粉充分糊化，以利于米曲霉的生长繁殖和酶系、酶量的分泌及酶解作用。同时，通过蒸煮杀灭附着在原料上的杂菌，排除其在制曲过程中对制曲微生物生长的干扰。

1. 原料粉碎

不同的原料有不同的处理方法。如采用豆饼为原料，需要预先粉碎。豆粕、麸皮原料呈片粒状，一般不需要粉碎，如有较多团块，拣出或筛去即可。豆饼、小麦和玉米等原料一般需粉碎成粗粉状或破碎颗粒表皮，使淀粉暴露，以利于吸水蒸煮。粉碎后的原料颗粒大小要均匀，利于原料吸水和蒸熟程度均匀，同时有利于增大米曲霉繁殖的比表面积，使制曲过程大量分泌酶系。如果颗粒度太细呈粉末状，则会造成制曲时密度过大，不利于通风制曲，易污染厌氧细菌，影响米曲霉好氧生长，且在发酵时增加酱醅、酱醪黏度，影响出油率。

原料粉碎常采用锤式粉碎机，筛孔直径为 9mm。小麦原料破碎前一般需要经过焙炒，简易的可采用平锅，规模生产则采用炒麦机。炒熟小麦的淀粉达到糊化，易被酶解，对增色生香有利。炒熟的小麦再经破碎，与蒸熟的豆粕混合后进入下一道工序。

2. 加水润料

向原料中加入适量的水分，原料均匀而完全地吸收水分的过程称为润料或润粮。加水润料的目的是使原料中蛋白质含有一定量的水分，以便于在蒸煮时迅速达到适度变性，同时使原料中淀粉易于充分糊化，为曲霉生长提供碳素养分。另外还为曲霉生长繁殖提供必要的水分。

（1）加水量的确定　加水量的确定是酱油制曲过程中的关键步骤，直接关系到成曲的质量。微生物的生长繁殖要求基质中有一定的水分活度（A_w）。曲霉所需的 A_w 值较低，而细菌一般较高。因此，当曲料中的水分含量控制在曲霉能够生长，而又低于细菌生长所需要的最适 A_w 时，曲霉的孢子在短时间内就能吸水萌发长出菌丝，占据生长优势，抑制细菌的侵染。但水分过多，则不利于米曲霉的生长繁殖和酶的分泌，反而招致杂菌的繁殖，消耗掉大量的淀粉和蛋白质，产生较多的游离氨等不良气味，影响酱油的品质。如果水分较少，同样不利于曲霉的生长和酶的分泌，蒸煮时，也不利于原料蛋白质的变性。

原料加水量受原料水分、原料性质及配比、气候条件、蒸煮设备、制曲方法及保温通风等众多因素的影响。原料加水量的计算公式（未考虑蒸汽带入的冷凝水）如下：

$$m_{水}=\frac{w(m_1+m_2+m_3)-(m_1w_1+m_2w_2+m_3w_3)}{1-w}$$

式中　w——要求熟料水分，%；

$m_{水}$——加水量，kg；

m_1——豆粕的质量，kg；

m_2——麸皮的质量，kg；

m_3——小麦粉的质量，kg；

w_1——豆粕的水分，%；

w_2——麸皮的水分，%；

w_3——小麦的水分，%。

本计算公式未考虑蒸汽带入的水分，视蒸汽质量作适当扣除，一般蒸汽中的水分约为总原料的5%～10%。

（2）润料设备　润料设备是与蒸料设备相匹配的。中小型厂多用常压蒸料，将原料加水后用扬料机扬料1～3遍，将料和水拌匀，然后静置润水半小时左右。采用旋转式蒸煮锅蒸料，加水润料均在旋转式蒸煮锅内进行。采用连续蒸煮装置蒸料，在连续蒸煮装置的洒水绞笼中加水润料。

3. 蒸料

（1）蒸料的目的及要求　蒸料的目的首先是使原料中的蛋白质完全适度地变性，使原料的细胞组织松散，有利于制曲微生物所产生的蛋白酶系分解。其次，蒸料过程可使淀粉吸水膨胀而达到糊化程度，并产生少量糖类供制曲微生物生长繁殖利用。同时，蒸料过程的高温处理可杀灭附着在原料上的微生物，提高制曲的安全性。

蒸料并不是一个简单的加热蒸煮过程，必须精确掌握蒸煮压力、温度和时间，才能使原料蛋白质完全适度变性，提高原料蛋白质利用率和酱油质量。如果加水不足或压力偏低或时间过短，原料未蒸熟，其中的部分蛋白质还未达到适度变性，这部分蛋白质不能被蛋白酶水解，保留在生酱油中，一旦生酱油加水稀释或加热，就会出现浑浊，静置一段时间析出淡黄色或白色沉淀，一般称此现象为N性，此浑浊或沉淀物称为N性物质。如果高温长时间蒸料，原料中的蛋白质则会发生过度变性，即松散紊乱状态的蛋白质又重新组织，因而也不能被蛋白酶水解，并且不溶于（盐）水和酱油。同时在高温长时间蒸料过程中，原料的糖类与肽、氨基酸等含氮化合物发生复杂的美拉德反应，使熟料呈深红褐色。这些也都会降低原料蛋白质的利用率。

蒸料要求达到一熟、二软、三疏松、四不粘手、五无夹心、六有熟料固有的色泽和香气。蒸料质量常用熟料的消化率表示，消化率是熟料中能被蛋白酶水解的蛋白质的量占熟料总蛋白质的量的百分含量。蒸料质量与蒸料温度、时间、压力变化等密切相关。目前许多厂采用“高短法”蒸料，即高温短时间蒸料，短时间内脱压降温。和原来的低温长时间蒸煮相比，消化率大大提高，原料蛋白质基本上达到了完全适度地变性。

（2）蒸料的设备及方法　目前我国酱油生产厂采用的蒸料设备可分为 3 类，中小型厂仍然使用常压蒸煮设备，大多数厂家采用旋转式蒸煮锅，少数厂家开始采用更为先进的连续蒸煮装置。

① 常压蒸煮设备　最简易的常压蒸煮设备就是用木质蒸桶或多节蒸笼，置于大锅上，利用锅内的水沸腾后产生蒸汽进行蒸料。有蒸汽供应的工厂，采用蒸桶或方形铁箱，底部装有蒸汽盘管，盘管上安装假底，侧面开有卸料门，上加木盖或麻袋布保温。常压蒸煮设备结构简单，便于操作。但是曲料蒸熟不易均匀，有未变性的蛋白质存在，原料蛋白质利用率最高仅 70%左右，而且耗能多，进出料劳动强度大。

② 旋转蒸煮设备　旋转蒸煮设备的特点是可做 360°旋转，原料可以通过真空泵吸入锅内，润料、蒸煮均在旋转状态中进行，所以润料、蒸煮均匀，不易产生 N 性物质。而且操作基本上能实现机械化，减轻了劳动强度，目前被国内大多数企业所采用。

旋转蒸煮锅的锅体以立式双头锥为主，也有球形的。其容积一般为 5～6m^3。旋转装置由电动机、变速箱、实心轴和空心轴组成（如图 2-2 所示），可使锅体做 360°旋转运动，促使锅内曲料蒸煮均匀。冷却排气管和水力喷射器相连，蒸料毕，利用水力喷射器抽真空，使锅内压力迅速下降，锅内水分在低压下大量蒸发，带走大量热量，曲料在短时间内被脱压冷却。

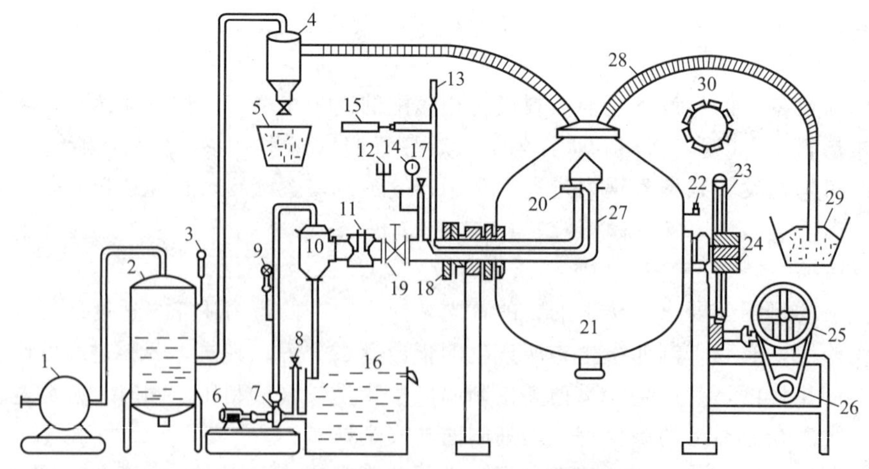

图 2-2　旋转式蒸煮锅（无假底）装置示意图

1，3—真空泵；2—水过滤器；4—旋风分离器；5—贮尘桶；6，26—电动机；7—水泵；8—给水管阀；9—压力表；10—水力喷射器；11—单向阀；12—安全阀；13—加水管；14—压力真空表；15—蒸汽管；16—贮水池；17—排气管阀；18—空心轴及填料匣；19—闸门阀；20—喷水及喷汽管；21—转锅体；22—温度计；23—正齿轮；24—实心轴；25—涡轮变速箱；27—冷却排气管；28—进料软管；29—进料斗；30—蒸料锅盖

③ FM 连续蒸煮设备　FM 连续蒸煮设备是 20 世纪 70 年代由日本藤原酿造机械有限公司研发成功，目前在国内已有制造和使用。原料通过第 1 节洒水绞龙润料，进入第 2 节预蒸不锈钢金属网绞龙，然后进入第 3 节由回转阀随着金属网的移动进行加压蒸煮，最后通过减压室脱压出料。料层厚度约 20cm，压力 0.18～0.20MPa，蒸煮时间为 3min。该设备的特点是连续润料、蒸料，机械化程度高，原料蛋白质达到适度变性，适用于大型企业。

FM 连续蒸煮设备示意图见图 2-3。该装置生产能力为 2t/h 脱脂大豆，所用锅炉蒸发量 21t/h，传热面积 49.7m^2，常用压力 800kPa。

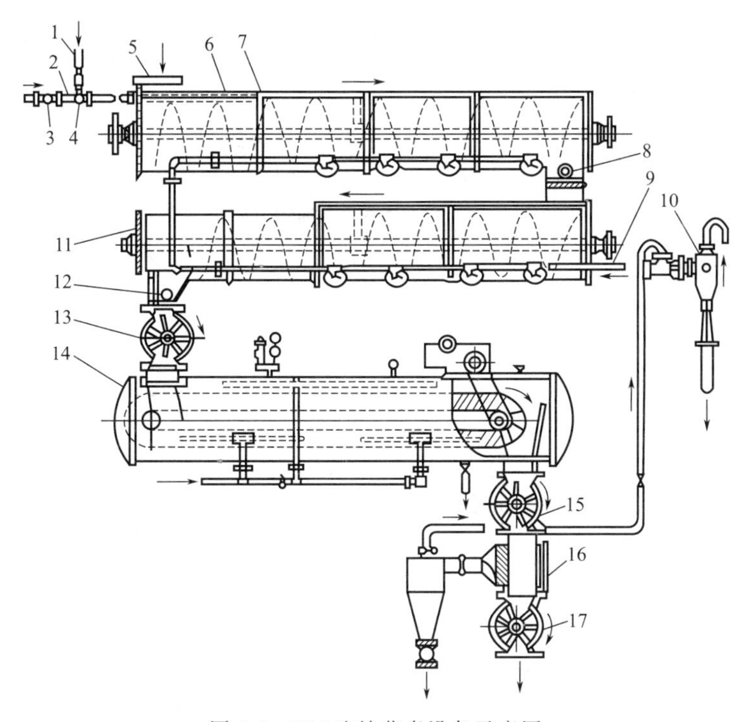

图 2-3　FM 连续蒸煮设备示意图

1，9—蒸汽管；2—水管；3—流量计；4—温水装置；5—原料入口；
6—洒水管；7—第 1 次浸渍绞龙；8，12—温度计；10—喷射冷凝器；11—第 2 次浸渍绞龙；
13—旋转阀；14—横置圆筒蒸煮罐；15，17—旋转阀；16—减压室

由于蒸煮温度高，大豆组织异常软化而发黏，尤其采用 150％洒水量时最为明显，很难采用螺旋输送装置。FM 连续蒸煮装置采用了网状传送带式连续蒸煮装置，其主要运行参数如表 2-4 所示。

表 2-4　FM 连续蒸煮装置主要运行参数

项目	运行参数	项目	运行参数
投料至洒水	5min	水力喷射泵	2666～4000Pa
通过第 1 次浸渍绞龙	7min（无压）	减压室入口温度	80℃
通过第 2 次浸渍绞龙	8min（无压）	减压室末端温度	70℃
通过横置圆筒蒸煮罐	3min,压力 170kPa	减压室入口水分	64％～65％
第一旋转阀	温度 90℃	减压室末端水分	62％～63％
横置圆筒蒸煮罐	温度 130℃	混合料温度	30℃
第三旋转阀	温度 90℃		

这套设备的脱脂大豆浸渍采用 70℃温水，每 6h 用水量为 2600L。全部操作只需 1 人完成。洒水量一般采用 130％，实际含水量达 64％。FM 连续蒸煮罐与旋转蒸煮罐的蒸料方法

比较见表 2-5。

表 2-5 FM 连续蒸煮罐与 NK 式旋转蒸煮罐的蒸料方法比较

项目	FM 连续蒸煮罐蒸料	NK 式旋转蒸煮罐蒸料
加热方式	连续式	间歇式
洒水量	120%～130%	105%～110%
洒水温度	70～90℃	冷水
吸水时间	约 16min	约 20min
蒸煮压力及时间	0.16～0.18MPa，4～6min	0.1MPa，40min
冷却时间	急速冷却	约 10min

（二）菌种选择与种曲制备

种曲即酱油酿造制曲时所用的种子，它是由生产所需要的菌种，例如米曲霉、酱油曲霉、黑曲霉等经培养而得的含有大量孢子的曲种。制种曲的目的是要获得大量纯菌种，要求菌丝发育健壮、产酶能力强、孢子数量多、孢子发芽率高、杂菌少。

1. 菌种的选择

在种曲制备过程中，选择性状优良的菌种十分关键。酱油种曲制备所需要的优良菌种应具备以下条件：①安全性好，不产生黄曲霉毒素等真菌毒素及其他有毒成分；②酶系全、酶活力高，其中蛋白酶（尤其是酸性蛋白酶）、淀粉酶（糖化酶）活力高，具有高谷氨酰胺酶活力；③繁殖力旺盛，抗杂菌能力强；④菌种纯，性能稳定；⑤制曲过程中碳水化合物消耗少；⑥香味好，不产生异味，酿制的酱油风味好，产率高。

目前我国酱油生产使用菌株主要为米曲霉沪酿 3.042，即 AS3.951。该菌种分泌的蛋白酶和淀粉酶活力很强，繁殖较快，发酵时间仅为 24 h；对杂菌有非常强的抵抗能力；用其制造的酱油质量十分优良；不会产生黄曲霉毒素等，不易变异。此外，还有一些性能优良的菌株，也逐渐被酿造厂采用，如上海酿造科学研究所的 UE336，重庆市酿造科学研究所的 3.811，江南大学的 961 等。近几年采用黑曲霉 AS3.350 或 F27 与米曲霉混合制曲也逐渐得到推广。混合制曲可丰富酶系，提高原料利用率。

2. 试管菌种培养与种曲制备

（1）试管菌种培养　制备豆汁或米曲汁培养基，灭菌后分装制成试管斜面，将米曲霉接种入斜面。斜面培养基接种后，30℃恒温培养 3d，长满茂盛的孢子即可。斜面菌种如不及时使用，可置 4℃冰箱保存 1～3 个月。对于长期保存菌种，可采用石蜡保藏法、砂土管保藏法或麸皮管保藏法。如果菌种出现退化现象，如菌丝变短，颜色改变，孢子生长不整齐或明显减少甚至不能形成，酶活力降低等，应进行分离复壮。生产中一般在传代 3～4 次后就要进行分离复壮。

（2）种曲制备　采用麸皮培养基在三角瓶中进行菌种扩大培养。培养基配方为：麸皮 80g、面粉 20g、水 95～100mL，或麸皮 85g、豆饼粉 15g、水 95mL。将培养基原料混匀后，分装于在 250mL 三角瓶内，料厚度约 1cm，121℃湿热灭菌 30min，灭菌后趁热把曲料摇散。

待曲料冷至室温后，在无菌操作环境下接种试管菌种孢子 1～2 环，充分摇匀后，于 30℃培养 36～48h，菌丝充分生长结块后进行扣瓶，即将三角瓶斜倒，使底部曲料翻转悬空在三角瓶中，与空气充分接触。继续培养 1d，待全部长满黄绿色孢子即可。培养好的种曲及时使用，如果短时间保存，可置于 4℃冰箱中，但放置时间不宜超过 10d。

三角瓶培养的种曲质量要求孢子发育肥状、整齐、稠密、布满培养料，米曲霉呈鲜艳黄绿色，黑曲霉呈新鲜黑褐色；有曲霉特有的香味，无异味，无杂菌，内无白心。孢子数（个/g干基，血细胞计数板测定）米曲霉沪酿3.042达90亿个/g，黑曲霉F27达80亿个/g以上，黑曲霉AS3.350达200亿个/g；且孢子发芽率在90%以上。

一些小型酱油生产厂由于产量小，所用种曲量也少，可将三角瓶种曲直接作为种曲使用。但对大中型酱油厂而言，三角瓶种曲不够量，因此常以三角瓶种曲为菌种进一步扩大培养。目前大多数大型酱油生产企业采用通风曲箱制作种曲。在长方形通风曲箱（3.5m×1.6m×0.4m）中，曲料厚度可达到12cm，间歇通风培养70h制成种曲，其种曲质量稳定，杂菌少，酱油出品率提高，并减轻了工人劳动强度。

（三）成曲制备

成曲的制备过程简称制曲。制曲是我国酿造工业的一项传统技术，其实质是固体发酵过程，即创造曲霉菌适宜的生长条件，促使曲霉充分生长繁殖，分泌出高活力的蛋白酶、淀粉酶等酶系，为制醅发酵打下良好基础。

制曲多采用纯种制曲。根据制曲方式，分为液体曲和固体曲。液体曲研究开始于20世纪50年代，是采用液体培养基接入曲霉进行培养的一种方法，适合于管道化和自动化生产，生产周期短。但液体曲酿制的成品风味欠佳、色泽浅。固体曲使用广泛，制曲方法有厚层机械通风制曲、曲盘制曲、圆盘式机械制曲等。其中使用最为广泛的是厚层机械通风制曲法，它具有曲层厚、设备利用率高、节约人力、操作适合于机械化、成曲酶活力高等优点。

厚层机械通风制曲的主要设备见图2-4。

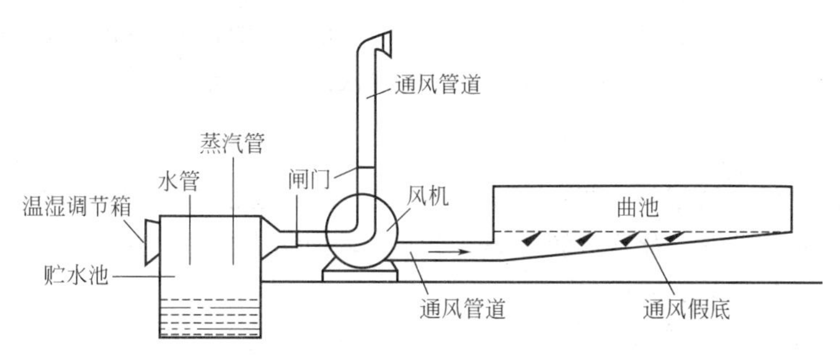

图2-4　厚层机械通风制曲示意图

将接种后的物料送入曲池，曲料厚度一般为30cm左右。利用风机供氧，调节温湿度，米曲霉经过4个阶段：孢子发芽期→菌丝生长期→菌丝繁殖期→孢子着生期，在较厚的曲料上生长繁殖和积累酶系，培养22～26h时曲呈淡黄绿色即可出曲。

旋转圆盘式自动制曲机最初是由日本人设计生产的。主要结构包括圆盘曲床、保温室、顶棚、夹顶、进料器、刮平装置、翻曲装置、出曲装置、测温装置、空调通风以及电器控制等。以多孔圆板的旋转体为培养床，四周有一圈挡板，防止曲料散落。曲料的加入、摊平、通风、测温和出曲均可实现自动化，单人操作即可。全机为封闭式，因而成曲杂菌少，质量高。旋转圆盘式自动制曲是今后制曲发展的方向。

（四）发酵

酱油的发酵是指将成曲拌入盐水，装入发酵容器内，采用保温或者不保温方式，利用曲中的酶和微生物的作用，将酱醅（醪）中的物料分解、转化，形成独特色、香、味、体成分的过程。如果成曲拌入盐水量多，呈浓稠的半流动状态的混合物，称为酱醪；如果成曲拌入盐水量少，呈不流动状态的混合物，称为酱醅。

我国的酱油生产工艺繁多。根据发酵加水量的不同分为稀醪发酵、固态发酵、固稀发酵；根据加盐量的不同分为有盐发酵、低盐发酵、无盐发酵；根据发酵时保温方式不同分为自然发酵和保温速酿发酵；根据发酵过程物料状态和含盐量多少分为低盐固态发酵、高盐稀态发酵和固稀发酵等。目前国内酱油酿造厂普遍采用的有低盐固态发酵工艺和高盐稀态发酵工艺。传统的天然晒露发酵工艺因其酿造的酱油酱香浓郁、风味醇厚、色泽饱满，近几年来各大酱油生产企业又恢复使用此工艺生产。

1. 低盐固态发酵

低盐固态发酵工艺是 20 世纪 60 年代初，我国研究的一种发酵工艺，它综合了几种发酵工艺的优点，具有管理方便、蛋白质利用率高、产品质量稳定等优点，但产品风味和色泽不及天然晒露法和高盐稀态法酱油。目前我国大多数酱油生产企业仍采用低盐固态发酵法进行酱油酿制。由于不同地区不同厂家使用的设备、原料等不同，低盐固态发酵又可分为低盐固态发酵移池浸出法、低盐固态发酵原池浸出法和低盐固态淋浇发酵浸出法。

（1）低盐固态发酵移池浸出法　发酵池不设假底，发酵结束后，把酱醅移至淋油池淋油。我国北方地区应用较多。

① 工艺流程　低盐固态发酵移池浸出法工艺流程见图 2-5。

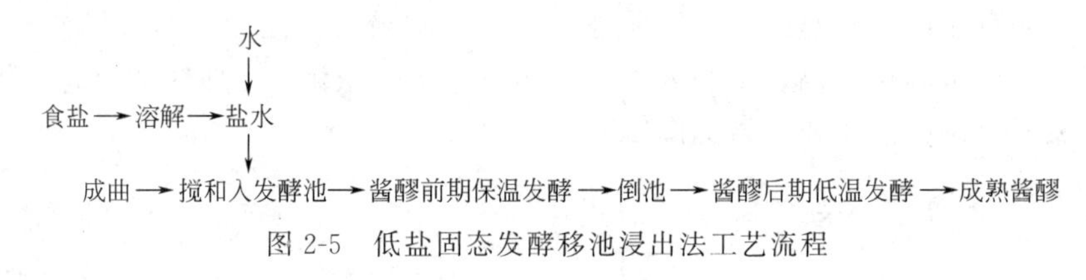

图 2-5　低盐固态发酵移池浸出法工艺流程

② 操作要点

a. 盐水调制　将食盐溶解，调整到 11～13°Bé，盐浓度过高会抑制酶的作用，影响发酵速度；浓度过低则可能污染杂菌，使酱醪 pH 下降，抑制中性、碱性蛋白酶的作用，甚至引起酱醪酸败，影响发酵正常进行。

b. 拌曲盐水温度　夏季盐水 40～45℃，冬季 50～55℃。入池后，酱醪品温控制在 40～45℃。盐水温度过高会使成曲中的酶活性降低，甚至失活。

c. 拌曲盐水量　拌曲盐水量一般控制酱醪水分在 50%～53%。拌水量的多少对分解率与原料的利用率关系密切。拌水量少，酱醅温度升高快，对酱油色泽的提高很有效，但对原料水解率与原料的利用率不利；拌水量多虽对水解率与原料的利用率有利，但酱醅不易升温，酱油色泽淡。拌曲盐水量可根据以下公式计算：

$$\text{拌曲盐水量}=\frac{\text{曲重}\times(\text{酱醅要求水分}\%-\text{取得水分}\%)}{(1-\text{NaCl}\%)-\text{酱醅要求水分}}$$

d. 保温发酵　发酵前期，使温度控制在 40～45℃，此温度是蛋白酶的最适作用温度，维持 15d 左右，水解完成。如后期补盐，使酱醪含盐量达 15%以上，后期发酵温度可以控制在 33℃左右，此时酵母菌和乳酸菌生长发酵。整个发酵周期为 25～30d。国内一些工厂由于设备条件限制，发酵周期多在 20d 左右。为使发酵在较短时间内完成，可适当提高酱醪温度，但不宜超过 50℃，否则会破坏蛋白酶，肽酶和谷氨酰胺酶也会很快失活。

e. 倒池　倒池可以使酱醪各部分温度、盐分、水分以及酶的浓度趋向均匀，并可使酱醪内部产生的有害气体挥发，增加酱醪含氧量，防止厌氧菌生长，以促进有益微生物繁殖。倒池的次数依据总体的发酵情况而定。发酵周期为20d时，只需在9～10d倒池一次；发酵周期为25～30d时，可倒池2次。

（2）低盐固态发酵原池浸出法　该方法发酵和淋油在同一池中进行，发酵池下设置阀门，发酵完毕，放入冲淋盐水浸泡后，打开阀门即可淋油。其他步骤与移池操作基本相同，不必考虑移池操作对淋油的影响。酱醪含水量可增大到57%左右，这样的含水量有利于蛋白酶的水解作用，提高全氮利用率。同时，由于醅中水分较大，酱醅不易焦化而产生焦煳气味，有利于酱油质量的提高。

（3）低盐固态淋浇发酵浸出法　淋浇即在发酵前期，将积累在发酵池假底下的酱汁，用泵抽回浇于酱醅表面，使酱汁布满酱醅整个表面均匀下渗，将渗漏的酶液再回到酱醅中充分发挥其作用，还可以补充表面水分，减少氧化层，及时调节酱醅温度使上下层温度一致。发酵后期通过浇淋可向酱醅中补加浓盐水、耐盐性乳酸菌和酵母菌培养液，迅速把品温降至30℃左右，以促进发酵作用和后熟作用。因而能在较短的发酵时间内，增进酱油风味，能够很好地解决固态低盐发酵工艺酱油风味差的问题。

其具体操作方法：制醅入池（制醅方法同移池淋油发酵），表面不进行盐封。发酵前期14～15d，保持品温40～45℃。从酱醅入池次日浇淋一次，以后每隔4～5d浇淋一次，前期共需浇淋3～4次。转入发酵后期，通过浇淋，补加浓盐水和乳酸菌、酵母菌培养液，使酱醅含盐量达15%以上，品温降至30℃左右，维持此品温进行后期发酵。第2天及第3天再分别浇淋一次，使菌液分布均匀，品温达到一致。后期发酵14～15d，酱醅成熟即可出油。

2. 高盐稀态发酵

高盐稀态发酵法是指成曲中加入较多盐水，使酱醪呈流动状态进行发酵。由于酱醪中含水量高，原料组分溶解性好，酶活性强，有益微生物的发酵作用以及后熟作用进行得比较充分，所以原料利用率和酱油风味均优于固态发酵。另外酱稀醪保温输送方便，适于大规模机械化生产。但由于发酵周期较长，需要较多的发酵设备，以及输送、搅拌和压榨取油设备，酿造出的酱油色泽较淡。在20世纪40～50年代，国内大型厂曾采用过稀醪保温发酵工艺，后来都改用了固态低盐发酵工艺。70年代后期，在稀醪保温发酵工艺的基础上演变出的稀醪低温发酵新工艺被国内外不少厂家采用，以酿制高级酱油。高盐稀态低温发酵酱油香味浓郁、口味醇厚，将是我国优质酱油的主流生产工艺。

根据发酵温度不同，高盐稀态发酵又分为稀醪常温发酵、稀醪保温发酵和稀醪低温发酵。常温发酵的酱醪温度随气温高低自然升降，酱醪成熟缓慢，发酵时间较长。

（1）稀醪常温发酵（日晒夜露法）　稀醪常温发酵是历史上最早使用的酱油生产方法。一般在低温的春季制醪发酵，随气温逐步上升，至三伏季节处于高温阶段，发酵达到最高峰。到秋季进入后熟阶段。在稀态发酵期间，采用日晒夜露的方法，酱醪温度随气温高低自然升降，发酵期3～6个月。该工艺在日照时间长、年平均气温高的南方广泛应用。如广东的生抽王、老抽等产品多是采用这种工艺生产。其生产工艺如图2-6所示。

成曲加入220%～250%、19～20°Bé的盐水，搅拌均匀后送入发酵池或露天发酵罐（为全密封式）进行自然晒露发酵，时间4～6个月。在第一周内，每天用压缩空气或人工搅拌2次，使酱醪浓度、温度一致，酶体溶出，促进反应。以后可根据发酵情况，每日或间隔一日搅拌1次，直至酱醪成熟。

（2）稀醪保温发酵　稀醪保温发酵亦称温酿稀发酵，成曲加入220%～250%、19～20

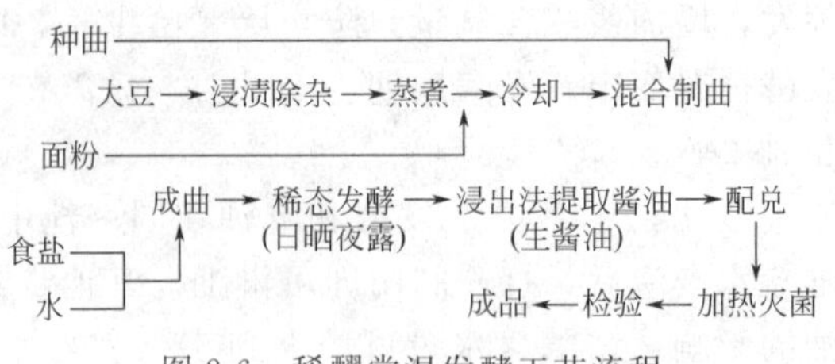

图 2-6　稀醪常温发酵工艺流程

°Bé的盐水，搅拌均匀后送入发酵池或露天发酵罐。根据保温温度不同，又可分为消化型、发酵型、一贯型和低温型。

① 消化型　酱醅发酵初期温度较高，一般可达到 42～45℃，保持 15d，酱醅主要成分全氮及氨基酸生成速度基本达到高峰，然后逐步降低发酵温度，促使耐盐酵母大量繁殖进行酒精发酵，同时使酱醪成熟。发酵周期为 3 个月，产品口味浓厚，酱香气较浓，色泽比其他类型深。

② 发酵型　温度是先低后高。酱醅先经过较低温度缓慢进行酒精发酵，然后逐渐将发酵温度上升至 42～45℃，使蛋白质分解作用和淀粉糖化作用完全，同时促使酱醅成熟。发酵周期为 3 个月。

③ 一贯型　酱醪发酵温度始终保持 42℃左右，耐盐耐高温的酵母菌也会缓慢地进行酒精发酵。发酵周期一般为 2 个月，酱醪即可成熟。

④ 低温型　酱醅发酵温度在 15℃维持 30d。目的是抑制乳酸菌的生长繁殖，同时保持酱醅 pH7 左右，使中性和碱性蛋白酶及谷氨酰胺酶能充分发挥作用，有利于谷氨酸生成和提高蛋白质利用率。30d 后，发酵温度逐步升高开始乳酸发酵。当 pH 下降至 5.3～5.5，品温到 22～25℃时，鲁氏酵母菌开始酒精发酵，温度升到 30℃是酒精发酵最旺盛时期。下池 2 个月后 pH 降到 5 以下，酒精发酵基本结束，而酱醅继续保持在 28～30℃ 4 个月以上，酱醅达到成熟。在此时期，球拟酵母大量繁殖，分解五碳糖生成 4-乙基愈创木酚，使酱油具有特殊的酱香。

3. 固稀发酵

固稀发酵是以脱脂大豆和小麦为主要原料，经过前期固态发酵和后期稀发酵两个阶段酿造酱油的工艺。

将蒸熟的脱脂大豆与焙炒破碎的小麦混合均匀，冷却到 40℃以下，接入种曲。种曲用量为 2%～3%，混合均匀后移入曲池制曲，曲层厚度为 25～30cm，品温控制在 30～32℃，最高不得超过 35℃，曲室温度 28～32℃，曲室相对湿度在 90%以上，制曲时间 3d。在制曲过程中应进行 2～3 次翻曲，获得成曲。成曲与温度为 45～50℃、浓度为 12～14°Bé盐水按 1∶1均匀混合入发酵池进行固态发酵。为防止酱醅氧化，应在酱醅表面撒上盖面盐。固态发酵时间 14d 后，加入二次盐水，进入稀态发酵。二次盐水浓度为 18°Bé，温度为 35～37℃，二次盐水加入量为成曲原料的 1.5 倍，加入二次盐水后酱醅成稀醪状，然后进行保温稀发酵。保温稀发酵保持品温 35～37℃，发酵时间 15～20d。后期发酵温度 28～30℃，发酵时间 30～50d。

在保温稀发酵阶段，应采用压缩空气对酱醪进行搅拌。

（五）酱油的提取

酱油的提取方法根据生产规模和生产工艺不同而不同，天然晒露发酵、稀醪发酵和固稀发酵一般采用压榨法取油。而固态低盐发酵和固态无盐发酵一般采用浸出法取油。

1. 浸出法

浸出法是我国1959年根据饴糖生产中"淋缸"的原理开发的一种酱油提取技术，取代了传统的杠杆式压榨工序。

浸出法包括浸泡和滤油两大步骤。浸泡的目的是使酱醅中的可溶性物质尽可能多地溶入浸提液中。影响浸提效率的主要因素包括浸出物的分子量、浸泡温度和被浸出物质在浸提液中和酱醅中的浓度差等。酱醅中的糖、盐分等小分子物质很容易溶出，而含氮大分子溶出的速度较慢，需要长时间浸泡。浸泡温度越高，浸出物越容易溶出。浸提液量大，浓度低，则浸出物量多，需要的浸泡时间短。影响滤油的因素主要有过滤面积、酱醅阻力等。酱醅阻力主要与酱醅的疏松程度和厚度有关。酱醅越疏松，酱醅层越薄，过滤速度越快。如果成曲质量差，或发酵不彻底，酱醅发黏，则大大减慢过滤速度。

酱油的浸出工艺流程如图2-7所示。

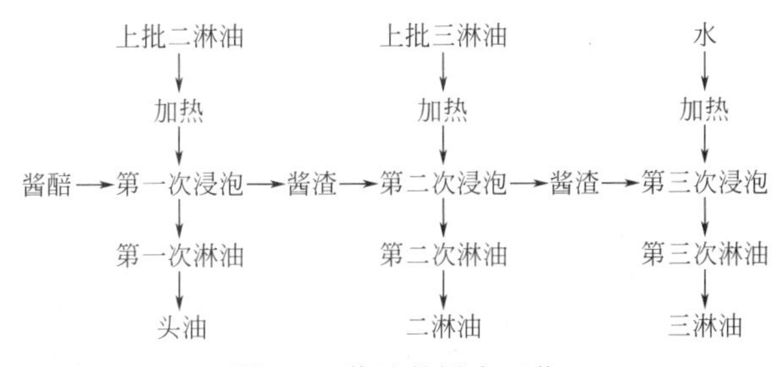

图2-7 酱油的浸出工艺

酱醅成熟后，如果是原池淋油发酵，在发酵池中直接加入上批二淋油浸泡。如果是移池淋油，先将酱醅移入淋油池。淋油池的结构和带假底的发酵池相似，但面积更大。移池时要注意轻取轻放，过筛入池。醅面应平整，以保证淋油池各处疏密一致，浸泡均匀。二淋油的加入量视产品规格、原料出品率而定。二淋油先预热至80℃左右，以保证浸泡温度在60℃以上。加入二淋油时，注意水流要缓慢分散，以免破坏醅层的疏松结构。

浸泡2h左右，酱醅慢慢上浮，然后逐步散开。如果酱醅整块上浮后，一直不散开，则说明发酵不好，酱醅发黏，滤油会受到一定的影响。浸池6h左右，淋出头油流入酱油池内。池内预先加入食盐，流出的头油通过盐层将食盐逐渐溶解。

当头油即将滤完，酱渣刚露出液面时，加入80℃左右的上批三淋油，浸泡2h左右，淋出入二油池，按同样的方法溶解食盐，即为二淋油，70℃保温保存，以供下批淋头油用。

待二淋油即将滤完，再加入上批四淋油，浸泡2h左右，淋出得三油。最后加入清水，浸泡1h，淋出得四油。淋出的三油、四油同样应保温保存，以免污染杂菌，影响下批生产。

淋油完毕，要求酱渣（干基）中食盐及可溶性无盐固形物含量均不得高于1%（原料配比是豆饼∶麸皮为6∶4）。酱渣主要用作饲料，也有些厂用于生产种曲。

2. 压榨法

随着生产规模扩大，压榨取油逐渐兴起，最早使用的压榨设备为杠杆式压榨机。此后又经历了螺旋式压榨机、水压式压榨机。从结构或滤布材质上都有很大改进，生产效率更高，劳动强度也逐步降低。

（1）杠杆式压榨机　杠杆式压榨机是早期使用的酱油压榨设备，将成熟的酱醅装入布袋置于木榨箱中，利用杠杆一端悬挂重石榨取酱油。其结构主要有支架、支脚、杠杆、底板、榨箱、盖板、拉杆及加压架。取成熟豆酱置于缸内，加入母油和匀，灌入布袋内，压榨后得套油。套油中再加成熟豆酱轧出双套油。由头渣及二渣加盐水套榨母油。该设备劳动强度大，生产能力小。

(2) 螺旋式压榨机　螺旋式压榨机的榨箱有木制的，也有用钢筋水泥的。榨袋用布袋或麻袋。将成熟的酱醅加入相同数量的盐水混合成酱醪后浸泡 1d，榨出头油，头渣中加入盐水用量约为酱的 80%（根据出品率而定），搅匀后，压榨出二油，加盐至 20°Bé左右，作为下次榨头油用。二渣再加入淡水，用量约为酱的 70%，压榨出油，加盐至 17°Bé，作为下次榨二油用。经过第 3 次压榨后，残渣从袋中取出。

(3) 水压式压榨机　水压式压榨机的榨箱全部采用钢筋水泥。将酱醪灌入榨袋压榨，初淋出来的酱油比较浑浊，用此酱油冲洗榨箱（袋）壁酱醪，待淋出酱油清澈后，开始逐渐加压，直至榨干后，从麻袋中取出头渣。头渣很坚硬，须以机械轧碎，再放置于贮醪池内，加入三油浸泡，并以压缩空气不断翻拌使之成稠厚的酱醪状，再次装袋榨干。一般稀醪发酵的酱醪要压榨 2～3 次。

（六）酱油的加热调配

1. 加热

从酱醅中浸淋或压榨出的酱油称为生酱油，生酱油需经加热灭菌和调配后才能成为各种等级的成品酱油。通过加热，杀死某些耐盐微生物，如耐盐酵母；破坏微生物所产生的酶，特别是脱羧酶和分解核酸的磷酸单酯酶，避免继续分解氨基酸而降低酱油的质量；除去悬浮物；调和香气；促进氨基酸、糖等化合物发生反应生成色素，从而增加酱油的色泽。

酱油的加热温度，因品种不同而异。高级酱油具有浓厚风味，且固形物含量高，因为加热会使有些风味成分挥发，甚至产生焦煳味而影响质量，因此加热温度不宜过高。而对于固形物含量低、香味差的酱油，加热温度可适当提高。一般采用 65～70℃处理 30min；也可采用 80℃连续杀菌。高温长时间的处理容易导致酱油中低沸点的风味物质损失，因此酱油的灭菌也常采用高温瞬时杀菌。

2. 调配

由于生产过程中原料、操作、管理等的差异，每批酱油的质量不尽相同，各有优劣。但要求出厂的成品酱油应不低于国家质量标准的等级所规定的各项指标，并保持本厂产品的风格。所以，要根据国家质量标准和本厂标准，将不同批次质量不同的酱油进行调配（俗称拼格），同时调配过程中添加某些添加剂，可调整产品的风味，提高产品的保质期。常用于调整鲜味成分的有谷氨酸钠（味精）、鸟苷酸、肌苷酸等；调整甜味成分的有砂糖、甘草、饴糖等；调整芳香成分的有花椒、丁香、桂皮（浸提液）等；用作防腐剂的有苯甲酸钠、山梨酸钾等。

（七）酱油的贮存及包装

已经配制合格的酱油，在进入包装工序之前，要经过一定时间的贮存期。贮存对于改善风味和体态有积极作用。一般把酱油静置存放于室内地下贮池中，或露天密闭的储罐中，这种静置可使酱油中细微的悬浮物质缓慢下降而进一步澄清。酱油中的挥发性成分在低温静置期间，能进行自然调节，各种香气成分在自然条件下部分保留，对酱油起到调熟作用，使滋味适口、香气柔和。

包装前要明确产品等级，计量准确。包装好的产品要做到清洁卫生，标签整齐，并标明包装日期。成品库要保持干燥清洁，包装好的成品避免日光直接照射或雨淋。

五、酱油成品质量标准

目前我国酿造酱油的质量主要依据国家标准 GB 18186《酿造酱油》，该标准对高盐稀态发酵酱油和低盐固态发酵酱油的感官特性和理化标准做了详细规定。

（一）感官特性

国家标准 GB 18186—2000 规定的酿造酱油的感官标准见表 2-6。

表 2-6　酿造酱油的感官标准

项目	高盐稀态发酵酱油(含固稀发酵酱油)				低盐固态发酵酱油			
	特级	一级	二级	三级	特级	一级	二级	三级
色泽	红褐色或浅红褐色，色泽鲜艳，有光泽		红褐色或浅红褐色		鲜艳的深红褐色，有光泽	红褐色或棕褐色，有光泽	红褐色或棕褐色	棕褐色
香气	浓郁的酱香及酯香气	较浓的酱香及酯香气	有酱香及酯香气		酱香浓郁，无不良气味	酱香较浓，无不良气味	有酱香，无不良气味	微有酱香，无不良气味
滋味	味鲜美、醇厚、鲜、咸、甜适口		味鲜、咸、甜适口	鲜咸适口	味鲜美、醇厚、咸味适口	味鲜美，咸味适口	味较鲜，咸味适口	鲜咸适口
体态	澄清							

（二）理化指标

国家标准 GB 18186—2000 规定的酿造酱油的理化指标见表 2-7。

表 2-7　酿造酱油的理化指标

项目		指标							
		高盐稀态发酵酱油(含固稀发酵酱油)				低盐固态发酵酱油			
		特级	一级	二级	三级	特级	一级	二级	三级
可溶性无盐固形物/(g/100mL)	≥	15.00	13.00	10.00	8.00	20.00	18.00	15.00	10.00
全氮(以氮计)/(g/100mL)	≥	15.0	13.0	10.0	7.0	16.0	14.0	12.0	8.0
氨基酸态氮/ (g/100mL)	≥	8.0	7.0	5.5	4.0	8.0	7.0	6.0	4.0

（三）铵盐

铵盐的含量不超过氨基酸态氮含量的 30%。

（四）卫生指标

卫生指标应符合酱油卫生标准 GB 2717 的规定。

【思考题】

1. 酱油酿造过程中主要有哪些微生物参与？它们的作用分别是什么？
2. 酱油酿造的常用原料包括哪些？对原料进行蒸煮处理的目的是什么？

3. 简述酱油酿造的生化机制。

第二节　豆豉

一、豆豉概述

豆豉是以黄豆或黑豆为主要原料，利用毛霉、曲霉或者细菌蛋白酶的作用，分解大豆蛋白质到一定程度时，利用加盐、加酒、干燥等方法，抑制酶的活力，延缓发酵过程而制成。产品呈黑褐或黄褐，颗粒完整，美味回香，既可以作调味料，也可直接食用。

（一）豆豉的生产历史

豆豉是我国南方地区的传统发酵食品之一，在四川、湖南、江苏和广东等省很受欢迎。我国豆豉生产历史悠久，西汉初年时豆豉就已相当普遍。据1972年在湖南长沙马王堆西汉墓中考古发现的殉葬品豆豉，认为公元前2世纪豆豉已是人们喜爱的食品。古代称豆豉为"幽菽"或"嗜"。最早的记载见于汉代刘熙《释名•释饮食》一书中，誉豆豉为"五味调和，须之而成"。公元2～5世纪的《食经》一书中还有"做豉法"的记载。古人不但把豆豉用于调味，而且用于入药，对它极为看重。《汉书》《史记》《齐民要术》《本草纲目》等都有此记载。

据记载，豆豉的生产最早是由江西泰和县流传开来，后经不断发展和提高，使之成为独具特色、深受人们喜爱的调味佳品，而且传到海外。我国台湾称豆豉为"荫豉"，日本称豆豉为"纳豉"，东南亚各国也普遍食用豆豉。我国较为有名的豆豉包括广东阳江豆豉、开封西瓜豆豉、广西黄姚豆豉、山东八宝豆豉、四川潼川豆豉、湖南浏阳豆豉和重庆永川豆豉等。

（二）豆豉的分类

豆豉生产方法各地区不同，其中最主要的差别是制曲时利用的微生物不同，从而使豆豉具有不同的体态和风味。

1. 根据发酵微生物种类分

（1）毛霉型豆豉　毛霉型豆豉是利用天然或人工接种的毛霉菌进行制曲，一般在气温较低的冬季（5～10℃）生产。以四川的三台和憧川、永川豆豉为代表。

（2）曲霉型豆豉　曲霉型豆豉是利用天然的或纯种接种的曲霉菌进行制曲，一般制曲温度在26～35℃，因此生产时间长。如广东的阳江豆豉是利用空气中的曲霉进行天然制曲；上海、武汉和江苏等地采用接种米曲霉进行通风制曲。

（3）根霉型豆豉　根霉型豆豉又名天培、丹贝，一种起源于印度尼西亚的大豆发酵食品。利用天然的或纯种的根霉菌在脱皮大豆上进行制曲，30℃左右生产。以印度尼西亚的田北豆豉为代表。

（4）细菌型豆豉　细菌型豆豉利用天然的或纯种细菌在煮熟的大豆或黑豆表面繁殖，制曲时温度较低。以山东临沂豆豉及日本纳豆为代表。我国云南、贵州、四川一带民间制作的家常豆豉也属于这种类型豆豉。

2. 根据豆豉含水量分

（1）干豆豉　由毛霉或曲霉制成，再进行晾晒，成品含水量为25%～30%。豆粒松散完整，油润光亮。

（2）水豆豉　水豆豉产品为湿态，含水量较大，一般在45%以上。豆豉柔软粘连，一般由细菌型豆豉制成。

3. 根据产品含盐量分

（1）淡豆豉　淡豆豉又称家常豆豉，它是将煮熟的黄豆或黑豆，盖上稻草或南瓜叶，自然发酵而成的。发酵后的豆豉不加盐腌制，口味较淡，如浏阳豆豉。

（2）咸豆豉　咸豆豉是将煮熟的大豆，先经制曲，再添加食盐及其他辅料，入缸发酵而成，成品口味以咸为主。大部分豆豉为咸豆豉，如潼川豆豉、永川豆豉、广东阳江豆豉、水豆豉。

二、豆豉生产的原料

豆豉生产的原料包括大豆、食盐、水和其他辅料。

生产豆豉要选择蛋白质含量高、颗粒饱满大豆，应符合GB 1352的规定。豆豉用的大豆以黑豆为佳。新鲜大豆最佳，生产黑豆豆豉所用的黑豆，尤其应注意新鲜程度。长期贮存的黑豆，由于种皮中的单宁及配糖体受酶的水解和氧化，会使苦涩味增加，影响成品风味。原料豆在浸泡前需经过挑选，除去虫蛀豆、伤痕豆、杂豆及杂物。

食用盐应符合GB 5461的规定。生产加工用水应符合GB 5749的规定。其他辅料应符合相应食品安全标准的规定，不得添加非食品原料和辅料。

三、豆豉的生产原理

豆豉生产原理与酱油、酱类制品基本相同。主要是利用毛霉、曲霉或细菌产生的蛋白酶、淀粉酶为主体的复杂酶系，降解原料中的蛋白质、淀粉等物质，生成各种氮基酸、有机酸、糖类等产物，同时降解产物之间进一步发生缩合和聚合反应，从而构成了豆豉所特有的色、香、味。

四、豆豉生产工艺

不同种类豆豉的生产工艺流程大致相同（如图2-8所示），只是在某些环节上的具体操作有一定差异。

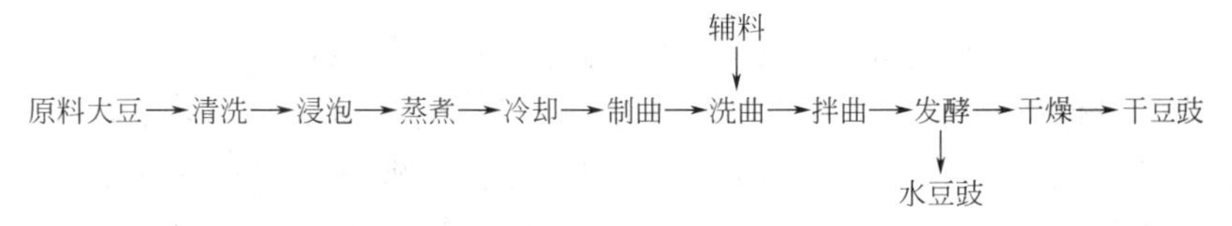

图2-8　豆豉的生产工艺流程

（一）原料处理

1. 浸泡

浸泡是促使大豆吸收一定水分，以便在蒸料时迅速达到适度变性；淀粉质易于糊化，溶出霉菌所需要的营养成分；供给霉菌生长所必需的水分。用清水浸泡豆粒，加水量以超出豆面30cm为宜。浸泡的时间随气温变化而异，气温低，则浸泡时间长。浸泡温度一般在35～40℃为宜。一般以浸至豆粒90%以上无皱纹为适当，此时水分含量在45%左右。若大豆含水量低于40%，则不利于微生物的生产繁殖，发酵后豆豉坚硬，俗称“生硬”；若含水量高于55%，则难以控制制曲温度，常出现“烧曲”现象，即杂菌滋生，使曲料酸败发黏，发酵后的豆豉味苦，表皮无光，不油润。因此，浸泡后大豆的含水量以45%～50%为宜。

2. 蒸煮

蒸煮是破坏大豆内部分子结构，使大豆组织软化，蛋白质适度变性，以利于酶的分解作用；使淀粉达到糊化的程度；同时蒸豆还可以杀死附于大豆上的杂菌，提高制曲的安全性。

蒸煮标准为豆粒熟而不烂，内无生心，颗粒完整，有豆香味，无豆腥味，用手指压豆粒即烂，豆粒成粉状，含水量52%左右。

黑豆蒸料一般采用常压蒸料，前后两个木桶换甑蒸料，使甑内原料上下对翻，便于蒸熟一致，蒸料时间一般为5h，黄豆常压蒸料4h，不翻甑。

3. 摊凉

原料出甑后装入箩筐自然降温到30～35℃。装曲盘（簸箕或竹席），装量厚度黑豆2～3cm，黄豆4～5cm。

（二）培菌制曲

培菌制曲是使蒸熟的豆粒在霉菌或细菌的作用下产生相应的酶系，在发酵过程中产生丰富的代谢产物，使豆豉具有鲜美的滋味和独特的风味。制曲的方法有两种，天然制曲法和接种制曲法。天然制曲利用适宜的温度和湿度，依靠空气中的微生物自然落入繁殖或添加陈年种曲。接种制曲亦称纯种制曲，是接种培养好的纯种微生物进行制曲。天然制曲由于生长的微生物较多，酶系较复杂，豆豉风味较好；缺点是制曲技术较难控制，产品质量不稳定，生产周期长，生产受季节限制，尤其是毛霉自然制曲要求温度低，只能在冬季生产，制曲周期长。接种制曲法，曲子质量稳定，生产周期短，产品质量稳定。目前生产上较多使用人工接种曲霉和毛霉进行制曲，人工接种细菌制曲的应用较少。

1. 毛霉纯种制曲

原料蒸煮后冷却至30℃，接种纯种毛霉种曲0.5%，拌匀后入室。装入已杀菌的簸箕内，厚度2～3cm，保持品温23～27℃培养。入室24h左右豆粒表面有白色菌膜，36h豆粒布满菌丝且略有菌香，48h后毛霉生长旺盛，菌丝直立，由白色转为浅灰色，孢子逐渐增多，通常第3天即可出曲。

2. 曲霉纯种制曲

大豆经煮熟出锅，冷却至35℃，接入0.3%的纯种曲霉，拌匀入室，装入灭菌的竹簸箕中，厚2cm左右。保持室温25℃，品温25～35℃，22h左右豆粒结块，表面布满白色菌丝。当品温上升至35℃左右，此时进行翻曲。72h左右豆粒布满菌丝和黄绿色孢子时即可出曲。生产上常采用曲霉沪酿3.042进行制曲，其酿制的豆豉味道鲜美。

3. 细菌制曲

山东水豉及一般家庭制作豆豉较多采用细菌制曲。家庭小量制作时，将大豆水煮，捞出沥干，趁热用麻袋包裹，保温密闭培养，3～4d后豆粒表面布满黏液，可牵拉成丝，并有特殊的豆豉味即可出曲。值得注意的是在干燥荒漠地区制作细菌型豆豉，有时会伴生肉毒杆菌。新疆地区曾发生多起食用家庭制作的细菌型豆豉导致肉毒杆菌中毒的事件。

（三）洗霉

洗霉是洗去豆粒表面附着的孢子、菌丝和部分酶系，保持豆粒完整、分散、表皮油润且具有特殊风味；控制蛋白质等的水解程度，避免过分水解导致组织柔软。另外，若将附有大量孢子和菌丝的成曲不经清洗直接发酵，则产品会带有强烈的苦涩味和霉味，且豆豉晾晒后外观干瘪，色泽黯淡无光。

洗霉的方法包括人工洗霉和机械洗霉。人工洗霉，豆曲不宜长时间浸泡在水中，以免含水量增加。机械洗霉是制曲后的豆曲料通过机械或人工在进料控制器的控制下以一定的流量送入洗霉机的进料口，曲料的流量由进料闸门控制，曲料流入洗曲机的洗霉槽后，洗霉槽中的圆刺棍转动并带动洗霉机中的水运动，水流把成团的曲料打散和对生长在料曲表面的菌丝体、分生孢子及粘污物进行冲刷洗净。料曲流出后进入带式喷淋机，喷淋水进一步对豆曲进行冲洗。喷淋带的喷淋水清洗豆曲后被循环到洗霉机中进行下一批料曲的清洗。

（四）拌料发酵

1. 拌料比例

黑豆曲坯配料为：黑豆曲 100kg，食盐 18kg，白酒（酒精体积分数大于 50%）1kg，冷开水 10～15kg。

黄豆曲坯配料为：黄豆曲 100kg，食盐 18kg，白酒（酒精体积分数大于 50%）3kg，甜酒（1kg 糯米制成）4kg，冷开水 5～10kg。

2. 发酵

将配料拌匀，保持颗粒分散，装入陶瓷坛或塑料桶后层层压实。装满后，用食用塑料膜密封坛口并加盖隔氧，保持室温 35℃，使其发酵，7d 后便可成熟；若在 50℃条件下，成熟期可缩短一半。为了延长保质期，成熟的水豆豉放在日光下晒干或风干，成品的含水量在 25%左右，即为干豆豉。

五、豆豉成品质量标准

目前豆豉尚无国家标准，不同地区对产品质量标准要求不一样，其中贵州省地方标准 DB 52/524 中豆豉质量要求较为全面，但已经废止。云南豆豉地方标准为 DBS 53004《食品安全地方标准　滇味豆豉》。

（一）感官指标

DBS 53004—2015 中规定的豆豉感官指标见表 2-8。

表 2-8　DBS 53004—2015 中规定的豆豉感官指标

项目	要求	检验方法
色泽	褐色或深褐色，均匀一致	将样品放入白瓷盘内，置于自然光线明亮处，用目测、鼻嗅、口尝的方法进行检验
滋味气味	有产品固有的香气、滋味，无异味	
组织形态	有产品固有的形态，软硬适度，无霉变	
杂质	无正常视力可见的外来杂质	

（二）理化指标

DBS 53004—2015 中规定的豆豉理化指标见表 2-9。

表 2-9 DBS 53004—2015 中规定的豆豉理化指标

项目		指标		检验方法
		原味豆豉	风味豆豉	
氨基酸态氮(以 N 计)/(g/100g)	≥	0.5	0.3	GB/T 5009.52
干燥失重[①]/(g/100g)	≤	60.0		
总酸(以乳酸计)/(g/100g)	≤	2.5		
食盐(以 NaCl 计)/(g/100g)	≤	15		GB/T 12457
过氧化值[②](以脂肪计)/(g/100g)	≤	0.25		GB/T 5009.56

① 水豆豉除外。

② 过氧化值适用于含油脂的产品。

(三) 污染物限量和真菌毒素限量

① 污染物限量应符合 GB 2762 的规定。

② 真菌毒素限量应符合 GB 2761 的规定。

(四) 微生物限量

应符合 GB 2712 的规定。

(五) 食品添加剂

食品添加剂的使用应符合 GB 2760 的规定。

(六) 生产加工过程中的卫生要求

应符合 GB 14881 的规定。

【思考题】

1. 简述豆豉的分类方法。
2. 简述豆豉的一般加工工艺。
3. 简述毛霉型豆豉的制曲工艺。

第三节 豆酱

一、豆酱概述

中国是世界上最早发明酱的制作方法的国家。我国制酱技术的起源可以追溯到公元前千余年。其生产历史比酱油远久，酱油最先是豆酱的汁液，所以酱类生产工艺和设备与酱油的基本相同，一般的酱油厂均附设有酱类生产线。豆酱与酱油相似，都保持着自己独有的色、香、味、体，是一类深受我国各地人民欢迎的传统发酵调味品。

豆酱是以大豆和面粉为主要原料，以米曲霉为主要微生物，经过发酵而制成的半流动状态的发酵食品。豆酱又称黄豆酱、大豆酱、黄酱，我国北方地区称大酱。其色泽为红褐色或棕褐色，鲜艳，有光泽，有明显的酱香和酯香，咸淡适口，呈黏稠适度的半流动状态。豆酱不仅可以调味，而且营养丰富，极易被人体吸收。

二、豆酱生产的原料

豆酱生产的原料有大豆、面粉、食用盐、食品添加剂、生产用水和其他辅料。

1. 大豆

黄豆、黑豆、青豆统称为大豆，酿制大豆酱最常用的为黄豆，故常以黄豆为大豆的代表，其粒状有球形及椭圆形之分。我国东北大豆质量最优。大豆中的蛋白质含量最多，以球蛋白为主，还有少量的清蛋白及非蛋白质含氮物质。大豆蛋白质经过发酵分解成氨基酸，是豆酱产生色、香、味的重要物质。

酿制豆酱应选择优质大豆，应符合 GB 1352 的规定，要求大豆干燥，相对密度大且无霉烂变质；颗粒均匀无皱皮；种皮薄，有光泽，无虫伤及泥沙杂质；蛋白质含量高。

2. 面粉

面粉是酿制豆酱的辅助原料，可分为特制粉、标准粉和普通粉，生产豆酱一般用标准粉，若选用普通粉为原料，则因其含有微细麦麸，且麦麸中含有五碳糖，而五碳糖又是生成色素和黑色素的主要物质，因此生产的豆酱色泽为黑褐色，不光亮，味觉差。选用特制粉和标准粉生产的豆酱呈棕红色，光亮，味道鲜美。

面粉的主要成分是淀粉，它是豆酱中糖分来源的重要物质。应符合 GB 1355 的规定，选择新鲜的面粉，变质的面粉会因脂肪分解，产生不愉快的气味，影响豆酱的成品质量。

3. 食盐

食盐是生产豆酱的重要辅料，它既是豆酱咸味的主要来源，也是豆酱的主体风味之一。豆酱属于直接入口食品，因此应该选择精盐，应符合 GB 5461 的规定，若选择大盐配制，应先将盐水沉淀 24h 后，取上层清盐水使用。

4. 生产用水

生产用水应符合 GB 5749 的规定。一般酱类中含有 53%～56%的水，因而水也是生产豆酱的主要原料，制酱用水应符合饮用水标准。另外在原料处理及工艺操作中，也需要用大量的水。

5. 食品添加剂及辅料

食品添加剂和其他辅料质量应符合相应的标准和相关规定，食品添加剂品种和使用量应符合 GB 2760 的规定。

三、豆酱生产用的微生物及生化机制

豆酱是利用微生物所分泌的各种酶类的催化作用，使原料中的蛋白质和淀粉类物质进行一系列复杂的生物化学变化，从而形成豆酱特有的色、香、味、体。黄豆酱在发酵过程中起主要作用的是曲霉菌。自然发酵酱曲中每克干曲的细菌总数超过 10^6CFU，占分离出微生物总数的 38.46%，酵母菌占分离出微生物总数的 12.09%，霉菌占分离出微生物总数的 49.45%。

1. 霉菌

豆酱酱醅中霉菌为优势微生物。分离得到的霉菌经鉴定主要为米曲霉（*Aspergillus oryzae*）、酱油曲霉（*Aspergillus sojae*）、高大毛霉（*Mucor* spp.）、黑曲霉（*Aspergillus niger*）等。曲霉菌能够分泌出蛋白酶、肽酶、谷氨酰胺酶、淀粉酶系、植物组织分解酶等。把原料中的蛋白质分解成多肽及多种氨基酸；把淀粉转化成葡萄糖、双糖、三糖及糊精等。

酱醅成熟后进入发酵阶段，添加盐水进行发酵，由于食盐的浓度较高并缺乏氧气，霉菌生长已经基本停止，但是霉菌分泌的酶类继续发挥作用，同时乳酸菌和酵母菌大量繁殖。常用豆酱生产霉菌菌株有米曲霉如沪酿 AS3.042、米曲霉 AS961、AS961-2、米曲霉 AS10B1 及 UE336，其他曲霉包括黑曲霉 AS3.350、甘薯曲霉 AS3.324、宇佐美曲霉 AS3.758。

2. 酵母菌

从酱醅中得到的酵母菌众多，代表性的对豆酱风味形成有益的酵母有鲁氏酵母（*Zygosaccharomyces rouxii*）、结合酵母（*Saccharomyces fructuum*）、球拟酵母（*Torulopsis*）等。参与酱醅后熟发酵的鲁氏酵母可发酵葡萄糖，生成乙醇和少量的甘油，在高盐度时，可大量生成甘油、阿拉伯糖醇、乙醇、异丁醇、异戊醇等醇类。结合酵母为嗜高渗透压的酵母菌，贯穿于酱醅发酵期，能进行酒精发酵，给黄豆酱增加特有的风味。球拟酵母用高盐度培养，在有氧条件下可将葡萄糖生成大量的甘油、甘露醇、乙醇和 4-乙基愈疮木酚。

3. 乳酸菌

目前分离酱醅中与黄酱风味有密切关系的细菌为乳酸菌，主要包括嗜盐片球菌（*Pediococcus halophilus*）、酱油片球菌（*Pediococcus sojae*）、酱油四联球菌（*Tetrogenococcus sohae*）、植物乳杆菌（*Lactobacillus plantarum*）等。在酱醅中，当乳酸菌数达到 5×10^6 CFU/g 以上时，可将精氨酸分解成鸟氨酸。乳酸菌除对精氨酸、酪氨酸、组氨酸和天冬氨酸有分解作用外，还有对丝氨酸、苏氨酸和苯丙氨酸等进行特异性脱羧基的作用，影响酱油的香气。乳酸菌与酵母菌具有联合作用，生成的乳酸乙酯是豆酱香气的一种特殊成分。大多数工厂发酵豆酱乳酸菌从自然环境获得并非人工添加。

四、豆酱现代生产流程及技术参数

与酱油生产类似，豆酱生产工艺也可分为原料处理、制曲、发酵等若干工序，各个工序的技术进步历程和酱油相似。原料处理由传统的常压蒸煮发展为加压蒸煮（主要采用旋转式蒸煮锅）。制曲由自然接种发展为纯种接种；由浅盘培养制曲发展为厚层机械通风制曲，并进一步发展为液体曲和应用酶制剂制酱。发酵工艺由传统的天然晒露发展为保温速酿、固态无盐发酵及固态低盐发酵等新工艺。相应的发酵设备也由发酵缸发展为保温发酵缸、水浴发酵罐、保温发酵池等新设备，人工制醅出酱逐渐改为机械操作等。

豆酱的现代化工艺主要表现在制曲工艺上，实现了人工接种，制曲和发酵的管理更加科学、合理和可控。

（一）发酵法制豆酱

1. 工艺流程

以大豆或豆片为原料生产豆酱的工艺流程如图 2-9 所示。

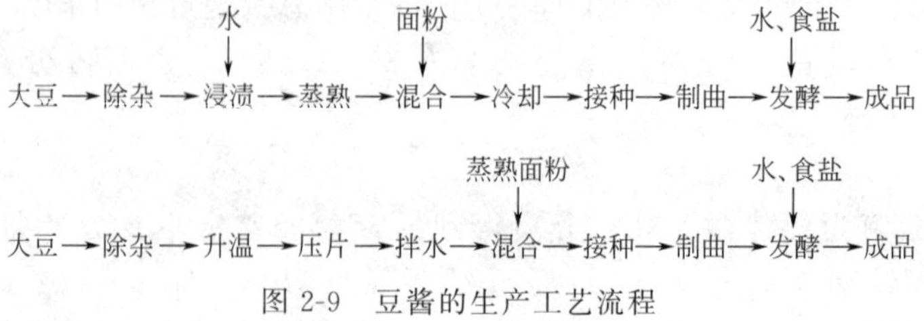

水（→浸渍）　面粉（→混合）　水、食盐（→发酵）

大豆→除杂→浸渍→蒸熟→混合→冷却→接种→制曲→发酵→成品

蒸熟面粉（→混合）　水、食盐（→发酵）

大豆→除杂→升温→压片→拌水→混合→接种→制曲→发酵→成品

图 2-9　豆酱的生产工艺流程

2. 操作要点

（1）原料及处理　大豆（或豆片）100 份，标准粉 40～60 份。用整粒大豆为原料生产豆酱时，先将大豆洗净，再浸泡，冬季 4～5h，夏季 2～3h，以豆粒胀起无皱纹为标准，淋干备用。大豆润水要透，否则蛋白质吸水不够，蒸料时很难蒸熟，影响蛋白质一次变性，从而降低成品质量和原料利用率。

（2）蒸煮　原料蒸煮程度要适当，在适当的水分、压力、时间条件下，尽可能使大豆蒸熟蒸透，蛋白质全部一次变性。蒸煮适度的大豆熟透而不烂，用手轻搓时豆皮脱落、豆瓣分开为宜。蒸煮豆片时每 100kg 豆片加 80℃以上热水 50kg，充分拌匀，置于 150kPa 加压蒸锅内蒸料 30min。也可将豆片送入旋转式加压蒸煮锅内，先通入蒸汽干蒸，压力至 50～75kPa 时停止，排汽后每 100kg 豆片再加水 60～70kg，边旋转边润水，约 20min。最后升压至 100kPa 维持 5min。蒸熟的豆片呈棕黄色，有豆香味。

（3）接种　将蒸熟的大豆或豆片冷却至 80℃，与面粉拌和。当料温降至 38～40℃时，接入种曲，接种量为 0.3%～0.5%，接种后要拌和均匀。曲料水分要适宜，水分过低，米曲霉生长困难；水分过高，会引起杂菌污染，且制曲过程中，有效成分损失过多。曲料水分冬季 47%～48%、春秋季 48%～50%、夏季 50%～51%为适宜。

（4）制曲　目前有通风制曲和制盒曲两种形式。通风制曲用机械通风代替人工倒盒，劳动强度低，曲质量也较稳定，被大多数工厂所采用。小型工厂则用木盘、竹匾等制盒曲，曲室要求有保温、保湿措施，还要定期灭菌。曲料接种完毕，接入曲槽，进行培养。曲室温度为 26～28℃。曲料入槽品温 30℃左右，料层厚度约 30cm，入槽培养 8～10h，为米曲霉生长的孢子发芽期，此时期静置培养，当品温升至 36～37℃时，通风降温至品温 35℃以下。培养至 14～16h，米曲霉生长进入菌丝生长期，应连续通风，使品温不超过 35℃。曲料出现结块时，进行第一次翻曲，此后，米曲霉生长进入菌丝繁殖期，品温上升迅速，应连续通风使品温不超过 35℃。当曲料面层产生裂缝全部发白时，可进行第二次翻曲。培养 20～22h，米曲霉开始产孢子，进入孢子着生期。此时期内米曲霉蛋白酶分泌最为旺盛。为了不影响蛋白酶的分泌，应严格控制品温不超过 35℃，还要求控制相对湿度 90%左右。孢子着生期进行两次翻曲。此后，米曲霉逐渐成熟，品温下降至 30～32℃，孢子呈淡绿色。总的培养时间为 30～36h 即可出曲。

（5）发酵　豆酱的发酵过程是利用米曲霉及其他微生物所分泌的各种酶的催化作用，在适宜的条件下，使原料中的物质进行一系列复杂的生物化学反应，形成豆酱特有的色、香、味、体。小型工厂使用缸、桶进行发酵，设置保温设施；大型工厂可采用有水浴保温的水泥池。

豆酱的发酵分高盐发酵和低盐发酵 2 种。无论何种发酵，水分和温度都非常重要。水分过低，温度过高，酱醅产生焦煳味。酱醅水分在 53%～55%为宜。发酵前期品温 42～45℃，适合于蛋白酶作用，后期品温升至 50～52℃，适合于淀粉酶作用。如果发酵前期品温过高，会影响豆酱的鲜味和口感。发酵过程中，翻醅可以使酱醅各部分酶浓度、水分、温度均匀，排除不良气味及有害物质，增加氧含量，防止厌氧腐败细菌生长。同时，为改善豆酱风味，可将成熟酱醅降温至 30～35℃，人工添加酵母培养液，后熟发酵 1 个月。

（二）酶法制酱

利用发酵法制作豆酱操作麻烦，劳动强度大，原料中的营养成分在制曲过程中损耗较多。近年来，有的工厂利用微生物所分泌的酶来制酱，可以大大简化工序，提高原料利用率。

1. 工艺流程

酶法制酱的工艺流程见图 2-10。

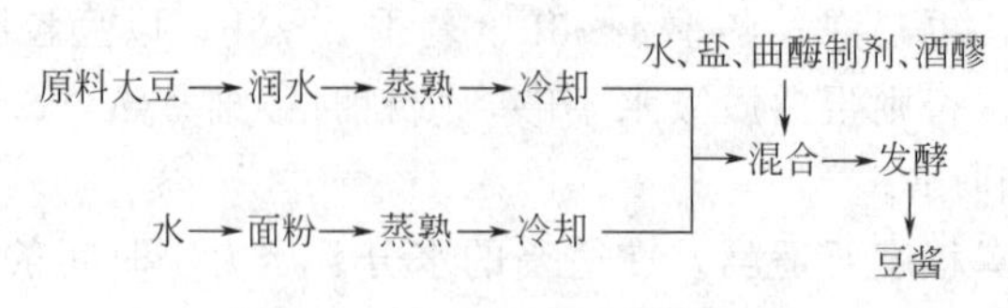

图 2-10 酶法制酱的工艺流程

2. 操作要点

原料配比为大豆 100kg，面粉 40kg，食盐 37.3 kg，水 106.7kg。原料经蒸煮冷却后，取面粉总量的 3%用来制酒醪。先将面粉加水调浆，浓度为 20%，同时添加氯化钙 0.2%，调节 pH 至 6.2。按每克原料加入 10 活力单位 α-淀粉酶，搅匀。将面糊浆升温至 85～90℃，液化 15～20min，再升温至 100℃灭菌。灭菌后将醪液降温至 65℃，加入 7%的黑曲霉 AS3.324，糖化 3h，再降温至 30℃，接入 5%酒母，维持 30℃发酵 3d，即制成酒醪。

将熟豆片、面糕、盐水、酒醪及曲酶制剂（按每克原料加入中性蛋白酶 350 活力单位）充分拌和，入水浴发酵池中发酵。开始 1～5d，品温维持 45℃；6～10d，品温维持 50℃；10～15d，品温维持 55℃。发酵期间隔天翻醅 1 次，15d 后酱醅成熟。酱醅成熟后还可将酱醅降温至 30～35℃，再后熟 1 个月，增加产品的口感和香味。

五、豆酱成品质量标准

豆酱的质量标准目前参照国家标准 GB/T 24399—2009《黄豆酱》。

（一）感官指标

GB/T 24399—2009 中规定的豆酱感官指标见表 2-10。

表 2-10 豆酱的感官指标

项目	要求
色泽	红褐色或棕褐色，有光泽
气味	有酱香和酯香，无不良气味
滋味	味道醇厚，咸甜适口，无苦、涩、焦煳或其他异味
体态	稀稠适度，允许有豆瓣颗粒，无异物

（二）理化指标

GB/T 24399—2009 中规定的豆酱理化指标见表 2-11。

表 2-11 豆酱的理化指标

项目		要求
氨基酸态氮（以氮计）/(g/100g)	≥	0.50
水分/(g/100g)	≤	65.0
铵盐（以氮计）/(g/100g)	≤	0.15

（三）卫生指标

卫生标准主要是指污染物限量、真菌毒素限量和微生物限量，应符合 GB 2718 的规定。

【思考题】

1. 豆酱酿造过程中主要有哪些微生物参与，它们的主要作用是什么？
2. 简述发酵法制豆酱的主要步骤及注意事项。

第四节　腐乳

一、腐乳概述

（一）发展历史

腐乳至今已有一千多年的历史了，为我国特有的发酵制品之一。早在公元五世纪，北魏时期的古书上就有“干豆腐加盐成熟后为腐乳”之说。在《本草纲目拾遗》中记述：“豆腐又名菽乳，以豆腐腌过酒糟或酱制者，味咸甘心。”明代有详细记载发霉腐乳制作法的文献，当时腐乳已经传入朝鲜，品种主要是辣腐乳，称为蛮辣酱。清代李化楠的《醒园录》中已经详细地记述了豆腐乳的制法。明代我国就大量加工腐乳，著名的绍兴腐乳在四百多年前的明朝嘉靖年间就已经远销东南亚各国，声誉仅次于绍兴酒。1910 年，获“南洋劝业会”展览金质奖章；1915 年，在美国举办的“巴拿马太平洋万国博览会”上又获得奖状。18 世纪，腐乳制作技术漂洋过海，传到日本及东南亚各国。而今腐乳已成长为具现代化工艺的发酵食品。我国腐乳已出口到东南亚、日本和美国、欧洲等国家和地区。

（二）定义

腐乳是以大豆为主要原料，经过加工磨浆、制坯、培菌、发酵而制成的调味、佐餐制品。腐乳因地而异称为豆腐乳、南乳、猫乳。腐乳是一种两次加工的发酵豆制品，也是我国的传统酿造调味品。腐乳风味独特，滋味鲜美，组织细腻柔滑，同时富含植物蛋白质、脂肪及碳水化合物等多种营养素及风味物质，深受广大消费者喜爱，已成为人民日常生活中不可或缺的美食。

（三）分类

豆腐乳由于形状大小不一及其配料不同，品种名称繁多。分类方法如下。

1. 按加工工艺分

按照我国原国内贸易部制定的标准 SBT10170—2007，腐乳按加工工艺分为红腐乳、白腐乳、青腐乳、酱腐乳 4 种。

（1）红腐乳　又叫红方，在后期发酵的汤料中配以着色剂红曲酿制而成的腐乳。北方称红酱豆腐，南方称红方或南乳。

（2）白腐乳　又叫白方，在后期发酵过程中，不添加任何着色剂，汤料以黄酒、酒酿、白酒、食用酒精、香料为主酿制而成的腐乳。在酿制过程中因添加不同的调味辅料，使其呈现不同的风味特色。大致包括糟方、油方、霉香、醉方、辣方等。

(3) 青腐乳　又叫青方，在后期发酵过程中，以低度盐水为汤料酿制而成的腐乳。具有特有的气味，表面呈青色。

(4) 酱腐乳　又叫酱方，在后期发酵过程中，以酱曲（大豆酱曲、蚕豆酱曲、面酱曲）为主要辅料酿制而成的腐乳。

腐乳各类品种及特点见表2-12。

表2-12　腐乳的分类及特点

分类名称	颜色	滋味	主要特点
红腐乳(红方)	表面鲜红或紫红，断面为杏黄色	鲜咸适口、质地细腻	使用红曲色素，表面呈红色，断面呈杏黄色
白腐乳(白方)	颜色表里一致，呈乳黄色或淡黄色	酒香浓郁、鲜味突出、质地细腻	含盐低，发酵周期短，大都在南方生产
青腐乳(青方)	青色或豆青色	刺激性的臭味	闻着臭，吃着香
酱腐乳(酱方)	红褐色或棕色	酱香浓郁、质地细腻	不添加红曲，后发酵以酱曲为辅料

2. 按有无霉菌发酵分

根据发酵腐乳是否有霉菌微生物参与前发酵而分为发酵型和腌制型两大类。发酵型是先经过霉菌发酵阶段后再腌制进行后发酵。发酵型腐乳又可分为纯种接种型和天然接种型两种。腌制型主要是豆腐不经过霉菌前发酵阶段而直接腌制进入后发酵。

3. 按腐乳发酵菌种不同分

依据腐乳发酵菌的菌种不同，分为毛霉型、根霉型和细菌型。

(1) 毛霉型　是我国最主要的腐乳品种之一，主要是使用毛霉发酵产生较丰富的蛋白酶，能够充分地分解蛋白质从而具有较好的腐乳品质。

(2) 根霉型　是利用根霉菌来生产腐乳，由于蛋白酶没有毛霉菌丰富，对蛋白质的分解不如毛霉菌，但根霉菌能耐高温，且脂肪酶和糖苷酶产量比毛霉高，能更好地分解脂肪和糖苷，适宜夏季腐乳的生产。

(3) 细菌型　将纯种细菌接种到豆腐上让其生长繁殖，从而产生大量的酶，在发酵过程中分解蛋白质产生大量的谷氨酸和赖氨酸，故口味鲜美，但成型差。其产品主要有浏阳霉豆腐和黑龙江克东腐乳等少数几家。

二、腐乳生产的原料

生产豆腐乳所需的原料，可分为原料、辅助原料和水三大类。原料好坏直接关系到产品产量和质量，原料是大豆，辅助原料为白酒、黄酒、食用酒精、食盐、白砂糖等。因此选择原料是生产腐乳的首要工作。实际生产中要根据豆腐乳品种的特色和产品的质量要求来选择原料，同时还要符合产品的卫生要求，不得含有毒有害物质。

（一）主要原料

大豆的主要成分是蛋白质，大豆蛋白质经微生物分解生成多种氨基酸，它是豆腐乳营养和滋味的主要成分。因此，大豆品质的好坏对豆腐乳的质量和出品率影响较大。生产腐乳的大豆可分为黄大豆、青大豆、黑大豆。其中黄豆、青豆生产的腐乳质量较好，出品率高。而黑豆生产的腐乳质量较差，颜色发黑、发乌且豆腐坯硬，口感较差，出品率也不高。生产豆腐乳对大豆的质量要求比较严格，应选用无虫蛀、无霉变的新鲜大豆，含水分在13%左右，蛋白质含量34%以上，千粒重在250g以上。

（二）辅助原料

豆腐乳生产中，在制坯、腌坯和后期发酵等工序需要添加多种辅助原料，这些辅助原料将直接影响豆腐乳成品中色、香、味的形成。因此，豆腐乳生产中各种辅料的选择、配比和处理是十分重要的。

1. 食盐

食盐是生产豆腐乳的主要辅料之一。食盐不但能使产品有适当的咸味，还能与氨基酸结合起到增鲜的作用，又能在发酵过程及成品贮存中起防腐作用。生产腐乳的食用盐应满足GB 5461的相关规定。建议使用含氯化钠≥93%的优级盐或≥90%的一级盐，最好使用粉状的精制盐。

2. 酒类

酒类是豆腐乳后期发酵过程中常用的一类主要辅料。酒精可以抑制杂菌的生长，又能与有机酸发生酯化反应形成酯类，促进腐乳香气的形成，它还是色素的良好溶剂。豆腐乳生产所用辅料中以黄酒为主，并且耗用数量最大，黄酒质量的好坏直接影响腐乳的后熟和成品的质量。腐乳酿造多采用甜味较小的干型黄酒。甜酒酿是以糯米为原料酿制而成的，其醪液含酒精约10%，香气浓，含糖量较高，可作为甜味料用于豆腐乳汤料的配方成分。红酒醪是以糯米为原料，经过红曲霉、酵母菌共同作用，酿制出的一种含酒精约15%和一些糖类的醪液，可用于腐乳生产。

3. 曲类

（1）红曲　红曲是酿制红方腐乳后期发酵中必须添加的辅料。红曲主产于我国南方的福建、浙江、江西、上海等地。它是以籼米为主要原料，经过红曲霉菌在米上生长繁殖，分泌出红曲色素使米变红而成。红曲色素是一种安全的天然生物色素，是一种优良的食品着色剂，在红腐乳中除起着色作用外，还有明显的防腐作用。它所含有的淀粉水解产物糊精和糖，蛋白质的水解产物多肽和氨基酸，对腐乳的香气和滋味有着重大的影响。

（2）面曲　面曲也称面糕曲，是制面酱的半成品。它是以面粉为原料经过人工接种米曲霉后制曲而成。由于面曲中米曲霉和其他微生物分泌的各种酶系非常丰富，特别是含有较多的蛋白酶和淀粉酶，在腐乳后期发酵过程添加面曲不但可提高腐乳的香气和鲜味，也可促进成熟。其用量随腐乳品种不同而异。

（3）米曲　米曲是用糯米制作而成的。将糯米除去碎粒后，用冷水浸泡2～4h，沥干蒸煮，待糯米颗粒熟透后，用25～30℃温水冲淋，控制品温在30℃时，送入曲房，接入中科3.863米曲霉三角瓶菌种0.1%，堆积升温发芽。待品温上升至35℃时，翻料1次，调节品温。待品温再上升至35℃以上时就过筛分盘，每盘厚度为1cm左右。培养过程中防止结饼，待孢子尚未大量着生时，立即通风降温，2d后就可以出曲，晒干后备用。

4. 其他食品添加剂

腐乳生产过程中常用的食品添加剂包括豆腐坯制作过程中使用到的凝固剂、消泡剂，腐乳调味过程使用到的甜味剂、香辛料，以及保藏过程中的防腐剂等。这些辅料的使用应符合GB 2760—2014《食品安全国家标准　食品添加剂使用标准》等相关国家标准。

三、腐乳生产用微生物及生化机制

（一）腐乳生产用微生物

用于腐乳发酵的菌种有很多，如日本、中国台湾等地选用米曲霉（*Aspergillus*

oryzae）、紫红曲霉（*Monascus purpureus*）、红曲霉（*Monascus anka*）等。韩国有林生毛霉（*Mucor silvaticus*）、华根霉（*Rhizopus chinenisis*）、普雷恩毛霉（*Mucor praimi*）等。发酵的细菌有枯草芽孢杆菌（*Bacillus subtilis*）、蜡样芽孢杆菌（*Bacillus cereus*）、短小芽孢杆菌（*Bacillus pumilus*）等。而中国大陆一般使用五通桥毛霉（*Mucor wutumgkiao*）、总状毛霉（*Mucorracemosus*）、腐乳毛霉（*Mucor sufu*）、雅致放射毛霉（*Actinomucor elegans*）、黄色毛霉（*Mucor flavus*）等霉菌进行发酵。在中国台湾、日本、韩国还流行着酶法发酵，这种方法是将糖浆与霉菌混合制成蛋白酶制剂喷洒在豆腐上而不是直接接种霉菌。

豆腐乳发酵虽然目前已用纯菌种接种，但由于是在敞口条件下培养，外界的微生物难免侵入，加上配料本身也带有微生物，所以豆腐乳发酵中的微生物种类十分复杂。豆腐乳发酵中，应用最多的是毛霉，因为毛霉的菌丝高大，能包围在豆腐坯的表面，以保持豆腐乳的外形。常用的菌株有AS3.25（五通桥毛霉）、AS3.2778（放射状毛霉）等。这些菌种不产生毒素，菌丝茂密、柔软棉絮状，具有繁殖快、抗杂菌能力强以及生长温度范围大、能分泌大量的蛋白酶和一些脂肪酶等优点。毛霉生长要求温度较低，其最适生长温度为16℃左右，一般只能在冬季气温较低的条件下生产毛霉腐乳。工业化生产中常采用培养纯种毛霉菌，人工接种，15～20℃下培养2～3d。

根霉菌菌丝高大粗糙，不如毛霉柔软细致，但它能耐夏季高温，可使豆腐乳常年生产。在南京、上海、无锡等地厂家使用。根霉在腐乳坯上生长成茂密菌丝形成菌膜包住坯，为保持腐乳形态起主导作用；菌丝分泌酶系如蛋白酶、淀粉酶、肽酶等，但蛋白酶和肽酶活性低。根霉菌丝稀疏，浅灰色，生产的腐乳其形状、色泽、风味及理化质量不如毛霉腐乳。

（二）腐乳生产的生化机制

腐乳发酵分为前期培菌（发酵）和后期发酵。前期培菌（发酵）主要是在豆腐坯上培养菌体，令其充分生长并产生蛋白酶。在前期发酵中，附着在豆腐坯上的各种细菌也同时迅速增殖，并能深入到豆腐坯的内部。一般认为这些细菌可以强烈分解蛋白质，与霉菌一道参与原料蛋白质分解成为低分子含氮化合物和氨基酸，淀粉发生糖化并进一步发酵生成酒精、其他醇类以及有机酸。后期发酵主要是酶系与微生物协同参与生化反应的长时且复杂的过程。在后发酵之前，将毛坯加盐腌制，其主要作用使毛坯内渗透盐分，析出水分，使坯成型。加入的辅料中酒类及各种香辛料也共同参与合成复杂的酯类等多种风味物质，并最终形成腐乳特有的颜色、香气、体态和味道。

四、腐乳现代生产流程及技术参数

腐乳的种类有很多，但其基本工艺大致相同。腐乳现代生产流程见图2-11。

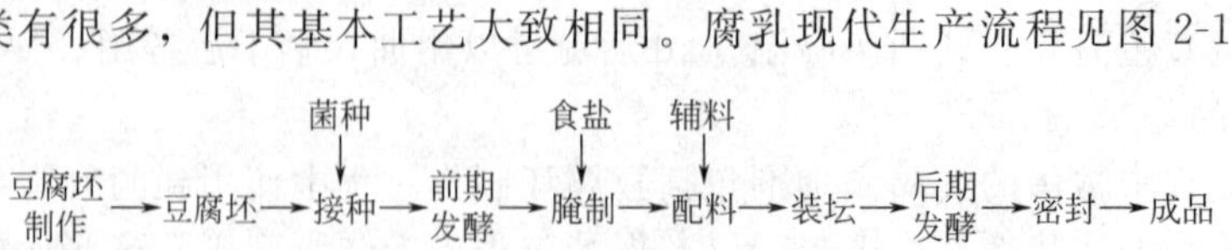

豆腐坯制作→豆腐坯→接种（菌种）→前期发酵→腌制（食盐）→配料（辅料）→装坛→后期发酵→密封→成品

图2-11 腐乳生产的基本工艺流程

（一）豆腐坯的制作

腐乳生产首先要制作豆腐坯，即将大豆、冷榨豆片或低温浸出豆粕制成豆腐，再经划块而成豆腐坯块。豆腐乳的种类虽然很多，但其豆腐坯的制作方法基本相同，所不同的仅是豆腐坯的大小及含水量因品种不同而各异。制作好豆腐坯是提高腐乳质量的基础。豆腐坯质量要求很高，如含水量要达到某种腐乳的特定要求，要有弹性，不糟不烂，豆腐坯表面有黄色油皮，断面不得有蜂窝，表面不能有麻面等。

（二）前期发酵

豆腐乳的前期发酵，实质是一个培菌过程。通过在豆腐坯上培养的毛霉（或根霉、细菌），使豆腐坯长满菌丝，形成柔软、细密而坚韧的皮膜，这时的毛霉（或根霉）繁殖生长的好坏直接影响成品的质量。豆腐乳的前期发酵可通过自然发霉与纯种培养两种方式完成。自然发酵是利用自然界中存在的毛霉进行腐乳的生产，目前家庭和小手工作坊仍采用该方法。而大型生产企业则采用纯培养人工接种的方式进行腐乳生产。

1. 接种

当白坯降至35℃时，即可进行接种。如为固体菌粉，可均匀撒至豆腐坯正反两面；如为液态菌悬液，可采用自动喷雾设备喷到豆坯上，见图2-12。

图2-12　固态接种和液态接种

2. 摆坯

接好种的白坯放在发酵框内，行间留隔，以利通风调节温度（见图2-13）。

图2-13　摆坯装框

3. 发霉

霉房温度控制在20～25℃，最高28℃，空气相对湿度保持在50%左右。夏季如温度高，可利用通风降温设备进行降温。为了调节各层笼屉中品温均匀一致，进行倒笼、错笼（见图2-14）。一般在室温25℃以下时，24h倒笼一次，36～40h第二次倒笼。此时菌丝生长旺盛，长度可达6～10mm，如棉絮状，在正常生长情况下，一般48h菌丝开始发黄，转入衰老阶段。这时即可倒笼，降温，停止发霉。如温度高达30℃，要提前倒笼，各次倒笼时间都要提前，甚至要增加倒笼次数。发霉时间由室温及发霉程度决定，室温在20℃以下，发霉需72h；20℃以上时约48h。防止发霉过老发生“臭笼现象”。如果不需控温利用室温发酵时，可以采用不锈钢架摆坯发酵，不需倒笼（图2-15）。一般生产青方时，发霉可嫩些。当菌丝长好成白色棉絮状即可，这时毛霉的蛋白酶活性尚未达到最高峰，蛋白质分解力尚低，可保证在后发酵时蛋白质分解及发酵作用不致太旺盛；否则，会导致豆腐破碎。如生产红方，发霉程度可稍老一些。

图2-14　倒笼和错笼

图2-15 不锈钢架坯发酵

（三）搓毛与腌坯

前发酵是让菌体生长旺盛，积累蛋白酶，以便在后发酵期间将蛋白质缓慢水解。在进行后发酵之前，需将毛坯的毛搓倒再腌坯操作。

1. 搓毛

发霉好的毛坯要即刻进行搓毛。将毛霉或根霉的菌丝用手抹倒，使其包住豆腐坯，成为外衣，同时要把毛霉间粘连的菌丝搓断，分开豆腐坯，使成品块状成型（见图2-16）。

图2-16　搓毛

2. 腌坯

毛坯经搓毛之后，即行盐腌，将毛坯变成盐坯。腌坯要求NaCl含量在12%～14%，腌坯3～4d后要压坯，即再加入食盐水，腌过坯面，腌渍时间3～4d。腌坯结束后，打开缸底通口，放出盐水放置过夜，使盐坯干燥收缩。腌制的目的在于：①渗透盐分，析出水分，使坯成型；②给腐乳以必要的咸味；③防止霉菌继续生长和污染的杂菌繁殖；④浸提毛霉菌丝上的蛋白酶。

腌坯的用盐量及腌制时间有一定的标准，食盐用量过多，腌制时间过长，不但成品过咸，且延长后发酵时间；食盐用量过少，腌制时间虽然可以缩短，但易引起腐败。

（四）后期发酵

后期发酵是利用豆腐坯上的毛霉或根霉以及配料中各种微生物作用，使腐乳成熟，形成色、香、味的过程，包括装坛、灌汤和贮存等工序（见图 2-17）。

图 2-17　装坛和灌汤

配料与装坛（瓶）是豆腐乳后熟的关键。成品豆腐乳的特色风味很大程度上取决于汤料。因此，汤料在豆腐乳后期发酵中起了十分重要的作用。豆腐乳的品种很多，各地区主要是根据豆腐坯的厚薄以及配料的不同，而制成不同的品种。

配料前先把腌制好的咸坯取出，每块分开，点数装入洗净干燥的坛内，并根据不同品种要求给予配料。装坛（瓶）时不能装得过紧，装得过紧会影响后期发酵，使发酵不完全，中间有夹心。将盐坯依次排列，用手压平，分层加入配料，装满后灌入汤料。灌料多少视产品而定。汤料配料不同，形成腐乳各种花色品种和风味。

装坛灌汤后加盖封口贮藏（建议采用瓷坛并在坛底加一两片洗净并晾干的荷叶，再在坛口加盖荷叶），再用水泥或猪血拌熟石膏封口。装瓶灌汤后放一小块滤纸片后封口，成熟后取出纸片。成品腐乳必须贮藏到一定时间，当感官鉴定口感细腻而柔软、理化检验符合标准要求，即为成熟产品。在常温下贮藏，一般需 3 个月以上，才会达到腐乳应有的品质。青方与白方腐乳因含水较高，只需 1～2 个月即可成熟。

（五）腐乳的主要生产技术指标

1. 豆腐乳出品率

出品率是指每 1kg 大豆原料经加工后，制得成品豆腐坯的质量（kg），计算公式为：

$$豆腐出品率=\frac{成品量}{原料投入量}\times100\%$$

2. 豆腐乳原料利用率

豆腐乳的原料利用率可用蛋白质利用率来表示。蛋白质利用率能科学地反映出生产技术水平的高低。蛋白质利用率是指豆腐坯蛋白质总量占大豆原料蛋白质总量的百分数，即大豆原料所含蛋白质转移到豆腐坯中的比例，计算公式为：

$$蛋白质利用率=\frac{豆腐坯质量（kg）\times豆腐坯蛋白质含量（\%）}{大豆原料质量（kg）\times大豆原料蛋白质含量（\%）}\times100\%$$

五、腐乳成品质量标准

腐乳的质量标准见行业标准 SB/T 10170《腐乳》。腐乳的感官质量标准和理化标准如下。

（一）感官质量标准

感官质量要求应符合 SB/T 10170—2007 的规定（表 2-13）。

表 2-13 腐乳的感官指标

项目	要求			
	红腐乳	白腐乳	青腐乳	酱腐乳
色泽	表面呈鲜红色或枣红色，断面呈杏黄色或酱红色	呈乳黄色或黄褐色，表里色泽基本一致	呈豆青色，表里色泽基本一致	呈酱褐色或棕褐色，表里色泽基本一致
滋味和气味	滋味鲜美，咸淡适口，具有红腐乳特有之气味，无异味	滋味鲜美，咸淡适口，具有白腐乳特有香味，无异味	滋味鲜美，咸淡适口，具有青腐乳特有之气味，无异味	滋味鲜美，咸淡适口，具有酱腐乳特有之香味，无异味
组织形态	块形整齐，质地细腻			
杂质	无外来可见杂质			

（二）理化指标

理化指标应符合 SB/T 10170—2007 的规定（表 2-14）。

表 2-14 腐乳的理化指标

项目		要求			
		红腐乳	白腐乳	青腐乳	酱腐乳
水分/%	≤	72.0	75.0	75.0	67.0
氨基酸态氮(以氮计)/(g/100g)	≥	0.42	0.35	0.60	0.50
水溶性蛋白质/(g/100g)	≥	3.20	3.20	4.50	5.00
总酸(以乳酸计)/(g/100g)	≤	1.30	1.30	1.30	2.50
食盐(以氯化钠计)/(g/100g)	≥	6.5			

（三）卫生指标

总砷、铅、黄曲霉毒素、大肠菌群、致病菌、食品添加剂应符合 GB2712 标准的规定。

【思考题】

1. 豆腐乳生产的原辅料有哪些？其作用分别是什么？
2. 豆腐乳的种类有哪些？各有什么特点？
3. 豆腐乳发酵分为哪两个阶段？其发酵作用分别是什么？

第五节 纳豆

一、纳豆概述

（一）发展历史

纳豆起源于中国，由唐朝鉴真东渡时期传入日本，并在日本得到发展。纳豆是日本的一种传统食品，其历史较为悠久，根据文献记载，公元753年中国唐代高僧鉴真和尚东渡日本传经时，其《东征传》一书里便记载着将30石“甜豉”带到日本，这里的“甜豉”一般被认为是日本纳豆的祖先。

“纳豆”一词最早出现于记载是在公元1286年，当代日本文人藤原明衡写了一本叫《新猿乐记》的书，书中首次以“纳豆”二字称呼这种食品。按书中的描述，早期的纳豆是在寺庙的厨房（纳所）制作出来的，也因此而得名，又被称为“寺纳豆”。

日本民间自制纳豆的现象产生于江户时代（公元1600年左右），当时《本朝时鉴》中就有关于“纳豆消毒、进食”的记载，至此，纳豆的流行不再局限于日本上层社会。明治维新之后，纳豆由东京地区逐渐推广至全国。

第二次世界大战之前，日本海军也曾对纳豆防治霍乱、伤寒、痢疾、结核等传染病的效果进行过研究，得出纳豆有较强的抗菌、消毒作用。在缺乏抗生素、传染病四处蔓延的日本关东大地震时期（1923年），食用纳豆就极为盛行。

1996年，日本列岛的冈山、大阪等地连续发生大肠杆菌O_{157}中毒事件，但人们发现长期食用纳豆的居民，感染率较低或症状较轻。对于这一现象，日本富崎医科大学的须见洋行教授通过大量调查研究后得出结论，纳豆可显著增强人体对包括大肠杆菌O_{157}在内的部分肠道致病菌抵抗能力，这使得纳豆在日本更为风靡。即使是在食品行业高速发展的现代，日本人对传统食品纳豆的钟爱仍有增无减。

如今，纳豆已经成为日本普通家庭日常生活必不可少的食物之一，根据2010年的调查数据，日本人的平均寿命是83岁，是世界上最为长寿的国家，尤其是现代人类健康杀手心脑血管疾病发病率较低，这与其国民食用传统发酵食品纳豆有较大关系。

纳豆的保健功效在世界范围内得到了迅速的推广。我国已有不少企业和科研单位开始进行纳豆及其深加工产品的研发。目前国产纳豆主要是引进日本技术所生产的传统日式纳豆产品，其口味与我国居民饮食习惯有一定差异，难以被部分消费者所接受。因此，开发适合我国国民口味的纳豆品种，进行纳豆成分、保健功能和新型产品的研发是我国纳豆产业发展的重要思路。

（二）纳豆定义

纳豆是以大豆为原料，经过蒸煮后接种纯种纳豆芽孢杆菌（纳豆菌）发酵成的产品。

日本居民制作纳豆的传统方法是将精选的大豆浸泡煮熟后，使用洁净的稻草将熟大豆包裹起来（又称苞），置放到适宜的环境中，维持一定的温湿度发酵1～2d，当其表面产生黏性物质，并具有独特气味时，即为发酵完成。

随着科技的进步，食品冷冻技术的发展与完善，推动了纳豆从小作坊生产逐步向工厂化生产的转变，纳豆相关行业标准也于20世纪80年代初期制定完成，为纳豆在世界范围内的推广提供了基础。

纳豆中含有丰富的维生素成分，如B族维生素、维生素E、维生素K等，以及纳豆激酶、γ-多聚谷氨酸（γ-PGA）、生物多糖、超氧化物歧化酶、异黄酮、皂苷、卵磷脂、亚油酸、亚麻酸等上百种生理活性物质。纳豆中还含有人体所需的多种矿质元素。此外，纳豆经过发酵，所含的蛋白质一半以上都是水溶性蛋白质，易于消化吸收，并且含有全部的人体必需氨基酸，是良好的氨基酸来源食品。纳豆作为一种药食同源的保健食品，对溶解血栓、降低血压等具有显著疗效。

（三）纳豆分类

近代，纳豆由日本传至朝鲜、菲律宾、印度尼西亚等地，深得各地居民青睐，也演化出了3种不同品种：传统纳豆、滨纳豆和印尼纳豆。

（1）传统纳豆　也叫湿纳豆或拉丝纳豆，是国际消费量最大的纳豆品种。

（2）滨纳豆　又叫咸纳豆或腌酵纳豆，这种纳豆使用蒸煮的大豆接种种曲，浸盐水后使其发酵，然后进行干燥。成品颜色略呈黑色，具有特殊酱香味，其工艺和品质与中国传统的豆豉较为接近，通常用作烹饪调料。

（3）印尼纳豆　印尼纳豆没有日本纳豆特有的味道和黏性，一般也不加盐，味道清淡并且带有独特的香味。印尼纳豆不含有纳豆激酶。

二、纳豆生产的原料

纳豆生产的原料有大豆、纳豆芽孢杆菌、水、食品添加剂和其他辅料。

大豆应符合GB 1352规定。生产纳豆的纳豆芽孢杆菌（纳豆菌）应是安全、无害和无其他杂菌的一种枯草芽孢杆菌纯培养物。水应符合GB 5749规定。食品添加剂的品种和使用限量应符合GB 2760的规定，食品添加剂质量还应符合相应的食品添加剂的产品标准。其他辅料应符合相应的产品标准和有关规定。

三、纳豆生产用的微生物及生化机制

（一）纳豆发酵微生物

纳豆菌，别称纳豆芽孢杆菌（*Bacillus natto*），属枯草芽孢杆菌纳豆菌亚种，好氧，有芽孢，极易成链。通常为（0.7～0.8）μm×（2.0～3.0）μm，革兰氏阳性。生长在葡萄糖琼脂的细胞原生质染色均匀。芽孢椭圆形或柱状，中生或偏中生，即使孢囊膨大，也不显著，有鞭毛，能运动。生长温度最高为45～55℃，最低为5～20℃。芽孢耐热性强(图2-18)。

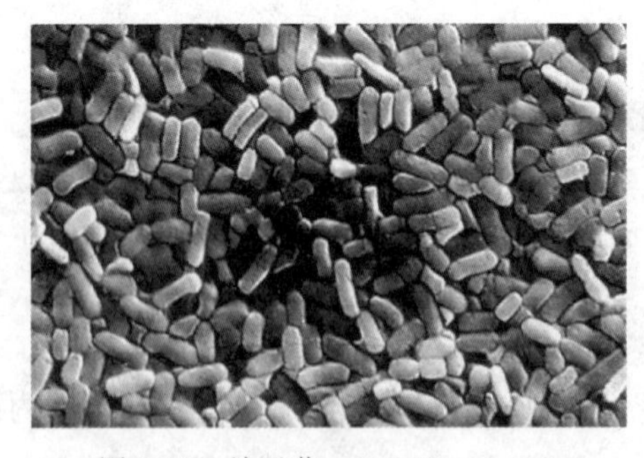

图2-18　纳豆菌（*Bacillus natto*）

（二）纳豆发酵生化机制

纳豆菌具有多种胞外酶，包括蛋白酶、淀粉酶、谷氨酸转肽酶、脂肪酶、果聚糖蔗糖酶和植酸酶等。其在大豆中生长可使大豆中不易被消化的蛋白质转化为胨、多肽、氨基酸等，这些低分子物质可直接被人体肠黏膜吸收，使大豆蛋白质的消化吸收率由50%提升到90%左右，这对消化力减退或患有消化功能障碍的人群十分有利。蛋白质的转化同时使得原料硬度下降，提升了产品口感。另外，纳豆发酵过程破坏了大豆中的胰蛋白酶抑制剂、植物凝集素等抗营养因子，并使大豆中的纤维素水解生成单糖，提高了人们对豆类营养成分的利用率。此外，纳豆菌发酵过程中还可产生多种生理活性物质，如纳豆激酶、维生素K_2、抗生素、消化酶、γ-多聚谷氨酸（γ-PGA）、抗氧化剂等，极大地提高了成品的营养价值。

四、纳豆现代生产流程及技术参数

（一）纳豆生产工艺流程

纳豆生产工艺流程见图 2-19。

菌种制备
↓
大豆→筛选→分选清洗→浸泡→蒸煮→冷却→接种→发酵→后熟→包装→冷藏→成品

图 2-19　纳豆生产工艺流程图

（二）操作要点

1. 筛选

大豆颗粒大小和吸水速度有关，在生产过程中首先应通过筛选获得规格一致的豆粒。有的纳豆是用破碎的大豆制造，称为碎纳豆。碎纳豆是先将大豆脱皮、破碎、过筛后取一定规格的碎豆进行加工。

2. 分选清洗

除去虫蛀豆、伤痕豆、出芽豆以及杂质，再用洗豆机清洗，除去附着于豆表面的沙土、尘埃和有机物。

3. 浸泡

选取清洁的软水作为泡豆水，浸泡水量一般为大豆重量的 3 倍。浸泡可使水分被充分吸收到大豆中，使组织软化，容易蒸煮。浸泡程度以重量比来计算，按湿豆重量达到浸泡前的 2.3～2.4 倍为宜。浸泡时间随大豆种类和水温差异而有所不同，水温是影响浸泡的重要因素。在水温为 10℃时浸泡 23～24h；15℃时 17～18h；20℃时 13～14h；25℃以上时 7～8h。

在温度较高的夏季，应注意不能浸泡过度。因水温较高时，杂菌容易在营养丰富的泡豆水中大量繁殖，虽然之后的蒸煮工序可杀死杂菌，但其残留的代谢物质会影响纳豆菌生长，严重时可完全抑制纳豆菌的繁殖。因此尽量采取低温浸泡以抑制杂菌生长，如有条件可在 10℃左右的冷柜内进行浸泡。

4. 蒸煮

蒸煮能杀死大豆附带的微生物并软化大豆组织，将浸泡好的大豆放入蒸煮锅中，在 0.08～0.1MPa 下煮 30～40min，蒸煮程度以大豆易用手碾碎为宜。大豆蒸煮应避免过长时间高温，以免美拉德反应损失糖分及氨基酸，并造成产品颜色加深。

5. 菌种制备

将低温保存的纳豆菌斜面菌种置于常温下复苏，摇瓶扩大培养后，用发酵罐制备纳豆菌发酵液（工业生产上可采用豆浆无机盐培养基或肉汤培养基），过滤后用无菌水稀释混匀，制成纳豆菌接种液（接种液含纳豆菌孢子 10^7～10^8CFU/mL）。

6. 接种

大豆的温度最好在 70～90℃之间，用喷雾式接种器接入预制的纳豆菌接种液，按每 1kg 大豆原料使用 1mL 接种液，拌匀后装入无菌的浅盘中，厚度为 2～3cm。料层薄则容易干燥；料层过厚又容易导致上下层发酵品温不均，且中部湿度过大，透气性不好，影响发酵质量。

7. 发酵

接种好的发酵盘用灭菌的包装材质（可以为木质纸、竹片、微孔塑料等）包好后放置在培养室内。发酵盘可重叠堆放，但要注意透气。发酵室温度控制在 35～45℃，相对湿度 80%～85%进行发酵。发酵 2h 后，纳豆菌孢子开始发芽；4h 后品温上升，此时纳豆菌快速生长繁殖，消耗糖分并分解蛋白质，使品温继续上升至 48℃左右；8h 左右糖分消耗殆尽，开始分解氨基酸产氨；10～12h，基质菌数达 10^9 CFU/g，品温接近 50℃并开始产生黏性物质；继续发酵至 18～24h 时即可出室，此时熟豆表面部分发灰，覆盖一层白色的菌膜，菌膜之间有褶皱，并可闻到氨味和纳豆特殊的芳香味。

纳豆发酵过程中需严格控制的几个环节：一是调节品温，如果发酵初始阶段基质的品温低于 40℃，则孢子发芽的速度过慢，容易导致生长适温偏低的杂菌先行繁殖，使发酵异常，而进入到对数期后则应保持品温在 50℃左右以促进品质的形成；二是清洁化管理，包括环境、包装容器、接种工具、翻拌用具的洁净与消毒，以防止杂菌（霉菌、小球菌、乳酸菌、梭状芽孢杆菌、大肠杆菌等）的污染。

发酵良好的成熟纳豆中纳豆菌含量为 10^9 CFU/g，纳豆激酶效价≥500 尿激酶单位。

8. 后熟

为防止过热及再发酵，发酵好的纳豆从培养室内取出后，放置在后熟室（也可采用冰箱代替）4℃后熟 24h。要注意的是后熟时间过长会使部分氨基酸结晶，造成砂质口感，影响纳豆的适口性；且黏液随冷藏时间延长有减少趋势，拉丝质量逐渐变差。

9. 包装与贮藏

成熟的纳豆用无菌包装机进行包装后，放置在低温环境下保藏。其保质期与贮藏温度有关，－18℃可保存 6 个月；0～4℃可保存 8～10d。冷藏纳豆不宜直接高温加热，否则会破坏其营养成分。

（三）纳豆深加工

纳豆具有较高的保健价值，有较重氨臭味，为保证成品的质量稳定，易被消费者接受，将纳豆进一步加工处理制成不同类型的风味产品。

1. 调味纳豆制品

在食用新鲜纳豆时，添加 1.5%食盐、1.5%辣椒粉、0.4%味精制成香辣风味；添加 0.2%香精、3%果粉、4%白糖、0.1%柠檬酸，制成水果味纳豆风味。

2. 冻干纳豆制品

纳豆冻干粉以及冻干粉制成的胶囊、片剂是目前市面上较为常见的纳豆类产品。纳豆通过冷冻干燥，其中的挥发性物质减少，可降低令人不悦的氨臭味。通过添加冷冻保护剂和控制冷冻干燥的条件，亦可较好地保护纳豆激酶的活性，使纳豆产品的保质期得到延长，目前市售的冻干纳豆产品保质期大部分可达到 24 个月以上，远超过新鲜纳豆产品的货架期。

五、纳豆成品质量标准

国内纳豆生产所用标准是由中国食品工业协会豆制品专业委员会、国家副食品检测中心联合杭州豆制食品有限公司、湖南大学、天津市百德生物工程有限公司、青岛寿纳豆有限公司等相关企事业单位共同起草制定的 SB/T 10528—2009《纳豆标准》，根据此行业标准，我国生产的纳豆感官标准、理化标准和卫生标准应符合表 2-15 至表 2-17 中要求。

表 2-15　感官标准

项目	要求
颜色	淡黄色到茶色
香气	具有纳豆特有的气味，无异味
滋味	具有纳豆特有的滋味，无异味
组织形态	黏性强、拉丝状态好，豆粒软硬适当，无异物

表 2-16　理化标准

项目		指标
水分/(g/100g)	≤	65
氨基酸态氮(以氮计)/(g/100g)	≥	0.3

表 2-17　卫生指标

项目	指标
总砷(以 As 计)/(mg/kg)	按照 GB2712 规定执行
铅(Pb)/(mg/kg)	按照 GB2712 规定执行
黄曲霉毒素 B_1/(μg/kg)	按照 GB2712 规定执行
食品添加剂	按照 GB2760 规定执行
大肠菌群/(MPN/100g)	按照 GB2712 规定执行
致病菌(沙门氏菌、志贺氏菌、金黄色葡萄球菌)	按照 GB2712 规定执行

【思考题】

1. 简述日本传统纳豆制备过程中的关键微生物及其作用。
2. 试述纳豆的功能性和保健性的主要因素。
3. 结合所学知识，试述开发适宜我国人民口味的纳豆产品思路。
4. 试述开发新型纳豆深加工产品的研制思路。
5. 有些纳豆产品吃起来有砂质口感，这是由于什么原因导致的？

第六节　丹贝

一、丹贝概述

（一）发展历史

丹贝（tempeh），又叫天培，摊培，起源于印度尼西亚，已有数百年的历史，深受东南亚人们的青睐。人均每日消费量达 200g 以上，是世界上唯一作为主食的大豆发酵食品。在印度尼西亚，丹贝年产量甚至已达 50 万吨。丹贝生产借鉴于我国的豆豉生产技术，在唐朝随着文化的传播和交流，印度尼西亚、马来西亚等东南亚国家逐渐接触了解豆豉发酵技术，经过时间沉淀，现已发展成独具当地特色风味的传统食品。

在 20 世纪 50 年代末，丹贝因其风味鲜美、价格低廉、营养丰富、制作简易、发酵周期短、无毒副作用且有一定的保健功效，从而引起众多西方研究者的关注，将丹贝制造工艺予以引进，并作为一种肉类的替代品迅速推广，欧洲、日本、澳大利亚等一些国家和地区先后开展了研究和工业化生产。我国的丹贝研究则始于20世纪90年代初，由北京食品工业研究所和南京农业大学最早开展了研究，但没有产品上市。

（二）丹贝定义

丹贝是一种以大豆为原料经根霉菌发酵而成的带菌丝的黏稠状饼块食品。传统的丹贝是采用大豆为主要原料通过天然发酵制得的，利用第一次制成的新鲜丹贝揉搓后与蒸煮过的脱皮大豆混合均匀接种，以香蕉叶包裹进行发酵1～2d，得到一种白色成糕团状的大豆制品。

近代丹贝纯种根霉接种经短期发酵而成。新鲜丹贝是细密菌丝覆盖的饼状物，外观呈白色具光泽，触感富有弹性，无任何豆腥味，并具独特的清香。目前，已经有其他五谷杂粮被用作原料来制作丹贝。

（三）分类

根据丹贝的储存方式与加工工艺不同，品质多样。

1. 脱水丹贝

（1）一种是把丹贝切成四方块2.5cm³，在69℃下用热风干燥99～120min，水分降至2%～4%即可。将脱水丹贝装入塑料袋在室温下可存放数月。

（2）另一种把发酵好的丹贝块，厚度＜2cm，放进热风干燥器中，在105℃中干燥一段时间，使丹贝含水量下降10%，然后用塑料袋包装和出售。

2. 冰冻丹贝

将新鲜丹贝切成薄片，在开水中灭菌5min，使霉菌、蛋白质和脂肪分解酶失活。将灭菌后的丹贝装入塑料袋中快速冻结，3个月后丹贝的外观色香味不改变。

3. 速成丹贝

先把接种好的黄豆填充在带小孔的塑料袋或发酵盒中，使之冻结，需要丹贝时就取出一袋，稍通气保温，在30℃下发酵22h左右，即可得到鲜丹贝。此产品是避免鲜丹贝产氨发臭，外观变黑而影响美观的一种推迟发酵保鲜方法。

4. 油炸丹贝

是广泛采用的一种加工法。首先把丹贝切成2mm厚的薄片，粘上盐水或者涂上由米粉等做成的米糊，在190℃下油炸3～4min，即可制成酥脆可口、风味各异的油炸丹贝片，可储存几个月，风味不变。

5. 丹贝粉

丹贝粉有3种方法加工。

（1）将发酵的丹贝加水磨浆，使丹贝浆的固形物含量为10%，把丹贝浆进行巴氏灭菌，然后喷雾干制成丹贝粉。

（2）将发酵好的丹贝切成小块，经冷冻干燥后粉碎成粉。

（3）先把豆子磨成粉，也可先将大豆浸泡一夜，然后粉碎，制成固形物含量为10%的浆，浆灭菌放入灭菌发酵容器中接种，发酵期间不断进行搅拌与通气，经过24h发酵（如采用高浓度接种，发酵时间可减少到12h），进行喷干成丹贝粉。

丹贝粉与鱼、肉一起制成丹贝的鱼肉食品。与其他原料混合可做成膨化小食品或点心。

二、丹贝生产的原料

丹贝的生产原料为大豆，对大豆的要求是油脂含量低，蛋白质和糖质含量高。也可使用绿豆、蚕豆或豆渣等作为辅料。

1. 大豆原料

制作丹贝的原料大豆质量标准应符合 GB1352—2009 中的规定，完整粒率≥95%，杂质含量≤1%，水分含量≤13%，色泽、气味均正常。

2. 其他辅料

绿豆质量标准应符合 GB/T 10462—2008 中的相关规定，杂质含量≤1%，水分含量≤13.5%，色泽、气味均正常。

蚕豆质量标准应符合 GB/T 10459—2008 中的相关规定，杂质含量≤1%，水分含量≤14%，色泽、气味均正常。

豆渣为豆制品加工的副产品，水分含量≤85%，蛋白质含量≥3.0%，脂肪含量≥0.5%，碳水化合物（纤维素、多糖等）含量≥8.0%。

三、丹贝生产用的微生物及生化机制

（一）丹贝生产用的微生物

丹贝发酵微生物为真菌，主要是根霉属，包括少孢根霉（*Rhizopus oligaspolus*）、黑根霉（*Rhizopus stolonifer*）、米根霉（*Rhizopus oryzae*）和少根根霉（*Rhizopus arrhizus*）。目前在工业生产上应用较广泛的菌株是少孢根霉 NRRL2710。该菌株具有以下特点：30～42℃迅速生长，12h 可见菌丝，18～22h 完成发酵，并具有活性较高的蛋白酶系，在发酵至48～72h 时释放氨，导致菌丝自溶，并产生不愉快的氨味，有较高的脂肪分解酶活性并具有强抗氧化活性，能在小麦或淀粉基质上生长而不产生明显的有机酸量。

1. 少孢根霉

少孢根霉属于毛霉目、毛霉科。具有白色棉絮状的菌丝，上面长出暗褐色的孢子囊柄，基部有分叉的假根，孢子囊黑色球状，囊壁很容易溶解破裂，散出无数淡褐色的孢子。孢子囊柄较短，孢子表面不具横纹，形状为圆至椭圆形，有少部分是不规则形。少孢根霉 RT-3 较耐高温，50℃下仍能生长，菌丝最适生长温度为 40℃，最适生长 pH 为 4.5；孢子最适萌发温度为 42℃，最适萌发 pH 为 4.0。所发酵的产品品质较好，没有豆腥味、霉味，菌丝丰富，有浓郁清香味，且生产性能稳定，产品蛋白质真实消化率高。

2. 黑根霉

黑根霉又称匍枝根霉，也叫面包霉，分布广泛。菌落黑色、灰色，是其代表性特征，雌雄异株。很多特征与毛霉相似，菌丝也为白色、无隔多核的单细胞真菌，多呈絮状。黑根霉（ATCC6227b）是目前发酵工业上常使用的微生物菌种。黑根霉的最适生长温度约为 28℃，超过 32℃不再生长。

3. 米根霉

米根霉菌落呈疏松或稠密的絮状，初期为白色，中期后变为灰褐色或黑褐色。菌丝匍匐爬行，无色。假根发达，分枝为指状或根状。米根霉最适温度为 30℃左右，发酵时间 40h 具有较强的淀粉酶活力。

4. 少根根霉

少根根霉菌落开始为白色，后变成灰褐色，呈棉絮状，最适培养温度 28～30℃，有较强的糖化酶。

（二）丹贝发酵生化机制

在丹贝发酵过程中，少孢根霉分泌蛋白酶及肽酶，将大豆中高分子蛋白质水解为低分子水溶性含氮化合物，如多肽、寡肽、氨基酸等。这些肽类及氨基酸相比大分子蛋白质更容易被人体所消化吸收，同时也是丹贝滋味形成的重要因素。

大豆中含有20%左右的碳水化合物，少孢根霉分泌的淀粉酶可以将分子量较大的碳水化合物分解为可溶性低聚糖和葡萄糖，它们不但是重要的呈味物质，部分葡萄糖还可通过氧化酶的作用转化成葡萄糖醛酸，它能与人体内的一些有毒物质结合转化为苷类，并通过尿液排出体外从而起到解毒的功效。

大豆异黄酮是丹贝中重要的营养成分，它对乳腺癌、前列腺癌具有预防作用。又因为其结构与雌激素类似，被称为植物雌激素，能起到雌激素对人体的调节作用。大豆中99%的异黄酮是通过β-葡萄糖苷键以糖苷的形式存在的，丹贝发酵过程中，少孢根霉分泌β-葡萄糖苷酶将绝大部分异黄酮糖苷转化为异黄酮苷元，异黄酮苷元比异黄酮糖苷具有更强的生物活性，包括抗菌活性、抗氧化活性、雌激素活性，抗溶血活性、抗血管收缩活性、强心作用等，还可增强毛细血管壁坚韧性。

大豆含有的纤维素不能被人体消化和吸收，其构成的细胞壁阻挡了各种酶类与细胞内营养物质的接触，降低了各类营养物质的消化率。此外大豆纤维还能刺激胃肠黏膜，促进肠内产气，对胃肠病患者不利。丹贝发酵过程中，纤维素在纤维素酶的作用下水解为低聚纤维素及葡萄糖，从而破坏大豆细胞壁，消除其对胃肠的不利影响，提升营养物质的消化率。

大豆中含有植物凝集素和胰蛋白酶抑制剂两种抗营养因子。植物凝集素能够破坏肠黏膜上皮细胞，影响人体消化、吸收过程；胰蛋白酶抑制剂则可抑制小肠中胰蛋白酶的活力。对大豆长时间浸泡可破坏这两种抗营养因子的活性。此外，在丹贝发酵前对大豆进行的蒸煮处理也可使其失活，消除其抗营养作用，使丹贝中的营养物质得以被人体充分消化和吸收，并发挥其生物活性。

另一方面，少孢根霉产生的复合酶能减少大豆制品的豆腥味，在复合酶的作用下引起豆腥味的醛、酮生成醇和酸，并进一步转化为芳香化合物和脂肪酸酯，使丹贝产生怡人的香气。发酵还能使大豆中的皂苷发生化学变化，从而降低成品的苦涩味。

四、丹贝现代生产流程及技术参数

丹贝生产工艺大致可以分为两类：一类是传统的生产工艺，另一类是现代工业化生产工艺。传统生产工艺是将大豆经过浸泡、去皮和蒸煮后，包裹于芭蕉叶里自然发酵而成，其品质波动较大。工业化生产工艺是在丹贝传统生产工艺的基础上发展而来的，其工艺初步定型于1965年，并随时间发展逐步改进。

（一）丹贝现代生产工艺

丹贝现代生产工艺流程如图2-20所示。

（二）操作要点

1. 大豆精选、清洗

选择无霉变、无虫蛀、颗粒饱满均匀的大豆作为原料，筛分去除大豆中的杂质，用洁净的水将大豆洗净备用。

大豆挑选清洗→浸泡(18～24h)→机械脱皮→蒸煮(0.8MPa,20min)→酸化基质(加0.8%乳酸)→冷却→接种霉菌发酵剂(接种量0.5%～1%)→分装(盘或带孔塑料袋中)→恒温培养(36℃±1℃,RH75%～85%,30h)→切片→再加工→成品

图2-20 丹贝现代生产工艺流程

2. 浸泡

将豆瓣浸泡于清洁的软水中（按1t豆瓣使用3.5～4t水）。为了防止细菌繁殖，夏天可在浸泡水中添加0.1%的乳酸。浸泡时间气温不同时间长短不一，通常在室温为25℃时需18h；20℃时20h；低于15℃时24h。以大豆重量增加1倍为宜。

3. 机械脱皮

去皮分为湿法脱皮和干法脱皮两种方式。湿法脱皮是大豆浸泡软化后，大豆吸水量一般为大豆重量的2倍时进行机械去皮，将种皮与豆瓣分离，再经悬浮法将种皮进一步去除。干法脱皮则是直接通过机械摩擦使豆瓣和种皮分离，然后用气流将种皮去除。去皮有利于霉菌繁殖；去除纤维素和多缩戊糖等难消化成分，提高制品质量；能够抑制在发酵过程中大豆变色。

4. 蒸煮

煮豆过程可软化大豆组织，使大豆中成分易于被根霉利用。此外，大豆中含有一部分能降低根霉蛋白酶活性、抑制根霉生长的水溶性成分，通过煮豆将这部分物质去除后可提升发酵质量。采用旋转蒸料锅在0.08MPa煮20min。取出冷却。

5. 发酵剂制备

将少孢根霉接种在米粉、细麦麸、米糠等物料上，在28～32℃下培养3～7d，然后45～50℃干燥或冷冻干燥制成种曲粉用于接种。也可制备孢子悬液或孢子粉，即将少孢根霉接种在斜面培养基上，在25～28℃下培养7d，然后用无菌水将孢子冲洗下来做成菌悬液或直接刮下来干燥成孢子粉供使用。

6. 接种与发酵

将制备好的种曲粉或菌悬液按0.5%～1%接种至添加了0.8%乳酸的冷却好的豆瓣中。分装到盘或带孔塑料袋中，发酵的物料厚度一般为2～3cm，可采用分段控温，即在发酵初期高温（42℃左右）促进根霉孢子萌发并抑制腐败菌生长，使根霉形成菌群优势，之后菌丝生长期降低温度至30℃左右，湿度为75%～85%，发酵时间为20h。豆瓣表面被白色致密菌丝布满，结构呈糕团状，触碰有弹性并具特殊香气时，即为发酵完成。注意丹贝发酵时间不宜过长，如果发酵过头或供氧过多，根霉菌丝分化成孢囊，会导致丹贝表面出现灰黑点，并使产品呈苦味。

五、丹贝成品质量标准

新鲜丹贝表面附满白色致密菌丝，使豆瓣固结成糕团状，质地结实有弹性，具有类似酵母和奶酪的清香气味，各项理化指标和微生物指标应符合食品安全国家标准GB 2712—2014《豆制品》中的规定。

（一）原料要求

原料应符合相应的食品标准和有关规定。

（二）感官要求

感官指标应符合表2-18的规定。

表2-18　丹贝感官要求

项目	指标	检验方法
色泽 滋味、气味 状态	具有产品应有的色素 具有产品应有的滋味和气味，无异味 具有产品应有的状态，无霉变，无正常视力可见的外来异物	液体样品取适量试样置于50mL烧杯中，固体样品取适量试样置于白色瓷盘中，在自然光下观察色泽和状态。闻其气味，用温开水漱口，品其滋味

（三）污染物限量和真菌毒素限量

污染物限量应符合GB 2762的规定。真菌毒素限量应符合GB 2761的规定。

（四）微生物限量

（1）致病菌限量应符合GB 29921的规定。

（2）即食豆制品中的微生物限量还应符合表2-19的规定

表2-19　微生物限量

项目	采样方案①及限量				检验方法
	n	c	m	M	
大肠菌群/(CFU/g)	5	2	10^2	10^3	GB4789.3平板计算法

① 样品的采样及处理按GB 4789.1执行。

（五）食品添加剂

食品添加剂的使用应符合GB 2760的规定。

【思考题】

1. 简述丹贝生产的主要微生物及其操作要点。
2. 从营养学角度论述丹贝可以作为主食的原因。
3. 丹贝发酵时间过长会导致味道变苦，主要是什么原因造成的？
4. 结合所学知识，论述我国进行丹贝产品开发的研制思路。

第七节　味噌

一、味噌概述

（一）发展历史

味噌（miso）是日本一种非常流行的大豆发酵制品，中文的意思就是酱。味噌最早发源于中国或泰国西部，它与豆类通过霉菌繁殖而制得的豆瓣酱、黄豆酱、豆豉等很相似。据说，它是由唐朝鉴真和尚传到日本的，也有一种说法是通过朝鲜半岛传到日本。

在1300多年前的奈良时代，日本文献中已经有了最早关于味噌的记载，具体地点在日本的平安京（现日本京都）的西市。当时将这一类调味品称为“末酱”，其意思为“还残留有豆粒的酱”，这也是味噌工艺正式形成的时期。随着时代演变，先后出现过末酱、味酱、味噌等不同名称。

在日本平安时代（公元794～1192年），文献记载味噌已经用来作为菜粥的一种固定调味配料。到了室町时代（公元1336～1573年），随着工艺发展，此时的味噌已经可以长期保存了。在日本战国时代（公元1467～1585年），味噌因其营养丰富且方便快捷，成为了一种重要的军需品，味噌的制造由小型作坊式生产转变为集中生产，其产量也大为提高。到了江户时代（公元1603～1867年），味噌成为日本饮食文化不可缺少的一部分。

近代，日本味噌由传统酿造转变为工业化生产，工业化程度较高。近年来，味噌不仅以其方便快捷、营养丰富、口感独特而风靡日本，并且随着现代饮食文化的发展与国际化，味噌广泛传入到东南亚和欧美等国家地区。

（二）味噌定义

味噌，也叫日式大豆酱，是一种以大豆为主要原料，加入食盐等调味料，以霉菌为主导发酵制得的一种有咸味的半固态酱状调味品，它与我国的传统食品豆瓣酱、黄豆酱及豆豉较为相似。早期的味噌主要是以大豆为原料制作，后来逐渐引入了大麦、大米等其他粮食原料。

味噌中含有较多的蛋白质、脂肪、糖类以及铁、钙、锌、维生素 B_1、维生素 B_2 和尼克酸等营养物质。日本广岛大学伊藤弘明教授等人，通过对动物试验证明，常吃味噌能预防肝癌、胃癌和大肠癌等疾病，此外，还可以抑制或降低血液中的胆固醇，抑制体内脂肪的积聚，有改善便秘、预防高血压和糖尿病等功效。

（三）味噌分类

味噌种类很多，通常按照生产种曲不同、成品口味或颜色的差异作为其分类标准。

1. 根据种曲的不同分

可将味噌分为米味噌、麦味噌、豆味噌。

（1）米味噌（rice miso）　米味噌是以大豆为主要原料，大米辅料，添加米曲酿造而成的味噌。米味噌是日本产销量最大的一种味噌，约占味噌消费总量的70%，颜色有白、黄、红3种。米味噌的成熟时间较短，味道微甜。按出产地域的不同，米味噌中较具代表性的品种如下。

① 仙台味噌　味道微咸偏辣，颜色以暗红色为主，贮藏性能较好，在日本全国各地均有生产。

② 信州味噌　淡色、味辣，有轻微酸味，产于因出产优质“西山大豆”而闻名的信州松本一带，当地也因盛产味噌而被称为“味噌王国”。

③ 加贺味噌　源自于江户时代加贺藩地区的味噌，味道微咸，颜色以暗红色为主。

④ 会津味噌　成熟期较长，颜色褐红，味道微咸。

⑤ 江户味噌　是一种有浓郁甘甜味道的味噌，颜色以暗红色为主。

⑥ 西京味噌　成熟期较短，颜色发白，味道微甜，贮藏性能差，产于日本京都中心关西地区。

⑦ 白味噌 品质与信州味噌较为接近，味道则更为甘甜可口。

(2) 麦味噌(barley miso)　麦味噌是以大豆为主要原料，大麦为辅料，添加麦曲发酵而成的味噌。麦味噌也被称为田园味噌。麦味噌的颜色一般以浅色调为主，成熟期比米味噌普遍要长，气味一般较为愉悦。按出产地域的不同，麦味噌中较具代表性的品种如下。

① 濑户内麦味噌　产自濑户内市，有浓郁的麦香和甜香味，回味较为悠长。

② 长崎味噌　是九州岛味噌的代表，味道偏甜，颜色较浅。

③ 萨摩味噌　是熊本和鹿儿岛的代表味噌，颜色较浅，味道较为丰富，它是制备萨摩味噌汤和其他萨摩特色食物必不可少的调味料。

(3) 豆味噌(soybean miso)　豆味噌是以大豆为主要原料，用豆曲发酵制成的味噌。豆味噌的颜色以红色为主，是成熟时期最长的味噌，并具有不同于米味噌和麦味噌的一种类似于奶香的特殊味道。按出产地域的不同，豆味噌中较具代表性的品种如下。

① 八丁味噌　色深、味浓，产于爱知县冈崎市八帖町地区，是具代表性的大豆味噌产品。

② 东海豆味噌　又称为三州味噌，主要出产于日本的东海地区。

2. 按口味不同分

根据味噌口味的不同，又可将其区分为：辛口味噌和甘口味噌。

(1) 辛口味噌　味道比较重，口感辛咸的味噌。日本关东地区及气候较寒冷的地方，如北海道、东北地区，料理偏重口味，制作的味噌也以辛口为主。

(2) 甘口味噌　味道比较甜、淡的味噌。日本关西等地日常饮食较为清淡，制作出的味噌口味也较淡，上述关西味噌便是较具代表性的甘口味噌。

3. 按颜色不同分

味噌的颜色也是划分其产品种类的重要标准之一，味噌颜色主要来自大豆蛋白与糖分发生的美拉德反应，颜色的深浅与制曲时间及加工温度有关，一般制曲时间短，颜色就淡；时间延长，颜色也就变深。原辅料的差别以及发酵时间的长短对成品颜色也有一定影响。根据味噌颜色的不同，可分为赤味噌、淡色味噌和白味噌 3 大类。

(1) 白味噌　米曲制曲时间较短，成品多呈白色或淡黄色，通常口味较淡。代表产品有西京白味噌(图 2-21)。

(2) 淡色味噌　成品颜色介于赤色味噌与白味噌之间，多呈棕黄色或黄褐色。

(3) 赤色味噌　通过长时间高温熟成，色泽呈红棕色至深褐色，且一般盐分含量较高，便于保存。代表产品有仙台味噌(图 2-22)。

图 2-21　西京白味噌

图 2-22　仙台味噌

二、味噌生产的原料

生产味噌的原料以大豆为主，辅料则以大米、大麦、食盐为主，其他富含淀粉与蛋白质的粮食作物如藜麦等也可以用于加工新型味噌。

1. 大豆原料

味噌制作宜选用种粒饱满、颜色淡黄、种脐小的大豆；质量标准应符合 GB1352 中的规定。

2. 辅料

辅料为大米、大麦、食盐。大米质量标准应符合 GB 1354 中的规定，大麦质量标准应符合 GB/T 11760 中的规定，食盐质量标准应符合 GB/T 5461 中的规定

三、味噌生产用的微生物及生化机制

（一）味噌发酵微生物

味噌发酵类型为多菌种混合发酵，主要包括米曲霉、酵母菌和乳酸。目前生产上一般采用米曲霉（*Aspergillus. oryzae*）来制作味噌发酵的种曲，其可提供发酵过程中所需的大部分酶类。味噌发酵过程中的协同微生物主要包括耐盐性乳酸菌，如乳酸片球菌（*Pediococcus acidilactici*）；以及耐盐性酵母菌，如鲁氏酵母（*Zygosaccharomyces rouxii*）和假丝酵母（*Candida mycoderma*）等。

（二）味噌发酵生化机制

在味噌的发酵过程中，首先是种曲中的米曲霉生长产生多种酶系（如淀粉酶与蛋白酶），在这些酶的作用下，原料中的淀粉和蛋白质被分解产生葡萄糖、麦芽糖、肽和氨基酸。其中氨基酸是味噌主要的呈味成分；葡萄糖、麦芽糖则是甜味的主要来源，两者同时也是酵母和乳酸菌的营养源。接着是耐盐性乳酸菌开始增殖，将糖转化成乳酸等有机酸，使基质 pH 下降，乳酸还可促进原料中的一些不利气味消失。待 pH 下降后，基质变得有利于耐盐酵母菌的生长繁殖，伴随着酵母的增殖，糖分被转化为乙醇，同时也产生微量的有机酸、酯类以及一些高级醇类，这些成分对于味噌香味的形成起着至关重要的作用。此外，在发酵过程中，米曲霉分泌的活性植酸酶能水解大豆植酸产生肌醇和磷酸盐，使大豆中植酸降低 15%～20%，可溶性矿物质的含量则增加 2～3 倍，有利于被人体消化利用。

综上所述，味噌的发酵过程是由米曲霉、酵母、乳酸菌以及各种酶类产生的一系列相关联的生化反应所构成的，历时数日乃至一年的时间，产生的化合物与生产过程中所添加的香料形成了味噌特有的品质。此外，制曲、发酵和成熟的温度、湿度、酸度、时间等也对味噌的品质形成起着重要作用。

四、味噌现代生产流程及技术参数

（一）味噌现代生产工艺流程

味噌的传统生产工序较为简单，即把大豆煮熟后进行粉碎，加入调味料、米曲或麦曲后拌匀，最后放入木桶内封存发酵，便可制得香浓的味噌。而现代味噌的制作则是在此基础上对工艺进行了细化，并采用自动化设备和连续生产工艺，从而大大提高了生产效率。不同品

种味噌在制作工序上有着一定差异，但基本原理则大致相同，主要工艺流程见图2-23。

制曲 ↓

原料精选→清洗浸泡→蒸煮→冷却→破碎→配料混合→发酵→调配及检测→成品

图2-23　味噌生产工艺流程图

（二）操作要点

1. 原料精选

选用种粒饱满、颜色淡黄、种脐小的黄豆；大米、大麦则以颗粒饱满均匀的原料为佳。筛选去除原料中的杂质与发霉、虫蛀粒。采用大豆精选机完成。

2. 清洗浸泡

用洁净的水清洗原料，进一步去除原料中杂物，并使原料吸水以利于煮透。一般1t生大豆的容积为1.4～1.5m^3，吸水后可达到3.6～3.8m^3。采用大豆自动浸泡系统完成。

3. 蒸煮

蒸煮的目的是使原料蛋白质变性，容易接受酶的作用，同时起到组织软化、杀菌、消除异味的作用。采用旋转蒸料锅在0.08MPa煮20min。

4. 冷却

蒸煮的大豆如不及时冷却很容易褐变，特别是在高温的夏季，通常要依靠制冷设备（如空调）来加速冷却。

5. 破碎

一般采用机械搅碎的方法对原料进行破碎，破碎可使原料中各种成分易于分解，一般采用3～6mm孔径的筛网对破碎原料进行过筛。破碎程度亦不能过高，因原料过细会导致基质透气状况差，使发酵时间延长。

6. 制曲

一般利用大米或大麦作为米曲霉培养的基质。制曲时间的长短直接影响味噌产品的颜色，制曲时间短则产品颜色淡，制曲时间长则产品颜色深。

米曲霉的孢子在30～35℃、相对湿度95%以上的环境下开始萌发，菌丝利用基质中的淀粉以及空气中的氧气快速生长，同时产生大量热量及CO_2气体。因此制曲过程中必须做好降温以及补充氧气。

目前使用较多的机械制曲装置，一般都具有温湿度调节系统，可将一定温度、湿度的空气经风机送入曲层中，将制曲过程中产生的热量及CO_2排出，并保持物料的湿度。

成曲品质以颜色泛白、无杂菌污染、较少出现未被米曲霉生长的基质且菌丝已充分侵入基质内部并具特有曲香味为佳。

7. 配料混合

采用拌料机将破碎的原料与适量水（视产品要求而定）、食盐（一般含盐量为10%～14%）以及种曲混合。再通过运输管道运送到发酵容器中。

8. 发酵

将混匀的基质通过运输管道运送到发酵容器中。目前应用较多的是不锈钢发酵罐。经过发酵，蛋白质被分解为各种氨基酸、酯和醇等风味物质，使发酵的味噌具有一定的色泽、香气。不同品种的味噌发酵时间差距较大，浅色味噌的酿造时间一般只需5～20d，深色味噌则需要3～12个月。酿造时间越长，味噌的颜色越深，味道越为浓郁。

9. 发酵过程中的管理

成曲中蛋白酶的最适作用温度为45～50℃，淀粉酶为55～60℃。但酵母、乳酸菌等微生物最适生长温度为30℃左右。因此一般采用分段控温发酵来保证米曲霉酶系充分发挥作用以及酵母和乳酸菌的正常生长。在发酵前期控温28～32℃，中期上升到33～35℃，后期则降温至28～30℃。基质pH值初期一般为5.8左右，发酵结束时为4.9左右。

10. 调配及检测

对发酵完成的产品进一步调配使之口味适宜，再经过包装与杀菌即为成品。成品味噌应随机抽样进行检测，检测项目包括色泽、水分、盐分、微生物含量、乙醇含量等。

11. 成品贮藏

防止微生物污染是味噌贮藏中需解决的关键问题，尤其是甜味噌，因其含盐量较低更容易霉变。为了延长味噌的保存时间，可将味噌冷冻干燥制成味噌粉以延长其保质期，并方便运输。目前也有采用微胶囊造粒技术，以麦芽糊精与变性淀粉等作为微胶囊壁材，以提升味噌的储存性能。

五、味噌成品质量标准

成品味噌为固态膏状物，色泽鲜亮、质地均匀、口感鲜美、咸甜适口，并具有良好的酱香风味。

品质要求外观具味噌典型淡黄至褐棕色，无脱水及斑点现象，气味具味噌固有香味，无异味，全氮量≥1.51%，无盐固形物≥40.8%，pH值为4.85～5.85。

卫生要求应符合本地有关卫生法令之规定。

【思考题】

1. 简述味噌发酵过程中的主要微生物及其作用。
2. 浅色味噌和淡色味噌的差异主要是什么机制造成的？
3. 结合所学知识，试述如何才能保证味噌的安全、卫生？
4. 从营养学的角度试述味噌作为现代都市人群日常食品的可行性。

参考文献

[1] 董胜利，徐开生．酿造调味品生产技术［M］．北京：化学工业出版社，2003.
[2] 席会平，石明生．发酵食品工艺学［M］．北京：中国质检出版社，2011.
[3] 徐莹．发酵食品学［M］．郑州：郑州大学出版社，2011.
[4] 渡边笃二．大豆食品［M］．东京都：光琳书院出版社，1971.
[5] 程丽娟．发酵食品工艺学［M］．陕西：西北农林科技大学出版社，2002.
[6] 韩春然．传统发酵食品工艺学［M］．北京：化学工业出版社，2010.
[7] 高玉荣．新型功能性大豆发酵食品［M］．北京：中国纺织出版社，2015.
[8] 樊明涛．发酵食品工艺学［M］．北京：科学出版社，2014.
[9] 侯红萍．发酵食品工艺学［M］．北京：中国农业大学出版社，2016.
[10] 张兰威．发酵食品工艺学［M］．北京：中国轻工业出版社，2014.
[11] 何国庆．发酵食品与酿造工艺学［M］．北京：中国农业出版社，2011.
[12] 李里特．大豆加工与利用［M］．北京：化学工业出版社，2003.
[13] 陈洪章，徐建．现代固态发酵原理及应用［M］．北京：化学工业出版社，2004.
[14] 王福源．现代食品发酵技术［M］．北京：中国轻工业出版社，1998.

[15] 于国萍，邵美丽．食品生物化学［M］．北京：科学出版社，2015.
[16] 宋安东．调味品发酵工艺学［M］．北京：化学工业出版社，2009.
[17] 李幼筠．酱油生产实用技术［M］．北京：化学工业出版社，2015.
[18] Zhang L, Zhou R, Cui R, et al. Characterizing soy sauce moromi manufactured by high-salt dilute-state and low-salt solid-state fermentation using Multiphase Analyzing Methods［J］. Journal of Food Science, 2016, 81 (11): 2639-2646.
[19] Feng Y, Su G, Zhao H, et al. Characterisation of aroma profiles of commercial soy sauce by odour activity value and omission test［J］. Food Chemistry, 2015, 167: 220-228.
[20] Yuzuki M, Matsushima K, Koyama Y. Expression of key hydrolases for soy sauce fermentation in Zygosaccharomyces rouxii［J］. Journal of Bioscience and Bioengineering, 2015, 119 (1): 92-94.
[21] 蔺艳君，刘丽娅，钟葵，等．不同来源小麦麸皮营养成分及酚类物质含量的比较［J］．现代食品科技，2014，(12)：194-200.
[22] 史建芳，胡明丽．小麦麸皮营养组分及利用现状［J］．现代面粉工业，2012，26 (2)：25-28.
[23] 杨旭，曹岚．我国酱油行业发展现状及趋势［J］．中国调味品，2012，37 (10)：18-20.
[24] 刘婷婷，蒋雪薇，周尚庭，等．高盐稀态发酵与低盐固态发酵酱油中次生菌群分析［J］．食品与机械，2010，26 (6)：13-17.
[25] And P S, Schieberle P. Characterization of the key aroma compounds in soy sauce using approaches of molecular sensory science［J］. Journal of Agricultural and Food Chemistry, 2007, 55 (15): 6262-6269.
[26] Nanwei Su, Meiling Wang, Kamfu Kwok A, et al. Effects of temperature and sodium chloride concentration on the activities of proteases and amylases in soy sauce koji［J］. Journal of Agricultural and Food Chemistry, 2005, 53 (5): 1521.
[27] 索化夷，赵欣，骞宇，等．永川毛霉型豆豉在发酵过程中微生物总量与区系变化规律［J］．食品科学，2015，36 (19)：124-131.
[28] 杨伊磊，陈力力，李梦丹，等．不同条件下毛霉豆豉制曲过程的动态分析［J］．粮食与油脂，2015，(11)：30-33.
[29] 胡会萍，李秀娟，黄贤刚．传统豆豉微生物学研究综述［J］．中国调味品，2012，(6)：4-7.
[30] 蒋立文，廖卢燕，付振华，等．纯种米曲霉发酵与自然发酵豆豉挥发性成分比较［J］．食品科学，2010，31 (24)：420-423.
[31] 黄欣，邓放明．豆豉的研究进展［J］．中国食物与营养，2006，(11)：20-22.
[32] 牛广财，贾亭亭，魏文毅，等．淡豆豉的研究进展［J］．中国酿造，2013，32 (9)：1-5.
[33] 唐伟强，李国基，沈健．新型连续豆豉洗霉机的原理及结构［J］．中国酿造，2003，2 (2)：40-43.
[34] 武俊瑞，王晓蕊，唐筱扬，等．辽宁传统发酵豆酱中乳酸菌及酵母菌分离鉴定［J］．食品科学，2015，36 (9)：78-83.
[35] 柴洋洋，葛菁萍，宋刚，等．传统发酵豆酱中酵母菌的分离、筛选及功能酵母的鉴定［J］．中国食品学报，2013，13 (3)：183-188.
[36] 高秀芝，王小芬，刘慧，等．PCR-DGGE 分析天源酱园豆酱发酵过程中微生物多样性［J］．食品科学，2011，32 (1)：112-114.
[37] 黄持都，鲁绯，张建．豆酱研究进展［J］．中国酿造，2010，29 (6)：4-6.
[38] 高秀芝，王小芬，李献梅，等．传统发酵豆酱发酵过程中养分动态及细菌多样性［J］．微生物学通报，2008，35 (5)：748-753.
[39] 尹礼国，闵小兰，袁华伟，等．宜宾豆腐乳毛霉分离及应用［J］．中国调味品，2017，42 (2)：89-92.
[40] 高何刚，杜赛，王瑞，等．液相色谱串联质谱法检测腐乳中的黄曲霉毒素［J］．中国卫生检验杂志，2017，(14)．
[41] 闫平平，衣杰荣．红腐乳中挥发性风味物质的分析［J］．食品科学，2012，(2)：211-215.
[42] 李幼筠．中国腐乳的现代研究［J］．中国酿造，2006，25 (1)：4-7.
[43] 杨坚，童华荣，贾利蓉．豆腐乳感官和理化品质的主成分分析［J］．农业工程学报，2002，18 (2)：131-135.
[44] 余若黔，涂煜，李杰伟，等．腐乳生产后期发酵的化学变化［J］．华南理工大学学报：自然科学版，2001，29 (5)：64-67.
[45] 周荧，潘思轶．腐乳发酵过程中化学组分与质构的变化［J］．食品科学，2011，32 (1)：70-73.
[46] 中国食品工业学会豆制品专业委员会．SB/T 10528—2009 纳豆标准［S］．北京：中国标准出版社，2009.
[47] Allagheny N, Obanu Z A, Campbell-Platt G, et al. Control of ammonia formation during *Bacillus subtilis* fermenta-

tion of legumes [J]. International Journal of Food Microbiology, 1996, 29 (2): 321-333.
[48] 董明盛，江晓，江汉湖．溶栓纳豆菌的筛选与应用 [J]．中国酿造，2000，(5)：11-13.
[49] 段智变，江晓，江汉湖．纳豆提取物对实验性高脂血症的作用研究 [J]．食品与发酵工业，2002，28 (12)：10-13.
[50] 李麟，武井直树．纳豆保健和医疗上的应用价值 [J]．中国微生态学杂质，2002，14 (4)：243-246.
[51] 段智变，江汉湖，张书霞．纳豆激酶粗制液对家兔溶血栓作用及其机制研究 [J]．营养学报，2003，25 (1)：46-51.
[52] 罗立新，黄志立，潘力．纳豆激酶基因在巴斯德毕赤酵母中的表达 [J]．华南理工大学学报：自然科学版，2003，31 (1)：1-4.
[53] 闰达中，许芳，李洁．纳豆激酶基因克隆及其在大肠杆菌中活性表达研究 [J]．湖北大学学报：自然科学版，2003，25 (1)：69-72.
[54] Miyoshi A, Bermudez-Humaran L G, Ribeiro L A, et al. Heterologous expression of Brucella aborius GroEL heat-shock protein in *Lactococcus lactis* [J]. Microbial Cell Factories, 2006, 5 (2): 14.
[55] 祖国荣，孔繁东，刘阳．纳豆菌固体发酵条件及产品成分分析 [J]．食品工业科技．2006，27 (12)：122-124.
[56] Liang X, Zhang L, Zhong J, et al. Secretory expression of a heterologous nattokinase in *Lactococcus lactis* [J]. Applied Microbiology and Biotechnology, 2007, 75 (1): 95-101.
[57] 马明，杜金华，王囡．一株产纳豆激酶菌株的分离筛选及鉴定 [J]．食品与发酵工业，2007，33 (5)：37-41.
[58] Liang X, Jia S, Sun Y, et al. Secretory expression of nattokinase from *Bacillus subtilis* YF38 in *Escherichia coli* [J]. Molecular Biotechnology, 2007, 37 (3): 187-194.
[59] 孙清荣．纳豆食品生产状况调研 [J]．食品科学，2010，(4)：16-18.
[60] 陈文珊，关茵，肖然．辅料对纳豆风味影响的研究 [J]．中国调味品，2011，36 (1)：55-57.
[61] 谢元，季家举，蒋柯．纳豆的研制与风味改良 [J]．轻工科技，2012，(12)：13-15.
[62] 马善丽，叶庆，许颖．超高压处理对纳豆香气物质的影响 [J]．食品科学，2012，(16)：194-198.
[63] 甘露，崔松松，倪敬田．纳豆固态发酵条件优化 [J]．食品工业科技，2013，34 (17)：210-213.
[64] 弓玉红，田晶．纳豆制备及冷冻干燥保护剂的筛选和优化研究 [J]．食品研究与开发，2015，36 (23)：98-102.
[65] 孙军德，陈思，杨璐．双菌株混合发酵纳豆的条件优化 [J]．沈阳农业大学学报，2016，(1)：35-40.
[66] GB 2712—2014 发酵性豆制品卫生标准 [S].
[67] 江汉湖，董明盛．高温型丹贝生产菌 RT-3 的分离筛选与鉴定．南京农业大学学报，1992，15 (3)：97-101.
[68] 董明盛，江汉湖，张晓东．丹贝的营养及其安全性研究 [J]．南京农业大学学报，1993，16 (4)：113-117.
[69] 吴菊清，江汉湖．丹贝及其在肉制品中的应用 [J]．食品与发酵工业，2000，26 (6)：73-75.
[70] 吴定，江汉湖．发酵大豆制品中异黄酮形成及其功能 [J]．中国调味品，2001，(6)：3-6.
[71] 高玉荣，孙莹．丹贝加工工艺研究 [J]．中国调味品，2005，32 (12)：39-43.
[72] 袭淑俐，邓放明，张忠刚．微生物在发酵豆制品生产中的应用 [J]．农产品加工，2006 (3)：41-45.
[73] GB 2712—2014 发酵性豆制品卫生标准 [S].
[74] GB 2718—2003 酱卫生标准 [S].
[75] 李里特，张建华，李再贵．纳豆、天培与豆豉的比较 [J]．中国调味品，2003，(5)：3-10.
[76] 李红玫．利用发芽糙米酿制营养味噌的技术 [J]．中国酿造，2004，(2)：26-28.
[77] 宋钢．日本酱的种类及工艺技术与中国酱的比较 [J]．中国酿造，2008，(1)：57-62.
[78] 张鉴平．味噌生产工艺要点分析 [J]．发酵科技通讯，2012，41 (3)：23-25.
[79] 靳淑敏，李永歌．味噌粉真空干燥加工工艺研究 [J]．中国调味品，2013，38 (2)：59-61.
[80] 吴海兰，吴春生，丁晓雯．日本传统发酵食品味噌与中国豆豉的比较 [J]．中国调味品，2014，39 (2)：134-138.
[81] 刘晓艳，杨国力．藜麦味噌酿造工艺及其酱粉的研制 [J]．中国调味品，2017，42 (2)：93-99.

第三章

发酵粮食食品生产工艺

第一节　黄酒

一、黄酒概述

黄酒是以稻米、黍米等为主要原料，经加曲、酵母菌等糖化发酵剂酿制而成的发酵酒。是我国历史悠久的传统发酵酒，与啤酒和葡萄酒并称世界 3 大发酵酒。

（一）黄酒的历史

黄酒是世界上最古老的酒类之一，源于中国绍兴，其发展史远远超过了白酒、葡萄酒和啤酒。约在三千多年前，商周时代，中国人独创酒曲复式发酵法，开始大量酿制黄酒。黄酒产地较广，品种很多，著名的有绍兴加饭酒（花雕酒等）、绍兴状元红、绍兴女儿红，安徽宣城青草湖黄酒、郎溪古南丰黄酒、庐江海神黄酒等。

（二）黄酒分类

1. 按产品风味分

按产品风味分为传统型黄酒、清爽型黄酒和特型黄酒 3 种。

（1）传统型黄酒　以稻米、黍米、玉米、小米、小麦等为主要原料，经蒸煮、加酒曲、糖化、发酵、压榨、过滤、煎酒（除菌）、储存、勾兑而成的黄酒。

（2）清爽型黄酒　以稻米、黍米、玉米、小米、小麦等为主要原料，加入酒曲（或部分酶制剂和酵母）为糖化发酵剂，经蒸煮、糖化、发酵、压榨、过滤、煎酒（除菌）、储存、勾兑而成的口味清爽的黄酒。

（3）特型黄酒　由于原辅料和（或）工艺有所改变，具有特殊风味且不改变黄酒风格的酒。

2. 按成品酒的含糖量分类

按成品酒的含糖量分为干黄酒、半干黄酒、半甜黄酒和甜黄酒。

（1）干黄酒　成品酒中总含糖量不大于10.0g/L的黄酒为干黄酒，如元红酒。

（2）半干黄酒　成品酒中总含糖量在10.0～30.0g/L的黄酒为半干黄酒，如加饭酒。

（3）半甜黄酒　成品酒中总含糖量在30～100g/L的黄酒为半甜黄酒，如善酿酒。

（4）甜黄酒　成品酒中总含糖量大于100g/L的黄酒为甜型黄酒，如香雪酒。

二、黄酒生产的原料

黄酒酿造是以稻米、小米、玉米、黍米等谷物和水为主要原料，小麦、大麦、麸皮为辅料。在特型黄酒生产过程中，可以添加符合国家规定的、既可食用又可药用的物质，黄酒中可以按照GB2760的规定添加焦糖色。

（一）谷物原辅料

多数黄酒的谷物原料应尽量选大粒、软质、心白多、淀粉含量高且支链淀粉比例较高，蛋白质和脂肪含量低，胚乳结构疏松的原料。酿造用籼米和粳米，要求淀粉含量在62%～72%的当年产新鲜晚籼米和晚粳米。玉米作为酿酒原料必须先除去胚芽。小麦主要用来制备麦曲。小麦含有丰富的碳水化合物、蛋白质、适量的无机盐和生长素。小麦片疏松适度，很适宜微生物的生长繁殖，它的皮层还含有丰富的β-淀粉酶。小麦成分复杂，制曲过程中能产生各种香气物质，对成品酒的香味形成有重要影响。一般选用当年小麦，且不带有特殊气味。黄酒生产的主要原辅料应符合食品安全国家标准GB2715的规定。

（二）水

酿造黄酒，水极为重要，被称为“酒之血”。水是黄酒的主要成分之一，在黄酒成品中占80%以上，水质好坏直接影响酒的风味和质量；同时在酿酒过程中，水是物料和酶的溶剂，酿造过程中的酶促反应都必须在水中进行；水中的金属元素和离子是微生物必需的养分和刺激剂，并对调节整个体系pH值、维持稳定性起着重要作用。

用于黄酒生产的水必须符合生活饮用水卫生标准GB5749的规定。目前用水多选用自来水，将自来水经过水处理达到酿造水的要求方可使用。

三、黄酒生产用的微生物及生化机制

（一）黄酒生产用的微生物

传统的黄酒酿造是多菌种混合发酵的过程，以小曲（酒药）、麦曲或米曲做糖化发酵剂，即利用它们所含的多种微生物来进行混合发酵。新工艺酿造采用纯种发酵，即采用纯种的麦曲、红曲、纯种酒母和黄酒活性干酵母等进行发酵。在黄酒酿造过程中起到重要作用的微生物是霉菌和酵母，细菌中只有某些乳酸菌产生的乳酸有利于酒醪发酵和黄酒风味形成。

1. 霉菌

（1）曲霉　曲霉菌主要存在于麦曲、米曲、红曲中，曲霉能产生大量淀粉酶，在黄酒酿造中起糖化作用，其中以米曲霉为主，还有较少的黑曲霉菌。

米曲霉主要产生液化型淀粉酶和蛋白质分解酶。液化型淀粉酶能分解淀粉产生糊精、麦芽糖和葡萄糖。但是液化型淀粉酶不耐酸，在黄酒发酵过程中，随着发酵的进行，低pH会导致其活性较快丧失，导致在发酵过程中前期发酵旺盛，后期出现早衰。用米曲霉酿酒，出酒率不及黑曲霉高，但酒的质量好。蛋白质分解酶能将原料中的蛋白质水解形成多肽和氨基酸等含氮化合物。这些含氮化合物能赋予黄酒以特有的风味并为微生物生长提供营养物质。常用的米曲霉菌有 AS3.800、苏 16 等。

黑曲霉以糖化型淀粉酶为主，生成的是葡萄糖，能为酵母菌直接利用，而且糖化型淀粉酶能耐酸，糖化的持续性长。用黑曲霉制曲酿酒出酒率较高，但酒的质量不如米曲霉好。黑曲霉菌有 AS3.758、AS3.4309、AS3.4427。

红曲霉菌是用来制备红曲的，由于它能分泌红色素而使曲呈现紫红色。红曲霉能在湿度大的环境中生长，耐受性强，最适 pH 为 3.5～5.0，红曲霉菌所耐最低 pH 为 2.5，耐 10% 的酒精，能产生淀粉酶、蛋白酶等，水解淀粉最终生成葡萄糖，并能产生柠檬酸、琥珀酸、乙醇，还分泌红色素或者黄色素等。利用红曲中含有的淀粉酶、糖化酶作为发酵剂酿制红曲酒。用于酿酒的红曲霉菌主要有 AS3.555、AS3.920、AS3.972、AS3.976、AS3.986、AS3.987、AS3.2637。

(2) 根霉　根霉是黄酒小曲（酒药）中含有的主要糖化菌。根霉产生的糖化酶酶活力强，能将淀粉水解成葡萄糖，还能分泌乳酸、琥珀酸和延胡索酸等有机酸，降低培养基的 pH，抑制产酸细菌的侵袭并为黄酒提供风味物质。而且根霉还能产生少量酒化酶。

小曲内的根霉是经过数百年自然培育驯养出来的酿酒优良菌种。现在普遍用于黄酒生产的根霉菌种主要有：Q303、AS3.851、AS3.852、AS3.866、AS3.867、AS3.868。这些根霉菌株都是从小曲中分离出的优良菌种。

2. 酵母菌

酵母是黄酒酿造酒精发酵环节最主要的微生物，主要完成发酵糖分、产生乙醇的转化过程。绍兴黄酒酿造过程中采用淋饭法制备酒母，通过酒药中酵母菌的扩大培养，形成酿造摊饭黄酒所需的酒母醪。这种酒母醪实际上包含着多种酵母菌。新工艺黄酒使用的是优良纯种酵母菌。市场广泛使用黄酒干酵母，它是由安琪酵母股份有限公司从绍兴酒醪分离出的优良酵母菌种，通过筛选、复壮和培养生产而成。

选育优良黄酒酵母菌，不但要有很强的酒精发酵力，能产生传统黄酒的风味，还必须考察它产生尿素的能力，因为在发酵时产生的尿素，将与乙醇作用生成致癌的氨基甲酸乙酯。

3. 细菌

黄酒发酵是霉菌、酵母和细菌的多种菌种混合发酵。发酵过程中除了起主导作用的霉菌和酵母菌之外，一些细菌的作用对黄酒风味和品质的形成也具有很重要的影响。

(1) 乳酸菌　乳酸菌繁殖快，能利用各种糖类发酵产乳酸。黄酒酿造过程中乳酸菌通过产酸抑制杂菌的生长，同时有利于酵母菌发酵和黄酒风味的协调。

(2) 醋酸菌　醋酸菌产生的醋酸是黄酒特有的风味成分之一，同时也是酯类重要前体物质，是黄酒陈香来源之一。但是如果成品酒中醋酸含量过高，会导致黄酒变质。同时酵母菌对醋酸耐受能力不强，醋酸含量高对酵母菌的生存造成影响。所以黄酒生产中必须要防止醋酸菌的大量侵入。

（二）黄酒糖化发酵剂

1. 酒药

酒药又称小曲、酒饼、白药、蓼曲等，主要用于生产淋饭酒母或以淋饭法酿制甜黄酒。利用酒药保藏优良微生物菌种是我国古代劳动人民的独创方法。

酒药作为黄酒生产常用的糖化发酵剂，它含有的主要微生物是根霉、毛霉、酵母及少量的细菌和梨头霉等。酒药具有制作简单、贮存使用方便、糖化发酵力强而用量少的优点。目前酒药的制造有传统的白药或药曲及纯粹培养的根霉曲等几种。

（1）酒药的制造工艺流程

见图 3-1。

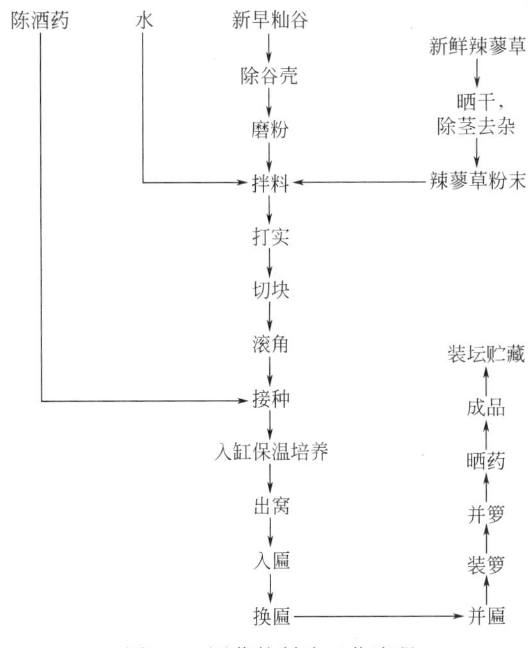

图 3-1　酒药的制造工艺流程

（2）工艺操作

① 生产时间的选择　初秋气温 30℃左右时，气候条件有利于发酵微生物的生长繁殖。同时初秋时节是早籼稻谷收割季节，也是辣蓼草的采集时间。

② 大米原料要求　选择老熟、无霉变的早籼米（糙米），在白药制作前一天去壳磨成粉，细度过 50 目筛为佳。因新鲜糙米富有蛋白质等营养成分，有利于小曲微生物生长。

③ 辅料及作用　辣蓼草含有根霉、酵母等所需的生长素，有促进微生物生长的作用，而且在制药时加入辣蓼草粉还能起到疏松作用。在农历小暑到大暑之间采集辣蓼草，选用梗红、叶厚、软而无黑点、无茸毛即将开花的辣蓼草，拣净水洗，烈日暴晒数小时，去茎留叶，当日晒干舂碎、过筛密封备用。

④ 菌种种子　选择前一年生产中糖化发酵力强、生产正常、温度易于掌握、生酸低、酒的香味浓的优质陈酒药作为种母，接入米粉量的 1%～3%。也可选用纯种根霉菌、酵母菌经扩大培养后再接入米粉，进一步提高酒药的糖化发酵力。

⑤ 配料成型　糙米粉：辣蓼草：水＝20：(0.4～0.6)：(10～11)，按比例接入陈曲粉，将物料倒入石臼中充分拌匀，打药，切块。配料中可添加各种中药。中药的加入可能提供了酿酒微生物所需的营养，或能抑制杂菌的繁殖，使发酵正常并带来特殊的香味。

⑥ 发酵及干燥　培养温度为 32～35℃，控制最高品温 37～38℃。直至药粒菌丝用手摸不粘手，药粒呈白粉球状即可停止发酵，置 45～50℃烘干。

⑦ 产品质量要求 酒药成品率约为原料量的 85%。成品酒药表面白色，口咬质地疏松，无不良气味，糖化发酵力强。米饭小型酿酒实验验证产生糖浓度高、口味香甜的是质量优良

的酒药。

2. 纯种根霉曲

纯种根霉曲是采用人工培育纯粹根霉菌和酵母制成的小曲。用它生产黄酒能节约粮食，减少杂菌污染，发酵产酸低，成品酒的质量均匀一致，口味清爽，还可提高5%～10%的出酒率。

（1）纯种根霉曲的生产工艺流程　见图3-2。

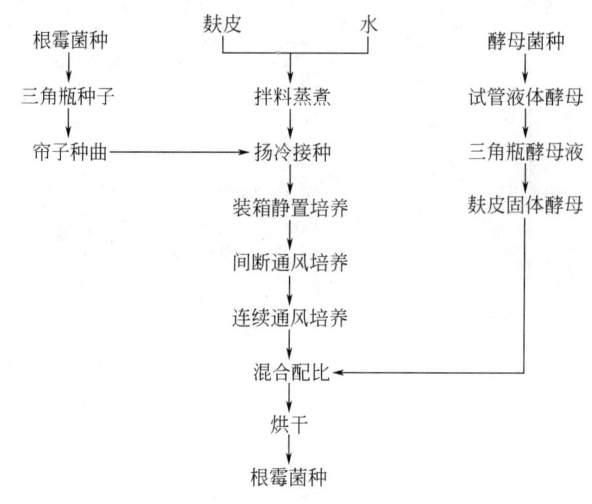

图3-2　纯种根霉曲的生产工艺流程

（2）工艺操作

① 斜面菌种活化培养　将Q303、AS3.866等根霉试管斜面原始菌种接种到米曲汁或者麦芽汁琼脂培养基，30℃培养3～4d即成斜面试管菌种。

② 三角瓶种子培养　三角瓶种曲培养基采用麸皮或早籼米粉。麸皮加水量为80%～90%，籼米粉加水量为30%左右，拌匀，装入三角瓶，料层厚度在1.0cm以内，经0.1MPa压力蒸汽灭菌30min，冷至35℃左右接种，28～30℃培养2d，菌丝满布培养基表面并结成饼状进行扣瓶，增加菌丝与空气的接触面，促进根霉菌进一步生长，直至成熟。取出后装入灭菌过的牛皮纸袋里，置于45℃下干燥至含水量10%以下，真空包装。

③ 帘子曲培养　过筛后的麸皮加水80%～90%，拌匀充分吸水后灭菌，摊冷至35℃左右，接入0.3%～0.5%的三角瓶种曲，拌匀，堆积保温、保湿，以促进根霉菌孢子萌发。经4～6h，品温开始上升，进行装帘，控制料层厚度1.5～2.0cm，控制室温28～30℃，相对湿度95%～100%，经10～16h培养，菌丝和麸皮连接成块，此时进行翻曲，使品温控制在32℃以下，相对湿度85%～90%。再经24～28h培养，麸皮表面布满大量菌丝，可出曲干燥。优良的帘子曲要求菌丝生长茂盛，并有浅灰色孢子，无杂色异味。

④ 通风制曲　用粗麸皮作原料，有利于通风，能提高曲的质量。麸皮加水60%～70%，应视季节和原料粗细进行适当调整，然后常压蒸汽灭菌2h。摊冷至35～37℃，接入0.3%～0.5%的种曲，拌匀，堆积数小时，装入通风曲箱内。要求装箱疏松均匀，控制装箱后品温为30～32℃，料层厚度30cm，先静置培养4～6h，促进孢子萌发，室温控制30～31℃，相对湿度90%～95%。随着菌丝生长，品温逐步升高，当品温上升到33～34℃时，开始间断通风，保证根霉菌获得新鲜氧气。当品温降低到30℃时，停止通风。接种后12～14h，根霉菌生长进入旺盛期，呼吸发热加剧，品温上升迅猛，曲料逐渐结块坚实，散热比较困难，需

要进行连续通风，最高品温可控制35～36℃，这时应尽量加大风量和风压，通入的空气温度应在25～26℃。通风后期由于水分不断减少，菌丝生长缓慢，逐步产生孢子，品温降到35℃以下，可暂停通风。整个培养时间为24～26h。培养完毕后可通入干燥空气进行干燥，使水分下降到10%左右。

⑤ 麸皮固体酵母　传统的酒药是根霉、酵母和其他微生物的混合体，能边糖化边发酵，以此满足浓醪发酵的需要。所以，在培养纯种根霉曲的同时，还需要培养酵母，然后混合使用。以米曲汁或麦芽汁作为黄酒酵母菌的固体试管斜面、液体试管和液体三角瓶的培养基，在28～30℃下逐级扩大，保温培养24h。以麸皮为固体酵母曲的培养基，加入95%～100%的无菌水，接入2%的三角瓶酵母成熟培养液和0.1%的根霉曲，使根霉对淀粉进行糖化，供给酵母必要的糖分。接种拌匀后装帘培养。装帘时要求料层疏松均匀，料层厚度1.5～2.0cm，在品温30℃下培养8～10h，进行划帘，使品温升高至36～38℃，再次划帘。培养24h后，品温开始下降，待数小时后，培养结束，进行低温干燥。

⑥ 成曲　将培养成的根霉曲和酵母曲按一定比例混合成纯种根霉曲，混合时一般以酵母细胞数4亿个/g计算，加入根霉曲中的酵母曲量6%最适宜。

3. 麦曲

麦曲是指在破碎的小麦粒上培养繁殖糖化菌而制成的黄酒生产糖化剂。它为黄酒酿造提供各种酶类，主要是淀粉酶和蛋白酶，促使原料所含的淀粉、蛋白质等高分子物质水解；同时在制曲过程中蓄积的微生物产生各种代谢产物，以及由这些代谢产物相互作用产生的色泽、香味等，赋予黄酒酒体独特的风格。麦曲质量直接影响黄酒的质量和产量。传统的麦曲生产采用自然培育微生物的方法，目前已有不少工厂采用人工接种培育的方法制得纯种麦曲。

对传统方法制成的麦曲进行微生物分离鉴定，发现其中主要是米曲霉、根霉、毛霉和少量的黑曲霉、灰绿曲、青曲、酵母等。

麦曲分为块曲和散曲，块曲主要是踏曲、草包曲、挂曲、包包曲等，一般经过自然培养而成；散曲主要有纯种生麦曲、爆麦曲、熟麦曲等，常采用纯种培养制成。

踏曲是块曲的代表，又称闹箱曲。常在农历八九月间制作，因此时桂花盛开，所以习惯上把这段时间内制成的曲称为桂花曲。

（1）踏曲的工艺流程　见图3-3。

（2）工艺操作

① 原料过筛轧碎　原料小麦经筛选除去杂质并使制曲小麦颗粒大小均匀。过筛后的小麦入轧麦机破碎成3～5片，呈梅花形，麦皮破裂，胚乳内含物外露，使微生物易于生长繁殖。

② 加水拌曲　轧碎的麦粒放入排曲箱中，加入20%～22%的清水，迅速拌匀，使之吸水。要避免白心或水块，防止产生黑曲或烂曲。拌曲时也可加进少量的优质陈麦曲作种子，稳定麦曲的质量。

③ 踩曲成型　为了便于堆积、运输，须将曲料在曲模木框中踩实成型，压到不散为度，再用刀切成块状。

④ 入室堆曲　在预先打扫干净的曲室中铺上谷皮和竹簟，将曲块搬入室内，侧立成丁字形叠为两层，再在上面散铺稻草保温，以适应糖化菌的生长繁殖。

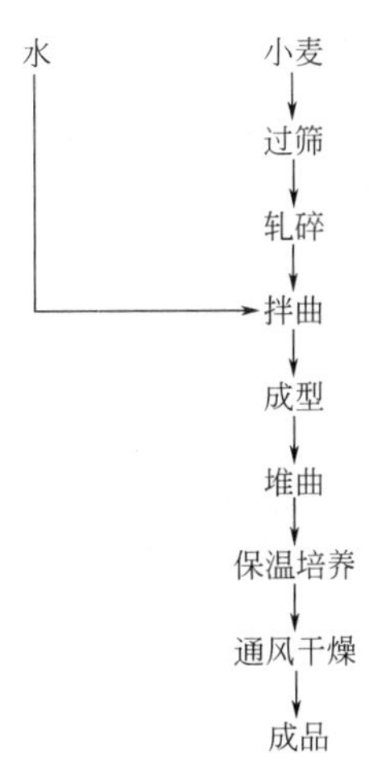

图3-3　踏曲的工艺流程

⑤ 保温培养　堆曲完毕，关闭门窗，经 3～5d 后，品温上升至 50℃左右，麦粒表面菌丝繁殖旺盛，水分大量蒸发，要及时做好降温工作，取掉保温覆盖物并适当开启门窗。继续培养 20d 左右，品温逐步下降，曲块随水分散失而变得坚硬，将其按井字形叠起，通风干燥后使用或入库贮存。

为了确保麦曲质量，培菌过程中的最高品温可控制在 50～55℃，使曲霉不易形成分生孢子，有利于菌丝体内淀粉酶的积累，提高麦曲的糖化力，并且对青霉之类的有害微生物起到抑制作用。避免发生黑曲和烂曲现象，同时加剧美拉德反应，增加麦曲的色素和香味成分。

成品麦曲应该具有正常的曲香味，白色菌丝均匀密布，无霉味或生腥味，无霉烂夹心，含水量为 14%～16%，糖化力较高，在 30℃时，每克曲每小时能产生 700～1000mg 葡萄糖。

4. 纯种麦曲

纯种麦曲是指用人工接种的方法，把纯种糖化菌接入经过灭菌的小麦原料中，并在人工控制的培养条件下，使菌种大量繁殖而成的黄酒糖化剂。它比自然培养的麦曲的酶活性高，用曲量少，适合于机械化新工艺黄酒的生产。

纯种麦曲可分为纯种生麦曲、熟麦曲、爆麦曲等。它们除在制曲原料的处理上有不同外，其他操作基本相同，都可用厚层通风制曲法，其制造工艺过程为：

原菌→试管培养→三角瓶扩大培养→种曲扩大培养→麦曲通风培养

(1) 菌种与斜面菌种　制造麦曲的菌种应具备以下特性：淀粉酶活力强而蛋白酶活力较弱；培养条件粗放，抵抗杂菌能力强，在小麦上能迅速生长，孢子密集健壮；能产生特有的曲香；不产生黄曲霉毒素。目前我国黄酒生产常用的菌种有 AS3.800 或苏 16 等。

斜面试管培养基一般采用米曲汁或者麦芽汁琼脂培养基。无菌条件下接种后，28～30℃培养 4～5d。

(2) 种曲的扩大培养

① 试管菌种的培养　一般采用米曲汁-琼脂培养基，30℃培养 4～5d，要求菌丝健壮、整齐，孢子丛生丰满，菌丛呈深绿色或黄绿色，无杂菌污染。

② 三角瓶种曲培养　以麸皮为培养基，操作与根霉曲相似。要求孢子粗壮、整齐、密集，无杂菌。

③ 帘子种曲（或盒子种曲）的培养　操作与根霉帘子曲相似。

④ 通风培养　操作与根霉通风培养　曲相似。纯种的生麦曲、爆麦曲、熟麦曲，主要在原料处理上不同。生麦曲在原料小麦轧碎后，直接加水拌匀接入种曲，进行通风扩大培养。爆麦曲是先将原料小麦在爆麦机里炒熟，趁热破碎，冷却后加水接种，装箱通风培养。熟麦曲是先将原料小麦破碎，然后加水配料，在常压下蒸熟，冷却后，接入种曲，装箱通风培养。

(3) 成品曲的质量　成品曲应表现为菌丝稠密粗壮，不能有明显的黄绿色孢子，有曲香，无霉酸味，曲的糖化力在 1000U 以上，曲的含水量在 25% 以下。

5. 乌衣红曲

我国浙江、福建部分地区以籼米为原料生产黄酒，用乌衣红曲作糖化发酵剂。乌衣红曲是米曲的一种，它主要含有红曲霉、黑曲霉、酵母菌等微生物。乌衣红曲具有糖化发酵力强、耐温、耐酸等特点，酿制出的黄酒色泽鲜红，酒味醇厚，但酒的苦涩味较重。

(1) 乌衣红曲生产工艺流程　见图 3-4。

黑曲霉、红糟
↓
籼米→浸渍→蒸煮→摊饭→接种→装箩→翻堆→摊平→喷水→出曲→晒曲→成曲
↑
水

图 3-4 乌衣红曲生产工艺流程

(2) 工艺操作

① 原料处理 籼米加水浸渍，一般在气温 15℃以下时，浸渍 2.5h；气温 15～20℃时，浸渍 2h；气温在 20℃以上时，浸渍 1～1.5h。浸后用清水漂洗干净，沥干后常压蒸煮，圆汽后 5min 即可，要求米饭既无白心，又不开裂。蒸熟的米饭进行散冷到 34～36℃。

② 接种 按照每 50 kg 米接入黑曲霉 3.75g（根据黑曲霉的品质确定）和 0.625kg 红糟，充分拌匀，装箩。

③ 装箩、翻堆 接种后的米饭盛入箩筐内，轻轻摊平，盖上洁净麻袋，入曲房保温，促进霉菌孢子萌发繁殖。至室温在 22℃以上，约经 24h，箩中心的品温可升到 43℃，气温低时，保温时间须延长，当品温达 43℃时，米粒有 1/3 出现白色菌丝和少量红色斑点，其余尚未改变。这是由于不同微生物繁殖所需的温度不同所致，箩心温度高，适于红曲霉生长，箩心外缘温度在 40℃以下，黑曲霉生长旺盛。当箩内品温上升到 40℃以上时，将米饭倒在曲房的水泥地上，加以翻拌，重新堆积。待品温上升到 38℃时，翻拌堆积一次。以后当品温升到 36℃、34℃时各进行翻拌堆积一次。每次翻拌堆积的间距时间，气温在 22℃以上时约 1.5h 左右；气温在 10℃左右，需 5～7h 才翻拌堆积。

④ 平摊、喷水 当米饭 70%～80% 出现白色菌丝，按先后把各堆翻拌摊平，耙成波浪形，凹处的 3.5cm，凸处约 15cm。平摊后，品温上升到一定程度即可喷水。如气温在 22℃以上时，曲料品温上升到 32℃时，每 100kg 米饭喷水 9kg，经 2h 将其翻拌 1 次；约 2h 后品温又上升到 32℃，再喷水 14 kg，每隔 3h 左右翻拌 1 次，共翻拌 2 次。至第二天再喷水 10 kg，经 3h 后品温上升到 34℃，再喷水 13 kg。这次喷水应按饭粒上霉菌繁殖来决定，如用水过多，则饭粒容易腐烂而使杂菌滋生；用水过少，曲菌繁殖不好，容易产生硬粒而影响质量 。总计每 100kg 米用水量在 46kg 左右，最后一次喷水后每隔 3～4h 要翻拌 1 次，共翻 2 次。至喷水的第 3 天，品温高达 35～36℃，为霉菌繁殖最旺盛时期，过数小时后，品温才开始下降。整个制曲过程要将天窗全部打开，一般控制室温在 28℃左右。

⑤ 出曲、晒曲 一般在曲室中到第 6～7 天，品温已无变化，即可出曲，摊在竹帘上，经阳光晒干保存。

6. 红糟

红糟又名“糟娘”，是红曲霉和酵母菌的扩大培养产物，是制备乌衣红曲的种子之一。其制备方法是先将粳米量的 3 倍清水煮沸，再将淘洗干净的粳米投入锅中，继续煮沸并除去水面白沫，直至米身开裂后停煮。取出散冷至 32℃，加粳米量 45%～50% 的红曲拌匀，灌入清洁杀菌过的大口酒坛中。前 10d 敞口发酵，每天早晨及下午各搅拌一次。气温在 25℃以上时，15d 左右可使用；气温低，培养时间应延长。一般要求红糟酒精含量 14%左右，口尝有刺口，并带辣味为好，如有甜味表示发酵不足。

7. 黑曲霉

用米饭纯粹培养黑曲霉菌。具体操作工艺详见纯种麦曲的制备方法。

8. 酒母

黄酒发酵需要大量酵母菌的共同作用，在传统的绍兴酒发酵时，发酵液中酵母密度高达

(6～9) $\times 10^9$ 个/mL，发酵后醪液中酒精浓度可达 20%以上，因为酵母的数量及质量直接影响黄酒的产率和风味。酒母，即为“酿酒之母”。创造适宜的培养条件扩大培养酵母的过程就是酒母的制备。酒母质量优劣是黄酒酿造中发酵的关键，也与黄酒风味有重要关系。

黄酒发酵所用酵母菌不仅要具备酒精发酵酵母的特性，还要适应黄酒发酵的特点。黄酒酵母必须特合以下要求；①发酵能力强，发酵迅速并有持续性；②具有较强的繁殖能力，繁殖速度快；③抗酒精能力强，耐酸能力强，耐温范围广，还能耐高渗透压，并有一定的抗杂菌能力；④发酵过程中形成尿素的能力弱，使成品黄酒中的氨基甲酸乙酯尽量减少；⑤发酵后的黄酒应具有传统的特殊风味；⑥用于大罐发酵的酵母，发酵产生的泡沫较少 。

黄酒酒母的种类根据培养方法可分为 2 大类：一是淋饭酒母，用酒药通过淋饭酒醅的制造自然繁殖培养酵母菌；二是纯种培养酒母，用纯粹黄酒酵母菌，通过纯种逐级扩大培养，增殖到发酵所需的酒母醪量。纯种培养酒母常用于新工艺黄酒的大罐发酵，按制备方法不同，又分为速酿酒母、高温糖化酒母和稀醪酒母。

(1) 淋饭酒母　淋饭酒母又叫酒娘，是将蒸熟的米饭采用冷水淋冷的操作而得名。在传统的摊饭酒生产以前的 20～30d 即开始制备淋饭酒母，以便酿制摊饭酒时使用。在生产淋饭酒母时，用冷水淋浇蒸熟的米饭，然后进行搭窝和糖化发酵，把质量上乘的淋饭酒醅挑选出来作为酒母，其余可作为淋饭酒醅移入摊饭酒主发酵结束时的酒醪中，提高后发酵的发酵力。

① 淋饭酒母工艺流程　见图 3-5。

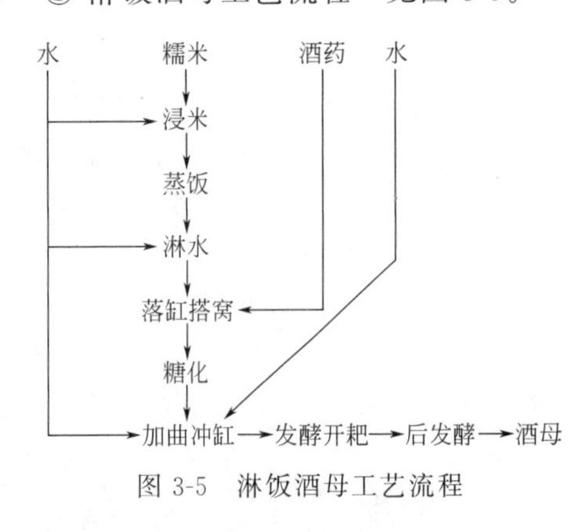

图 3-5　淋饭酒母工艺流程

② 工艺操作

a. 配料　制备淋饭酒母常以每缸投料米量为基准，麦曲用量为原料米的 15%～18%，酒药用量为原料米的 0.15%～0.2%，控制饭水总重量为原料米量的 300%。

b. 浸米、蒸饭、淋水　浸米的目的是使米粒充分吸水膨胀，便于蒸煮糊化。在洁净的陶缸中装好清水，将米倾入，水面超过米面 6～10cm 为好，浸渍时间根据米质量、气温不同控制在 42～48h。浸米的程度以米粒完整而用手指掐米粒成粉状，无粒心为好。浸米结束后将米捞出冲洗，淋净浆水，常压蒸煮。蒸饭的目的是使米粒淀粉糊化，便于淀粉与淀粉酶接触，促进淀粉水解。蒸饭的要求是饭粒松软，熟而不糊，内无白心。蒸饭结束后的热饭进行淋水，目的是迅速降低饭温，达到落缸要求，并且增加米饭的含水量，同时使饭粒光滑软化，分离松散，以利于糖化菌繁殖生长，保证糖化发酵的正常进行。淋后饭温一般要求在 31℃左右。

c. 落缸搭窝　搭窝的目的是增加米饭和空气的接触，有利于好氧性糖化菌的生长繁殖，释放热量，故而要求搭得较为疏松，以不塌陷为度。搭窝还便于观察和检查糖液的发酵情况。米饭落缸温度一般控制在 27～30℃，在寒冷的天气可高至 32℃。在米饭中拌入酒药粉末，翻拌均匀，并将米饭中央搭成 V 形或 U 形的凹圆窝，在米饭上面再洒些酒药粉，这个操作称为搭窝。

d. 糖化、加曲冲缸　搭窝后应及时做好保温工作。酒药中的糖化菌、酵母菌在米饭的适宜温度、湿度下迅速生长繁殖。根霉菌等糖化菌类分泌淀粉酶将淀粉分解成葡萄糖，使窝内逐渐积聚甜液，落缸后36～48h窝内出现糖液。此时有了糖分，而且糖化菌生成的有机酸合理调节糖液pH值，使酿窝甜液的pH维持在3.5左右，有效抑制杂菌生长，这些为酒药中酵母菌生长繁殖和开始酒精发酵提供了条件。当甜液满至酿窝的4/5高度时，甜液浓度约35°Bx左右，还原糖为15%～25%，酒精含量在3%以上，而酵母由于处在这种高浓度、高渗透压、低pH的环境下，细胞浓度仅在7×10^{8}个/mL左右，基本上镜检不出杂菌。这时酿窝已成熟，按比例加入麦曲和水，充分搅拌，进行冲缸。酒醅由半固体状态转为液体状态，浓度得以稀释，渗透压有较大的下降，但醪液pH仍能维持在4.0以下，并补充了新鲜的溶解氧，强化了糖化能力。这一环境条件的变化，促使酵母菌迅速繁殖，24h以后酵母细胞浓度可升至（7～10）$\times10^{9}$个/mL，糖化和发酵作用得到大大加强。冲缸时品温约下降10℃左右，应根据气温冷热情况，及时做好保温工作，维持正常发酵。

e. 发酵开耙　加曲冲缸后，由于酵母的大量繁殖并逐步开始旺盛的酒精发酵，使酒醪温度迅速上升。8～15h后品温达到一定温度，米饭和部分曲漂浮于液面上，形成泡盖，泡盖内温度更高。此时用木耙进行搅拌，俗称开耙。开耙目的一是降低和控制发酵温度，使各部位的醪液品温趋于一致；二是排出发酵醪液中积聚的二氧化碳气体，同时供给新鲜氧气，以促进酵母繁殖，防止杂菌滋长。开耙是传统黄酒酿造中的关键技术，第一次开耙的温度和时间应根据气温的高低和保温条件灵活掌握。第一次开耙后每隔3～5h进行3次开耙，使品温保持在26～30℃。

f. 后发酵　酒醪在较低温度下，继续缓慢发酵，生成更多的酒精，这个过程即为后发酵，俗称罐坛养醅。从落缸起，经过20～30d的发酵期，醪液中酒精含量可达15%以上，酵母耐酒精的驯化已经完成，便可以作为酒母使用。

优良酒母应具备的条件是：酒醅发酵正常，酒精含量在15%以上，总酸在6.1g/L以下；口味老嫩适中，爽口无异杂味。

（2）速酿酒母

① 三角瓶酵母液制备　取蒸饭机米饭投入糖化锅，加水继续煮成糊状后，冷却至58～60℃，加入糖化酶，搅拌均匀，保温糖化4～6h。糖化液经过过滤后，稀释到13°Bx，用乳酸调节pH值到3.8～4.1，分别装入3000mL大三角瓶，每瓶装2000mL，灭菌冷却后接种酵母种子液，28～30℃培养24h备用。

② 原料配比　制造酒母的用米量为发酵大米投料量的5%左右，米和水的比例在1∶3以上，麦曲用量为酒母用米量的12%～14%（纯种曲），如用自然培养的踏曲则用15%。

③ 投料方法　先将水放好，然后把米饭和麦曲倒入罐内，混合后加乳酸调节pH3.8～4.1，再接入三角瓶酒母，接种量1%左右，充分搅拌，保温培养。

④ 温度管理　入罐后品温视气温高低而定，一般掌握在25～27℃。入罐后10～12h，品温升到30℃，进行开耙搅拌，以后每隔2～3h搅拌一次，或通入无菌空气充氧，使品温保持在28～30℃之间。整个培养时间为1～2d。

酒母质量要求酵母细胞粗壮整齐，酵母浓度在3亿个/mL以上，酸度0.24g/mL以下，杂菌数每个视野不超过2个，酒精含量3%～4%（体积分数）。

（3）高温糖化酒母　制备这种酒母时，先采用55～60℃的高温糖化，然后高温灭菌。培养液经冷却后接入酵母，扩大培养，以便提高酒母的纯度，避免黄酒发酵的酸败。

① 糖化醪配料　以糯米或粳米作原料，使用部分麦曲和淀粉酶制剂，每罐配料如下：大米600kg，曲10kg，液化酶（3000U）0.5kg，糖化酶（15000U）0.5kg，水2050kg。

② 操作要点　预先在糖化锅内加入部分温水，然后将蒸熟的米饭倒入锅内，混合均匀，

加水调节品温在60℃，控制米：水>1：3.5，再加一定比例的麦曲、液化酶、糖化酶，于55～60℃糖化3～4h，使糖度达14～16°Bx。糖化结束，将糖化液升温到90℃以上，保温杀菌10min，再迅速冷却到30℃，转入酒母罐内，接入酒母醪容量的1%三角瓶酵母培养液，搅拌均匀，在28～30℃下培养12～16h即可使用。

③ 酒母成熟醪的质量要求　酵母细胞浓度在1亿～1.5亿个/mL，芽生率为15%～30%，杂菌镜检每个视野<1个，酵母死亡率<1%，酒精含量3%～4%，酸度0.12～0.15g/100mL。

（4）稀醪酒母　此法主要是减少了渗透压对酒母繁殖的影响，加快了酒母的成熟速度，培养时间短，酒母强壮。其制作过程如下。

① 原料蒸煮糊化　大米先在高压蒸煮锅内加压蒸煮糊化，大米：水为1：3，在0.294～0.392MPa压力下保持糊化30min。

② 高温糖化　糊化醪从蒸煮锅压入糖化酒母罐，边冷却边用自来水稀释米：水至1：7稀醪，当品温60℃时加米量15%的糖化曲，静置糖化3～4h，糖度15～16°Bx。

③ 灭菌、接种　糖化结束，将糖化醪加热到85℃，保温20min，然后降至60℃，加乳酸调pH为4，冷至28～30℃接入三角瓶酵母，培养14～16h。

④ 酒母成熟醪质量要求　酵母3亿个/mL，芽生率>20%，耗糖率40%～50%，杂菌和酵母死亡率几乎为零。

使用纯种酵母酿酒，会出现黄酒香味淡薄的缺点。为了克服这一缺点，可采用纯种根霉和酵母混合培养的阿明诺酒母法，也可试用多种优良酵母混合发酵来进行弥补。

（三）黄酒形成机制及生物化学变化

酒醅在发酵过程中的物质变化主要指淀粉的水解、酒精的形成，伴随蛋白质、脂肪的分解和有机酸、酯、醛、酮等副产物的生成。发酵过程中的物质变化大多是由酶的催化进行的。

1. 淀粉的分解

大米含淀粉70%以上，小麦含淀粉约为60%。糯米淀粉几乎全是支链淀粉，直链淀粉不到1%；粳米淀粉一般含支链淀粉80%，直链淀粉20%；籼米所含的直链淀粉更多。淀粉的分解是曲中的淀粉酶作用将淀粉转化为糊精和可发酵性糖。

在酒醪发酵时，糖化剂中的α-淀粉酶与糖化酶共同作用于淀粉。虽然糖化剂所含的酶系各不相同，但最终大部分淀粉被分解成葡萄糖。目前，不管是块麦曲还是纯种麦曲，都是以米曲霉为主的。米曲霉富含α-淀粉酶，能迅速液化淀粉，降低醪液浓度，但由于缺少糖化型淀粉酶，难以分解淀粉的α-1,6-葡萄糖苷键，使糖化不可能彻底。为弥补米曲霉糖化型淀粉酶之不足，补充UV-11黑曲霉制成的麸曲或一定比例的商品糖化酶。以粳米、籼米来作酿酒原料时，由于直链淀粉含量较多，糊化后易老化，会影响出酒率，通常是降低麦曲用量（麦曲用量可由12%减至5%～6%），而添加2%左右的根霉曲或原料米量0.2%的黑曲霉糖化酶（1万U），可提高出酒率5%左右。

在糖化过程中，部分葡萄糖苷在霉菌分泌的葡萄糖苷转移酶作用下，重新结合形成难发酵的或不发酵的异麦芽糖、麦芽三糖和潘糖等低聚糖，增强了酒的醇厚性。

淀粉酶经过长时间的发酵，活性降低，其中耐酸性的糖化型淀粉酶的活性仍能部分地保存，经压榨留在酒糟中，大部分进入酒液，起到较弱的后糖化作用。但酶的存在也能引起酒的蛋白质浑浊。通过煎酒将酶破坏，酒质才基本稳定。

2. 酒精发酵

黄酒醅的酒精发酵主要依靠酵母菌的作用，将糖化产生的可发酵性糖分在无氧状况下转化为酒精和二氧化碳。它通过酵母体内的多种酶的催化，依照 EMP 代谢途径，使葡萄糖转化成丙酮酸，然后在丙酮酸脱羧酶的催化下，使丙酮酸脱羧生成乙醛并产生二氧化碳，乙醛经乙醇脱氢酶及其辅酶 $NADH_2$ 的催化，还原成乙醇，每分子葡萄糖发酵生成两分子乙醇和两分子二氧化碳。

黄酒发酵分为前发酵、主发酵和后发酵 3 个阶段。随着酵母把葡萄糖分解为酒精和二氧化碳，同时放出热量使酒醅品温上升。在前发酵阶段，10～12h，主要是酵母繁殖期，发酵作用弱，因而温度上升缓慢。当酒醅中的溶解氧被消耗得差不多，酵母细胞浓度已相当高时，则进入主发酵阶段。此时酒精发酵很旺盛，酒醅温度和酒精浓度上升较快，酒醅中糖分逐渐减少，经过 3～5d 的主发酵，醪液中代谢产物积累较多，酵母的生命活动和发酵作用变弱，开始进入缓慢的后发酵阶段。后发酵主要是继续分解残余的淀粉和糖分，发酵作用微弱，温度逐步降低。待发酵结束，酒醅的酒精含量可达 14%以上。

在发酵过程中，酒精含量的变化以第 1 次开耙（头耙）至 4 次耙增长最快，几乎成直线上升。落罐（缸）48h，酒精含量即可达 10%以上，以后增长速度渐减。落罐 7d，酒精含量一般在 12%～14%。经过后发酵酒精含量还可增加 2%～4%。

在发酵过程中，酵母细胞浓度与酒精的生成关系甚密。在落罐发酵时，由于酒母醪被稀释，所以，酵母浓度仅 10^7 个/mL，经过 17～20h 的前发酵繁殖，酵母浓度已增至(3～5) $\times 10^9$ 个/mL，在整个主发酵期间酵母浓度高达（5～8）$\times 10^9$ 个/mL，甚至 10^{10} 个/mL。经过后发酵，酵母细胞减少不大，死细胞仅在 1%～5%。

在主发酵阶段，利用开耙操作调节酒醪浓度，打散泡盖，并使之下沉，排除酒醪中的二氧化碳，使酒醅和氧适当接触，使酵母呼吸到新鲜氧气，恢复活性，以便酵母能克服酒精等代谢产物对它的抑制。同时主发酵阶段产生的大量二氧化碳也会对酵母的糖代谢起抑制作用。黄酒在主发酵高峰期每吨醪液能产生 1140L/h 二氧化碳，所以在传统发酵中及时开耙、在新工艺发酵中通入无菌空气进行强制开耙都具有重要的意义。

3. 有机酸生成

黄酒中的有机酸部分来自原料、酒母、曲和浆水或人工调酸加入；部分是在发酵过程中由酵母代谢产生的，如琥珀酸等；也有因细菌而致，如醋酸、乳酸、丁酸等，它们都由可发酵性糖转化而成。与其他的酿酒不同，黄酒发酵中霉菌也参与了酸的生成，如根霉产生乳酸和反丁烯二酸，米曲霉产生柠檬酸、苹果酸、延胡索酸等，黑曲霉产生抗坏血酸、柠檬酸、葡萄糖酸和没食子酸等。

酸度的变化常作为黄酒发酵是否正常的衡量指标，开头耙时酒醅酸度常在 2～3g/L，只要控制得当，主发酵结束后，酸度增长不大。至压榨滤酒时，酒醅总酸一般均在 0.45%以下。由于酒醅的缓冲能力较强，发酵过程中醪液的 pH 值变化很小，始终保持在 pH4.0 左右。

在正常的黄酒发酵过程中，糖化菌和发酵菌的代谢会产生琥珀酸、乳酸、甘油等产物。一般酒醅中以琥珀酸和乳酸为主，此外有少量的柠檬酸、苹果酸和延胡索酸等。这些有机酸对黄酒的风味和缓冲作用很重要，在生产中必须加以控制。

酸败的酒醅乳酸和醋酸含量特别多，而琥珀酸等减少。这是由于受到乳酸杆菌和醋酸杆菌严重污染而造成的。如果酒醅的挥发酸明显增加，则往往是由于醋酸菌污染引起的。酸败现象的发生不但会降低出酒率，而且会破坏黄酒的典型风味。黄酒总酸控制在 3.5～4g/L

较好，但亦应根据酒的品种和所含糖分、酒精含量的高低加以协调，以免在口味上失去平衡。

4. 蛋白质的变化

大米含蛋白质6%～8%，高精白米含蛋白质5%左右，小麦含蛋白质12%～14%。在酒醅发酵时，蛋白质受到微生物蛋白酶的分解，形成肽和氨基酸等一系列含氮化合物。酒醅中氨基酸达18种之多，含量也高，各种氨基酸都具有独特的滋味，如鲜、甜、苦、涩。醪液中的氨基酸其中一部分被酵母同化，合成菌体蛋白质；同时形成高级醇，其余部分残留在酒液内。由于各种氨基酸都具有独特滋味，所以它赋予黄酒特殊的风味。酒醅中氨基酸除了由原料、辅料的蛋白质分解产生外，微生物菌体蛋白的自溶也是氨基酸的一个来源。黄酒中含氮物质的2/3是氨基酸，其余1/3是多肽和低肽，它们对黄酒的浓厚感和香醇性影响较大。

发酵前期，由于温度比较适合蛋白酶作用，原料中蛋白质迅速分解，使醪液中氨基酸含量快速增加。发酵中期由于蛋白酶不易失活且发酵温度较低，氨基酸增加速度变缓。发酵后期，氨基酸含量继续增加，除了残余蛋白酶和微生物继续作用外，还有死亡菌体细胞自溶后释放的氨基酸。菌体自溶后放出酸性羧肽酶将醪液中多肽分解为氨基酸。

5. 脂肪的变化

糙米和小麦含有2%左右的脂肪，糙米精白后，脂肪含量减少较多。脂肪氧化后损害黄酒风味。在发酵过程中，脂肪大多被微生物的脂肪酶分解成甘油和脂肪酸。甘油赋于黄酒甜味和黏厚感。脂肪酸与醇结合形成酯类。酯和高级醇等形成黄酒特有的芳香。

6. 酯的形成

酯类物质是构成黄酒芬芳香味和风味的主要成分，黄酒中已经定量分析的酯超过30种。含量最高的酯为乳酸乙酯，其次为乙酸乙酯、琥珀酸二乙酯、丁二酸二乙酯等。酯的形成有化学反应合成和生物合成2个途径：化学反应合成是由有机酸和醇类物质通过酯化反应形成；生物合成是由酵母细胞内的乙酰辅酶A在酵母酯化酶催化下与醇类物质形成酯。

7. 氨基甲酸乙酯的形成

氨基甲酸乙酯广泛存在于发酵食品和酒精饮料中，是黄酒中的有害物质，具有致癌作用。它已引起国际酿酒界的关注，在酒类生产中已开始对它的含量加以严格地限制，如日本的清酒规定其含量不得超过0.1mg/L。经研究，氨基甲酸乙酯是由氨甲酰化合物与乙醇反应生成的。

氨甲酰化合物主要有尿素、L-瓜氨酸、氨甲酰磷酸、氨甲酰天冬氨酸、尿膜素等。黄酒中以尿素为最主要，其余的氨甲酰化合物含量都极微，生成的氨基甲酸乙酯也极少，黄酒中90%的氨基甲酸乙酯是由尿素和乙醇反应生成的。尿素的浓度、乙醇含量、反应温度和时间都与氨基甲酸乙酯的生成量有关，尿素浓度高、反应温度高、反应时间长及pH呈中性都会使氨基甲酸乙酯的含量增加。

黄酒酿造时，原料、辅料和水会带入部分尿素，但最主要的还是在发酵过程中由酵母代谢产生的尿素。酵母在生长繁殖和进行酒精发酵时，除了合成自身菌体需要的尿素外，还把大量的尿素分泌到体外，使酒醅中的尿素含量增加，酵母细胞内的精氨酸酶的活性也会随之提高，进一步加速了尿素的生成。黄酒中尿素主要由精氨酸分解而来，通过精氨酸酶的分解使精氨酸转化为鸟氨酸和尿素。

酒醅发酵时，小部分尿素开始与乙醇作用生成氨基甲酸乙酯。当黄酒压滤后，煎酒灭菌和贮酒陈化时，氨基甲酸乙酯的形成量会大幅度增加。

削弱酵母精氨酸酶的活力，以便阻止精氨酸转化成鸟氨酸和尿素，从而降低氨基甲酸乙酯的生成量。或者利用尿素酶把酵母产生的尿素及时分解掉，也可选育产尿素能力差的黄酒酵母来进行发酵，从根本上抑制尿素的形成。当然控制黄酒灭菌温度和缩短贮存时间，也能直接减少成品黄酒中氨基甲酸乙酯的生成量。

四、黄酒现代生产流程及技术参数

实现黄酒机械化生产，采用机械、管道传送；连续蒸煮下料；大容器发酵和储存；自动控温。机械化生产降低了劳动强度，提高了生产效率，减少了杂菌污染，采用制冷技术调节发酵温度，实现常年生产。

（一）黄酒机械化工艺流程

黄酒机械化工艺流程见图 3-6。

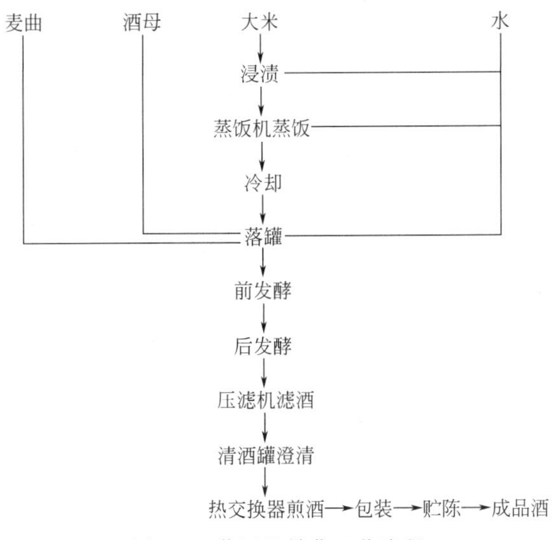

图 3-6　黄酒机械化工艺流程

（二）大罐发酵新工艺流程

1. 原料浸渍

酿造用籼米和粳米，要求淀粉含量在 62%～72%的当年产新鲜晚籼米和晚粳米。采用振动筛选机、斗式输送机、辊式粉碎机等设备进行前处理。浸米时，要将浸米罐洗刷干净，浸米的水要洁净。先放米，后放水，再用压缩空气翻匀。罐内浸米要疏松，米面摊平，将水补满，并捞净杂物，罐面水位应超过米面 15cm 左右，勿使米露出水面。

浸米时间要根据气温、水温和浆酸进行适当调整，浸米的时间长短要根据季节气温差异和品种的不同来决定。

浸米后米质松软，其程度以手捏米粒成粉状为宜，便于蒸煮糊化。

2. 蒸饭

米输送从采用斗式提升机气流输送、负压密相输送，发展为螺旋形叶轮离心泵米水输送。在输送过程中用清水淋洗米，利于蒸饭。

用立式双套串联蒸饭机蒸饭，籼米在立式蒸饭机内要两次蒸煮，粳米一次性蒸熟。蒸饭时要调节好蒸汽量，掌握蒸饭熟度，做到熟度均匀一致，饭粒熟而不烟，内无白心，颗粒光洁，无硬饭块黏结，均匀一致，外硬内软，富有弹性，有米饭特有的香气。粳米出饭率为160%～170%，籼米出饭率为180%～200%。由于淋水后直接蒸煮，因此，出饭率较高。

3. 冷却

米饭蒸熟后以斜坡滑槽自流落入发酵罐过程中必须冷却。通常采用鼓风机风冷冷却。根据气候冷热和饭的软硬情况，注意掌握鼓风机风量大小和鼓风时间，以适合投料温度要求，达到投料温度均匀。一般冷却后饭温为60～70℃，但根据四季不同自然气温条件下，以保证投料温度为目的。

4. 机械化、自动化制纯种麦曲

机械制曲采用特定的计量加水装置替代人工加水，并在机器进口处调节好麦料和水的均匀速度，经过搅拌使曲料和水混合均匀，并使含水量达到18%～21%。拌好的曲料盛在机器输送带上的一只只曲盒中，在输送带的转动过程中，通过数次挤压，在出口送出来的就是成型的曲块。圆盘制曲机的成功应用，在制曲整个过程中通过软件控制实现了自动进料、自动翻曲、自动控制温度和湿度，降低了劳动强度，大大提高了工作效率。

5. 落罐（投料）

投料配方为：大米5700kg，麦曲570kg，纯种酵母300kg，水9000kg。投料量按发酵罐实际大小确定。米饭入缸搭窝温度为30℃，加入麦曲、纯种酒母和水混合。

6. 前发酵

投料前应把前发酵罐及一切用具清洗干净，并用蒸汽或沸水灭菌。前酵罐配有夹套冷却装置，以控制发酵品温，利用压缩无菌空气的压力开耙和输送醪液。发酵过程采用冷却设备，用低温水来控制发酵品温，进行3～5d发酵。

7. 输醪装置

前酵醪输入后酵罐的装置目前采用的有四种：自流、泵送、真空抽送、净化空气压送。以后者较好，它可以避免杂菌感染和醒坯打糊两大弊病。为保证安全，在输醪管道中应装吊笼式除杂器。

8. 后发酵

醪液压入后发酵罐，控制温度在13～18℃下静置后酵20d。利用前厢后罐，可实现发酵过程的人工控制，降低劳动强度，保持良好的清洁卫生状况。

9. 压滤

采用硅藻土立式过滤机和真空转鼓过滤机或XMZG80-150/1000-U型隔膜式压滤机压榨分离出生清酒。隔膜式压滤机主要特点有：①采用嵌入式内置过滤，安全、干净、卫生；②酒液管道输送，无污染、无酒精挥发；③过滤面积大，占地面积小；④操作方便，效率高，从而实现黄酒压榨工序的低碳生产方式。

10. 杀菌、灌装和煎酒设备

目前，各酿酒企业主要采用连续灭菌方式，使蒸汽损耗大大降低。机械化黄酒生产中的灭菌设备主要是不锈钢盘管换热器、现代薄板式换热器和超高温板式杀菌系统。

煎酒温度一般在85℃左右，时间长短与酒液pH和酒精含量的高低有关。温度高、pH低、酒精含量高则所需时间可缩短，反之需延长。温度高，时间长，会形成更多的氨基甲酸乙酯有害物。日本清酒仅在60℃下杀菌2～3min。

11. 大容器贮酒

大罐贮酒工艺路线有2种。一是薄板单皮罐贮酒工艺：生清酒采用自动数字20m^3/H薄板热交换器杀菌（温度90℃），分段降温到65℃，入320m^{3}不锈钢大罐，以13h均匀注入酒温60℃的酒至满罐300m³，密封顶盖，打开无菌呼吸器，贮存老熟。定期抽样进行感官、理化分析，按质抽酒，组合调味制成半成品定型。二是隔层米勒板冷却保温罐贮酒工艺：生清酒先澄清，再用加压立式叶滤机过滤，输入320m³不锈钢大罐，以5h均匀注入酒温28～30℃的酒至满罐300m³，封顶盖，打口呼吸阀，MCGS液体速冷机冷却（控温零下5～6℃），低温成酿，数显测温，自动记录酒温，循环控温5℃以下。定期抽样，感官品评和化验分析，按质分酒，组合修饰，初定酒型。现有大罐顶部都安装了无菌过滤器或无菌呼吸阀，既能有效截留空气中的各种细菌，又能保持空气畅通，在补气的同时，还能将新酒及贮存过程中产生的一些低沸点异杂成分排出罐外。更重要的是，大罐内酒液与空气中的氧接触，进而模拟传统陶坛内贮酒过程中的“微氧环境”，可促进酒的酯化反应，增强陈香效果。

12. 包装

采用瓶酒灌装自动线设备，从进瓶、洗瓶、灌装、杀菌、贴标、装箱、码垛全程采用密闭式灌装、清洁化生产、自动化控制，集成多项智能化、信息化、数显化控制技术于一体，有效确保产品品质。

五、黄酒成品质量标准

中华人民共和国国家标准GB/T 13662—2008《黄酒》为规定黄酒的质量标准，规定了其产品的原料辅要求、感官要求、污染物限量和微生物限量及食品添加剂的使用。

（一）原辅料要求

① 在特型黄酒生产过程中，可以添加符合国家规定的、既可食用又可药用等物质。

② 黄酒中可以按照GB2760的规定添加焦糖色（其中焦糖色产品应符合GB8817要求）。

（二）感官质量标准

1. 外观

色泽是成品重要的外观指标。黄酒的色泽因品种不同而异，有淡黄、红褐乃至黑色。酒色主要来自原料和辅料的色素、曲子霉菌分泌的微生物色素、焦糖色素及类黑精色素。大部分黄酒添加糖色，使酒色加深。或使用炒焦的粟米、大米进行酿酒，使酒色变成黑褐色。水中某些能起氧化还原作用的金属离子（锌离子、铁离子、锰离子等）也能促进酒的着色。

根据GB/T 13662—2008《黄酒》规定，黄酒成品外观标准如表3-1所示。所有黄酒的外观标准不分类型，只分等级。

表3-1 不同类型黄酒成品外观要求

<table>
<tr><th rowspan="2">黄酒类型</th><th colspan="3">成品等级</th></tr>
<tr><th>优级</th><th>一级</th><th>二级</th></tr>
<tr><td>传统型黄酒</td><td colspan="2">橙黄色至深褐色，清亮透明，有光泽，允许瓶（坛）底有微量聚集物</td><td>橙黄色至深褐色，清亮透明，允许瓶（坛）底有微量聚集物</td></tr>
<tr><td>清爽型黄酒</td><td colspan="2">—</td><td>橙黄色至黄褐色，清亮透明，有光泽，允许瓶（坛）底有微量聚集物</td></tr>
</table>

2. 香气

黄酒的香气随品种而有差别，一般正常的黄酒应有柔和、愉快、优雅的香气感觉。黄酒的香气成分主要是发酵过程中产生的酯类、醇类、酸类、羰基化合物和酚类物质，在酒的贮存中，由于化学变化也使酒香增浓。麦曲和原料也会赋予黄酒一定的香气。黄酒中的香气成分有 140 多种。正常的香气由酒香、曲香、焦香三个方面组成。酒香主要由发酵的代谢产物所构成。曲香主要由麦子的多酚类物质、香草醪、香草酸、阿魏酸及高温培养曲子时的羰基氨基反应的生成物构成。焦香主要是焦米、焦糖色素所形成，或类黑精产生。红曲微生物也会带有独特的香气。

除以上的香气外，还要严格防止黄酒带有一些不正常的气味。如石灰气、老熟气、烂曲气和包装容器、管道清洗不干净带有的其他异味。

根据 GB/T 13662—2008《黄酒》规定，黄酒成品香气标准如表 3-2 所示。

表 3-2　不同类型黄酒成品气味要求

黄酒类型	成品等级		
	优级	一级	二级
传统型黄酒	具有黄酒特有的浓郁醇香，无异香	黄酒特有的醇香较浓郁，无异香	具有黄酒特有的醇香，无异香
清爽型黄酒	—	具有本类黄酒特有的清雅醇香，无异香	

3. 口味

黄酒的口味是甜、酸、苦、涩、辣五味调和。黄酒的甜味要适口，不能甜而发腻。甜味成分主要是葡萄糖，它占总糖量的 50%～66%；其次是异麦芽糖、低聚糖等；另外发酵过程中生成的甘油、2,3-丁二醇、丙氨酸等也有甜味。酸味是黄酒的重要口味之一。酸有减甜增浓的口感作用。黄酒的酸除了原料或人工添加外，主要在发酵过程中产生，包括醋酸、乳酸、琥珀酸、苹果酸、柠檬酸、酒石酸等，还有 18 种氨基酸和核酸等。要求黄酒酸味柔和、爽口，酸度应随糖度的高低而改变，使之互相协调。黄酒的苦、涩味成分主要是某些氨基酸、肽、酪醇、5′-甲硫基腺苷和胺类物质。用曲量多，糖分高，贮存时间长的酒也会带来苦味，轻微的苦味给酒以刚劲、爽口的感觉。涩味主要是乳酸和酪氨酸等产生的，酒中石灰加得过量，也会产生涩味。苦涩味物质含量少时，会使酒味呈现浓厚感；过量，则破坏了酒味的协调。黄酒的辣味主要是由酒精和高级醇等形成的，一般酒精含量高，辣味明显，随着黄酒的贮存期延长，黄酒辣味减少，变得香浓醇和。

根据 GB/T 13662—2008《黄酒》规定，黄酒成品口味标准如表 3-3 所示。

表 3-3　不同类型黄酒成品口味要求

黄酒类型		成品等级		
		优级	一级	二级
传统型黄酒	干型黄酒	醇和，爽口，无异味	醇和，较爽口，无异味	尚醇和，爽口，无异味
	半干型黄酒	醇厚，柔和鲜爽，无异味	醇厚，较柔和鲜爽，无异味	尚醇厚鲜爽，无异味
	半甜型黄酒	醇厚，鲜甜爽口，无异味	醇厚，较鲜甜爽口，无异味	醇厚，尚鲜甜爽口，无异味
	甜型黄酒	鲜甜，醇厚，无异味	鲜甜，较醇厚，无异味	鲜甜，尚醇厚，无异味
清爽型黄酒	干型黄酒	—	柔静醇和，清爽，无异味	柔静醇和，较清爽，无异味
	半干型黄酒	—	柔和，鲜爽，无异味	柔和，较鲜爽，无异味
	半甜型黄酒	—	柔和，鲜甜，清爽，无异味	柔和，鲜甜，较清爽，无异味

4. 风格

酒的风格即典型性，是色、香、味的综合反映。酒体的各种成分应该协调，优雅，具有该种产品的特殊优点。根据 GB/T 13662—2008《黄酒》规定，黄酒成品风格标准如表 3-4 所示。

表 3-4　不同类型黄酒成品风格要求

黄酒类型	成品等级		
	优级	一级	二级
传统型黄酒	酒体协调，具有黄酒品种的典型风格	酒体较协调，具有黄酒酒种的典型风格	酒体尚协调，具有黄酒品种的典型风格
清爽型黄酒	—	酒体协调，具有本类黄酒的典型风格	酒体较协调，具有本类黄酒的典型风格

（三）理化质量标准

在关于黄酒质量的国家标准中明确规定黄酒理化质量标准包括总糖、总酸、非糖固形物、酒精度、氨基酸态氮、pH、氧化钙和β-苯乙醇。

黄酒成品总糖含量是判断黄酒类型的重要依据，而且总糖跟总酸、酒精度一样是判断黄酒品质的重要指标。传统型黄酒酒精度指标要求不小于 8%。不同类型黄酒总糖含量如表 3-5 所示。

表 3-5　不同类型黄酒总糖含量

项目	干型黄酒	半干型黄酒	半甜型黄酒	甜型黄酒
总糖(以葡萄糖计)/(g/L)	≤15.0	15.1～40.0	40.1～100	>100

黄酒是由乙醇、水液态体系和固形物构成。固形物是黄酒的两大体系之一，其主要成分为糖分、糊精、蛋白质及其分解物、甘油、不挥发酸、灰分等物质，它决定了黄酒的色泽、滋味、营养和功效。黄酒中的非糖固形物是黄酒品质等级评定的重要指标，同一类型的黄酒中非糖固形物含量越高，黄酒的品质越好，酒的口味越佳。非糖固形物含量是黄酒成品分级的重要依据之一。

氨基酸态氮，也称为氨基氮或氨态氮，是由发酵醪液中的蛋白质经蛋白酶、肽酶逐步分解而成的产物，不仅能大致反映氨基酸总量的水平，而且也可以衡量原料的发酵程度、蛋白质的水解程度。因此，黄酒行业采用氨基酸态氮作为评价最终产品的质量指标之一，且氨基酸态氮是黄酒中一些风味物质的前体物质，可见氨基酸态氮含量对黄酒质量有重要影响。氨基酸态氮也是黄酒成品分级的重要依据之一。

黄酒香气是黄酒中最重要的风味物质，对判断黄酒风格、质量优劣和品质高低起着重要作用。在构成黄酒的主要香气中，β-苯乙醇含量最高，是黄酒标准中质量指标之一，其在黄酒中的含量直接影响黄酒的品质。

黄酒中的氧化钙主要来自于原料，在黄酒生产过程中，因为工艺需要，需添加一定量的澄清石灰水。产品中氧化钙含量直接影响黄酒品质优劣。传统型黄酒中氧化钙含量不能大于 1.0g/L，清爽型黄酒中氧化钙含量不能大于 0.5g/L。

（四）卫生要求

卫生要求应符合 GB 2758 的规定。

1. 污染物限量

应符合 GB 2762 的规定。

2. 真菌毒素限量

应符合 GB 2761 的规定。

3. 微生物限量

微生物限量应符合表 3-6 的规定。

表 3-6 微生物限量

项目	采用方案及限量[①]			检验方法
	n	c	m	
沙门氏菌/(CFU/mL)	5	0	0CFU/25mL	GB/T 4789.25
金黄色葡萄球菌/(CFU/mL)	5	0	0CFU/25mL	

① 样品的分析及处理按照 GB 4789.1 执行。

4. 食品添加剂

食品添加剂的使用应符合 GB 2760 的规定。

【思考题】

1. 比较黄酒生产中利用传统糖化发酵剂和纯菌种糖化发酵剂的优缺点。
2. 比较根霉、米曲霉、黑曲霉和红曲霉在原料糖化阶段的作用特点。
3. 试述黄酒贮存过程中的主要变化。
4. 试述黄酒酿造主要特点。

第二节 食醋

一、食醋概述

（一）发展历史

食醋是中国传统的调味品，关于醋制作的记载距今已有 3000 余年。食醋还有过醯、酢、苦酒等别名。在公元前 1058 年周公所著的《周礼》中就有记载，周朝时朝廷设有管理醋政之官“醯人”。南北朝时，醋被视为奢侈品。但到了唐宋年间，醋进入寻常百姓家。直至北魏时期，大农学家贾思勰在《齐民要术》中详尽叙述了 23 种制醋技术。洪武初年（公元 1377 年），朱元璋孙子宁化王朱济焕创建了著名醋坊“益源庆”，专门酿制宫廷食醋。清顺治年间，王来福创办了“美居和”，采用夏伏晒、冬捞冰的方法改善醋的风味，并将隔年醋命名为“老陈醋”，以及增加了“熏醋”工艺。

明清时，酿醋技术进入高峰。由于地大物博、南北气候不同，再加上各地消费习惯和口味不一，造就了现今各种富有地方特色的食醋，例如山西老陈醋、镇江香醋、四川麸醋、保宁醋、浙江玫瑰醋、福建红曲米醋等。

除了中国各个地区的特色食醋之外，由于原料与工艺的不同，世界各国生产的食醋种类也各不相同，例如西班牙的雪梨醋、日本的黑醋与土豆醋、意大利的白酒醋与香醋、德国的啤酒醋、美国的蒸馏醋、法国的香槟醋、英国的大麦醋等都各具特色。

随着人们生活水平的提高还有对食醋的要求，在不断更新工艺技术和生产设备的条件下，逐渐推动食醋酿造技术向着大型化、机械化方向发展。从 20 世纪 90 年代开始人们对食醋的保健功能进行深入研究，由此各种水果醋、蒜汁醋、蜂蜜醋、饮料醋等保健醋，深受消费者的喜爱。

（二）定义

酿造食醋是指单独或混合使用各种含有淀粉、糖的物料或酒精，经微生物发酵酿制而成的液体调味品。

（三）食醋的分类

国标 GB 1817 规定按发酵工艺分为两类：固态发酵食醋和液态发酵食醋。

1. 固态发酵食醋

以粮食及其副产品为原料，采用固态醋醅发酵酿制而成的食醋。

2. 液态发酵食醋

以粮食、糖类、果类或酒精为原料，采用液态醋醪发酵酿制而成的食醋。

二、食醋生产的原料

酿醋原料依其性质和在生产上所起到的作用可分为 3 大类：主料、辅料、填充料。

（一）主料

任何富含淀粉质、糖或酒精等可发酵物质的无毒性原料都可以用于食醋的生产。这些原料必须有足够量的可发酵糖以保证产品中含有标准量的醋酸。若采用含糖量较低的果汁生产醋，则生产中可额外添加糖或通过蒸发和反渗透将果汁浓缩。原料会赋予食醋成品不同的风味，如糯米酿制的食醋残留的糊精和低聚糖较多，口味浓甜；大米蛋白质含量低、杂质少，酿制出的食醋纯净；高粱含有一定量的单宁，由高粱酿制的食醋芳香。选用不同的原料，可以酿出不同风味的食醋。

目前，酿醋用的主要原料有：

① 薯类　甘薯、马铃薯、木薯等。

② 粮谷类　高粱、玉米、大米（糯米、粳米、籼米）、小米、青稞、大麦、小麦等。

③ 粮食加工下脚料　碎米、麸皮、细谷糠、高粱糠等。

④ 富含碳水化合物的果蔬类　苹果、柑橘、香蕉、李、红枣、海带、番茄、西瓜等。

⑤ 野生植物　橡子、菊芋等。

⑥ 酒类　食用酒精、果酒、啤酒、白酒等。

⑦ 其他　富含糖分的甘蔗糖蜜、甜菜糖蜜、蜂蜜、酒糟等。

（二）辅料

酿造食醋需要大量辅助原材料，以提供微生物活动所需要的营养物质或增加食醋中糖分和氨基酸含量。在固态发酵中，辅料还起着吸收水分、疏松醋醅、贮存空气的作用。辅料一般采用谷糠、麸皮或豆粕，因其不但含有碳水化合物，而且还含有丰富的蛋白质、维生素和矿物质。因此，辅料与食醋的色、香、味有密切的关系。其他辅料还有：①食盐，在发酵成熟后加入食盐能抑制醋酸菌的活动，防止其对醋酸的进一步分解，还能起调和食醋风味的作用；②白砂糖，有增加甜味的作用；③芝麻、茴香、桂皮、生姜等，赋予食醋以特殊的风味；④炒米色，增加食醋的色泽和香气等。

（三）填充料

固态发酵制醋及速酿法制醋都需要填充料，其主要作用是疏松醋醅，使空气流通，以利于醋酸菌好氧发酵。固态发酵制醋常用的填充料有谷壳、稻皮、高粱壳；速酿法制醋常用的填充料有玉米芯、木刨花、多孔玻璃纤维等作为固定化载体。填充料要求接触面大，纤维质具有适宜的强度和惰性。

三、食醋生产用的微生物及生化机制

（一）生产用的微生物

目前，工业上生产食醋的主要微生物有3大类：霉菌类、酵母菌类和醋酸菌类。

1. 霉菌类

霉菌类微生物主要作用是液化、糖化，将原料中的淀粉水解为糊精、葡萄糖；蛋白质水解为肽、氨基酸，为酒精发酵和醋酸发酵过程提供一定的条件。因曲霉菌具有丰富的淀粉酶、糖化酶、蛋白酶等酶，工业上为了保证食醋产品质量的稳定性，常常将纯培养的曲霉菌株用于生产，生产常用的菌株包括米曲霉、黑曲霉、甘薯曲霉和邬氏曲霉。

2. 酵母菌类

酵母菌类主要作用是酿醋过程中的酒精发酵。在酒精发酵过程中会生成一些对醋的风味起一定作用的有机酸、酯类以及杂醇油等物质，而且发酵后的酵母菌菌体在醋醅中可以作为醋酸菌的营养物质。

一般工业生产中应用的是纯培养的优良酵母菌种，主要包括发酵酵母和产酯酵母，发酵酵母菌的选择由原料决定（图3-7）。

酵母菌类
- 发酵酵母
  - 淀粉质原料: AS2.2399, AS2.109, K字酵母
  - 蜜糖原料: AS2.1189, AS2.1190, 古巴1号
- 产酯酵母: 汉逊氏酵母, 毕赤酵母, 球拟酵母, 假丝酵母等

图3-7　酵母菌类

3. 醋酸菌类

醋酸菌类主要是将酒精发酵过程中生成的酒精转化为醋酸。醋酸菌在整个酿醋过程中作用十分重要，一般工业生产用恶臭醋杆菌浑浊变种AS41及沪酿1.01。

（二）生化机制

食醋的酿造过程是由粮→糖→酒→醋的过程，对于淀粉质的原料主要经过糖化作用、酒精发酵和醋酸发酵3大过程（图3-8）。

$$\text{淀粉}\xrightarrow[\text{淀粉酶}]{\text{曲霉菌}}\text{葡萄糖}\xrightarrow[\text{酒化酶}]{\text{酵母菌}}\text{乙醇}\xrightarrow[\text{脱氢酶}]{\text{醋酸菌}}\text{醋酸}$$

图3-8　食醋的酿造过程

1. 糖化作用

糖化作用指的是淀粉质原料在淀粉酶的作用下水解为发酵性糖类（葡萄糖）。

$$(C_6H_{10}O_5)_n + nH_2O \xrightarrow{\text{曲霉菌}} n(C_6H_{12}O_6)$$

在糖化和发酵过程中的淀粉酶、糖化酶、果胶酶、纤维素酶、葡萄糖苷转移酶等的协同作用之下，淀粉水解为发酵性糖，又在酵母菌的作用之下转化为酒精；部分非发酵性糖残留在醋中，对之后成品的色、香、味提供一定的基础。相对于传统制醋中通过原料蒸熟之后再添加麦曲、酒曲（分泌淀粉酶）实现的不完全糖化作用，目前工业上采用的是培养纯种糖化曲来实现短时间内的较为完全的糖化。

2. 酒精发酵

酒精发酵是指在酵母菌分泌的酒化酶系（包括EMP途径中的各种酶以及丙酮酸脱羧酶和乙醇脱氢酶）的作用下将发酵性糖（葡萄糖）转化为酒精和二氧化碳。

$$C_6H_{12}O_6 + 2NAD + 2H_3PO_4 + 2ADP \xrightarrow{\text{EMP途径的酶}} 2CH_3COCOOH + 2NADH_2 + 2ATP$$

$$CH_3COCOOH \xrightarrow[Mg^{2+}]{\text{丙酮酸脱羧酶}} CH_3CHO + CO_2$$

$$CH_3CHO \xrightarrow[NADH_2 \rightarrow NAD]{\text{乙醇脱氢酶}} CH_3CH_2OH$$

酒精发酵一般需要3～4d，最适温度为25～30℃，其大体可分为发酵前期、主发酵和后发酵3个时期。

（1）发酵前期　发酵前期醪液中的少量溶解氧和适量的营养物会让原本较少的酵母细胞繁殖达到一定数量，其发酵作用不强，生成的酒精和二氧化碳较少，发酵醪表面较为平静。前期发酵品温上升较慢，接种温度在26～28℃，品温一般不超过30℃，温度太高会使酵母过早衰老，太低又会使酵母生长缓慢，其他杂菌生长从而影响产品质量。前期发酵的时间一般为10h左右，其长短与酵母的接种量相关，接种量大则发酵时间短，接种量小则发酵时间长。

（2）主发酵　这个阶段酵母主要进行酒精发酵，大量繁殖直至发酵醪中的氧气耗尽，糖分迅速减少。主发酵醪液温度上升较快，温度最好控制在30～34℃，温度太高会使酵母过早衰老失活，易造成杂菌污染。主发酵的时间一般为12h左右，醪液的营养状况影响主发酵时间长短，例如醪液中若糖分高，其发酵时间较长，反之则短。

（3）后发酵　此阶段中的酵母消耗大部分糖分生成酒精，残余部分继续进行糖化作用，但是由于糖化作用比较缓慢，生成的糖分较少，发酵作用并不明显。后发酵期的品温逐渐下降，一般控制在30～32℃；温度过低会降低糖化酶的作用。淀粉质原料发酵后期一般需要40h左右。

以上3个时期并非完全分开，这与发酵温度、酵母菌性能、接种量和糖化剂种类等相关。

3. 醋酸发酵

在醋酸菌分泌的氧化酶的作用下将酒精转化生成醋酸：

$$CH_3CH_2OH + NAD \xrightarrow{\text{乙醇脱氢酶}} CH_3CHO + NADH_2$$

$$CH_3CHO + NAD + H_2O \xrightarrow{\text{乙醛脱氢酶}} CH_3COOH + NADH_2$$

乙醇在乙醇脱氢酶催化作用下氧化为乙醛，乙醛在乙醛脱氢酶作用下氧化成乙酸。醋酸发酵过程除了生成乙酸，还能生成羟基酸，这些酸与乙醇反应生成的酯类对醋的香气起一定作用。

醋酸发酵中起主要作用的是醋酸菌，醋酸菌繁殖最适 pH 为 3.5～6.5，繁殖适宜温度为 30℃，发酵温度应比适宜温度低 2～3℃。一般醋酸浓度为 6%～7%时醋酸菌完全停止繁殖，有部分菌种在此浓度也能繁殖。醋酸菌种类的选择对食醋的质量起到关键性作用。

4. 食醋色香味体的形成

(1) 色的形成　食醋色的形成途径为：①原料本身的颜色；②原料处理时发生化学反应产生的有色物质；③发酵过程中化学反应、酶反应生成的色素；④微生物的有色代谢物；⑤酿制过程中发生的美拉德反应，熏醅时产生的焦糖色素；⑥配制时人工添加的色素。食醋酿造过程中发生的美德拉反应是形成食醋色素的主要途径。熏醅时产生的主要是焦糖色素，是多种糖经脱水、缩合后的混合物，能溶于水，呈黑褐色或红褐色。

(2) 香的形成　食醋的香气成分主要来源于食醋酿造过程中产生的酯类、醇类、醛类、酚类等物质。有的食醋添加香辛料如芝麻、茴香、桂皮、陈皮等来增香。①酿造过程中产生的酯类：以乙酸乙酯为主，乙酸异戊酯、乳酸乙酯、琥珀酸乙酯等；②酿造过程中产生的醇类：乙醇、甲醇、异丁醇、丙醇、戊醇等；③酿造过程中产生的醛类：乙醛、糖醛、乙缩醛、香草醛、甘油醛、异丁醛等；④酿造过程中产生的酚类：4-乙基愈创木酚等。双乙酰、3-羟基丁酮的过量存在会使食醋香气变劣。

(3) 味的形成　食醋的呈味成分最主要是酸味，还包括咸、甜、鲜、苦味。

① 酸味　包括挥发酸醋酸和部分不挥发酸（琥珀酸、柠檬酸、苹果酸、乳酸等）。醋酸酸味强，尖酸突出，有刺激气味。不挥发酸的存在可使食醋的酸味变得柔和。

② 甜味　发酵后的残糖，发酵过程中生成的甘油、二酮等。

③ 鲜味　食醋中存在的氨基酸、核苷酸的钠盐而呈鲜味。其中氨基酸是原料中蛋白质水解生成的；酵母菌和细菌菌体自溶后产生的核苷酸是强烈助鲜剂（如鸟氨酸、肌苷酸）。

④ 咸味　来自酿造过程中添加的食盐。使食醋具有适当的咸味，同时使醋的酸味得到缓冲，口感更好。

(4) 体态的形成　食醋的体态由无盐固形物含量决定，包括糖分、酯类、有机酸、蛋白质、氨基酸、色素、糊精等。用淀粉质原料酿制的醋因固形物含量高，所以体态好。

四、食醋现代生产流程及技术参数

(一) 固态发酵法制醋

1. 固态发酵法制醋工艺流程

以固态发酵中最常见的麸曲醋为例，其生产流程见图 3-9。

2. 固态发酵法制醋操作要点

各类机械设备旋转蒸煮锅、发酵罐、自动酿醋机、自动翻醅机、过滤机、灌装机是老陈醋现代生产线上的基本配置。跟黄酒大罐发酵工艺类似。

(1) 原料粉碎及蒸煮　采用振动筛选机、斗式输送机、辊式粉碎机等设备进行前处理。原料粉碎后与配料（如麸皮、谷糠）混匀，再加入混合料 50%左右的水。原料输送从采用斗式提升机气流输送、负压密相输送，发展为螺旋形叶轮离心泵输送。在旋转蒸煮锅蒸料，出锅摊凉，补水（调整蒸煮熟料加水量），然后将熟料放于干净拌料场上，过筛，打碎团块，同时翻拌及通风冷却。

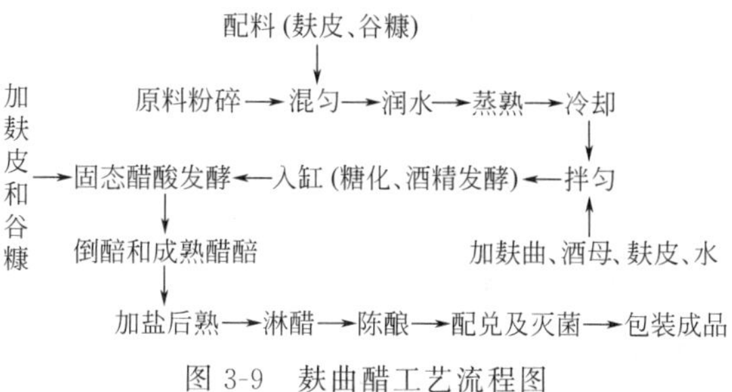

图 3-9 麸曲醋工艺流程图

(2) 机械化自动化制纯种麦曲　机械制曲采用特定的计量加水装置替代人工加水，并在机器进口处调节好麦料和水的均匀速度，经过搅拌使曲料和水混合均匀，并使含水量达到18%～21%。拌好的曲料盛在机器输送带上的一只只曲盒中，在输送带的转动过程中，通过数次挤压，在出口送出来的就是成型的曲块。圆盘制曲机的成功应用，在制曲整个过程中通过软件控制实现了自动进料、自动翻曲、自动控制温度和湿度，降低了劳动强度，大大提高了工作效率。

(3) 落罐（投料）　投料配方为：大米 5700kg，麦曲 570kg，纯种酵母 300kg，水 9000kg。投料量按发酵罐实际大小确定。米饭入缸搭窝温度为 30℃，加入麦曲、纯种酒母和水混合。

(4) 前发酵　投料前应把前发酵罐及一切用具清洗干净，并用蒸汽或沸水灭菌。前酵罐配有夹套冷却装置，以控制发酵品温，利用压缩无菌空气的压力开耙和输送醪液。发酵过程采用冷却设备，用低温水来控制发酵品温，进行 3～5d 发酵。酒精发酵阶段要求醅温 30～40℃为好，最高不要超过 47℃，入缸起 5～7d 酒精发酵结束。醅中酒精含量为 7%～8%，夏季最低不低于 6%。

(5) 醋酸发酵　酒精发酵结束后，每缸拌入粗谷糠 10 kg 左右及醋酸菌种 8 kg，充分搅拌均匀。第 2～3d 醅温很快升高，掌握醅温在 39～41℃，一般不超过 42℃。每天翻醅或倒醅 1 次，使醋醅松散，供给充足的氧气。经 12～15d，醅温开始下降。发酵过程中每天测定醋酸含量，冬季掌握醋酸含量在 7.5%以上，夏季掌握在 7%以上。当醅温下降至 36℃以下，醋酸含量不再上升时，表明醋酸发酵结束，应及时加盐终止醋酸菌继续作用。按醋醅的 1.5%加入精盐，拌匀，放置后熟 2d，以增加醋酸的色泽和香味。

(6) 淋醋　淋醋就是将醋酸用水提取的过程。淋醋常采用三套循环法，即甲缸内放入成熟的醋醅，用乙缸淋出的醋倒入甲缸内浸泡 10h 以上，淋下的醅称为头醋。乙缸内装头渣，用丙缸淋下的醋放入乙缸内，浸 8h 淋下的醋为套二醋。丙缸内装二渣，用清水浸泡 4h，淋下的醋为套三醋。三醋淋完后醋渣含醋 0.1%，可作饲料。头醋与套二醋合称为成品醋。

(7) 陈酿　新酿制的食醋，风味一般欠佳，需要经过一段时间的放置，俗称陈酿。采用醋醅陈酿法时将醋醅加盐，移入缸中砸实，封盖后熟 15～20d，倒醅 1 次再封缸，陈酿数月后淋醋。采用醋液陈酿时醋液含酸量应大于 5%，将淋出的醋保持 1～10℃，陈酿 1～2 个月，同时应防止杂菌污染。

(8) 配兑及灭菌　陈酿醋或新淋出的头醋称为半成品，出厂前应按产品质量标准进行配兑。除总酸含量 5%以上的高档食醋不需添加防腐剂外，一般食醋均应加入 0.06%～0.1%的苯甲酸钠作为防腐剂。采用巴氏杀菌，条件为 80～85℃，20min；采用高温直接加热杀菌，条件为 90～95℃，10min；有条件的可采用超高温瞬时杀菌，出料温度应控制在 35℃

以下，防止热敏性风味物质挥发或变性而降低产品品质。

（二）液态发酵法制醋

液态深层发酵法制醋是较为先进的技术，其特点是发酵周期短、劳动生产率高、劳动强度低、占地面积少、不用填充料等。淀粉质原料经液化、糖化及酒精发酵后，酒醪送入发酵罐内，接入纯粹培养逐级扩大的醋酸菌液，控制品温及通风量，加速乙醇的氧化，生成醋酸，缩短生产周期。发酵罐类型较多，现已趋向使用自吸式充气发酵罐，它于20世纪50年代初期被德国首先用于食醋生产，称为弗林斯醋酸发酵罐，并在1969年取得专利，日本、欧洲诸国相继采用，中国自1973年开始使用。

1. 液体发酵法制醋工艺流程

（1）空罐灭菌　种子罐、发酵罐及连接的管道阀门、空气过滤器，用0.1MPa蒸汽灭菌30min。

（2）种子培养

① 技术要求：酒液酒度4%～5%；醋酸种子酸度2.5%～3.0%。

② 工艺参数：接种量5%～10%；通风量0.1m/min；培养温度32～35℃；培养时间24h。

（3）醋酸发酵

① 技术要求：酒液酒度5%～6%；醋酸发酵液酸度4.5%～5.5%。

② 工艺参数：接种温度28～30℃；发酵温度32～34℃，最高不超过36℃；通风量前期0.07m/min、中期0.1～0.12m/min、后期0.08m/min；培养时间65～72h，开始分割法取醋。总发酵期长达6～12个月。

（4）压滤

① 技术要求：滤渣水分≤70%；酸度≤0.2%。

② 工艺参数：发酵醪预处理，55℃维持24h；压头醋、二醋用泵输送，泵压2×98kPa，压净为止。压清醋用高位槽自然压力。

（5）配兑及灭菌　工艺规程与固态发酵法同。

2. 液体发酵法制醋操作要点

（1）原料浓度　发酵初始总浓度控制在5%～6%，待发酵完成用分割法取醋，即放出醋醪量1/3再加入酒醪1/3，维持相同总浓度继续发酵，此后每隔20～22h再分割取醋一次，依次连续发酵至菌种衰退为止，正常情况可连续运行6～12个月。

（2）消泡　醋酸发酵过程中时有泡沫产生，主要是由死亡醋酸菌体蛋白引发。为此发酵温度要严格控制在36℃以下，绝不允许中断通风。偶尔失控，要采取措施，防止泡沫逸出罐外或积累于罐中，在每次分割取醋时要把大部分泡沫除去。食醋是直接食用的，不允许用化学消泡剂，必要时可使用少量植物油消泡，也可用机械消泡。

（3）温度　要严格控制发酵温度，发酵旺盛期发酵热高达11386kJ/（m^3·h）。要特别注意冷却降温，必要时夏季用冷冻盐水来控制温度。

（4）供氧　通风量一般为理论计算需氧量的2.8～3.0倍，发酵前、中、后期可根据发酵实际情况进行调节，但绝不能中断供氧，否则导致菌体死亡。

（5）提高食醋风味　深层液体发酵食醋风味差于固态法的主要原因是不挥发酸含量仅为固态法的15.7%，香气中主要成分乳酸乙酯几乎为0，因此虽然液体法生产效率高，但食醋的风味必须改进。可采取如下措施：①在酒精发酵中用乳酸菌与酵母菌混合发酵，以增加醋中乳酸含量，为产生乳酸乙酯创造条件；②做好醋酸发酵醪压滤前预处理工作。麸曲用量、后熟温度和时间要严格控制，使在后熟发酵中蛋白质进一步水解成氨基酸，淀粉水解成单糖，有利于提高食醋的风味。

五、食醋成品质量标准

中华人民共和国国家标准 GB 18187 2000《酿造食醋》为食醋的质量标准，规定了其产品的原辅料要求、感官要求、理化指标和卫生指标。

（一）原辅料要求

（1）粮食　应符合 GB 2715 的规定。

（2）酿造用水　应符合 GB 5749 的规定。

（3）食用盐　应符合 GB 5461 的规定。

（4）食用酒精　应符合 GB　10343 的规定。

（5）糖类　应符合相应的国家标准或行业标准的规定。

（6）食品添加剂　应选用 GB 2760 中允许使用的食品添加剂，还应符合相应的食品添加剂的产品标准。

（二）感官特性

应符合表 3-7 的规定。

表 3-7　酿造食醋感官要求

项目	要求	
	固态发酵食醋	液态发酵食醋
色泽	琥珀色或红棕色	具有该品种固有的色泽
香气	具有固态发酵食醋特有的香气	具有该品种特有的香气
滋味	酸味柔和,回味绵长	酸味柔和,无异味
体态	澄清	

（三）理化指标

总酸、不挥发酸、可溶性无盐固形物应符合表 3-8 的规定。

表 3-8　酿造食醋理化指标

项目	固态发酵食醋	液态发酵食醋
总酸(以乙酸计)/(g/100mL)	≥3.50	≥3.50
不挥发酸(以乳酸计)/(g/100mL)	≥0.50	—
可溶性无盐固形物/(g/100mL)	≥1.00	≥0.50
砷/(以 As 计)/(mg/kg)	≤0.1	≤0.5

注：使用以酒精为原料的酿造食醋配制而成的食醋不要求可溶性无盐固形物。

（四）卫生指标

应符合 GB 2719 的规定。

【思考题】

1. 食醋酿造过程中的主要生化作用有哪些？

2. 根据固态发酵食醋的工艺流程，试写出液态发酵食醋的工艺流程。

3. 作用于食醋酿造过程的主要微生物有哪些？

第三节 蒸馏酒

一、蒸馏酒概述

（一）蒸馏酒发展历史

蒸馏酒是人类发明和利用蒸馏技术的产物，蒸馏技术起源于东方古代“炼丹术”和印度、中东的香料提取技术。世界技术发展史公认的蒸馏酒起源地有3个：中国、印度和阿拉伯国家。根据上海收藏的东汉前期（公元25～100年）的蒸馏器实物模拟蒸馏酒实验可以蒸馏出酒精度为26.6%～14.7%（体积分数）的澄清蒸馏酒，四川省新都县、彭县出土的两方属于东汉晚期的画像砖上画有用蒸馏法蒸馏酒的画像，我国古代技术史学者均认同我国蒸馏酒“东汉起源说”。日本学者住江金之著作《酒》中介绍，印度在公元前800年左右就有了蒸馏酒阿拉克。亚里士多德的著作中也叙述了把葡萄酒加热后，蒸馏出的液体酒味更加浓烈。这可能就是白兰地的雏形。总体而言，蒸馏酒起源于公元一世纪或更早，但是广泛流行的历史可能只有五六百年。

（二）蒸馏酒的定义

蒸馏酒以粮谷、薯类、水果、乳类等为主要原料，经发酵、蒸馏、勾兑而成的饮料酒。

（三）蒸馏酒分类

因为世界各地气候条件、物产资源、人文历史、传统习惯各不相同，所以人们创造出了多种多样的蒸馏酒。目前公认的世界六大蒸馏酒分别是中国白酒、白兰地、威士忌、伏特加、金酒和朗姆酒。

1. 中国白酒

中国白酒以高粱、大麦、小麦和豌豆等含淀粉和糖的粮谷为主要原料，利用糖化酶、曲类（大曲、小曲或麸曲）和酵母等为糖化发酵剂，经过蒸煮、糖化、发酵、蒸馏、贮存和勾调而成的蒸馏酒。白酒又名烧酒、老白干、烧刀子等，在漫长的发展过程中，其独特的工艺、风格和优异的色、香、味深受广大饮用者的喜爱。中国白酒分类多样。

（1）按糖化发酵剂分类　有大曲酒、小曲酒和麸曲酒3种。

① 大曲酒　以大麦、小麦、豌豆等原料经制曲工艺制成块状，大曲为糖化发酵剂，进行复式固态发酵，发酵期为15～120d，再固态蒸馏，经3个月至3年的后熟成为产品。大曲酒是中国蒸馏酒的代表，中国名白酒绝大多数用此法生产。

② 小曲酒　以大米粉等为原料，经过微生物培养制成球状或小块状曲块。在酿酒中用小曲量仅为1%～3%。需要第二次培养菌种，以大米或高粱等为酿酒原料，采用半固态发酵和蒸馏。

③ 麸曲酒　以纯种曲霉菌培养于麸皮上制成麸曲为糖化剂，以纯种酿酒酵母为发酵剂，采用3～10d复式固态发酵，经固态蒸馏，或用液态发酵，连续蒸馏器蒸馏。

（2）按原料来分　有粮食白酒、薯类酒和代粮白酒。

粮食白酒以高粱、玉米、大麦、稻米为原料；薯类酒以鲜薯或薯干、木薯干为原料；代粮白酒以粮食加工副产物如稻米糠、麸皮、玉米糠、高粱糠等，淀粉加工副产物粉渣，含淀粉质野生植物等为原料。

（3）按香型分类　这种方法按酒的主体香气成分的特征分类，在国家级评酒中，往往按这种方法对酒进行归类。

① 酱香型白酒　也称为茅香型白酒，以茅台酒为代表。酱香柔润为其主要特点。发酵工艺最为复杂。所用的大曲多为超高温酒曲。

② 浓香型白酒　也称为泸香型白酒，以泸州老窖特曲、五粮液、洋河大曲等酒为代表，以浓香甘爽为特点，发酵原料是多种原料，以高粱为主，采用混蒸续渣发酵工艺，发酵采用陈年老窖，也有人工培养的老窖。在名优酒中，浓香型白酒的产量最大。四川、江苏等地的酒厂所产的酒均是这种类型。

③ 清香型白酒　也称为汾香型白酒，以汾酒为代表，其特点是清香纯正，采用清蒸清渣发酵工艺，发酵采用地缸。

④ 米香型白酒　以桂林三花酒为代表，特点是米香纯正，以大米为原料，小曲为糖化剂。

⑤ 其他香型白酒　这类酒的主要代表有西凤酒、董酒、白沙液、酒鬼酒等，香型各有特征，这些酒的酿造工艺采用浓香型、酱香型或汾香型白酒的一些工艺，有的酒的蒸馏工艺也采用串香法。

2. 白兰地

白兰地是以水果为原料，经发酵、蒸馏、陈酿及调配制成的蒸馏酒，是由乙醇、水以及来源于原料和特定生产工艺的微量挥发性成分组成的一个相当复杂的混合体系。

根据国际惯例，白兰地指的就是葡萄白兰地，以其他水果原料酿成的白兰地，应冠以原料水果的名称，如苹果白兰地、李子白兰地、樱桃白兰地。

3. 威士忌

威士忌是以谷物为原料，以谷芽为糖化剂，经糖化、酒精发酵、二次蒸馏、橡木桶储存后熟等环节而制成的含酒精浓度为38%～48%（体积分数）和极微量芳香性挥发物的蒸馏酒。威士忌酒体颜色为褐色。威士忌起源于英格兰，按照制造方法和产地威士忌可以分为以下几类。

（1）苏格兰威士忌（Scohch Whiskey）　只有在英国苏格兰地区生产的威士忌才能命名“苏格兰威士忌”。苏格兰威士忌的特点是：麦芽干燥时用苏格兰地区特产泥炭燃烧烟道气熏烤，使威士忌中带有独特的泥炭烟熏味。酒体金黄，醇厚，香味浓郁。是世界公认的高质量威士忌。

苏格兰威士忌分为纯麦芽威士忌、粮谷威士忌、调和威士忌等。

（2）爱尔兰威士忌　爱尔兰威士忌的原料除大麦外还加入20%小粒谷物燕麦和小麦，用未经泥炭烟熏的麦芽为糖化剂。爱尔兰威士忌的特点是酒香浓郁，酒体较重。

（3）美国威士忌　美国威士忌主要原料有大麦、黑麦、小麦和玉米等，美国威士忌中以波旁威士忌最著名，它是以51%的玉米为原料制成。

（4）其他国家和地区的威士忌　加拿大威士忌生产方法和美国威士忌相近，瓶装酒至少在橡木桶贮存6年以上，用8种以上单体威士忌勾兑而成，属浓香型。日本威士忌主要吸收苏格兰威士忌和美国波旁威士忌生产工艺。

4. 伏特加

伏特加起源于俄罗斯和波兰，以谷物、薯类、糖蜜及其他可食用农作物等为原料，经发酵、蒸馏制成食用酒精，再经过特殊工艺精制加工制成的蒸馏酒。

（1）普通级伏特加是用高纯度精馏酒精配制，生产酒精的原料可以是粮食、马铃薯、糖蜜、甜菜、蔗糖或它们的混合物。

（2）特制优质伏特加则用谷物和马铃薯生产的酒精配制。

5. 金酒

金酒是在1660年，由荷兰莱顿大学希尔维斯教授发明的，以玉米、裸麦等粮谷为原料，经发酵、蒸馏先制得食用酒基，再加入杜松子、香草、香菜子、大茴香、橘皮、桂皮等香料，经过浸渍、蒸馏、分段截取流出液，精心配制而成酒精度为40%（体积分数）的蒸馏酒。

6. 朗姆酒

朗姆酒由蔗糖产业的副产品糖蜜或甘蔗汁经发酵蒸馏而成，取得的酒度为65%～70%（体积分数）的新酒；再陈酿3～5年，甚至几十年，形成不同的香气和风味，消除辛辣；最后再稀释勾兑成不同颜色和酒精度为40%～55%（体积分数）的酒。朗姆酒色泽多呈金黄色、琥珀色或无色。根据香型，朗姆酒可以分为轻型朗姆酒和浓型朗姆酒。

二、蒸馏酒生产的原料

不同的蒸馏酒原料虽然各不相同，但是都是含糖量比较丰富的物料。原料要求是应符合相应的标准和有关规定。

（一）中国白酒生产原料及辅料

1. 制曲原料

曲种是中国白酒生产中必不可少的发酵微生物主要来源。用于白酒生产的曲有很多种，不同种类的曲有不同的制曲工艺，使用的原料也不同。选用原料，一般选用营养物质丰富，能供给微生物生长繁殖，对白酒香味物质形成有益的物质。制大曲常用小麦、大麦、豌豆、胡豆等为原料；小曲以麦麸、大米或米糠为原料；麸曲以麸皮为原料。制曲原料感官要求：颗粒饱满，新鲜，无虫蛀，不霉变，干燥适宜，无异杂味，无泥沙和其他杂物。

2. 酿酒原料

凡是含有淀粉和可发酵性糖或可转化为可发酵性糖的原料，均可用微生物发酵的方法生产白酒。酿酒原料有粮谷、以甘薯干为主的薯类、代用原料，生产中主要使用前两类原料，代用原料使用较少。由于白酒的品种不同，使用的原料也各异，如大曲酒类的五粮液酒选用优质的高粱、大米、糯米、小麦、玉米五种粮食为原料；泸州老窖酒、茅台酒、汾酒以优质高粱为原料；小曲酒类以大米、高粱、玉米为原料；麸曲酒类以薯干、玉米、高粱为原料。酿酒原料的不同和原料的质量优劣，与产出酒的质量和风格有着极其密切的关系，因此，生产中对原料的选择要求是比较严格的。

粮谷原料的感官要求是：颗粒均匀饱满、新鲜、无虫蛀、无霉变、干燥适宜、无异杂味、无泥沙杂物及其他杂物。以薯干为主的薯类原料，其感官要求是：新鲜、干燥、无虫蛀、无霉变、无异味、无泥沙、无病薯干。

（1）高粱　高粱又名红粮，依穗的颜色可分为黄、白、红、褐4种高粱；依籽粒含的淀粉性质来分有粳高粱（多产于北方）、糯高粱（多产于南方）。粳高粱含直链淀粉较多，结构致密，较难溶于水，蛋白质的含量高于糯高粱。糯高粱几乎完全是支链淀物，具有吸水性强、容易糊化的特点，是历史悠久的优良酿酒原料，淀粉含量虽比粳高粱低，但出酒率却比粳高粱高。高粱的内容物大部分为淀粉颗粒，外面包有一层由蛋白质和脂肪所组成的胶粒层，受热易被分解。高粱是酿酒的主要原料，在固态发酵中，经过蒸煮后，疏松适度，熟而不黏，利于发酵。在液态发酵中，由于黏度大，输送、搅拌都有一定困难，因此需要先经淀粉酶糖化。

（2）大米　大米含淀粉70%以上，质地纯正，结构疏松，利于糊化，蛋白质、脂肪及纤维等含量较少。在混蒸式的蒸馏中，可将饭香味带入酒中，酿出的酒质具有爽净的特点，故有“大米酿酒净”之说。在名白酒生产中，五粮液酒、剑南春酒、叙府大曲等都配用一定量的大米作原料；小曲酒中的五华长乐烧、三花酒也是采用大米做原料。

（3）糯米　糯米是酿酒的优质原料，几乎百分之百为支链淀粉，经蒸煮后，质软性黏可糊烂。单独使用容易导致发酵不正常，必须与其他原料配合使用。糯米酿出的酒甜，五粮液酒的原料中，配有18%的糯米，产出的酒具有醇厚绵甜的风味。

（4）小麦　小麦不但是制曲的主要原料，而且还是酿酒的原料之一。小麦中含有丰富的碳水化合物，主要是淀粉及其他成分，钾、铁、磷、硫、镁等含量也适当。小麦黏着力强，营养丰富，在发酵中产生热量较大，所以生产中单独使用应慎重。小麦含蛋白质较高，发酵中能产生一定量的香味物质，如浓香型白酒中的五粮液酒、剑南春酒、叙府大曲酒等的原料中，都添加一定量的小麦，使产出的酒具有香气悠长的特殊风味。

（5）玉米　玉米也称苞谷，品种很多。一般黄玉米含的淀粉比白玉米高，淀粉主要集中在胚乳内，颗粒结构紧密，质地坚硬，蒸煮时间宜长才能使淀粉充分糊化。经蒸煮后的玉米，疏松适度，不黏糊，有利于发酵。玉米是一种营养丰富的谷物，是工业微生物的理想原料，它的各种成分含量适中，特别含有较丰富的植酸，在发酵过程中可分解为环己六醇和磷酸。前者为酒中的醇甜物质，后者在酒糟内可促进甘油的生成，因此，玉米酒醇甜干净。但是，玉米胚芽中含有5%左右的脂肪，易在发酵过程中氧化而产生异味带入酒中。所以，用玉米做原料酿制的白酒，不如用高粱酿出的酒纯净。生产中选用玉米做原料时，先将玉米的胚芽除去后酿酒。

（6）甘薯　甘薯又名红薯、红百等。鲜薯含淀粉16%～20%。薯干是鲜甘薯切碎经日晒或风干而成的干片，含淀粉65%～68%，含果胶质比其他原料都高。薯干原料的结构比较疏松，吸水能力也强，糊化温度为53～64℃，比其他原料容易糊化，出酒率普遍高于其他原料，但成品酒中带有不愉快的薯干味，采用固态发酵配制的白酒比液态法酿制的白酒薯干气味更浓。薯干中含有3.6%的果胶质，影响蒸煮黏度。薯干在蒸煮过程中，因果胶质受热分解生成果胶酸，进一步分解生成甲醇，造成酒中甲醇含量增高。所以，使用薯干做原料酿酒时，应注意排杂，尽量降低白酒中甲醇的含量。

（7）木薯　木薯多产于南方各省，有野生的和人工种植的，品种分苦味木薯和甜味木薯。苦味木薯含氢氰酸较多，经晒干后可大部分消失，在蒸煮时可大部分蒸发出去，对发酵成品酒质量影响不大。甜味木薯无毒，但产量较低。鲜木薯含粗淀粉26%左右，结构较疏松，易被蒸煮糊化，出酒率高。木薯中果胶质含量较高，酿出的酒含甲醇量也较高。木薯还含有氢氰酸苷，在发酵时经酶分解而被释出，蒸馏时带入酒中，有剧毒，成品酒中要严格控制其含量。

（8）代用原料　凡是含有淀粉或糖类的农副产品及野生植物等代用原料，如橡子仁、土茯苓、葛根等，都可酿酒。多数野生植物含有较多的单宁。单宁对糖化和发酵酶类有沉淀作用，抑制酵母生长繁殖。使用野生植物做原料时，应除去单宁，常采取提高发酵液蛋白质含量，相应减少酶与蛋白质结合，选用分解单宁能力较强的菌株，温水浸泡原料除去水溶性单宁，延长蒸煮时间或采用混合原料冲淡发酵浓度等措施，以减少发酵液中的单宁危害。

3. 酿酒辅料

白酒生产中使用的辅料，主要用于调整酒的淀粉浓度、酸度、水分、发酵温度，使酒醅疏松，有一定的含氧量，保证正常发酵和提高蒸馏效率。

选用的辅料应具有良好的吸水性和骨力，适当的自然颗粒度，不含异杂物，新鲜、干燥、不霉变，不含或少含营养物质及果胶质，多缩戊糖等成分。

（1）稻壳　稻壳又叫谷壳，是大米的外壳。稻壳是配制大曲酒的主要辅料，也是麸曲酒的上等辅料。它具有吸水性强、质地疏松、用量少而使发酵界面大的特点，是一种优良的填充剂。稻壳中含有多缩戊糖和果胶质，在酿酒过程中生成糠醛和甲醇等物质。使用前必须清蒸 20～30min，以除去异杂味和减少在醅酒中可能产生的有害物质。用量的大小和质量的优劣，对产品的产量、质量影响甚大。一般要求用 2～4 瓣的粗壳，不用细壳。细壳中含大米的皮较多，脂肪含量高，疏松度低，不宜作辅料。

（2）谷糠　谷糠是指小米或粟米的外壳，酿酒中用的是粗谷糠。粗谷糠的疏松度和吸水性均较好，作酿酒生产辅料时比其他辅料用量少。疏松酒醅性能好，发酵界面大，在小米产区酿制优质白酒多选用谷糠为辅料。

（3）高粱壳　高粱壳即高粱籽粒的外壳，质地疏松，仅次于稻壳，吸水性较差，入窖水分不宜过大。高粱壳中含单宁较高，能抑制微生物的生长，给成品酒带来涩味。

（4）玉米芯　玉米芯的吸水性强，疏松度也好，但含多缩戊糖较高，酿酒过程中易产生糠醛，给成品酒风格带来不良影响。

4. 白酒酿造生产用水

白酒酿造生产用水包括制曲、制酒母用水，生产发酵、勾兑、锅炉用水等。白酒生产用水质量的优劣，直接关系到糖化发酵能否顺利进行和成品酒质量是否优良。

酿酒生产用水应符合生活用水标准的要求。首先外观无色透明，无悬浮物，无沉淀；将水加热至 20～30℃，口尝时应具有清爽气味、味净微甘，为水质良好。白酒酿造用水一般在硬水以下的硬度均可使用，但勾兑酒用水以软水为佳。白酒的降度、勾兑、配酒用水以 pH6～8（中性）为好，不宜偏酸，也不宜过碱。

（二）白兰地

通常讲的白兰地都是指葡萄白兰地，适合酿造白兰地的葡萄浆果达到生理成熟期时应具备以下特点：首先，葡萄糖度较低，由此发酵而成的原酒酒精度含量低，通过蒸馏后得到的白兰地才可能集中较多浆果中的芳香物质，使之具备应有的典型品种香；其次，葡萄酸度高，白兰地原酒中的酸主要来自葡萄原料，在蒸馏的时候可以形成白兰地芬芳香味酯类物质；再次，具有弱香或者中性香，凡是具有特殊芳香的浓香型葡萄适合鲜食、制汁或酿造红甜葡萄酒。通常白兰地酒都会具有花香味、果香味、香料味、熏木香味、焦油味以及微量的油脂味或陈酒味。

三、蒸馏酒生产用的微生物及生化机制

（一）蒸馏酒生产中的微生物

不同的蒸馏酒生产中所用到的微生物各有不同，其中中国白酒生产属于多菌种混合发

酵，涉及的微生物种类繁多。总体而言，蒸馏酒生产中所用到的微生物主要有酵母、霉菌和细菌。

1. 霉菌

中国白酒酿造中霉菌主要作用是完成原料液化、糖化的作用。同时霉菌的代谢产物与白酒香味物质形成有关。如根霉产生的乳酸，与白酒主体香味成分之一的乳酸乙酯形成密切相关。

大曲曲块中的霉菌种类主要有根霉、毛霉、犁头霉、米曲霉、黑曲霉、红曲霉等。在曲块发酵后期，霉菌的数量占优势，各种霉菌的数量由多到少分为根霉、毛霉、犁头霉、曲霉。主要分布在曲块表面。

小曲中霉菌主要种类包括根霉、毛霉、黑曲霉等，其中主要的是根霉。小曲中常见的根霉有河内根霉（*Rhizopus tonkinesis*）、白曲根霉（*Rhizopus peka*）、米根霉（*Rhizopus oryzae*）、日本根霉（*Rhizopus japonicus*）、爪哇根霉（*Rhizopus javanicus*）、华根霉（*Rhizopus chinesis*）、德氏根霉（*Rhizopus delemar*）、黑根霉（*Rhizopus nigricans*）和台湾根霉（*Rhizopus formosaensis*）等。这些根霉之间在适应性、生长特征、糖化力强弱以及代谢产物之间具有差别。

2. 酵母

蒸馏酒生产中酵母的主要作用是完成酒精发酵过程，有些酵母种类具有产脂能力，是酒中香味成分的主要来源。

中国白酒发酵过程中的微生物主要来源于曲种。大曲中酵母的主要种类为卡氏酵母属、汉逊酵母属、假丝酵母属和拟内孢霉属。在制曲中期，酵母数量增加，成为优势种类。酵母主要来源于原料、环境和覆盖物。曲块中酵母主要分为产酒酵母和产脂酵母，如产酒精能力较强的卡氏酵母，产脂能力强的汉逊酵母等。传统小曲中的酵母种类很多，有酵母属、汉逊酵母属、假丝酵母属、拟内孢霉属及丝孢酵母属等的酵母，真正起作用的是酵母属和汉逊酵母属的酵母。

苏格兰威士忌采用两种酵母共同发酵，完成主发酵的酵母是啤酒酵母属（*Saccharomyces cerevisiae*），这种酵母能发酵葡萄糖、果糖、蔗糖、麦芽糖和麦芽三糖，同时还能迅速发酵麦芽四糖到麦芽六糖等低聚糖。另一种酵母为卡尔酵母属（*Saccharomyces carlsber gensis*），这种酵母主要对威士忌中脂肪酸和脂肪酸酯类的含量起到重要作用。各威士忌厂家使用的两种酵母的比例各不相同。

朗姆酒发酵中所用的酵母主要有粟酒裂殖酵母属（*Saccharomyces pombe lindner*）、啤酒酵母属（*Saccharomyces cerevisiae*）。

3. 细菌

大曲中的细菌主要有乳酸菌、醋酸菌、芽孢杆菌、产气杆菌等。制曲过程中，曲块处于低温期时，细菌数量占优势，并且以杆菌为主。随着制曲过程的进行，曲块中细菌的数量会逐渐减少。

乳酸菌存在于大曲和酒醅中。乳酸菌发酵糖类产生乳酸，乳酸通过酯化作用形成乳酸乙酯。乳酸乙酯通过蒸馏进入白酒成品中，使白酒具有独特香味。醋酸菌是酒中醋酸的重要来源。醋酸是白酒主要香味成分之一，也是酯的承受体，是丁酸和其他酯类的前体物质。丁酸菌和己酸菌是浓香型白酒大曲中的组成成分，主要产生丁酸和己酸。

（二）中国白酒生产中的生化机制

中国白酒生产主要以淀粉含量丰富的谷物作为原料。淀粉是由葡萄糖组成的大分子物质，因结构不同分为直链淀粉和支链淀粉。直链淀粉由D-葡萄糖通过α-1,4-糖苷键结合而成，支链淀粉虽然大部分葡萄糖单位也是D-葡萄糖通过α-1,4-糖苷键结合，但是分支点有α-1,6-糖苷键结合。天然淀粉中，粳类原料中支链淀粉约占80%，直链淀粉占20%左右；糯类原料中，主要含支链淀粉，不含或含极少量直链淀粉。在植物性原料中淀粉多以淀粉粒形式存在，淀粉粒可以分为简单淀粉粒和复合淀粉粒两种。淀粉颗粒不溶于冷水和酒精，在热水中吸水膨胀，颗粒被破坏而糊化。为确保出酒率和酒的品质，中国白酒酿造过程中基本都有蒸煮原料使淀粉糊化的过程。

酿酒生产中主要采用淀粉酶催化淀粉的水解。淀粉酶主要来源于微生物，不同来源的微生物淀粉酶对淀粉中两种糖苷键水解能力及产物各不相同。如细菌来源的淀粉酶主要分解α-1,4-糖苷键，淀粉分解后产物为糊精和麦芽糖；霉菌来源的淀粉酶能分解α-1,4-糖苷键和α-1,6-糖苷键，其分解淀粉后能获得葡萄糖。乙醇是酒类中主要的组成成分。乙醇是酵母以葡萄糖为底物通过无氧呼吸作用生成的产物。

白酒中除了大部分是乙醇和水外，还含有占总量2%左右的其他香味物质。这些香味物质主要是醇类、酸类、酯类、醛类、酮类、芳香族化合物等物质。由于这些香味物质在白酒中种类和比例的不同，才使白酒有别于酒精，并形成不同白酒的风格特点。香味物质的来源也跟微生物的活动密切相关。中国白酒酿造大多是固态发酵，参与发酵过程的微生物种类繁多，而且不同的发酵过程菌群变化复杂。白酒各类物质的形成归纳如图3-10所示。

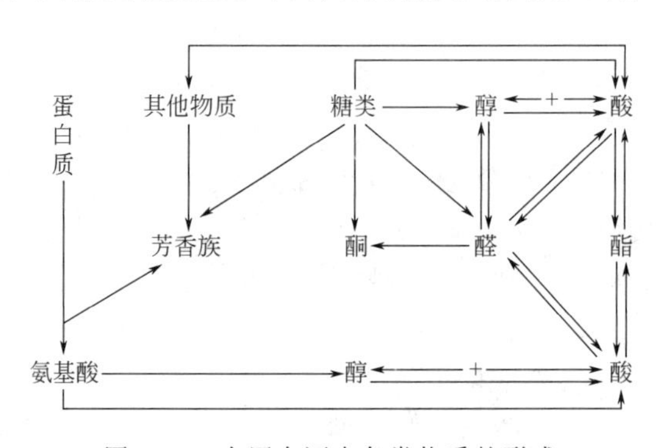

图3-10　中国白酒中各类物质的形成

四、蒸馏酒现代生产流程及技术参数

（一）大曲酒现代生产工艺

1. 大曲现代生产工艺流程

大曲根据不同的制备工艺分为高温曲、偏高温曲和中温曲。高温曲的最高制曲品温达60～65℃以上，主要用于生产茅香型大曲酒。中温曲的最高制曲品温一般不超过50℃，它主要用于生产汾香型大曲酒。偏高温曲的制曲品温在55～60℃，主要用于生产泸香型大曲酒。

（1）白酒制曲现代工艺流程　白酒制曲现代工艺流程如图3-11所示。

（2）操作要点

① 制曲原料及配料　大曲制作的原料主要有小麦、大麦和豌豆，有时也会使用少量的其他豆类和高粱等。原料要求颗粒饱满、无霉烂、无虫蛀、无杂质、无异味、无农药污染。

高温曲的原料为小麦。小麦除去杂质后，加5%～10%的水拌匀，加水37%～40%，润料3～4h后，粉碎，过20目孔筛。通过孔筛的细粉与未通过的粗粒及麦皮按照4∶6或者

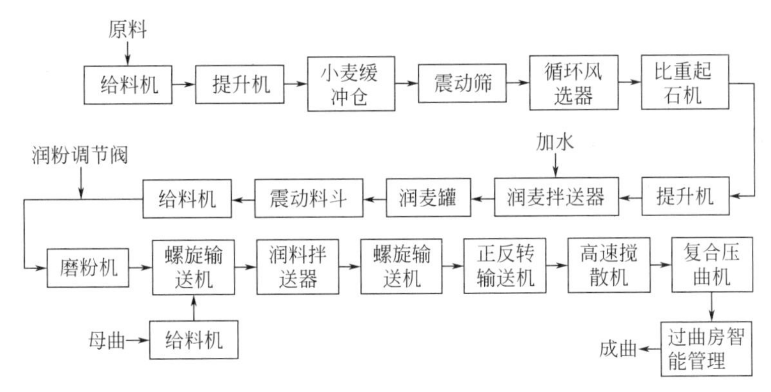

图 3-11　大曲白酒制曲现代工艺流程

5∶5的比例混合。高温曲为了加速培曲时有益微生物的生长繁殖，在拌料的时候会接入一定量的曲母，使用量夏季为原料的 4%～5%，冬季为 5%～8%。

偏高温曲原料是小麦、大麦、豌豆，其比例为 7∶2∶1 或者 6∶∶1 或者 5∶4∶1。混合后粉碎过 40 目筛。制曲时过筛细粉 50%左右，粗粉 50%左右，加入 40%～43%水搅拌均匀。

中温曲原料包括大麦 60%、豌豆 40%（也有大麦 70%、豌豆 30%）。原料混匀、粉碎，过 20 目筛。通过筛孔的细粉和通不过的粗粉按比例混合，冬季 2∶8，夏季 3∶7。加水拌料，水分含量 38%左右。

② 曲坯制作　大曲原料的投料、放料及搅拌定时等操作全部自动控制。大曲配料时，加入一定量的纯种培养微生物、酶制剂或两者同时加入进行曲坯制作。曲坯制作由机械冲压式压曲机制曲替代人工踩曲。一般尺寸为(30～33)cm×(18～21)cm×(6～7)cm。曲坯成型好，松紧适中，生产速度快，成曲的糖化力和发酵力都优于人工踩曲。

③ 曲室培养与管理　曲坯的培养是制曲过程中的重要环节。曲室应具有保温、保湿、通风、排潮等设施。通过曲房无线测温技术智能管理，随时在线监测曲房内温度、湿度、CO_2 含量等参数的变化，根据制曲工艺和曲坯发酵的实际情况，及时准确地调控这些参数，使曲坯成熟。

2. 大曲白酒现代生产工艺

(1) 大曲白酒现代生产工艺流程　大曲白酒的生产工艺自动控制过程包括酿酒原料输送、泡粮、蒸煮、摊晾、拌料、糖化、冷糟、发酵和蒸馏等生产环节。通过斗提机、刮板输送机、皮带输送机、高压蒸粮锅、摊晾机、加曲机、恒温发酵间、发酵温度和 CO_2 自动检测系统以及蒸馏智能蒸汽调节系统等自动控制设备完成自动化操作。其流程图见图 3-12。

(2) 操作要点　大曲白酒生产工艺的主要特点体现在：采用固态配醅发酵（续糟发酵）；在较低温度下的边糖化边发酵工艺（双边发酵工艺）；多种微生物的混合发酵；固态甑桶蒸馏。

① 续糟发酵　又称配糟（配醅）发酵，在整个大曲白酒的发酵过程中，发酵物料（酒醅）的含水量较低，常控制在 55%～65%，游离水分基本上被包含在酒醅颗粒之中，整个物料呈固体状态。由于高粱、玉米等颗粒组织紧密，糖化较为困难，淀粉不易被充分利用，蒸酒后的糟醅还含有 10%左右的残存淀粉，需要再进行继续发酵，因此常采用减少一部分酒糟（醅），增加一部分新料，配糟继续发酵，反复多次的办法。这是我国特有的酒精发酵法，称为“续糟发酵”或“续渣发酵”。采用续糟发酵法生产白酒有如下优点：第一是可调

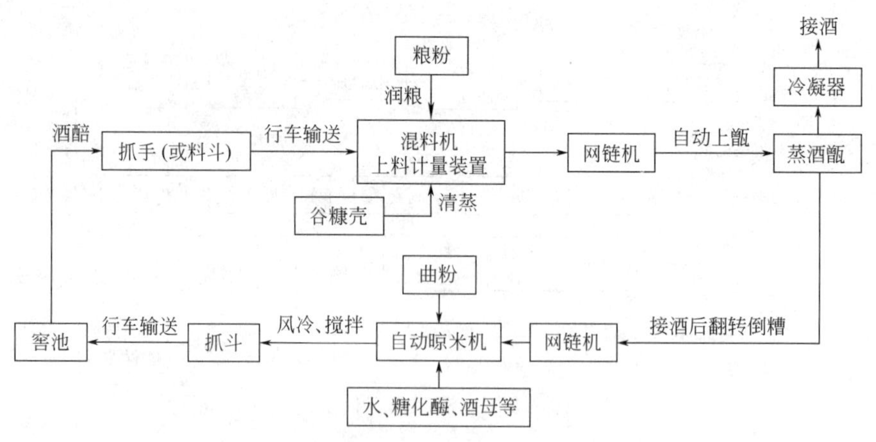

图 3-12 大曲白酒现代生产工艺流程图

整入窖淀粉和酸度，一般配糟量为原料的 4～5 倍（小曲酒为 2～3 倍），有利于发酵；第二是酒糟经过长期反复发酵，积累了大量香味物质和产生香味物质的前体物质，有利于产品品质的改善；第三是有利于提高出酒率。这种固态发酵循环进行，这种方法在世界酿酒业中是独有的。

② 双边发酵工艺　大曲白酒的发酵是典型的边糖化边发酵工艺，俗称双边发酵。大曲既是糖化剂，又是发酵剂，窖内酒醅同时进行着糖化作用和酒化作用，如何使这两种生化作用相互协调配合，是双边发酵的关键所在。由于糖化酶和酒化酶的最适作用温度不同，因此酒醅的发酵温度对各种酶活性具有不同的影响。一般淀粉酶的作用最适温度为 50～65℃，温度过高，酶加速钝化；温度较低，酶反应速度减缓，作用时间需要延长，但酶不易失活，故保持较低的糖化温度，适当延长糖化时间，同样可以达到较高的糖化率。酵母进行酒精发酵的最适温度一般为 28～32℃，发酵温度太高，酵母易于衰老，甚至死亡。为了防止糖化酶、酵母菌和其他酶类的过早失活，并使糖化和发酵两者相互配合和谐，不致使酒醅的糖分过于积累而引起酸败，最大限度地发挥酶的作用，保证曲酒的发酵完善，在生产中，必须控制较低的入窖温度，一般在 15～25℃。同时，这种较低温度下的边糖化边发酵，还有利于香味物质的形成和积累，减少其挥发损失，避免了有害副产物的过多形成，使大曲白酒具备醇、香、甜、净、爽的特点。

③ 多种微生物的混合发酵　参与大曲白酒发酵的微生物种类繁多，它们主要来源于大曲和窖泥，也有来自环境、设备和工具场地。整个发酵过程是在粗放的条件下进行的，除原料蒸煮时起到灭菌作用外，各种微生物均能通过多种渠道进入酒醅，协同进行发酵作用，产生出各自的代谢产物。随着发酵时间的推移，窖内各类微生物（霉菌、酵母、细菌等）在生长繁殖、衰老死亡，表现出各自的消长规律。合理地控制发酵工艺条件，并随环境变化作出适当的调整措施，保证那些有益的酿酒微生物正常生长繁殖和发酵代谢。

④ 固态甑桶蒸馏　国外常采用釜式或壶式液态蒸馏来提取成品蒸馏酒，而我国大曲白酒是通过固态蒸馏来分离提取成品酒的。1m 高度的甑桶，能把酒醅中的 5%～6%（体积分数）的酒分浓缩到 65%～75%（体积分数），并把发酵过程中所产生的各种香味成分有效地提取出来，说明其蒸馏效率是相当高的。白酒的甑桶蒸馏好似填料塔蒸馏，实际上两者存在着较大的差别，因为在曲酒固态蒸馏中，酒醅不仅起到填充料的作用，而且它本身还含有被

蒸馏的成分，所以它的蒸馏要比一般的填料塔蒸馏更加复杂。蒸馏所得的成品酒，其风味既优于液态蒸馏，又优于填料塔蒸馏。因为甑桶蒸馏所得到的馏分，其酸、酯含量要比其他蒸馏方法高得多，并在蒸馏过程中，各种风味成分相互作用重新组合，使成品酒的口感更加丰满适宜。所以在液态白酒生产中，常采用固态串香来提高成品酒的质量。

（二）其他蒸馏酒生产工艺

中国白酒生产工艺主要以固态发酵方式生产，其他蒸馏酒的发酵生产工艺以液态发酵方式生产为主。不同原料的蒸馏酒现代生产工艺流程如图 3-13 所示。

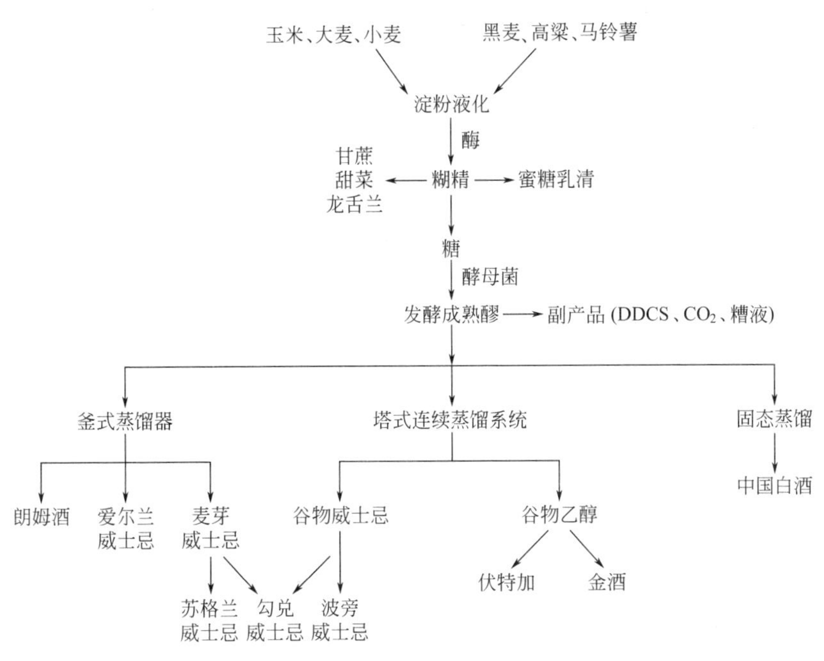

图 3-13　不同原料的蒸馏酒现代生产工艺流程

五、蒸馏酒产品质量标准

目前国家颁布了食品安全国家标准 GB 2757《蒸馏酒及其配制酒》，标准对蒸馏酒各项指标进行了规定，所有蒸馏酒必须达到该标准要求。

（一）感官要求

根据食品安全国家标准 GB 2757—2012 规定，蒸馏酒产品感官要求应符合相应产品标准的相关规定。

1. 浓香型白酒

根据 GB/T 10781.1—2006 规定，浓香型白酒感官要求应符合表 3-9 和表 3-10 的规定。

表 3-9　高度酒感官要求

项目	优级	一级
色泽和外观	无色或微黄，清亮透明，无悬浮物，无沉淀①	
香气	具有浓郁的己酸乙酯为主体的复合香气	具有较浓郁的己酸乙酯为主体的复合香气
口味	酒体醇和协调，绵甜爽净，余味悠长	酒体较醇和协调，绵甜爽净，余味较长
风格	具有本品典型的风格	具有本品明显的风格

① 当酒的温度低于 10℃时，运行出现白色絮状沉淀物或失光。10℃以上时逐渐恢复正常。

表 3-10　低度酒感官要求

项目	优级	一级
色泽和外观	无色或微黄，清亮透明，无悬浮物，无沉淀①	
香气	具有较浓郁的己酸乙酯为主体的复合香气	具有己酸乙酯为主体的复合香气
口味	酒体醇和协调，绵甜爽净，余味较长	酒体较醇和协调，绵甜爽净
风格	具有本品典型的风格	具有本品明显的风格

① 当酒的温度低于 10℃时，运行出现白色絮状沉淀物或失光。10℃以上时逐渐恢复正常。

2. 白兰地

根据 GB/T 11856—2008 规定的白兰地产品感官要求应符合表 3-11 的规定。

表 3-11　白兰地产品感官要求

项目	特级(XO)	优级(VSOP)	一级(VO)	二级(VS)
外观	澄清透明、晶亮、无悬浮物、无沉淀			
色泽	金黄色至赤金色	金黄色至赤金色	金黄色	浅金黄色至金黄色
香气	具有和谐的葡萄品种香，陈酿的橡木香，醇和的酒香，幽雅浓郁	具有明显的葡萄品种香，陈酿的橡木香，醇和的酒香，幽雅	具有葡萄品种香、橡木香及酒香，香气协调、浓郁	具有原料品种香、橡木香及酒香，无明显刺激感和异味
口味	醇和、甘冽、沁润、细腻、丰满、绵延	醇和、甘冽、丰满、绵延	醇和、甘冽、完整、无杂味	较纯正、无邪杂味
风格	具有本品独特的风格	具有本品突出的风格	具有本品明显的风格	具有本品应用的风格

3. 威士忌

根据 GB 11857—2008 规定的威士忌产品感官要求应符合表 3-12 的规定。

表 3-12　威士忌感官要求

项目	优级	一级
外观	清亮透明，无悬浮物和无沉淀	
色泽	浅黄色至金黄色	
香气	具有大麦芽或(和)谷物、橡木桶赋予的协调的浓郁的芬芳气味，或带有泥炭烟熏的芬芳气味	具有大麦芽或(和)谷物、橡木桶赋予的较协调的芬芳气味，或带有泥炭烟熏的芬芳气味
口味	酒体丰满、醇和，甘爽，具有大麦芽或(和)谷物、橡木桶赋予的芬芳口味，无异味	酒体较丰满、醇和，甘爽，具有大麦芽或(和)谷物、橡木桶赋予的较纯正的芬芳口味
风格	具有本品独特的风格	具有本品明显的风格

4. 伏特加

根据 GB/T 11858—2008 规定的伏特加产品感官要求应符合表 3-13 的规定。

表 3-13　伏特加产品感官要求

项目	伏特加	风味伏特加
外观	无色、清亮透明，无悬浮物和沉淀物	
香气	具有醇香，无异香	具有醇香以及所加入的食品用香料的香气
口味	柔和、圆润、干爽、无异杂味	有明显的所加入的食品用香料的味道
风格	具有本品特有的风格	

（二）理化指标

根据食品安全国家标准 GB 2757—2012 规定，蒸馏酒产品理化指标应符合表 3-14 的规定。

表 3-14　蒸馏酒理化指标

项目	指标		检验方法
	粮谷类	其他	
甲醇[①]/(g/L)　≤	0.6	2.0	GB/T 5009.48
氰化物[①]/(以 HCN 计)(mg/L)　≤	8.0		GB/T 5009.48

① 甲醇、氰化物指标按照 100%酒精度折算。

（三）污染物和真菌毒素限量

污染物限量应符合 GB 2762 规定，真菌毒素限量应符合 GB 2761 规定。

（四）食品添加剂

食品添加剂的使用应符合 GB 2760 的规定。

六、蒸馏酒的安全性及清洁化生产

（一）蒸馏酒的安全性生产

蒸馏酒生产工艺各不相同，其中中国白酒生产过程最为复杂，涉及复杂的微生物发酵体系。所以中国白酒产品安全性受诸多方面的因素影响。

1. 生产原料的安全风险

中国白酒酿造的原料主要以谷物为主。现代农业生产存在超剂量使用农药的现象，不可避免带来农药残留问题。谷物类原料在生长和贮藏过程中，因农药的迁移导致谷物原料被农药污染。不少种类的农药在酒精中具有良好的可溶性，在蒸馏过程中，残留的农药会转移到馏出组分中，从而进入白酒产品，造成安全隐患。目前虽然国家对白酒质量标准中没有农药残留限量标准，但是在白酒产品中已经检测出有农药残留的成分。此外，谷物在贮藏中容易被真菌污染，很多真菌种类能产生真菌毒素，如黄曲霉毒素 B1 和赭曲霉毒素 A。当使用被真菌毒素污染的原料酿酒时，导致白酒生产安全受到威胁。

原料安全是保证产品安全的基础，所以选择符合标准的酿酒原辅料是保证白酒产品安全的基础。

2. 酿造过程中的安全风险

白酒酿造过程是复杂的微生物相互影响相互协调的消长过程。种类繁多的微生物发酵代谢产物赋予了白酒不同风格。但是有些有害的发酵产物会对白酒产品安全性造成隐患，如当以谷糠、薯类和水果为酿造原料时，原料中果胶质甲氧基分解产生的甲醇；以木薯为酿造原料时，原料中的生氰糖苷水解产生的氢氰酸。这两个安全指标是食品安全国家标准GB 2757—2012中严格控制的安全指标。

氨基甲酸乙酯是普遍存在于酒类中的代谢污染物，属于 2A 类致癌物。氨基甲酸乙酯是由前体物质（氢氰酸、尿素、L-瓜氨酸、氨甲酰天冬氨酸）与乙醇反应生成的。研究表明白酒蒸馏中的酒头氨基甲酸乙酯含量最高，酒中次之，酒尾最少。所以传统白酒“掐头去尾”的摘酒工艺能有效控制白酒中的氨基甲酸乙酯。醛类是构成蒸馏酒香味的重要风味物质，但是甲醛、乙醛等醛类对健康具有潜在威胁。不同国家对蒸馏酒中醛类限量要求各不相同，如韩国对白兰地、威士忌、普通蒸馏酒中醛类限量为 700mg/L，俄罗斯对伏特加中醛类限量要求为 3.2mg/L，我国酒类标准体系中未对醛类有明确限量标准，仅对优级伏特加中规定限量为 4mg/L。

（二）中国白酒清洁化生产

白酒生产行业是我国具有悠久历史的传统发酵行业，虽然近年来发展迅速，但依然是粮耗和能耗较高的行业，也是机械化、自动化、标准化操作推进很慢的行业。白酒生产产生的主要污染物是高浓度的有机废水，其次是废气、废渣、粉尘和其他物理污染物。

① 实现白酒工业的清洁生产，改进工艺，降低能耗是重要切入点。开发替代能源，充分实现资源循环再生使用。利用废液、废渣和废糟发酵生产沼气，以沼气作为替代能源代替传统工艺中对煤炭的消耗，且沼气还能用于发电。

② 白酒生产企业中产生废水主要是蒸馏锅底水、冷却水、黄水、洗瓶水和冲洗水。改善或者开发水循环利用技术，采用清污分流、一水多用、串级使用，提高水的重复利用率。

③ 白酒酒糟是酒醅发酵完后再经蒸馏出酒后残留的混合固形物，是白酒行业最大的副产物，酒糟资源化转化是实现白酒清洁生产的重要方面。目前酒糟综合利用主要包括生产饲料、培养食用菌、生产有机肥、发酵生产有机酸、酿醋和提取高附加值产品等。一级清洁生产要求企业实现酒糟的全部资源化利用。

【思考题】

1. 比较六大蒸馏酒原料的异同。
2. 分析中国白酒酿造过程中不同微生物的主要作用。
3. 简述中国白酒中大曲白酒生产工艺主要特点。
4. 简述中国白酒生产中影响白酒质量安全的主要因素。

第四节　啤酒

一、啤酒概述

（一）啤酒发展历史

啤酒起源于两河流域的古巴比伦地区。古代距今 3700 多年的第一部汉谟拉比法典记载了关于酿造啤酒和出售啤酒的法律，说明当时啤酒酿造和交易受到重视。收藏在法国巴黎卢浮宫博物馆的“蓝色纪念碑”上记载着公元前 3000 年左右，苏美尔人用啤酒祭祀尼哈罗女神的事迹。

考古研究学者在考察泰勒阿马尔遗址时发现了古埃及王朝第 18 代法老图坦卡蒙的王家啤酒作坊。说明在距今 3000 多年前的尼罗河流域，啤酒酿造技术已经很成熟了。古埃及人发展和改进了啤酒酿造技术，制成了凝固的啤酒酵母，还酿造多种不同类型、风味各异的啤酒。东罗马帝国时期，埃及和两河流域的啤酒业仍然很发达。根据《中世纪社会经济史》记载，当时埃及各城市村庄里流行的作为罗马世界特征的行会制度中还存在着啤酒行会，说明啤酒酿造和相关的啤酒贸易在当时埃及境内普遍存在。

公元前半世纪，埃及的麦酒酿造技术随着凯撒战争从埃及传入欧洲。另一种关于啤酒酿造技术传入欧洲的路线是啤酒酿造技术从埃及经北非、伊比利亚半岛、法国进入欧洲。啤酒酿造技术经过中世纪1000年的发展，渐入佳境。到了中世纪盛期，啤酒几乎进入西欧、北欧最普通的农家，啤酒成为必不可少的日常饮品。在上层社会，啤酒也是深受喜爱。欧洲中世纪的啤酒在国计民生中具有举足轻重的作用。18世纪60年代到19世纪40年代，英国欧洲工业革命的成功，给欧洲啤酒业注入新的活力。各种新机器的出现使啤酒生产进入工业化阶段。1837年，世界第一家生产瓶装啤酒的工厂初伯啤酒厂诞生。1865年，巴斯德发明的巴氏杀菌法用于啤酒杀菌处理，储存期延长了，使啤酒生产技术往前又迈进了一大步。1888年，酵母啤酒纯株培养方法的发明是啤酒酿造业的又一次变革，加速了品质优良的酵母菌种的选育。

我国酿酒历史悠久，但是近代啤酒酿造技术19世纪末才传入我国。我国民族资本家筹建的第一个啤酒厂于1915年开建，在此以前我国建的啤酒厂均为外国资本家投资建立。中华人民共和国成立前，我国啤酒工业因为被摧残、被侵略，几乎处于停顿状态。中华人民共和国成立后，啤酒行业有了长足发展。改革开放后，啤酒行业跟其他行业一样进入蓬勃发展的阶段。啤酒产量和消费量飞速增加。

（二）定义

啤酒是以麦芽和水为主要原料，加啤酒花（包括酒花制品）经酵母发酵酿制而成的、含有二氧化碳的、起泡的、低酒精度的发酵酒。

（三）分类

1. 按加工工艺分类

根据GB 4927—2008啤酒的标准，啤酒种类有熟啤酒、生啤酒、鲜啤酒、特种啤酒。

（1）熟啤酒　经过巴氏杀菌或瞬时高温灭菌的啤酒。多为瓶装或罐装。保质期3个月。

（2）生啤酒　不经巴氏灭菌或瞬时高温灭菌，而采用其他物理方法除菌，达到一定生物稳定性的啤酒。如市场销售的纯生啤酒。

（3）鲜啤酒　指不经过巴氏灭菌或瞬时高温灭菌，成品中允许含有一定量活酵母菌，达到一定生物稳定性的啤酒。鲜啤酒是就地冷藏销售的产品，口感新鲜，保质期7d。多为桶装啤酒，也有瓶装者。

（4）特种啤酒　由于原辅料、工艺的改变，使之具有特殊风味的啤酒。有干啤酒、冰啤酒、无醇啤酒、低醇啤酒、小麦啤酒、浑浊啤酒、果蔬类啤酒。

① 干啤酒　真正（实际）发酵度不低于72%，口味干爽。除特征性外，其他要求符合相应类型啤酒的规定。

② 冰啤酒　经冰晶化工艺处理，色度不大于0.8EBC的啤酒。除特征性外，其他要求符合相应类型啤酒的规定。

③ 无醇啤酒　指酒精含量不大于0.5%（体积分数）的啤酒。除特征性外，其他要求符合相应类型啤酒的规定。

④ 低醇啤酒　指酒精度为0.6%～2.5%（体积分数）的啤酒。除特征性外，其他要求符合相应类型啤酒的规定。

⑤ 小麦啤酒　以40%小麦芽和燕麦芽、水为主要原料酿制，具有小麦芽经酿造所产生的特殊香气的啤酒。除特征性外，其他要求符合相应类型啤酒的规定。

⑥ 浑浊啤酒　在成品中含有一定量的酵母菌或显示特殊风味的胶体物质，色度大于或等于 2.0EBC 的啤酒。除特征性外，其他要求符合相应类型啤酒的规定。

⑦ 果蔬类啤酒　包括果汁型和果味型啤酒，在保持啤酒基本口味的基础上添加果蔬汁或食用香精，具有相应的果蔬风味。除特征性外，其他要求应符合相应啤酒的规定。

2. 按酒的色度分类

根据 GB 4927—2008 啤酒的标准，啤酒种类为淡色啤酒、浓色啤酒、黑色啤酒和特种啤酒。淡色啤酒是指色度 2～14 EBC 的啤酒；浓色啤酒是指色度 15～40 EBC 的啤酒；黑色啤酒是指色度大于 41 EBC 的啤酒。

二、啤酒生产原料

酿造啤酒的基本原料主要有大麦、酒花、水和辅助原料。

（一）大麦

大麦是酿造啤酒的主要原料。在酿造时先将大麦制成麦芽，再进行糖化和发酵。大麦之所以适于酿造啤酒，是由于大麦便于发芽，并产生大量的水解酶类；大麦种植遍及全球；大麦的化学成分适合酿造啤酒；大麦是人类非食用主粮。

1. 啤酒大麦的质量要求

适用于啤酒酿造的专用大麦称为啤酒大麦或酿造大麦。啤酒大麦的品质是制麦和酿造的关键。好的啤酒大麦必须具备以下条件：①发芽力强，发芽率 95%以上。3d 发芽粒百分数称发芽力，表示大麦发芽的均匀性。5d 发芽粒百分数称发芽率，表示大麦发芽的能力。②浸出物含量高，浸出物≥76%～80%（绝干计），千粒重大于 40g。③蛋白质含量适当，一般为 9%～12%，辅料多时可在 13.5%以下。籽粒易于溶解。④麦粒色泽好，谷皮薄，具有新鲜麦草香，不含被害粒（黑头粒小于 0.5%，不含镰刀菌）。⑤大麦水分在 13%以下。

新收获的大麦一般有 30%～40%的休眠大麦不能发芽，必须经过 6～8 周贮藏，才能获得发芽能力。这个时间叫大麦后熟期。后熟的作用有：①麦粒利用阳光晒，可以促进胚的后熟。②胚的分化完成，麦粒中蛋白质重新组合，促使籽粒萌发和改善麦芽质量。③新麦粒的种皮不透氧气，经大麦的呼吸作用和酶作用，才能透过氧，促使胚芽生长。

2. 麦芽

麦芽是啤酒生产的主要原料，麦芽质量关系到啤酒生产能否正常进行以及成品啤酒的质量，同时也关系到啤酒生产的经济性，所以有人称“麦芽是啤酒的灵魂”。

根据生产啤酒的品种和特性来选择麦芽种类。我国麦芽 QB/T 1686—2008 标准规定，麦芽按其色度分为淡色麦芽、焦香麦芽、浓色麦芽和黑色麦芽 4 种。对于非常浅色的啤酒，仅含微弱的麦芽香，啤酒具有良好的醇厚度，应选择相应的大麦品种所制得的浅色麦芽；对于色深的、具有麦芽香味的淡色啤酒，则需要淡色麦芽通过高温焙烘（84～85℃）而使色度稍深。也有用少量浓色麦芽或焦香麦芽以使啤酒的香气和醇厚性明显提高。配制浓、黑啤酒的前提是要搭配一定比例的色度强烈和香味强烈的深色麦芽。

优质麦芽应该具备的条件为：①浸出物多。淡色麦芽的浸出物≥73%～79%，优良麦芽的浸出物应≥79%～83%。②麦芽溶解度适当。综合判断麦芽溶解度，选择和生产溶解优良的麦芽是保证啤酒质量的前提。③酶活力强。大麦发芽产生大量的酶，通过酶作用分解贮藏物质，焙燥使麦芽具有贮藏性。糖化时利用麦芽中的酶继续水解制得麦芽汁。④质量均匀、赋予优良的酿造性和啤酒质量。麦芽质量受到大麦品种、制麦工艺的影响。

（二）酒花

酒花是酿造啤酒的重要原料，一般在麦芽汁制造过程中加酒花或酒花制品。生产中酒花用量不大，其作用是赋予啤酒特有的酒花香气和苦味，增加啤酒的防腐作用，提高啤酒的非生物稳定性，促进泡沫形成并提高持泡性。酒花分为4类：一类是优秀香型酒花；二类是兼香型酒花；三类是特征不明显的酒花；四类是苦型酒花。

酒花化学组成中酒花精油、苦味物质和多酚物质三大成分对啤酒酿造有特殊意义。

1. 酒花精油

酒花精油是酒花蛇麻腺分泌的除了酒花树脂之外的另一重要成分，主要是在酒花成熟后期形成。酒花精油经蒸馏后成黄绿色油状物，是啤酒重要的香气来源，易挥发，是啤酒开瓶闻香的主要成分。它的主要成分是单萜烯和倍半萜烯（碳氧化合物）及少量醇、酯、酮等化合物。酒花精油含有200种以上组分，它们的共同特点是易挥发，在水中溶解度极小（仅1/20000），溶于乙醚等有机溶剂，易氧化，氧化后形成极难闻的脂肪臭味。酒花精油在新鲜酒花中仅含0.4%～2.0%（苦味型0.4%～1.2%，香型0.7%～1.5%）。酒花精油中50%～80%是碳-氢结构化合物，如石竹烯、香叶烯、苟草烯、法呢烯等，它们可用轻汽油萃取，这类化合物的香气极不愉快，是生酒花香的来源；20%～30%是具有碳-氢-氧原子的醇、酮和酯类，如香叶醇（又称牻牛儿醇），它们可以用乙醚萃取。香叶醇具有玖瑰花香气，沉香醇具有醇香木香气，它们是啤酒中幽雅香气的主要成分。

啤酒的酒花香气是由酒花精油和苦味物质的挥发组分降解后共同形成的。至今尚未发现哪一种成分具有典型的酒花香。

2. 苦味物质

苦味物质是提供啤酒愉快苦味的物质，在酒花中主要指α-酸、β-酸及其一系列氧化、聚合产物。过去把它们通称“软树脂”。

α-酸是衡量酒花质量的重要标准，是多种结构类似物的混合物，有6种同系物，苦味不一，溶解度小。新鲜酒花中α-酸的质量分数为5%～11%。啤酒中苦味和防腐力主要来自α-酸的异构物。α-酸在加热、稀碱或光照下易发生异构化形成异α-酸。异α-酸是啤酒苦味的主要物质，它比α-酸溶解度大，虽然没有α-酸苦，但苦味更柔和。

β-酸又称蛇麻酮，有7种同系物。新鲜酒花中β-酸的质量分数为5%～11%，它的苦味不及α-酸大（约为1/9），防腐力也比α-酸低（约为1/3）。β-酸更易氧化形成β-软树脂。β-软树脂能赋予啤酒宝贵的柔和苦味。

3. 多酚物质

酒花中多酚物质占总量的4%～8%。其主要成分为花色苷、单宁和儿茶酸等，其中花色苷占80%。它们在啤酒酿造中的作用是：①在麦芽汁煮沸时和蛋白质形成热凝固物；②在麦芽汁冷却时形成冷凝固物；③在后酵和贮酒直至灌瓶以后，缓慢和蛋白质结合，形成气雾浊及永久浑浊物；④在麦芽汁和啤酒中形成色泽物质和涩味。

酒花球果的压榨品存在运输、贮藏和使用的不方便。在麦芽汁煮沸时酒花树脂的利用率仅为70%～85%，在麦芽汁冷却和发酵、贮酒中还将进一步损失，因此，酒花粉、酒花颗粒、各种酒花浸膏等酒花制品愈来愈被使用。

（三）水

啤酒生产用水主要包括酿造水及冷却水两大部分。酿造水中投料水、洗糟水、啤酒稀释用水直接参与啤酒酿造，是啤酒的重要原料之一。啤酒酿造水的性质，主要取决于水中溶解盐类的种类和含量、水的生物学纯净度及气味。它们将对啤酒酿造全过程产生很大的影响，如糖化时水解酶的活性和稳定性、酶促反应的速度、麦芽和酒花在不同含盐水中溶解度的差别、盐和单宁-蛋白质的絮凝沉淀、酵母的痕量生长营养和毒物、发酵风味物质的形成等，最终还将影响到啤酒的风味和稳定性。

1. 水中无机离子对啤酒酿造的影响

啤酒生产过程中，麦芽汁和啤酒的 pH 值直接或者间接受到水中离子的影响，水中各种离子对 pH 值的影响主要集中在以下几个方面：水中碳酸盐和重碳酸盐的降酸作用会导致醪液 pH 值上升，影响发酵的正常进行和改变啤酒口感；水中 Ca^{2+}、Mg^{2+} 的增酸作用会让醪液 pH 值下降，如果 Ca^{2+} 和 Mg^{2+} 浓度过大会影响啤酒风味，同时啤酒中 Ca^{2+} 和 Mg^{2+} 的平衡对啤酒风味有重要影响；啤酒中 Na^{+}、K^{+} 过高常常使浅色啤酒变得粗糙，不柔和，所以要求酿造用水 Na^{+}、K^{+} 含量较低；啤酒中 Fe^{2+}、Mn^{2+} 浓度高会对啤酒质量造成损害，使啤酒着色，一般认为酿造用水中 Fe^{2+} 应低于 0.2mg/L，优质啤酒低于 0.1mg/L，Mn^{2+} 浓度应低于 0.2mg/L；Pb^{2+}、Sn^{2+}、Cr^{4+} 等重金属离子是酵母的毒物，并使啤酒浑浊，在酿造水中均应低于 0.05 mg/L；SO_4^{2-} 在酿造中能消除 HCO_3^- 引起的碱度，并能促进蛋白质絮凝，有利于制造橙清的麦芽汁，对啤酒的澄清和胶体稳定性有重要作用，Cl^- 能赋与啤酒丰满的酒体，爽口和柔和的风味，酿造水中含有 20～60mg/L 的 Cl^- 是必需的；NO_2^- 是国际公认的强烈致癌物质，也是酵母的强烈毒素，会影响发酵进程，还能给啤酒带来不愉快的气味，酿造水中应不含有 NO_2^-；硅酸在啤酒酿造中会和蛋白质结合，形成胶体浑浊，在发酵时也会形成胶团吸附在酵母上，降低发酵度，并使啤酒过滤困难，因此，高含量的硅酸是酿造水的有害物质，SiO_3^{2-} 的含量应低于 50mg/L；天然水不含余氯，啤酒酿造水中应绝对避免有余氯的存在，因为 Cl_2 是强烈氧化剂，会破坏酶的活性，抑制酵母，并和麦芽中酚类（单酚）结合，形成强烈的氯酚臭。

2. 酿造用水中的残余碱度对啤酒质量的影响

水的残余碱度（RA 值）是酿造水质量指标中十分重要的一项。根据 Kolbach 残余碱度的计算方法，可以预测水中降酸的 HCO_3^- 和增酸的 Ca^{2+}、Mg^{2+} 对醪液、麦芽汁和啤酒 pH 值的影响程度，从而判断糖化中各种酶的反应、物质分解过程、麦芽汁过滤麦皮物质的洗脱和煮沸中酒花苦味质变化情况。所以 RA 值是分析和评价水质、合理处理酿造用水的重要根据之一。水的残余碱度是水中总碱度（GA）与抵消碱度（AA）的差。RA 的计算公式为：

$$RA = GA - AA = GA - (钙硬/3.5 + 镁硬/7.0)$$

（注：GA、AA、RA、钙硬和镁硬的单位均为 mmol/L）

（四）辅助原料

啤酒酿造中，可根据各地区资源和价格，采用富含淀粉的谷类、糖类或糖浆作为麦芽的辅助原料。作为麦芽辅助原料的谷物是富含淀粉而且廉价的，能提高麦芽收得率，使啤酒原料成本下降。使用糖类或糖浆为辅助原料，可增加每批次糖化产量，并可调节麦芽汁中可发酵性糖的比例，提高啤酒发酵度。使用辅助原料，可以降低麦芽汁中蛋白质和多酚等物质含量，从而降低啤酒色度，改善啤酒风味和非生物稳定性。使用部分谷物辅助原料可增加啤酒中糖蛋白的含量，从而改进啤酒的泡沫性能。

常用的麦芽辅助原料有大米、大麦、玉米、糖和糖浆。

1. 大米

我国盛产大米，被广泛用作麦芽辅助原料。大米淀粉含量远高于麦芽，而且蛋白质和脂肪含量较低。米淀粉含量高（75%～82%），无水浸出率高达90%～93%，无花色苷，含脂肪低（0.2%～1.0%），并含有较多泡持蛋白（糖蛋白），用它作辅料酿造啤酒，啤酒的色泽浅、口味纯净，泡沫洁白细腻，泡持性好。用大米替代部分麦芽，不仅糖化率提高，原料成本降低，而且可以改善啤酒的色泽和风味，赋予啤酒干爽的特点，增加啤酒非生物稳定性。

2. 大麦

大麦除了制作麦芽外，还可以作为生产啤酒的辅料。用大麦做辅料，可以提高谷物利用率，降低成本，改善啤酒性能，提高啤酒的非生物稳定性，改善口感。因为大麦含有高黏度的β-葡聚糖，在糖化温度下不能彻底分解，考虑麦芽汁和啤酒的过滤问题时，大麦作为辅料的比例以15%～20%为宜。

3. 玉米

玉米是世界上产量最大的谷类作物，适宜作为啤酒酿造辅助原料的玉米品种很多。玉米淀粉易糊化和糖化，以玉米为辅料酿造的啤酒味道醇厚，有特殊香味，而且玉米不含花色苷，有利于啤酒的保存。为了确保啤酒泡沫和风味不受影响，作为辅料的玉米必须先脱胚。同时应使用新玉米做辅料。

4. 糖和糖浆

产糖丰富的地区常用糖类和糖浆作为辅料。用糖类和糖浆作为辅料，使用方便，生产淡色啤酒时通常直接加入煮沸锅内，提高麦芽汁中可发酵性糖含量，同时降低含氮物质的浓度，这样生产出的啤酒具有非常浅的色泽和较高发酵度，较高稳定性，口味淡爽。糖主要有蔗糖、葡萄糖等。焦糖主要用于深色啤酒生产。糖浆主要是大麦糖浆和玉米糖浆。

三、啤酒生产用的微生物及生化机制

（一）啤酒生产用的微生物

啤酒发酵过程主要是由啤酒酵母在厌氧条件下将大部分发酵性糖类转化为酒精和二氧化碳，另外产生一系列发酵副产物，如醇类、醛类、酸类、酯类、酮类等。这些发酵产物决定了啤酒的风味、泡沫、色泽和稳定性等理化性能，使啤酒具有其独特的典型性。

1883年，汉生开创啤酒酵母纯培养先例，推动了啤酒酿造技术的发展和改革。从此酵母发酵采用纯培养酵母，又称为啤酒酵母。啤酒酵母在微生物分类学上的地位为真菌门子囊菌纲内孢霉目内孢霉科酵母亚科酵母属啤酒酵母种。啤酒酵母分为上面酵母（*Saccharomyes cerevisiae*）和下面酵母（*Saccharomyes carlsbergensis*）。

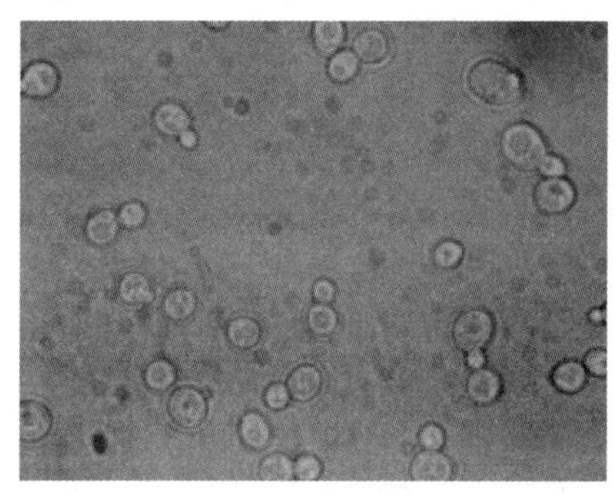

(a) 下面酵母

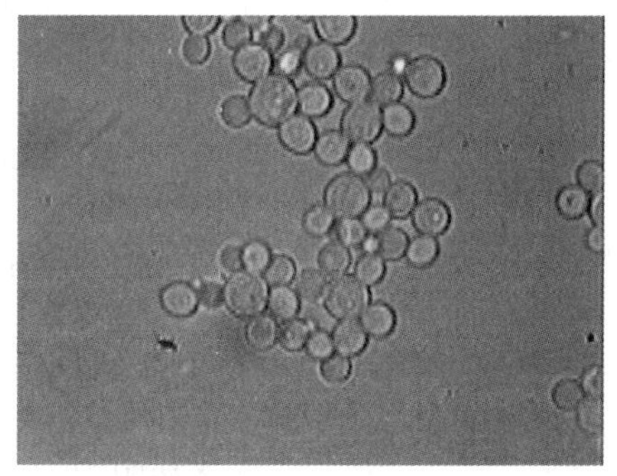

(b) 上面酵母

图3-14　啤酒酵母细胞形态（放大倍数1000倍）

啤酒酵母在麦芽汁琼脂培养基上生长，菌落光滑湿润，乳白色，边缘整齐；细胞形态为圆形或卵圆形，细胞形态如图 3-14 所示。幼年菌落中细胞（5～13）μm×（5～10）μm，平均长宽比为 2∶1。一般情况下成熟细胞较大。上面酵母和下面酵母的主要区别如表 3-15 所示。

表 3-15　上面酵母和下面酵母的区别

性能	上面酵母(*S. cerevisiae*)	下面酵母(*S. carlsbergensis*)
发酵温度	15～25℃，有规则芽簇，悬浮于液面	5～12℃，发酵终了，凝集沉淀于底部，不易形成芽簇
实际发酵度	较高(65%～72%)	较低(55%～65%)
棉子糖发酵	发酵三分之一	全部发酵
细胞形态	多呈圆形，多数细胞集聚在一起	多呈卵圆形，单细胞或几个细胞连接在一起
发酵风味	酯香味比较浓	酯香味较淡
发酵终了	发酵终了，大量细胞悬浮液面，发酵结束降温后，也会凝集沉淀	发酵终了，大部分酵母凝集沉淀

（二）啤酒生产的生化机制

1. 糖类代谢

麦芽汁营养丰富，为酵母菌提供了良好的生存环境。糖类物质约占麦芽汁浸出物的 90%，其中葡萄糖、果糖、蔗糖、麦芽糖、麦芽三糖和棉子糖是可发酵性糖，是啤酒酵母的主要碳素营养物质，也是发酵中可利用的物质。此外，麦芽汁中也存在不可发酵性糖，如麦芽四糖、麦芽五糖至麦芽九糖等。

在发酵过程中，酵母发酵糖的次序是：葡萄糖、果糖、蔗糖、麦芽糖、麦芽三糖。葡萄糖和果糖首先渗入酵母细胞内，磷酸化后经过 EMP 途径发酵为乙醇。蔗糖经酵母中的蔗糖转化酶作用，转化为葡萄糖和果糖，再进入酵母细胞进行发酵。下面酵母在葡萄糖和果糖浓度下降到一定程度后，经诱导作用产生麦芽糖和麦芽三糖的渗透酶，才能使麦芽糖和麦芽三糖进入细胞，再由酵母 α-葡萄糖苷酶作用分解为葡萄糖。

酵母在通风后的冷麦芽汁中消耗可发酵性糖，约 96%的可发酵性糖被酵母分解转化。发酵早期，糖类主要通过三羧酸循环即有氧呼吸分解为水和 CO_2，获得大量能量，满足酵母细胞快速生长繁殖所需，并释放大量热量；发酵中后期，糖类主要通过无氧呼吸途径代谢为乙醇和 CO_2。酵母对营养物质转化过程如图 3-15 所示。

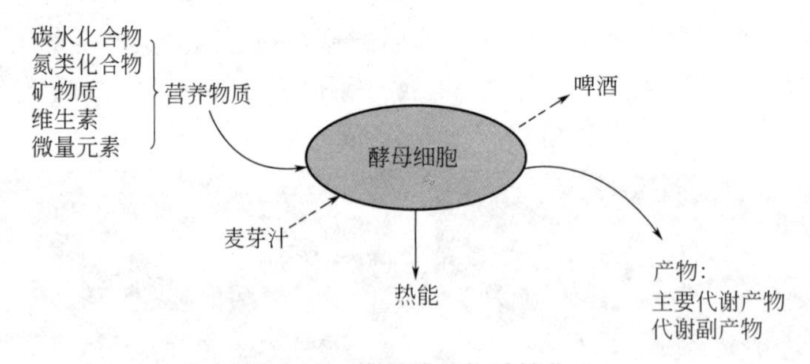

图 3-15　啤酒酵母物质转化

2. 含氮物质代谢

麦芽汁中含有氨基酸、肽类、蛋白质、嘌呤、嘧啶等多种含氮物质，这些含氮物质不但提供酵母同化作用所需营养物质，而且对啤酒的理化性能和风味特点起主导作用。生长旺盛的酵母细胞需要足够的氮源营养物质。在发酵起始阶段，酵母必须吸收麦芽汁中的含氮物质，用于合成酵母细胞的蛋白质、核酸和其他含氮化合物。啤酒酵母细胞只能分泌少量蛋白酶，因此啤酒酵母只能吸收氨基酸、二肽、三肽等低肽含氮化合物，而且二肽、三肽吸收能力很低。

发酵初期有8种氨基酸能很快被吸收，这8种氨基酸分别是天冬氨酸、丝氨酸、苏氨酸、赖氨酸、精氨酸、天冬酰胺、谷氨酸和谷氨酰胺。其他的氨基酸只能缓慢吸收或者不吸收。不能很快被酵母细胞吸收的氨基酸只能靠酵母自身合成以满足新陈代谢所需。因此发酵初期酵母需要合成一系列氨基酸，由酵母通过EMP途径形成酮酸，酮酸接受$-NH_2$合成酵母细胞早期不能吸收的氨基酸。在发酵早期，因为酵母菌生长繁殖旺盛，需要大量合成蛋白质，氨基酸合成的前体物质α-酮酸的合成受到细胞合成反馈调节，因此不会出现α-酮酸的积累；发酵中后期，酵母合成细胞速度减慢，对α-酮酸的反馈调节不能建立，不能及时转化成氨基酸，α-酮酸就转化成高级醇。

酵母对麦芽汁中的氨基酸主要通过转氨基作用、脱氨基作用、氧化脱氨等方式转化为各种产物。

麦芽汁中的NH_3能被酵母吸收，硝酸盐不能被吸收。核酸降解物只有嘌呤、嘧啶才能被吸收，核苷酸很难被吸收。蛋白质在发酵中被吸附沉淀而减少，多肽几乎不变化。发酵后期酵母细胞向发酵液分泌多余的氨基酸使酵母衰老和死亡，细胞内蛋白酶被活化，分解细胞蛋白形成多肽-蛋白质，释放到发酵液中。啤酒中残存含氮化合物对啤酒风味影响极大。啤酒的浓醇性主要依赖于啤酒中含氮化合物的量。

3. 发酵副产物代谢

啤酒特有的香味和口味依赖于麦芽汁发酵过程中产生的一系列代谢产物。风味物质在啤酒中的含量远少于发酵主要产物乙醇，但是其对啤酒风味形成起到主导作用。

高级醇是酒类中最主要的风味物质之一，能促进酒类具有丰满香味和口味，并增加了酒的协调性。高级醇中的异戊醇、异丁醇和活性戊醇75%来自糖代谢，25%来自相应的亮氨酸、缬氨酸、异亮氨酸；色醇来自色氨酸；酪醇来自酪氨酸。高级醇过量存在也是酒的主要异杂味来源之一。

醛类也是啤酒中重要的风味物质。啤酒中被检测出的醛类物质超过20种。其中对啤酒风味影响较大的是乙醛和糠醛。乙醛主要来自丙酮酸，正常情况下，乙醛在啤酒发酵过程中只有很低量的积累。

啤酒中的酸类主要来自原料、糖化发酵、水以及加工工艺中添加的酸。

双乙酰和2,3-戊二酮都含有邻位双羰基，被合称为联二酮（VDK）。啤酒中的双乙酰和2,3-戊二酮是在酿造过程中由酵母代谢形成的，属于啤酒发酵的副产物。它们赋予啤酒不成熟、不协调的口味和气味。而2,3-戊二酮在啤酒中含量比双乙酰低得多，且口味阈值是双乙酰的十倍，所以对啤酒风味影响起主导作用的是双乙酰。

四、啤酒现代化生产流程及技术参数

啤酒生产工艺流程可以分为制麦、糖化、发酵、包装4个工序。现代化的啤酒厂一般已经不再设立麦芽车间，因此制麦部分也将逐步从啤酒生产工艺流程中剥离。

（一）啤酒现代化生产流程

原料粉碎→糖化→过滤→加酒花煮沸→回旋沉淀→冷却→接种发酵→成熟→过滤→杀菌→包装（见图3-16）。

（二）啤酒现代化生产技术参数

糖化和发酵是啤酒酿造的关键工序。以往糖化过程中由于工艺设备落后，糖化物质多裸

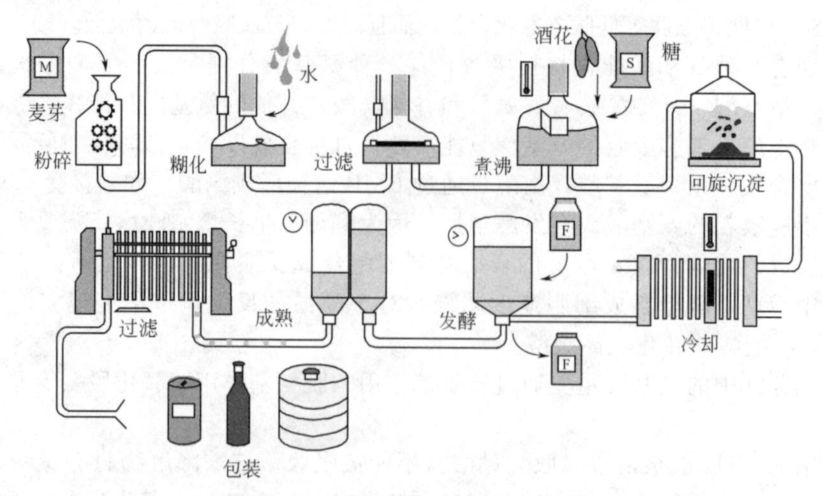

图 3-16 啤酒现代生产工艺流程图

露在空气中，因较多地接触空气而发生氧化，现在采用隔氧糖化装备，整个糖化工序全部在封闭过程中进行，避免了与空气接触，从根本上保证了啤酒的品质。

过去传统的啤酒发酵通常是在室温 6～8℃、相对湿度 90% 以上的室内进行。由于温度适宜、空气潮湿、霉菌很容易繁殖生长，感染发酵池，直接影响啤酒质量。现在采用密封的隔离发酵装置。

通常情况下，所有发酵容器、管道均进行高效自动洗涤，俗称 CIP 洗涤，以杜绝发酵过程的微生物污染。实施电脑自动控温，发酵温度按技术要求自动调节。酵母添加由过去人工的不规范运作到现在的自动化控制，物料中的酵母添加精确到以毫升计数。为保持酒体的纯洁度和清澈透明度，采用先进的硅藻土过滤机并辅之精滤机和微孔膜过滤机。

为确保啤酒产品能长期保持细腻、柔和、纯正的口味，采用先进的罐装设备，对空酒瓶两次抽真空，两次充入二氧化碳气体，从而避免了装瓶后啤酒被空气氧化而变质。啤酒生产全过程的质量关由高性能的连续流动分析检测系统实施从原料输入到成品灌装各道工序的自动检测、自动显示、自动计数来完成。

1. 啤酒发酵方式

啤酒发酵一般采用锥形发酵罐进行主发酵和后熟，主发酵分低温发酵、高温发酵和先低温后高温发酵 3 种方式。为了提高设备的利用率，在质量不变的前提下，啤酒必须在尽可能短时间内发酵和成熟，所以高温快速发酵普遍应用，此发酵工艺的生产时间（发酵、后熟和后贮）不超过 17～20d。

（1）高温发酵工艺参数　热麦芽汁经回旋沉淀操作除去热凝固物和粉碎酒花渣后，以薄板冷却器冷至 6.9～10℃，再以硅藻土过滤机除去冷凝物，并充无菌空气使溶解氧达到 7～8mg/L。原麦芽汁浓度为 12°P，添加 0.6%～0.8%的泥状酵母。麦芽汁在发酵罐内 10～11℃保持 36h，进行酵母增殖，而后使温度升至 12℃，进入主发酵。经过大约 2d 的发酵后，外观浓度降至 6°P 时，使罐压升至 0.08～0.1MPa，并逐步自然升温至 16℃，继续发酵并还原双乙酰。约在满罐后的第 5 天，外观糖度降至最低点（2.2～2.5°P）。满罐后大约第 7～9 天，双乙酰的含量可降至 0.1mg/L 以下。这时可缓慢降温，直至 0℃。进入后熟及饱和 CO_2，时间 4～5d。在降温至 0℃的第 2 天排放酵母并回收。滤酒前一天再排放一次酵母和冷凝物。

（2）低温发酵工艺参数　低温发酵工艺在我国使用较为普遍，它比较适宜传统工艺的酵母进行的发酵。热麦芽汁经回旋沉淀操作除去热凝固物和粉碎酒花渣，并经薄板冷却器冷至接种温度 6～8℃，充无菌空气使溶解氧达到 7～8mg/L。接种酵母（接种量 0.5%～1.0%）泵入发酵罐进行发酵。发酵罐充填系数 0.8～0.9。发酵开始后保持接种温度 3d，然后自然升温至 10℃，并保持此温度进行主发酵。当发酵液外观发酵度 55%时，使罐压升至 0.07～0.1MPa，以加速双乙酰的还原，减少高级醇和酯类等的生成。再经过 3～4d，当双乙酰的含量降低至 0.1mg/L 以下时，开始以 0.3℃/h 的速度缓慢降温到 5℃或不停留继续降温。若在 5℃停留，则在此温度下保持 24h，排放或回收酵母，再以 0.1℃/h 的速度降温到 0～－1℃。若不在 5℃停留，则以 0.1℃/h 的速度降温到 0～－1℃。24h 后第 2 次排放酵母。在此温度下后贮 10～15d。滤酒的前一天，先排放酵母和冷凝物。酒液可先经离心机分离酵母再过滤，也可直接进行过滤。低温发酵时间为 23～28d。

（3）先低温后高温发酵　在发酵的起始阶段采用低温 6～8℃，保持 4～5d，最高温度不超过 9～9.5℃，这段时间是生成高级醇的敏感期，必须保持低温，过了敏感期后，采用稍高的温度 10～11℃还原双乙酰。整个发酵周期大约 4 周。

2. 发酵主要工艺参数的确定

① 发酵周期　由产品类型、质量要求、酵母性能、接种量、发酵温度、季节等确定，一般 12～24d。通常，夏季普通啤酒发酵周期较短，优质啤酒发酵周期较长，淡季发酵周期适当延长。

② 酵母接种量　一般根据酵母性能、代数、衰老情况、产品类型等决定。接种量大小由添加酵母后的酵母数确定。发酵开始时酵母数为（10～20）$\times 10^6$ 个/mL；发酵旺盛时酵母数为（6～7）$\times 10^7$ 个/mL；排酵母后酵母数为（6～8）$\times 10^6$ 个/mL；0℃左右贮酒时酵母数为（1.5～3.5）$\times 10^6$ 个/mL。

③ 罐压　根据产品类型、麦芽汁浓度、发酵温度和酵母菌种等的不同确定。一般发酵时最高罐压控制在 0.07～0.08MPa。一般最高罐压为发酵最高温度值除以 100（单位 MPa）。采用带压发酵，可以抑制酵母的增殖，减少由于升温所造成的代谢副产物过多的现象，防止产生过量的高级醇、酯类，同时有利于双乙酰的还原，并可以保证酒中二氧化碳的含量。啤酒中 CO_2 含量和罐压、温度的关系为：

$$CO_2(\%,\text{质量分数})=0.298+0.04p-0.008t$$

式中　p——罐压（压力表读数），MPa；

t——啤酒品温，℃。

④ 满罐时间　从第一批麦芽汁进罐到最后一批麦芽汁进罐所需时间称为满罐时间。满罐时间长，酵母增殖量大，产生代谢副产物 α-乙酰乳酸多，双乙酰峰值高。满罐时间一般在 12～24h，最好在 20h 以内。

⑤ 发酵度　可分为低发酵度、中发酵度、高发酵度和超高发酵度。对于淡色啤酒发酵度的划分为：低发酵度啤酒，其真正发酵度 48%～56%；中发酵度啤酒，其真正发酵度 59%～63%；高发酵度啤酒，其真正发酵度 65%以上；超高发酵度啤酒（干啤酒），其真正发酵度在 75%以上。目前国内比较流行发酵度较高的淡爽性啤酒。

五、啤酒产品质量标准

啤酒产品质量应符合国家质量标准 GB 4927—2008 的规定，该标准规定了感官指标、理化指标和卫生指标。

（一）感官指标

淡色啤酒感官指标应符合表 3-16 规定，浓色啤酒和黑色啤酒感官指标应符合表 3-17 规定。

表 3-16　淡色啤酒感官要求

项目			优级	一级
外观①	透明度		清凉、允许有肉眼可见的微细悬浮物和沉淀物(非外来物)	
	浑浊度/EBC　≤		0.9	1.2
泡沫	形态		泡沫洁白细腻,持久挂杯	泡沫较洁白细腻,较持久挂杯
	泡持性②/s　≥	瓶装	180	130
		听装	150	110
香气和口味			有明显的酒花香气,口味纯正,爽口,酒体协调,柔和,无异香,无异味	有较明显的酒花香气,口味纯正,较爽口,协调,无异香,无异味

① 对非瓶装的“鲜啤酒”无要求。

② 对桶装（鲜、生、熟）啤酒无要求。

表 3-17　浓色啤酒、黑色啤酒感官要求

项目			优级	一级
外观①	透明度		清凉、允许有肉眼可见的微细悬浮物和沉淀物(非外来物)	
泡沫	形态		泡沫细腻挂杯	泡沫较细腻挂杯
	泡持性②/s　≥	瓶装	180	130
		听装	150	110
香气和口味			有明显的麦芽香气,口味纯正,酒体醇厚,杀口,柔和,无异味	有较明显的麦芽香气,口味纯正,较爽口,无异味

① 对非瓶装的“鲜啤酒”无要求。

② 对桶装（鲜、生、熟）啤酒无要求。

（二）理化要求

淡色啤酒应符合表 3-18 规定，浓色啤酒、黑色啤酒应符合表 3-19 规定。

表 3-18　淡色啤酒理化要求

项目		优级	一级
酒精度①(体积分数)/%　≥	≥14.1°P	5.2	
	12.1～14.0°P	4.5	
	11.1～12.0°P	4.1	
	10.1～11.0°P	3.7	
	8.1～10.0°P	3.3	
	≤8.0°P	2.5	
原麦芽汁浓度②/°P		X	
总酸/(mL/100mL)　≥	≥14.1°P	3.0	
	10.1～14.0°P	2.6	
	≤10.0°P	2.2	
二氧化碳③(质量分数)/%		0.35～0.65	
双乙酰/(mg/L)　≤		0.10	0.15
蔗糖转化酶活性④		呈阳性	

① 不包括低醇啤酒、无醇啤酒。

② “X”为标签上标注的原麦芽汁浓度，≥10.0°P 允许的负偏差为“−0.3”，<10.0°P 允许的负偏差为“−0.2”。

③ 桶装（鲜、生、熟）啤酒二氧化碳不得小于 0.25%（质量分数）。

④ 仅对“生啤酒”和“鲜啤酒”有要求。

表 3-19　浓色啤酒、黑色啤酒理化要求

<table>
<tr><th colspan="2">项目</th><th>优级</th><th>一级</th></tr>
<tr><td rowspan="6">酒精度[①]（体积分数）/%　≥</td><td>≥14.1°P</td><td colspan="2">5.2</td></tr>
<tr><td>12.1～14.0°P</td><td colspan="2">4.5</td></tr>
<tr><td>11.1～12.0°P</td><td colspan="2">4.1</td></tr>
<tr><td>10.1～11.0°P</td><td colspan="2">3.7</td></tr>
<tr><td>8.1～10.0°P</td><td colspan="2">3.3</td></tr>
<tr><td>≤8.0°P</td><td colspan="2">2.5</td></tr>
<tr><td colspan="2">原麦芽汁浓度[②]/°P</td><td colspan="2">X</td></tr>
<tr><td colspan="2">总酸/(mL/100mL)　≤</td><td colspan="2">4.0</td></tr>
<tr><td colspan="2">二氧化碳[③]（质量分数）/%</td><td colspan="2">0.35～0.65</td></tr>
<tr><td colspan="2">蔗糖转化酶活性[④]</td><td colspan="2">呈阳性</td></tr>
</table>

① 不包括低醇啤酒、无醇啤酒。

② “X”为标签上标注的原麦芽汁浓度，≥10.0 °P 允许的负偏差为“−0.3”，<10.0 °P 允许的负偏差为“−0.2”。

③ 桶装（鲜、生、熟）啤酒二氧化碳不得小于 0.25%（质量分数）。

④ 仅对“生啤酒”和“鲜啤酒”有要求。

（三）卫生要求

应符合 GB2758 的规定。

六、啤酒的安全性及清洁化生产

（一）啤酒安全性生产

啤酒生产的原辅料以谷物类的大麦、大米、玉米等为主。原辅料对啤酒酿造安全性影响主要在两个方面：其一是谷物类原料在种植过程中过量使用农药、化肥造成的农药残留；另一方面是原辅料在贮存和运输过程中因为真菌污染导致的生物性污染以及相应真菌毒素造成的化学性污染，如黄曲霉及黄曲霉毒素，镰刀菌及其毒素。原辅料中的重金属也是造成啤酒生产安全隐患的重要因素。啤酒原料中的真菌毒素和重金属种类如表 3-20 所示。因此啤酒原料的安全性必须严格监控。

表 3-20　啤酒原料中的污染物和真菌毒素种类

原料	污染物种类	真菌毒素种类
大麦	铅、镉、铬、氟、苯并芘	黄曲霉毒素 B_1、脱氧雪腐镰刀菌烯醇、赭曲霉毒素 A
大米	铅、镉、汞、砷、铬、氟、苯并芘、亚硝酸、稀土	黄曲霉毒素 B_1、赭曲霉毒素 A
玉米	铅、镉、汞、砷、铬、氟、苯并芘、亚硝酸、稀土	黄曲霉毒素 B_1、脱氧雪腐镰刀菌烯醇、赭曲霉毒素 A、玉米赤霉烯酮

啤酒生产过程中物料在密闭管路中运行，因此设备的润滑剂和清洗剂也能对啤酒产品造成安全隐患。另外啤酒生产中所用的加工助剂也会影响产品质量。根据食品安全国家标准 GB 2758《发酵酒及其配酒》中明确规定啤酒中甲醛含量不得高于 2.0 mg/L。

（二）啤酒清洁化生产

啤酒行业是酿造行业中排污总量最大、环境污染最严重的行业。啤酒生产会消耗大量能源和资源，排放大量废水、废气和废渣，对周边环境造成影响。啤酒行业排放的污水中

COD 平均值为 1200mg/L，BOD_5 平均值为 900～1200mg/L，总悬浮物（SS）平均值约为 500mg/L，因此每生产 1t 啤酒所排放的 COD、BOD_5 和 SS 约为正常生活污水的 70 倍、120 倍和 80 倍。这些污染物进入环境后，对环境造成严重影响。

啤酒工业废水量大，并且还有大量有机物，且浓度高，因此 COD 含量高。对于工业废水的处理传统方法是采用好氧的活性污泥法、生物膜法或者厌氧处理的升流式厌氧污泥床法、内循环厌氧反应器等方法降低废水中的 COD 值，使废水达到排放标准。然而啤酒工业废水中含有较高比例的 N、P 等营养元素。利用啤酒工业废水作为微生物生长的营养来源，通过微生物生长降解污水中的有机污染物，并且收获微生物，如利用螺旋藻和菌-藻共生系统处理啤酒废水，利用啤酒废水培养小球藻等。

啤酒酒糟是啤酒工业主要的副产物，是以大麦为原料，经发酵之后形成的残渣。啤酒酒糟含水量高，有机物含量丰富，直接丢弃会对环境造成巨大压力。啤酒酒糟营养丰富，可作为食用菌栽培的培养基；通过微生物发酵制备酶制剂；通过发酵提取膳食纤维；脱水干燥制成饲料。

啤酒酿造经过主发酵和后发酵后产生大量的酵母，理论上讲，每生产 1t 啤酒就产 1～1.5kg 啤酒酵母（干重）。啤酒酵母含有丰富的蛋白质、核酸、维生素和矿物质。因此啤酒工业所产生的酵母可以作为食品蛋白质新资源，如制备食用营养酵母，制作分离蛋白，制作酵母蛋白肽；生产功能性调味品酵母抽提物；提取功能性活性物质。

【思考题】

1. 分析啤酒生产中主要原辅料对啤酒产品品质的影响。
2. 简述啤酒酿造过程中物质变化的生化机制。
3. 结合啤酒生产工艺，分析啤酒生产安全隐患。
4. 如何实现啤酒清洁化生产？

第五节　面包

一、面包概述

（一）定义与发展历史

面包是以小麦面粉、酵母、食盐、水为主要原料，加入适量辅料，经搅拌面团、发酵、整形、醒发、烘烤或油炸等工序制成的松软多孔的食品，以及烤制成熟前或后在面包坯表面或内部添加奶油、人造黄油、蛋白、可可、果酱等的制品。面包营养丰富、组织蓬松、易于消化、食用方便，已逐渐成为最大众化的食品。面包种类繁多，各地区面包的差异也较大。

面包的发酵制作最早是由古埃及人偶然发现，后传入欧洲。18 世纪末欧洲的工业革命兴起，大批家庭主妇离开家庭走进工厂，面包工业因此兴起。20 世纪初，面包工业开始运用食品化学技术和科学实验成果，1950 年出现了面包连续制作方法或称液体发酵法的新工艺。20 世纪 70 年代以后，为了使消费者能吃到更新鲜的面包，出现了冷冻面团新工艺。面包制作技术最先传入我国东南沿海城市和东北，改革开放以后，我国很多城市引进先进的面包生产线，但由于当时我国的饮食习惯及生活水平等原因，这些生产线基本处于停产或半停产状态。进入21世纪，以冷冻面团工艺为代表的面包生产工业蓬勃兴起。

（二）分类

面包品种很多，可按产品的物理性质和食用口感或颜色进行分类。

1. 按照产品的物理性质和食用口感分类

根据GB/T29081—2007面包国家标准，按照产品的物理性质和食用口感可将面包分为软式面包、硬式面包、起酥面包、调理面包和其他面包5种，其中调理面包又分为热加工和冷加工两类。

（1）软式面包　组织松软、气孔均匀的面包。

（2）硬式面包　表皮硬脆、有裂纹，内部组织松软的面包。

（3）起酥面包　层次清晰、口感酥松的面包。

（4）调理面包　烤制成熟前或者成熟后在面包表面或内部添加奶油、人造奶油、蛋白、可可、果酱等的面包。不包括加入新鲜水果、蔬菜以及肉制品的食品。

2. 按颜色分

（1）白面包　制作白面包的面粉来自麦类颗粒的核心部分，由于面粉颜色白，故此面包颜色也是白的。

（2）褐色面包　制作该种面包的面粉中除了麦类颗粒的核心部分，还包括胚乳和10%的麸皮。

（3）全麦面包　制作该面包的面粉包括了麦类颗粒的所有部分，因此这种面包也叫全谷面包，面包颜色比前述褐色面包深。主要食用地区是北美。

（4）黑麦面包　面粉来自黑麦，内含高纤维素，面包颜色比全麦面包还深。主要食用地区和国家有：北欧、德国、俄罗斯、波罗的海沿岸、芬兰。

二、面包生产的原料

面包生产的原料主要分为主料与辅料，主料为小麦面粉、酵母、食盐、水，辅料包括油脂、糖或糖浆、蛋品、乳品、乳化剂、面粉改良剂和其他辅料等。

1. 主料

（1）小麦面粉　小麦面粉是发酵面团生产中的主要原料。小麦中的蛋白质可以形成面筋，而其他谷物粉中的蛋白质则不能，因此在发酵面制品中小麦面粉的应用也就最广。面粉中的面筋数量和质量决定了面制品的品质。面粉中的主要化学成分有水分、碳水化合物、蛋白质、脂肪、矿物质、纤维素、酶等（见表3-21），其含量随小麦品种、制粉方法及面粉等级而异。

表3-21　小麦面粉的化学成分　%

品名	水分	碳水化合物	蛋白质	脂肪	粗纤维	灰分	其他
特粉	11～13	73～75	9～12	1.2～1.4	0.2	0.5～0.75	少量维生素和酶
标粉	11～13	70～72	10～13	1.8～2	0.6	1.1～1.3	少量维生素和酶

小麦淀粉由直链淀粉和支链淀粉构成，其直链淀粉和支链淀粉的比例大致为1∶3，该含量对产生品质较好的面包是非常重要的。酵母生长的碳源来自于淀粉水解后的产物及面粉中的糖。故小麦淀粉中必须含一定数量的损伤淀粉。英国Rank Hovi小麦粉公司在小麦粉

质量指标中规定了面包粉的破损淀粉含量为28%～32%。损伤淀粉也不宜过多，否则易形成糊精，在面包焙烤后使面包心发黏。小麦粉中破损淀粉的功能主要体现：一是淀粉酶对淀粉的作用性增强，提供发酵所需糖类，使面团获得一定的产气量；二是可以使面团的吸水量增加；三是通过淀粉酶水解得到一定量的糊精，使面团达到一定的黏度，并且参与烘焙时的褐色反应。小麦粉中糖的含量较少，主要为葡萄糖、果糖、蔗糖及麦芽糖，约占2.5%。另外，在面粉中一般还含有2%～3%的戊聚糖，这些糖类主要作为发酵食品的碳源，并参与焙烤食品色、香、味的形成。

（2）酵母　酵母发酵在面包生产中起着关键作用，发酵过程中产生的二氧化碳使面团体积增大、组织疏松，有助于面团面筋的进一步扩展，使二氧化碳能够保留在面团内，提高面团的保气能力。酵母在发酵过程中产生许多与面包风味有关的如乙醇、低分子的有机酸、醇类等挥发性化合物，共同形成面包特有的发酵风味。另外，酵母体内的蛋白质含量达50%，而且主要氨基酸含量充足，尤其是在谷物内较缺乏的赖氨酸有较多含量，这样可使人体对谷物蛋白的吸收率提高；它含有大量的维生素 B_1、维生素 B_2 及尼可酸，所以酵母还可以增加面包产品的营养价值。因此，其他任何膨松剂都不能代替酵母。目前食品工业中采用面包酵母的种类有鲜酵母（压榨酵母）和活性干酵母。

（3）食盐　食盐在面包加工中的作用是其他任何辅料都不能替代的。食盐主要用于控制发酵速度，增强面筋筋力，提高面包的风味，改善面包的内部颜色和增加面团调制时间，抑制细菌的生长。一般使用精盐，用量范围为面粉质量的1.0%～2.5%。

2. 辅料

（1）油脂　面包中的油脂主要是动植物油、起酥油和人造奶油。

① 动植物油 大多数动物油都具有熔点高、可塑性强、起酥性好的特点，比如从牛奶中分离出的黄油，具有独特的风味；植物油来自大豆、菜籽、花生玉米胚芽等油料作物，营养价值高于动物油脂，但加工性能却不如动物油脂。

② 起酥油 起酥油是指精炼的动植物油脂、氢化油、酯交换油或这些油的混合物，经混合、冷却、塑化加工的具有可塑性、乳化性的固态或流动性的油脂产品。面包用单酸甘油酯的原料为部分氢化或完全氢化的猪油，硬脂酸甘油酯效果最好。起酥油主要是使面团有好的延伸性，增加吸水性；使成品面包柔软，老化延迟；内部组织均匀、细腻，体积增大。

③ 人造奶油 人造奶油是一种塑性或液态乳化剂形式的食品，主要是油包水型。人造奶油具有良好的涂抹性能、口感性能和风味性能。

（2）蛋及蛋制品　鸡蛋具有热凝固性、起泡性、乳化性等理化性质，应用于面包焙烤食品中可增加产品的营养价值和风味，改善组织的口感；作为产品的膨松剂；提供乳化作用和改善产品的贮藏性等。

（3）甜味剂　甜味剂是赋予食品甜味的，按来源可分为天然甜味剂和人工合成甜味剂两大类。甜味剂除赋予面包甜味外，还能为发酵过程酵母的繁殖提供碳源，如葡萄糖。除此之外，葡萄糖等还原性糖在面包焙烤过程中发生焦糖化反应和美拉德反应，赋予面包诱人的色泽和香味。

（4）疏松剂　疏松剂又称膨松剂，是生产面包、饼干、糕点时使面坯在焙烤过程中膨松。疏松剂通常在和面过程中加入，在焙烤加工时因受热分解，产生气体使面坯膨松，在面坯内部形成均匀、致密的多孔性组织，从而使制品具有松软或酥脆的特征。疏松剂有化学疏松剂和生物疏松剂。化学疏松剂如碳酸氢钠、碳酸氢铵，以及与酸类、淀粉和脂肪组成的复合疏松剂；生物疏松剂主要有酵母和鸡蛋。

三、面包生产用的微生物及生化机制

乳酸菌和酵母菌等混合发酵的酸面团为传统的面包发酵剂，酸面团含有代谢活性的乳酸菌 10^8～10^9CFU/g 和酵母菌 10^6～10^7CFU/g，其乳酸菌与酵母的比例为 100∶1 时具有较优的活性。酵母菌是目前面包（发酵面团）生产中的主要微生物，酸面团含有 20 余种酵母菌，其中啤酒酵母最常见。目前生产上酵母常使用酵母乳、压榨酵母、活性干酵母和快速活性干酵母，酵母为兼性厌氧性微生物，在有氧及无氧条件下都可以进行发酵，它的生长与发酵的最适温度为 26～30℃，最适 pH 为 5.0～5.8。

在非工业化酵母菌发酵面团中通常含有大量的乳酸菌，呈现出乳酸菌-酵母菌共同生长的现象。乳酸菌可能来源于谷物自身，或者面包酵母的污染菌，或者面包房和磨粉的环境。

面团的发酵是个复杂的生化反应过程，在此过程中，淀粉经酶作用水解成糖，糖再由酵母中的酒精酶分解成酒精和二氧化碳。当二氧化碳产生时，被保持在调制面团时面筋网络形成的细小气孔中，造成面团膨胀。部分糖在乳酸菌和醋酸菌的作用下生成有机酸。少量蛋白质在发酵过程中部分水解，生成肽、氨基酸等低分子含氮化合物。这些产物互相作用后，构成面包特殊的芳香味及焙烤时产生色变反应的基质。影响面团发酵的因素很多，如水分、温度、湿度、酸度、酵母营养物质等。

四、面包现代生产流程及技术参数

面包的制作方法很多，一般以搅拌及发酵方法的不同来区分。制作方法有直接发酵法（一次发酵法）、中种发酵（二次发酵法）、液体发酵法和快速发酵法。面包主要生产工艺流程及关键控制点如图 3-17 所示。

（一）面团调制

对于一次发酵法和快速发酵法，调制面团时先将水投入和面机中，再加入处理过的糖、蛋和各类添加剂充分搅拌，乳化均匀后再加入面粉，搅拌后加入已活化好的酵母溶液，混合均匀，待面团稍形成，面筋还未充分扩展时加入油脂拌匀，再加适量的水，继续搅拌至面团成熟，即进入发酵阶段。食盐溶液一般在调粉后期，但面筋还未充分扩展之前或面团调制完成前的 5～6min 加入。

二次发酵法调制面团是在第一次面团调制时，将全部面粉的 30%～70%加入调粉机中，再加入适量的水和全部活化的酵母溶液及少许糖，调成面团，待其发酵完毕后，再进行第二次调制面团。将第一次发酵好的面团加入适量的水，搅拌调开，再加入剩余的面粉、糖和蛋、奶粉、添加剂等辅料，搅拌至面筋初步形成。加入油脂与面团混匀，最后加入食盐搅拌至形成均匀、光滑而有弹性的面团，进入第二次发酵阶段。

面团调制时间的控制与面包的不同发酵方法有关，一般情况下，常用发酵法的面团温度为 25～28℃，快速发酵法的面团温度为 30℃，酸面包制作法的温度为 24～27℃。

（二）发酵

1. 发酵温度与湿度

一般理想的发酵温度为 27℃，相对湿度 75%，温度太低使酵母活力较弱而减慢发酵速度；温度过高则发酵速度过快，且易出现其他产酸菌的过度发酵。湿度的控制也非常重要，湿度低于 70%，面团表面由于水分蒸发过多而结皮，不但影响发酵，而且成品质量不均匀。面团发酵的相对湿度应等于或高于面团的实际含水量。

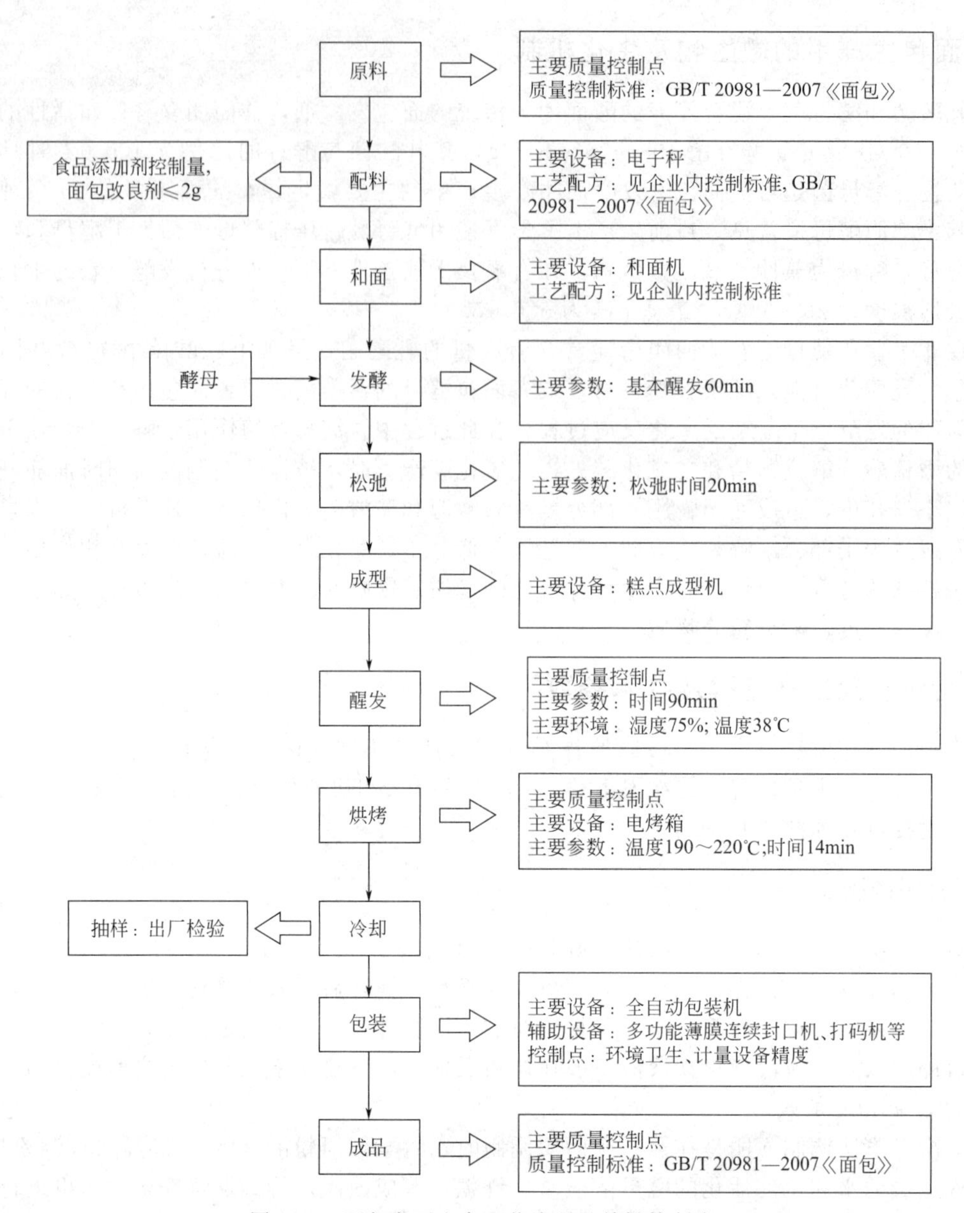

图 3-17　面包主要生产工艺流程及关键控制点

2. 发酵时间

面团的发酵时间需根据所用的原料性质、酵母用量、糖用量、搅拌情况、发酵温度及湿度、产品种类、制作工艺（手工或机械）等因素来确定。通常二次发酵法，经 4～4.5h 即可完成发酵，或当发酵至原来体积的 4～5 倍时即可认为发酵完成，种子面团胀到最高的时间为总发酵时间的 65%～75%，种子面团发酵后进行主面团调粉，然后进入第二阶段延续发酵，一般需要 20～45min。一次发酵法面团温度比二次发酵法高，时间也较短，因为较高的温度可以促进发酵速度。

（三）面团成型

成型就是将发酵好的面团做成一定形状的面包坯，包括分割、搓圆、中间醒发、整形、装盘或装模等过程，根据不同产品的要求由糕点成型机完成。成型在基本发酵和最后发酵之间，但在这一过程中面团的发酵仍在进行。由于发酵面团被分割成小块，对外界温度更加敏感，一般应控制温度在25～28℃，相对湿度在65％～70％。

（四）醒发

醒发即面包生坯在进入烤炉前经过的最后一次发酵，使其膨胀成与成品相同的形状，这一步与整形工序不同，整形只将面团做出面包的基本形状，与最终产品的形态和体积均有很大差距。整形后的面团结构紧密，如果直接进入烤炉烘烤，产品体积小，密度大，内部组织粗糙。醒发使面团在固定的基本形态下再一次膨胀。

醒发的温度以35～40℃为宜，温度过高，面包坯表面干燥，油脂易熔化，酵母的活力减小，造成面包体积变小，影响产品的质量。同样，温度也不宜过低，否则面团醒发不良，面包内部结构过于紧密。湿度不可低于75％，一般以80％～90％为宜，以免面包坯表面干燥，影响面包的膨胀和表皮色泽。但湿度也不能过高，否则面包坯表面凝结水滴，成品表面有白点或气泡出现。醒发时间30～60min。醒发时间不足，烤出的面包体积小，内部不够松软。醒发时间过长，面包酸度大，影响口感，且膨胀过度易导致面筋断裂，气体外逸，影响色泽和光滑度。

（五）烘烤

烘烤面包的温度应根据面包的配方不同而定。通常面包的烘焙为三段式烘烤，各阶段的炉温和烘焙时间有所不同。第一阶段即面包烘焙的初期阶段，一般上火不超过120℃，下火180～185℃，有利于面包体积的增大。对于最普遍的100～150g面包，第一阶段的烘焙时间为5～6min。当其内部温度达50～60℃时，进入第二阶段。可将上下火同时升高温度，达到200～210℃。对于体积较小的面包，烘焙时间为3～4min。经过这个阶段的烘烤，面包就基本定型了。在第三阶段，面包已经定型且基本成熟，本阶段主要使面包表皮上色，增加香气，因此上火温度应该高于下火，上火温度220～230℃，下火温度140～160℃。整个烘烤时间为15～20min。

（六）冷却预包装

面包的冷却方式有自然冷却、强制冷却和混合冷却等。面包冷却的适宜条件为：温度22～26℃，相对湿度75％，空气流速180～240m/min。通常当面包的中心部位冷却到35℃左右时，应立即进行包装。否则长时间暴露在空气中，易使面包老化、污染，且影响产品风味。

五、面包成品质量标准

目前我国面包的质量标准主要依据GB/T 20981—2007《面包》，该标准对面包的感官特性和理化标准做了详细规定。其感官指标、理化指准见表3-22、表3-23。卫生要求应符合GB7099—2015的规定。

表 3-22　面包感官指标

项目	软式面包	硬式面包	起酥面包	调理面包	其他面包
形态	完整，丰满，无黑泡或明显焦斑，形状应与品种造型相符	表皮有裂口，完整，丰满无黑泡或明显焦斑，形状应与品种造型相符	丰满，多层，无黑泡或明显焦斑，形状应与品种造型相符	完整，丰满，无黑泡或明显焦斑，形状应与品种造型相符	符合产品应有的形态
表面光泽	金黄色、淡棕色或灰棕色，色泽均匀、正常				
组织	细腻，有弹性，气孔均匀，纹理清晰，呈海绵状，切片后不断裂	紧密，有弹性	有弹性，多孔，纹理清晰，层次分明	细腻，有弹性，气孔均匀，纹理清晰，呈海绵状	符合产品应有的形态
滋味与口感	具有发酵和烘烤后的面包香味，松软适口，无异味	耐咀嚼，无异味	表皮酥脆，内部松软，口感酥香，无异味	具有品种应有的滋味与口感，无异味	符合产品应有的滋味与口感，无异味
杂质	正常视力无可见的外来异物				

表 3-23　面包理化指标

项目		软式面包	硬式面包	起酥面包	调理面包	其他面包
水分/%	≤	45	45	36	45	45
酸度/°T	≤	6				
比容/(mL/g)	≤	7.0				

【思考题】

1. 简述面包生产过程中常用微生物及生化机制。
2. 简述面包生产过程中醒发的作用。

第六节　馒头

一、馒头概述

（一）定义与发展历史

馒头，又称为馍、蒸馍，中国特色传统面食之一，是以小麦面粉和水为主要原料，以酵母菌为主要发酵剂经过和面、发酵、成型和汽蒸熟制而成的食品。形圆而隆起，无论是否有馅，起初统称蒸饼，后谓之馒头。为了表示区别，北方把无馅的称为馒头，有馅的称为包子。

馒头在我国源远流长，在春秋战国时期就有发酵制“酏食”的记载，即发面制作的饼，但那时的面食仍处于初始阶段。到了汉代，开始将“饼”作为对面食的统称。东汉的《释名》记载有“饼，并也，溲面使合并也”，这里所指溲面即发酵面团。在《明·古今事物考》指出，“笼蒸而食者呼之蒸饼”，说明蒸饼即为馒头。而“馒头”一词据宋、明学者考证，始出于三国（公元220～280年），传说诸葛亮南征孟获渡泸水之前，传统土俗用人首祭神，诸葛亮命人用面团将牛、羊肉包起，象征人头代祭之，于是有了馒头之说。

实心馒头一词始见于清初吴敬梓的《儒林外史》。清代袁枚（公元1716～1798年）的《随园食单》记载有“千层饼”和“小馒头”。有人曾对我国面食发酵的发展做过详细的评述，认为大致可分为五个发展阶段。一是酒酵发面法，行于公元2世纪前后，如《回民月令》载有“酒溲饼”；《齐民要术》中的“作白饼法”，是用甜酒酿的汁来和面。二是酸浆酵发面法，约行于公元6世纪前后，方法似《齐民要述》中的“作饼酵法”，是用酸浆加粳米等熬煮成粥，得饼酵，再用于和面。三是酵面发酵法，行于公元12世纪。宋代学者在《演繁露》中指出北宋1276年已流行酵面（面肥）。四是兑碱酵子发面法，流行于13世纪。《饮膳正要》有“钲（蒸）饼”，方法是将酵子、盐、碱加温水调匀后，掺入白面，和成面团，第二天再掺入白面，揉匀后每斤[1]面做成两个饼，即可入笼蒸。酵子可认为是干面肥。五是酵汁发面法，见于公元15世纪初，明初的《多能鄙事》记载了发馒头的方法。由此可见，从东汉时期开始，面饼种类日益增多。

数千年来，馒头的生产一直停留在家庭生产或作坊式生产的水平，产量较低、劳动强度大、耗能多、产品卫生难以保证。20世纪60年代前期日本工业展览会曾展出过几幅半连续化馒头生产工艺流程图。20世纪90年代初馒头生产关键设备，如和面机、馒头机和揉面机等基本定型，先后试制出了馒头自动生产线和MTX-250型馒头自动生产线。1995年以来，相关研究者对各个工序进行了单项攻关和综合配套，在二次发酵工艺基础上，推出了班产1t、2.5t和5t的系列化组合设备。至2000年，长江以北几乎所有的大中城市都建起了工业化馒头厂，在以馒头为主食的地区，馒头生产线已经普及到了县城甚至乡镇。2006年国家粮食局提出了《小麦粉馒头》国家标准提案，2007年10月16日中华人民共和国质量监督检验检疫总局、中国国家标准化管理委员会联合发布了GB/T 21118—2007《小麦粉馒头》标准，该标准的实施引起了广大消费者的广泛关注，使传统蒸制面食有了产品质量判定的权威性依据。

（二）馒头的分类

馒头发展到今天，已形成了众多各具特色的品种，主要为主食实心馒头，在广义上讲还包括各色花卷、各种包子、发糕系列、杂粮馒头、点心甜食馒头、营养强化及疗效保健馒头、装饰馒头、多层馒头等。

1. 主食馒头

主食馒头又称实心馒头、白馒头、馍馍、大馍、饽饽、面头、白卷糕等，因各地传统口味的差异而形成不同的特色。一般来讲，南方馒头大多口感暄软，风味较甜，色泽洁白；北方馒头则筋力较高、弹性良好、风味较淡而具有馒头的特殊芳香、组织均匀多带有层次。

（1）以发酵方法分类

① 水酵馒头　水酵馒头是以米酒汁为发酵剂，面团经发酵后成型醒发汽蒸。产品具有酒香和甜味。由于米酒的特殊成分，有利于制作出特殊口感的馒头，比如开花馒头。

② 老酵馒头　以面肥（老面、面头、面酵、老肥）为发酵剂，面团发酵时间较长（往往过夜），发酵后的面团兑入适量面粉，并加碱中和发酵所产生的酸性，也有称此类馒头为戗面馒头。此方法为许多传统馒头作坊的生产方法，其原料成本较低，发酵风味浓厚，但菌

[1] 1斤＝500g。

种较杂，掌握不当可能产生酸味甚至怪异风味，且馒头的营养性变化较大。

③ 酵母馒头　该类馒头以纯种干酵母或鲜酵母为发酵剂。面团发酵迅速，在面粉品质合适的情况下，一般不需加碱，产品营养性良好，生产技术容易掌握，现代工业化馒头厂多用此方法。

（2）以组织特性分类

① 软面馒头　此类馒头加水量较大，面团发酵速度较快，馒头体积蓬大，内部空洞明显，组织软绵而弹性及筋力较弱。一般面粉筋力要求适中，醒发不宜过度。

② 普通机制馒头　普通机制馒头主要是用馒头机成型的主食圆馒头，是工业化生产馒头的主导产品，也有用刀切馒头机生产的方馒头。由于设备性能特点限制，面团的加水量只能在较小的范围内变化，一般生产的馒头软硬适中，白度较好，组织均匀，层次和筋力可通过调整工艺参数而得到一定的变化。

③ 手工硬面馒头　我国北方市场上手工硬面馒头占有一定的比例。手工硬面馒头的地方特色较强，比如陕西的罐罐馍，山东的高桩馒头、掺粉馒头，山西的雪花馒头，河南的杠子馒头、手搦馒头、枕头馍等均属此类。一般手工硬面馒头都具有良好的筋力和层次，口感风味较好。手工刀切馒头，根据配方及工艺的不同，可生产出各种柔软度和口味的产品。

2. 卷类馒头

卷类馒头又称为夹心馒头、夹层馒头。卷类的特点是口感柔软，形状美观，风味各异。其花色品种特别多，故也称为花色馒头。目前国内自动成型设备仍在研究中，多以手工成型为主。

（1）油花卷　此类花卷以咸味为主，也有少量的甜味产品，都是以油脂使其形成分层的。常见的品种有葱油卷、五香卷、辣椒卷、椒盐卷、黄油卷、麻酱卷、油糖卷等。面团发酵后，经过揉轧成面片，撒上或涂上调料，卷切成型。一般制成脑花卷、马蹄卷、麻花卷等。

（2）杂色花卷　一般产品由多种颜色组成。大多以小麦面粉为白色料，杂色料有杂粮和其他配料面团，如玉米面、高粱面、薯粉、小米面、可可面团、菜汁面团、水果面团等。由于主料变化较多，营养性和风味各具特色。白色面团和杂色面团分别调好并压成面片，叠加一起，卷切成型。可简单地制成枕头卷，也可制成鸳鸯卷、四喜卷、荷花卷、蝴蝶卷等。

（3）特别造型卷　以上花卷均可通过特殊的加工方法制成折叠卷（如千层卷、荷叶卷等）、抻切卷（如银丝卷、金丝卷、盘丝卷、马尾卷等）。成型技术要求较高，生产效率难以提高，故一般在商品馒头中较难见到。

3. 带馅馒头

带馅馒头又称为包子，一般使用小麦面粉作为皮料，也有一些杂粮面团作为皮料的。馅料有蔬菜、豆制品、三粉制品、肉类、糖粉、麻酱、果酱、豆沙、枣泥等。有咸味和甜味之分。包子的生产关键工艺为皮料和馅料的调制。所制皮料一般为发酵后的馒头面团，要求较为柔软。馅料是产品风味的关键，各种主料和辅料的配比与混合方法都非常重要。蔬菜、肉品包子要求咸香可口，热食较好。甜味包子一般较易久存，大多在适当冷却后不影响风味和口感，比较适合批量生产。

4. 发糕类

发糕是以软面团或面糊生产的蒸制面食，也称为海绵馒头。发糕有以小麦面粉、大米粉为主料的白色发糕，也有以小米、玉米、高粱等杂粮为主料的杂粮发糕，还有添加可可粉、果蔬料以及装饰料特殊外观和风味的发糕等。发糕一般为甜味馒头，软面团经揉轧成片后放于托盘上，或面糊倒于托盘上摊平，再经醒发汽蒸而制成。其一般在冷却后刀切成定量的发糕块进行销售。发糕具有膨松多孔、口感软绵、风味甜香的特点，加上特别的配料和装饰，外观与口味以及营养性都非常诱人。

5. 营养保健型馒头

作为日常的膳食，馒头的保健性更受人们的关注。该类馒头包括营养强化型和疗效功能型。

(1) 营养强化馒头　营养强化是以特殊的营养物质添加于馒头配料中而使馒头具有特殊的保健功能。比如，添加矿物质（如钙、锌、锶等）、维生素、蛋白质或氨基酸、脂肪或脂肪酸、食用纤维等。

(2) 疗效型馒头　馒头配料时或以特殊功能原料为主，或添加特殊疗效成分。比如用荞麦面生产的荞麦馒头，以山芋面或高粱面生产的窝窝头，添加南瓜粉、胡萝卜粉、海带粉等功能性原料生产的馒头等。该类馒头适合于特殊人群的食用，也是健康人群的良好保健食品。

馒头的品种还很多，比如各种传统喜庆所用装饰馒头、蒸制饼类、蒸制蛋糕类等。由于其特色性很强，一般较难推广。

二、馒头生产的原料

原料是制作馒头的基础，原料的质量对面团的调制、发酵、产品性状及卫生指标等均会产生较大的影响。

1. 面粉

面粉是馒头生产的最基本原料，一般认为加工馒头对小麦粉的要求不很严格，其蛋白质含量在10%～13%，筋力中等或偏强均可。相关内容参见面包部分。

2. 酵母制剂

酵母是面包和馒头加工中的重要生物疏松剂。相关内容参见面包部分。

3. 水

应符合GB5749的规定，水的硬度为2.9～4.3 mmol/L，pH在5～6为好。水硬度过硬降低蛋白质溶解性，面筋硬化延迟发酵，增强韧性，口感粗糙干硬，易掉渣；过软使面筋柔软，面团水分过多，黏性增强，容易塌陷。碱性水抑制酶活力，延缓发酵，使面团发软；微酸有利发酵，但酸度过大也不适宜。

4. 食用碱

食用碱的添加主要用于中和面团发酵产生的酸，一般加碱量为面粉质量的0.5%。

5. 辅料

常用的辅料主要有植物油、蔬菜、糖、果酱和豆沙等。常用的植物油有花生油、棕榈油、椰子油、色拉油等。蔬菜可以丰富产品的种类，用于馒头的蔬菜品种很多，有芹菜、白菜、黄瓜、豆角、雪菜等。馒头的原料和辅料与面包的非常相似，其他相关知识参见面包的原辅料部分。

三、馒头生产用的微生物及生化机制

馒头发酵中的主要微生物与面包基本相同，此处只针对与面包生产中不同的术语和机制进行简单叙述。

（一）馒头发酵剂

传统馒头发酵剂主要有老酵头和酵子。在天然发酵剂菌群中，除主要含有酵母菌外，还含有一定数量和种类的其他微生物群，它们共同发酵产生二氧化碳、乙醇、乳酸、醋酸等物质以及少量的风味辅助物质。经加碱中和后，制品产生出特有的口感和风味。其中野生乳酸菌、醋酸菌等微生物群在面团发酵中产生乳酸、醋酸等有机酸，可和酵母产生的乙醇进一步发生酯化反应，生成一定数量的芳香类物质——酯类，还会形成极少量的醛类、酮类等化合物，它们也是重要的风味物质和风味辅助物质。

传统发酵剂发酵的馒头有着独特的口感和风味，但因菌种质量不稳定，产品品质难以控制，工业化生产采用纯酵母替代传统发酵剂进行生产，由于纯种酶系单一，发酵产品风味平淡，香味不足。

（二）馒头发酵基本原理

馒头面团发酵过程中会发生一系列化学变化：首先是在α-淀粉酶作用下生成糊精、麦芽糖，再由酶的作用生成葡萄糖，葡萄糖经发酵生成丙酮酸，然后在酵母菌的作用下生成乙醛、乙醇和CO_2，使馒头具有淡淡的酒香味，其中产生的CO_2作用于面筋结构，影响馒头的体积。酵母发酵生成少量的乙醇、乳酸、乙酸乙酯等物质，提高馒头发酵后所特有的风味。

四、馒头现代生产流程及技术参数

馒头的发酵方法较多，有老面发酵法、酒曲发酵法、化学膨松法、酵母发酵法等。经试验证明，经酵母发酵馒头适合于工业化生产，其发酵速度快，产品质量稳定，馒头的营养价值、风味、口感、外观等指标都能令人满意。

（一）馒头的生产方法

馒头的生产主要有手工操作、半机械化操作、机械化操作等几种方式，馒头生产方式不同其所用的工艺不同。

1. 直接成型法

直接成型法工艺流程见图3-18。

配料→面团调制→成型→醒发→蒸制→冷却→包装

图3-18　直接成型法工艺流程

直接成型法生产周期短，效率高；劳动强度低，操作简单；面团黏性小，因此有利于成型。但该方法酵母用量较大，醒发时间较长；面筋扩展和延伸不够充分，产品口感较硬实；占用醒发设备较多，设备投资增大。

2. 一次发酵法

一次发酵法工艺流程见图3-19。

配料（大部分面粉、全部酵母和水）→第一次面团调制→面团发酵→

第二次面团调制(加入剩余的原辅料)→成型→醒发→蒸制→冷却→包装

图3-19　一次发酵法工艺流程

面团经过发酵其性状达到最佳状态，面筋得到充分扩展和延伸，面团柔软，有利于成型和醒发；生产出的产品组织性状好、不易老化、柔软细腻且体积较大；生产条件比较容易控制，原料成本也较低。但一次发酵法生产周期较长，生产效率有所下降；且劳动强度增加，操作较为繁琐；增加调粉机数量，从而投资加大。

3. 二次发酵法

二次发酵法工艺流程见图 3-20。

配料→第一次面团调制→面团第一次发酵→第二次面团调制（加入剩余的原辅料）→面团第二次发酵→成型→醒发→蒸制→冷却→包装

图 3-20 二次发酵法工艺流程

二次发酵法是将原辅料分两次加入并进行两次发酵。将 60%的面粉和全部的酵母及水调成软质面团发酵以扩大酵母菌的数量，再加入剩余的面粉和其他辅料进行第二次面团调制、发酵，使面筋充分扩展，面团充分起发并增加馒头的香味。用此法生产出的馒头品质较好，但生产周期较长，劳动强度加大。

4. 老面发酵法

老面发酵法工艺流程见图 3-21。

配料（酵头、部分原料）→面团调制（种子面团调制）→长时发酵→加碱等原辅料调粉（面团调制成型）→醒发→蒸制→冷却→包装

图 3-21 老面发酵法工艺流程

老面发酵法是用酵头作为菌种发酵的方法。该法使用酵头作为菌种发酵，节省了酵母用量，降低了原料成本；产品具有传统馒头所具有的独特风味；设备简单，发酵管理要求不高。但其发酵时间长，成熟面团具有很浓的刺鼻酸味，需要加碱来中和有机酸；且由于发酵条件不固定，面团 pH 较难控制。

（二）馒头加工技术要点

1. 面团发酵技术要点

馒头发酵通常在发酵室内控制温度、湿度。发酵时面团温度控制在 26～32℃，发酵室的温度一般不超过 35℃，相对湿度为 70%～80%。工业化生产多采用二次发酵法，发酵时间根据采用的生产方式和实际情况而定。面团发酵成熟的标志为：用手轻压面团，感觉略有弹性，稍有下陷，面团表面较光滑、质地柔软，用鼻闻略有酸味，用刀切开面团断面孔洞分布均匀而紧凑、大小一致，用手拉开面团，内部呈丝瓜瓤状。

2. 加碱中和技术要点

面团发酵过程中产生的酸需要加入适量的碱中和，使用量因面团发酵程度不同而异，酵面老加碱多，反之则加碱少。一般加碱为干面粉质量的 0.5%，加碱量过多，成品硬而黄、体积小，有苦涩味；加碱量过少则成品发酸、发硬、体积小且颜色发暗。

3. 成型技术要点

馒头成型是指将发酵成熟的面团经过挤压揉搓，定量切割制成一定大小的馒头坯。通常有机械成型和手工成型两种方式。工业化生产大多采用成型机成型，在馒头生成线上，馒头整形机和成型机配合形成连续的生产工序。通过整形使馒头坯表面更加光滑，底部修成平面，整体性状更加挺立。手工整形将成型的馒头坯放在案板上采用滚搓或双手对搓等方法达到整形目的。

4. 醒发技术要点

醒发是面团的最后一次发酵。通过醒发使整形后处于紧张状态的面坯变得柔软，面筋网络进一步扩展，面坯得以继续膨胀，其体积和性状达到最佳。一般醒发适宜的面坯外表光滑

平整，且稍透明。手感柔软，有弹性，不粘手。

5. 蒸制技术要点

蒸制的基本原理是将醒发好的生馒头坯放在蒸屉或蒸笼内，在常压或高压下经蒸汽加热使其成熟的过程。馒头在蒸制过程中发生了一系列物理、化学及微生物学的变化。这些变化使馒头在发酵、醒发的基础上膨胀、柔软、易于消化，并具有其特有风味。馒头蒸制过程需注意的是不同种类、大小的馒头不能同笼和同车蒸制，以防出现生熟不一。

6. 冷却包装技术要点

冷却包装的目的是便于短期存放和避免互相粘连。另外，包装前若未经适当的冷却，包装袋和馒头表面由于温度高而附着小水滴，不利于保存。一般冷却至50～60℃时再行包装，此时馒头不烫手但仍有热度并保持柔软。一般小批量生产常用自然冷却的方法，气候不同冷却的时间也不同，通常在20～30min。工业化连续性生产馒头多用吸风冷却箱进行冷却。包装有利于馒头的保鲜，同时可防止污染和破损，便于流通。目前馒头主要采用简易包装，如塑料薄膜包装、透明纸包装，有单个包装，也有多个包装。

五、馒头成品质量标准

目前我国馒头的质量标准主要依据国家标准GB/T 21118—2007《小麦粉馒头》，该标准对馒头的感官特性、理化标准和卫生标准做了详细规定。

（一）感官质量要求

外观要求形态完整，色泽正常，表面无皱缩、塌陷，无黄斑、灰斑、黑斑、白毛和黏斑等缺陷，无异物。

内部质构特征均一，有弹性，呈海绵状，无粗大孔洞、局部硬块、干面痕迹及黄色碱斑等明显缺陷，无异物。

口感无生感，不粘牙，不牙碜。

滋味与气味具有小麦粉经发酵、蒸制后特有的滋味和气味，无异味。

（二）理化指标要求

理化指标要求见表3-24。

表3-24　理化指标

项目	指标
比容/(mL/g)	≥1.7
水分/%	≤45.0
pH	5.6～7.2

（三）卫生指标要求

卫生指标要求见表3-25。

表3-25　卫生指标

项目	指标
大肠杆菌/(MPN/100g)	≤30
霉菌计数/(CFU/g)	≤200
致病菌(沙门氏菌、志贺氏菌、金黄色葡萄球菌等)	不得检出
总砷(以As计)/(mg/kg)	≤0.5
铅(以Pb计)/(mg/kg)	≤0.5

（四）其他要求

生产过程的卫生规范应符合 GB 14881—2013 的规定。生产过程中不得添加过氧化苯甲酰、过氧化钙。不得使用添加吊白块、硫黄熏蒸等非法方式增白。

【思考题】

1. 简述馒头的一次发酵和二次发酵的优缺点。
2. 简述馒头的主要加工工序及注意事项。

参 考 文 献

[1] 顾国贤．酿造酒工艺学［M］．北京：中国轻工业出版社，2016.
[2] 谢广发．黄酒酿造技术［M］．北京：中国轻工业出版社，2016.
[3] 周家淇．黄酒生产工艺［M］．北京：中国轻工业出版社，2016.
[4] 胡志明，谢广发．黄酒［M］．杭州：浙江科学技术出版社，2008.
[5] 王福源．现代食品发酵技术［M］．第二版．北京．中国轻工业出版社，2004.
[6] 樊明涛，张文学．发酵食品工艺学［M］．北京：科学出版社，2018.
[7] 张艳荣，王大为．调味品工艺学［M］．北京：科学出版社，2008.
[8] 王传荣．发酵食品生产技术［M］．北京：科学出版社，2010.
[9] 董胜利．酿造调味品生产技术［M］．北京：化学工业出版社，2003.
[10] 赵晋府．食品工艺学［M］．第二版．北京：中国轻工业出版社，2008.
[11] 李平兰．发酵食品安全生产与品质控制［M］．北京：化学工业出版社，2005.
[12] ［英］Brian J B Wood. 发酵食品微生物学［M］．徐岩译．北京：中国轻工业出版社，2001.
[13] 张克昌．酒精与蒸馏酒工艺学［M］．北京：中国轻工业出版社，1995.
[14] 劳动部教材编写办公室．白酒生产工艺［M］．北京：中国劳动出版社，1995.
[15] 王恭堂．白兰地工艺学［M］．北京：中国轻工业出版社，2002.
[16] 沈怡方．白酒生产技术全书［M］．北京：中国轻工业出版社，1998.
[17] 颜坤琰，刘景文．世界啤酒大典［M］．重庆：重庆出版社，2001.
[18] 徐同兴，胡叔平，王智芳．啤酒生产［M］．上海：上海科学普及出版社，1988.
[19] 周广田，聂聪，崔云前，等．啤酒酿造技术［M］．济南：山东大学出版社，2004.
[20] 顾国贤．酿造酒工艺学［M］．北京：中国轻工出版社，2016.
[21] 张守文．面包科学与加工工艺［M］．北京：中国轻工业出版社，1996.
[22] 苏东海，苏东民．面包生产工艺与配方［M］．北京：化学工业出版社，2008.
[23] 张兰威．发酵食品工艺学［M］．北京：中国轻工业出版社，2011.
[24] 刘长虹．馒头生产技术［M］．北京：化学工业出版社，2015.
[25] 康明官，唐是文．啤酒酿造［M］．北京：轻工业出版社，1990.
[26] 李振林，贾海伦，吴国峰．现代蒸馏酒概述［J］．酿酒，2007，34（1）：22-23.
[27] 王栋，经斌，徐岩，等．中国黄酒风味感官特征及其风味轮的构建［J］．食品科学，2013，34（5）：90-95.
[28] 罗涛，范文来，徐岩．中国黄酒中挥发性和不挥发性物质的研究现状与展望［J］．酿酒，2007，34（1）：44-48.
[29] 吴春．古越龙山黄酒的特征风味物质及其成因的初步探究［D］．无锡：江南大学，2009.
[30] GB/T 13662—2008 黄酒［S］.
[31] 黄祖新，章文贤，陈建平．机械化大罐发酵生产半甜型红曲黄酒工艺优化研究［J］．酿酒科技，2002，111（3）：53-54.
[32] 汪建国，乐军，饶小坚，等．我国黄酒生产机械自动化技术应用进展［J］．江苏调味副食品，2017，148（1）：1-5.
[33] GB 2719—2003 食醋卫生标准［S］.
[34] GB/T 18187—2000 酿造食醋［S］.

[35] GB9854—2016 食品安全国家标准　食醋生产卫生规范［S］.
[36] SB/T 10337—2012 配制食醋［S］.
[37] 王克菲．伏特加酒与白酒风格的比较［D］．大连：大连工业大学，2008.
[38] GB 2757—2012 食品安全国家标准　蒸馏酒及其配制酒［S］.
[39] GB/T 11858—2008 伏特加［S］.
[40] GB/T 11857—2008 威士忌［S］.
[41] GB/T 11856—2008 白兰地［S］.
[42] GB 2762—2017 食品安全国家标准　食品中污染物限量［S］.
[43] HJ/T 402—2007 清洁生产标准　白酒制造业［S］.
[44] 王莹，杨美华．酒类中外源性有害残留物及其检测方法研究进展［J］．安徽农业科学，2010，35（18）：9854-9856.
[45] 田婷，陶函，邱毅，等．色谱及其联用技术在白酒分析中的最新应用［J］．酿酒科技，2016，（8）：13-16.
[46] 李觅，邓杰，杨跃寰，等．真菌毒素在浓香型白酒生产过程中的安全检测［J］．中国酿造，2015，34（10）：129-133.
[47] 范文来，徐岩，史斌斌．酒醅发酵过程中氨基甲酸乙酯与尿素的变化［J］．食品工业科技，2012，33（23）：171-174.
[48] 张秋，范光森，李秀婷．我国白酒质量安全现状浅析［J］．中国酿造，2016，35（11）：15-19.
[49] 郑淼，岳红卫，钟其顶．白酒质量安全风险及其控制［J］．食品科学技术学报，2016，34（2）：18-23.
[50] 汪春乾，陈俊伟，伍远超．清洁生产在白酒工业中的推广应用及研究［J］．酿酒科技，2011，（10）：127-130.
[51] 左上春，杨海泉，邹伟．白酒酒糟资源化利用研究进展［J］．食品工业，2016，37（1）：246-249.
[52] 丁鹏飞，彭兵，谢国排，等．浓香型白酒酿造机械化研究与生产实践［J］．酿酒，2014，41（3）：28-32.
[53] 陈枫，曹敬华，刘彬波．自动化机械制曲生产线的研制开发［J］．酿酒科技，2016，266（8）：91-96.
[54] 门延会，蒋世应，杜伟．大曲酱香型白酒制曲机械化的研究［J］．酿酒科技，2016，270（12）：83-86.
[55] 葛向阳，徐岩，周新虎，等．应用现代生物技术实现大曲自动化生产的研究［J］．酿酒科技，2014，237（3）：50-53.
[56] 钱冲，廖永红，张弦，等．白酒酿造新技术应用进展［J］．酿酒科技，2014，241（7）：33-40.
[57] QB/T 1686—2008 啤酒麦芽［S］.
[58] GB 4927—2008 啤酒［S］.
[59] 张五九，李红．啤酒质量安全风险及其控制［J］．食品科学技术学报，2016，34（3）：8-11.
[60] 张学群，栾晏．啤酒原料食品安全危害评价与控制［J］．食品与发酵工业，2013，39（9）：165-169.
[61] GB 2758—2012 食品安全国家标准　发酵酒及其配酒［S］.
[62] 贾艳萍，马姣，贾心倩．啤酒废水处理技术研究进展［J］．中国酿造，2013，32（8）：5-9.
[63] 赵维韦，宋建华，许建刚，等．啤酒饮料废水综合利用进展［J］．酿酒科技，2015，（8）：93-95.
[64] 曲春波，史贤明．利用啤酒废水小球藻异养培养［J］．微生物学报，2009，49（6）：780-785.
[65] 刘玉环，史晓洁，巫小丹，等．螺旋藻和菌-藻共生系统处理啤酒废水［J］．环境工程学报，2014，8（1）：82-86.
[66] 叶春苗，王子丹．啤酒糟综合利用研究现状［J］．农业科技与装备，2015，（3）：63-64.
[67] 孙伟峰，周素梅，王强．废啤酒酵母综合利用研究进展［J］．化工进展，2008，27（7）：990-995.
[68] 夏赛男．国啤生产装备步入现代化阶段［J］．机电新产品导报，1998，11：58.
[69] 赵谋明，赵秋艳．对改良剂增大面包体积和提高面包品质的研究［J］．食品科学，2000，21（5）：23-26.
[70] 李书国，陈辉，李雪梅，等．复合添加剂改善面包冷冻面团质量的试验研究［J］．中国粮油学报，2003，18（3）：24-27.
[71] 杨金，张艳，何中虎，等．小麦品质性状与面包和面条品质关系分析［J］．作物学报，2004，30（8）：739-744.
[72] 杜浩冉，郑学玲，韩小贤，等．冷冻条件和解冻方式对酵子冷冻面团馒头品质的影响［J］．粮食与饲料工业，2015，12（5）：14-18.
[73] 马先红，刘景圣，李侠东，等．中国杂粮主食化之馒头的研究［J］．食品研究与开发，2015，36（23）：180-183.

第四章 发酵果蔬食品生产工艺

第一节 发酵型果酒

一、果酒概述

（一）发展历史

果酒拥有非常悠久的历史，可以追溯到一万年前的采集渔猎时代，人类把采集到的野果在空气和果皮上的自然酵母的作用下发酵，得到了最初的果酒，可以说是人类在不经意间创造了果酒。

考古学家在距今7000～9000年的河南舞阳贾湖遗址，发现了用陶器盛放的以稻米、蜂蜜和水果为原料混合发酵而成的饮料，这就表明早在新石器时代我国就已经开始了果酒的酿制。各类文献中也有果酒的相关记载，如《蓬拢夜话》中有："黄山多猿猱，春夏采杂花果于石洼中酝酿成酒，香气溢发，闻数百步。"陆柞蕃《粤西偶记》载："平乐等府深山中，猿猴极多，善采百花酿酒，樵子入山得其巢穴者，其酒多至数石，饮之香美异常，名曰猿酒。"更有许多历史事件表明从汉代开始，一直到唐代、明代和清代，都有果酒生产的相关记载。

到了近代，尤其是改革开放以后，随着经济水平的不断发展和提高，我国的果酒工业也逐渐发展起来，并且在质量方面也有很大的提高。尤其是葡萄酒产业发展最为迅猛，其中"张裕"、"王朝"、"长城"这三种品牌占据了葡萄酒市场50%以上的份额，更有部分产品远销国外。

（二）果酒的定义

通常将果酒定义为各种水果经过破碎、压榨取汁，再通过酒精发酵和陈酿或经低酒度酒液（或食用酒精）浸泡后调配而成的各种饮料酒。果酒种类繁多，以葡萄酒最为常见。GB/T 17204—2008《饮料酒分类》中果酒（发酵型）定义为以新鲜水果或果汁为原料，经全部或部分发酵酿制而成的发酵酒。果酒以原料水果名称命名。当使用一种水果做原料时，可按该水果名称命名，如草莓酒、柑橘酒等。当使用两种或两种以上水果为原料时，可按用量比例最大的水果名称来命名。

根据2017年我国农业部颁布的《绿色食品　果酒》（NY/T 1508），将果酒定义为以葡萄以外的新鲜水果或果汁为原料，经全部或部分发酵酿制而成的发酵酒。本书采纳农业部的这一定义。

（三）果酒的分类

果酒的种类多种多样，可参照葡萄酒的分类按酒中CO_2含量（以压力表示）和加工工艺、含糖量进行分类。

1. 按照酒中CO_2含量（以压力表示）和加工工艺分类

以酒中CO_2含量（以压力表示）和加工工艺分为平静果酒、起泡果酒和特种果酒。

（1）平静果酒　在20℃时CO_2压力小于0.05MPa的果酒。

（2）起泡果酒　在20℃时CO_2压力等于或大于0.05MPa的果酒。

（3）特种果酒　用新鲜果品或果汁在采摘或酿造工艺中使用特定方法酿制而成的果酒，如利口果酒、果汽酒、冰果酒、贵腐果酒、产膜果酒、加香果酒、低醇果酒、脱醇果酒等。

① 利口果酒　由果品生成总酒度不低于12%（体积分数）的果酒中加入果酒白兰地、食用酒精以及果汁、浓缩果汁、含焦糖果汁、白砂糖等，使其终产品酒精度为15%～22%（体积分数）的果酒。

② 果汽酒　酒中所含CO_2是部分或全部由人工添加，具有同起泡果酒类似物理特性的果酒。

③ 加香果酒　以果酒为基酒，经浸泡芳香植物或加入芳香植物的浸出液（或蒸馏液）而制成的果酒。

2. 按酒中含糖量分类

按酒中含糖量分为干型果酒、半干型果酒、半甜型果酒和甜型果酒（见表4-1）。

表4-1　果酒含糖量

名称	含糖量(以葡萄糖计)	名称	含糖量(以葡萄糖计)
干型果酒	≤4.0g/L	半甜型果酒	12.0～50.0g/L
半干型果酒	4.0～12.0g/L	甜型果酒	>50.0g/L

二、果酒生产的原料

果酒生产所需原料分为主要原料和辅料两大类。主要原料包括水果、白砂糖、精制酒精和水，辅料包括果胶酶、乳酸菌、酵母菌、酒精发酵促进剂、降酸剂、澄清剂等。所有的原辅料其质量应符合相应的标准和有关规定。

（一）原料

1. 水果

果酒原料应具备较高的含糖量，一定的酸度，鲜艳的色泽，芳香的果味。含糖量越高，酒精产生也越丰富，果酒的质量也越好；酸在发酵时有利于酵母菌的繁殖，可使色素溶解，提高酒色；酿成的果酒由于酸与乙醇生成的酯类化合物而芳香浓郁，清凉爽口。原料要选成熟度好、没有霉烂的果实。

目前，用于果酒酿造的水果有梨、苹果、菠萝、猕猴桃、山楂、橘子、桑葚、水蜜桃、李子、樱桃、黑加仑、青梅、沙棘、刺梨、草莓、杨梅等。

2. 白砂糖

由于每种水果所含的糖分有一定的差异，为了使果酒的浓度一定还需要添加一定的糖。通常使用的是白砂糖或绵白糖。

（二）辅料

1. 果胶酶

果胶酶广泛应用于果酒的酿造过程，其目的是：①浸提果品中香气物质、色素和单宁；②澄清果汁；③加速果酒的陈酿。

果胶酶是催化植物细胞间质（即果胶质）水解成半乳糖醛酸和果胶酸的一类酶。按其作用方式，大致可分为3类：①原果胶酶（protopectinase），可使天然果胶转变为可溶性果胶；②果胶聚半乳糖醛酸酶（pectin polygalacturonase，PG），使果胶或果胶酸中α-1,4-键分解，而生成半乳糖醛酸；③果胶甲酯水解酶（pectin methylesterase，PE），使果胶中甲酯水解，生成果胶酸。为使果胶完全分解，需要先用PE，再用PG。在果汁澄清中，亦同时用这两种酶。产品为灰白色粉末或橙黄色液体。最适作用pH值3.5～4.5，最适作用温度40～50℃。

2. 二氧化硫

在GB 2760—2014中规定二氧化硫最大添加量0.25g/L（最大使用量以二氧化硫残留量计），甜型果酒最大添加量0.4g/L。二氧化硫在果酒中的作用有杀菌、澄清、抗氧化、增酸、使色素和单宁物质溶出、还原作用、使酒的风味变好等。二氧化硫有气体二氧化硫及固态亚硫酸盐，前者可用管道直接通入，后者则需溶于水后加入。发酵基质中二氧化硫浓度为60～100mg/L。此外，尚需考虑下述因素：原料含糖量高时，二氧化硫结合机会增加，用量略增；原料含酸量高时，活性二氧化硫含量高，用量略减；温度高，易被结合且易挥发，用量略增；微生物含量高、种类多和活性高，用量多；霉变严重，用量增加。

3. 酵母菌

果酒酵母可分为2种不同的类型：酿酒酵母和非酿酒酵母。酿酒酵母是果汁发酵以及酒精生产过程中的主要菌种。目前有4种酿酒酵母与工业生产关系最为密切，即贝酵母（*S. bayanus*）、酿酒酵母（*S. cerevisiae*）、奇异酵母（*S. paradoxus*）和巴斯德酵母（*S. pastorianus*）。非酿酒酵母包括一些产香酵母、产酯酵母，如有孢汉逊酵母属（*Hanseniaspora*）、克勒克酵母属（*Kloeckera*）、念珠菌（*Nostoc*）以及毕赤酵母属（*Piachia*）等。在实际生产中，许多生产厂家直接选用葡萄酒酵母进行生产。商业化的酵母菌以活性干酵母（*Saccharomyces cerevisiae*）的形式存在。

4. 乳酸菌

果酒发酵过程中通常会诱导苹果酸-乳酸发酵，在南方葡萄酒生产中通常使用的菌种是乳酸菌，使产品的口感得到一定的改善，达到一定的酸度。在北方葡萄酒生产中通常是抑制乳酸菌的生长，防止苹果酸-乳酸发酵的发生。

5. 降酸剂

降酸原理是与酒石酸盐或酒石酸氢盐形成不溶性的酒石酸氢盐或中性钙盐，再通过过滤方法去除沉淀物达到降酸的目的。常见的有酒石酸钾、碳酸氢钾和碳酸钙等。

6. 澄清剂

刚发酵结束的酒在较长时间里是浑浊的，酒里含有悬浮状态的酵母、细菌、凝聚的蛋白质、单宁物质、黏液质以及浆果组织的碎片等，必须通过澄清和过滤去除果酒中的悬浮物和沉淀的颗粒，达到果酒澄清透明的外观品质。果酒澄清必须添加澄清剂加以澄清，澄清剂分明胶、高岭土、硅胶和膨润土等。

明胶的用量因各种果汁、果酒以及明胶的种类而异，加样前应作试验以确定加入量。方法为：取果汁或果酒数份，每份100mL加入（通常为2～10mL）1%明胶液混合，置刻度量筒内，观察澄清度及沉淀的体积和致密度，由此测得其最适用量。如果果汁中鞣质含量低，应在加明胶前先加入一些鞣质。明胶在使用前应先用冷水浸没，使其吸水膨胀后洗去杂质，再水浴间接加热（加热时要经常搅动），至胶粒完全溶化透明后停止加热。溶化明胶以微火加热为好，胶液温度应控制在50℃以下，不可将胶液加热至沸或长时间煎熬，否则易使明胶变质。溶好的明胶加入后应搅拌均匀，在室温8～15℃以下静置7～10d即可过滤。

膨润土又叫皂土，是通常用的果酒澄清净化剂，尤其在葡萄酒等果酒生产中广为应用。膨润土吸水膨胀而分散于水中，形成稳定的带负电荷胶体细粒，与酒中带正电荷的浑浊物质产生絮状沉淀，使酒得以澄清。膨润土作澄清剂有价廉、不会因添加过量而产生浑浊的优点。其用量通常为每100L果汁用50～100g。一般将其放在冷水中浸泡12h，任其吸水膨胀。根据水的用量，制成浓度不等的糊或悬浮溶液，加入果酒后，搅拌均匀并静置澄清后，最后过滤即可。

三、果酒生产用的微生物及生化机制

（一）生产用的微生物

果酒发酵中酒精发酵的主要微生物是酵母菌，酵母主要分为酿酒酵母和非酿酒酵母两大类。葡萄酒酿造过程中，在发酵初期非酿酒酵母发挥主要作用，但在发酵1～3d后，酿酒酵母逐渐取代非酿酒酵母而成为优势菌株。出现这种情况的原因可能是酿酒酵母与非酿酒酵母对外界环境的抵抗力不同造成的，如营养物质的消耗、酒精度的提高、有机酸的增加、代谢物的产生都可能会抑制非酿酒酵母的生长。

酿酒酵母在果汁发酵和酒精生产过程中常见的有4种：*S. bayanus*、*S. cerevisiae*、*S. paradoxus* 和 *S. pastorianus*。酿酒酵母不仅能够抑制或减少其他酵母和某些有害微生物的生长繁殖，而且其发酵能力很强，发酵迅速完全，发酵后的果酒残糖量少，酒精含量高，酒体协调，酒质清淡。

非酿酒酵母主要包括产香酵母和产酯酵母，比如有孢汉逊酵母属、克勒克酵母属、念珠菌以及毕赤酵母属等均属于这一类。

非酿酒酵母因其不耐高浓度的酒精，对二氧化硫敏感且会产生高浓度的乙酸和乙酸乙酯的特性，被认为不适用于果酒生产。但随着研究技术的进步，人们逐渐发现这些非酿酒酵母在发酵早期过程中与耐酒精能力强的酿酒酵母等联合使用能够使发酵进行得更加彻底。同时非酿酒酵母还会生成许多的芳香物质和特殊风味物质，使果酒的总体风味更加特别。

（二）生化机制

1. 酒精发酵

酒精发酵是指在无氧条件下，酵母菌分解葡萄糖等有机物，产生酒精、二氧化碳等不彻底氧化产物，同时释放出少量能量的过程。

影响酵母菌酒精发酵的因素有温度、氧气、pH、渗透压、二氧化硫等。

① 温度　一般发酵的危险温度区为32～35℃，也称发酵临界温度。酵母菌的最适活动温度是20～30℃。当温度在20℃以上时，其生长繁殖速度会随着温度的升高而加快；当温度在34～35℃时，其生长速度迅速下降；当温度达到40℃时，停止活动；40～45℃延续1h以上或60～65℃延续10min就可致死。故果酒多采用低温杀菌，以减少酒精挥发。

② 氧气　酵母生长繁殖需要氧气，在氧气充足的环境中，发芽繁殖很快但产生乙醇很少。在缺氧条件下，虽然繁殖很慢，活力下降，但能将糖分解生成乙醇和二氧化碳。因此，常在发酵初期供给大量氧气，使酵母大量繁殖，随后隔绝空气，迫使酵母在缺氧条件下进行酒精发酵，产生大量酒精。

③ pH　酵母菌的最适pH生长范围是4～6，但耐酸能力比杂菌强。在实际生产中会将果汁的pH控制在3.3～3.5，在保证酵母菌良好生长的情况下，也能控制其他细菌的生长。当pH小于2.6时，果酒酵母亦停止繁殖和发酵。

④ 渗透压　当果汁溶液浓度过大时，渗透压增高，使酵母细胞失水，发生质壁分离而死亡，一般果汁含糖量不宜超过24%。因此，在发酵工艺中常采用多次加糖或浓缩汁的方法，以防止溶液浓度过高。

⑤ 二氧化硫　果酒酵母抗二氧化硫能力较强，当发酵液中二氧化硫达到100mg/kg时，对果酒酵母无明显作用，但却能抑制杂菌活动。果酒生产中广泛应用二氧化硫来进行发酵容器和发酵液的杀菌。

2. 苹果酸-乳酸发酵

苹果酸-乳酸发酵简称MLF，是指在果酒的酒精发酵之后，在乳酸菌的苹果酸-乳酸酶作用下将L-苹果酸转化为L-乳酸并释放出二氧化碳的过程。苹果酸-乳酸发酵对果酒的作用如下。

① 降酸作用　以前生产中常用的是物理降酸法和化学降酸法，苹果酸-乳酸发酵是常用的生物降酸法，它是通过二元酸（苹果酸）向一元酸（乳酸）的转化，从而降低了葡萄酒的总酸。研究表明通常情况下，苹果酸-乳酸发酵可以使果酒总酸下降1～4g/L，pH升高0.025～0.45。

② 改变色泽　在苹果酸-乳酸发酵过程中，总酸下降、pH上升，导致果酒中的色素类物质发生变化，进而改变了果酒的色度。

③ 风味修饰　苹果酸-乳酸发酵可以通过改变果酒的颜色、口感、香气等来影响它的风味。苹果酸-乳酸发酵还可以增加单宁缩合度和单宁胶体层，使果酒的口感更为柔和，并且在苹果酸-乳酸发酵过程中，植物性香味减少，能更加突出水果的风味。

④ 增加生物稳定性　酒石酸和苹果酸是果酒中的两大固定酸，苹果酸的生理代谢要比酒石酸活跃得多，容易被微生物分解和利用。而通常所用的化学法降酸仅能作用于酒石酸，并且大幅度的化学降酸还会严重影响果酒的感官品质。但果酒采用苹果酸-乳酸发酵降酸后，经过抑菌、除菌等步骤处理后，果酒的生物稳定性得到了增加。

四、果酒现代生产流程及技术参数

（一）果酒酿造的基本工艺流程

果酒酿造的基本工艺流程如下：

鲜果→分选清洗→破碎、除梗→果浆→分离取汁→澄清→清汁→发酵→倒桶→贮酒→过滤→冷处理→调配→过滤→成品

（二）生产过程中的操作要点

1. 原料的选择

酿酒原料须选择酿酒性能好、质量好的品种，应具备以下要求：①含糖量在160g/kg以上；②酸度适中，含酸量应控制在0.6～1.0mg/100mL；③香味浓郁；④色泽鲜艳；⑤无霉烂变质、无病虫害。

采用果蔬分选机进行分选及清洗流水线进行清洗。

2. 破碎、除梗

破碎要求每粒果实破裂，但不能将果核和果梗破碎，否则果核内的油脂、糖苷类物质及果梗内的一些物质会增加酒的苦味。破碎后立即将果浆与果梗分离，防止果梗中的青草味和苦涩物质溶出。破碎机有双辊压破机、鼓形刮板式破碎机、离心式破碎机、锤片式破碎机等。破碎后不加压自行流出的果汁叫自流汁，加压后流出的汁液叫压榨汁。自流汁质量好，宜单独发酵制取优质酒。压榨分两次进行，第一次逐渐加压，尽可能压出果肉中的汁，质量稍差，应分别酿造，也可与自流汁合并。将残渣疏松，加水或不加，作第二次压榨，压榨汁杂味重，质量低，宜作蒸馏酒或其他用途。设备一般为连续螺旋压榨机。

3. 果汁的澄清

压榨汁中的一些不溶性物质在发酵中会产生不良效果，给酒带来杂味，而且，用澄清汁制取的果酒胶体稳定性高，对氧的作用不敏感，酒色淡，铁含量低，芳香稳定，酒质爽口。澄清的方法参照澄清剂的使用。

4. 果汁的调整

（1）糖的调整　酿造酒精含量为10%～12%的酒，果汁的糖度为17～20°Bx。如果糖度达不到要求则需加糖，实际加工中常用蔗糖或浓缩汁。

（2）酸的调整　酸可抑制细菌繁殖，使发酵顺利进行；增加酒的贮藏性和稳定性。一般pH大于3.6或可滴定酸低于0.65%时应该加未成熟的果汁或酒石酸。酸度偏高的果汁添加DL-苹果酸钠降酸。

5. 发酵、澄清

果汁发酵的过程主要分为前（主）发酵和后发酵两个过程。

（1）前发酵　将果汁注入容器内（容器容积的4/5），然后加入3%～5%的酵母，搅拌均匀后将发酵温度控制在20～28℃，发酵时间随酵母的活性和发酵温度而变化，一般持续时间为4～7d。残糖降为0.4%以下时主发酵结束，然后应进行后发酵。

（2）后发酵　倒罐或换桶将酒容器密闭进行后发酵，温度在20℃左右，持续1个月左右。

（3）澄清 发酵结束后采用下胶材料（澄清剂）进行澄清，澄清的方法和果汁相同。

6. 陈酿

陈酿的时间相对来说较长，一般在地下室中进行，最少需要半年，最好的需要2年。果酒在陈酿过程中会发生一系列的酯化反应，生成一些酯类化合物成为陈酿的芳香成分。

加快果酒的成熟，采用冷热交替处理法来加快陈酿的速度：先50～52℃处理25d，然后－6℃冷却7d。若陈酿期间有沉淀产生，则需要进行换桶。一般换桶的时间是第一年冬季，第二年春、秋各一次，第三年年底。

7. 成品调配

陈酿之后的果酒出厂前，要根据相关规定的质量要求对其糖度、酒度、酸度、香味、色泽等再次进行调配，使其更加美味。

8. 过滤、杀菌、装瓶

过滤有硅藻土过滤、薄板过滤、微孔薄膜过滤等。果酒常用玻璃瓶包装。装瓶时，空瓶用2%～4%的碱液在50℃以上温度浸泡后，清洗干净，沥干水后杀菌。果酒可先经巴氏杀菌再进行热装瓶或冷装瓶，含酒精低的果酒，装瓶后还应进行杀菌。杀菌条件为温度60～70℃，时间20min左右。

五、果酒成品质量标准

由于果酒现代生产的起步相对较慢，目前为止对于果酒的产品质量还没有国家标准，葡萄酒有国家标准。农业部行业标准有果酒标准（NY/T 1508《绿色食品　果酒》），山楂酒（QB/T 1983）、猕猴桃酒（QB/T 2027）行业标准，大多数企业执行的是葡萄酒的国家标准或者是企业自定的企业标准。NY/T 1508—2017《绿色食品　果酒》标准感官要求和理化指标见表4-2、表4-3。

表4-2　果酒感官要求

项目	要求	检验方法
外观	具有本品的正常色泽，酒液清亮，无明显沉淀物、悬浮物现象，瓶装超过1年允许有少量沉淀	GB/T 15038
香气	具有原果实特有的香气，陈酒还具有浓郁的酒香，且与果香混为一体，无突出的酒精气味、无异味	GB/T 15038
滋味	具有该产品固有的滋味、醇厚纯净而无异味，甜型酒应甜而不腻，干型酒应酸而不涩，酒体协调	GB/T 15038
典型性	具有标示品种及产品类型的应有特征和风味	GB/T 15038

表4-3　果酒理化指标

项目		指标	检验方法
酒精度[1]（20℃，体积分数）/%		7～18	GB 5009.225
总酸（以酒石酸计）/(g/L)		4.0～9.0（除青梅酒外） ≤15.0（仅限青梅酒）	GB/T 15038
挥发酸（以乙酸计）/(g/L)		≤1.0	
总糖（以葡萄糖计）/(g/L)	干型果酒[2]	≤4.0	
	半干型果酒[3]	4.1～12.0	
	半甜型果酒	12.1～50.0	
	甜型果酒	≥50.1	
干浸出物[4]/(g/L)		≥12.0	

① 酒精度标签标示值与实测值之差不得超过±1.0%（体积分数）。

② 当总糖与总酸的差值≤2.0g/L时，含糖最高为9.0g/L。

③ 当总糖与总酸的差值≤2.0g/L时，含糖最高为18.0g/L。

④ 如已有相应国家或行业标准的果酒，其浸出物要求可按其相应规定执行。

六、果酒的安全性及清洁化生产

果酒在生产过程中会因为原料、设备、生产环境不符合卫生要求，或者发酵过程的发酵不完全，果酒的温度过高；贮藏过程中酒精度过低或者杀菌不彻底等原因发生病害与败坏，影响它的色、香、味以及外观。因此为了果酒的安全性应注重果酒的病害、败坏及防治。

（一）果酒的病害及防治

果酒的病害是由各种致病微生物的污染所引起的。常见的病害有以下5种。

1. 酒花病

酒花病即为生膜，又称为生花，当果酒暴露在空气中时，开始在酒液表面生长一层灰白色或暗黄色的、光滑而薄的膜，逐渐增厚、变硬、形成皱纹，并将液面盖满。一旦受振动即破裂成片状物而悬浮酒液中，使酒液浑浊不清并且产生不愉快的气味。实质上，它是酒花菌类繁殖形成的，其主要是膜酵母菌。

防治方法：

① 尽量保证酒液表面不与空气接触，贮酒容器要装满并保持周围设备环境的卫生情况。

② 在酒液表面铺上一层3～5cm高度酒精或者铺上一层二氧化碳或二氧化硫。

③ 在发酵和贮酒过程中，注意控制温度，使温度低于酒花菌的适宜繁殖温度。

④ 若已发生生花现象，可取一只长把玻璃漏斗插入酒中，倒入质量好的同品种酒，将酒溢出排出酒花菌。

2. 醋酸菌病害

醋酸菌病害是由醋酸菌发酵引起的，常见的是醋酸杆菌。果酒表面会产生一层淡灰色的薄膜，最初是透明的，之后变暗，有时会变成一种玫瑰色薄膜，并出现皱纹。此后薄膜部分脱离下沉形成一种黏性的稠密物质，通常称为“醋蛾”或“醋母”。

防治方法：与酒花病防治方法相似。

① 把发酵温度控制在20～28℃，注意周围设备、环境的卫生情况。

② 将总酸控制在6～8g/L（可添加酒石酸或柠檬酸）。

③ 在酒液表面添加一层高度酒精，贮存温度控制在20℃以下。

④ 将已经病害的果酒置于72～80℃下20min，便可除去病害。

3. 乳酸菌病害

乳酸菌病害主要是乳酸杆菌引起的一系列反应，乳酸杆菌将果酒中的有机酸和糖分解生成乳酸，并释放出影响果酒风味的醋酸和某些怪味气体等。

防治方法：

① 向果酒中加入一定量的二氧化硫抑制乳酸菌的繁殖。

② 将总酸控制在6～8g/L（可根据GB 2760中的要求加入酸度调节剂）。

③ 严格控制生产设备及周围环境的卫生。

④ 将已经病害的果酒置于68～72℃下杀菌，过滤。

4. 苦味菌病害

苦味菌病害是由于厌氧的苦味菌侵入果酒并大量繁殖而引起的。产生苦味的途径有两种：一种是将果酒中的甘油分解为醋酸和丁酸；另一种是甘油生成的丙烯醛，或是形成了没食子酸乙酯。

防治方法：

① 对果酒进行热处理，清除苦味菌。

② 对于刚开始发病、苦味不重的酒，可进行一二次下胶处理排除苦味。

③ 苦味很重的酒，每 100L 病酒加入 3～5kg 新鲜酒脚再充分搅拌，静置待其澄清后除去酒脚，排除苦味。

④ 注意要尽量避免果酒与空气的接触。

5. 其他病害

其他病害见表 4-4。

表 4-4 其他病害及防治

类别	原因	防治方法
果酒发浑	由甘露蜜醇菌引起(发酵不完全)	发酵要完全;对酒进行冷冻、加热杀菌和下胶处理
果酒发黏	由黏稠芽孢杆菌活动引起	50～55℃杀菌 15min
酒石酸发酵病	由都尔菌和卜士菌引起	加强发酵管理,控制发酵时温度增高不能太快

（二）果酒的败坏及防治

果酒的败坏是由于发生了不良的化学或物理反应。果酒的破败病主要分为金属破败病、棕色破败病和其他败坏。

1. 金属破败病

金属破败病主要是指铁破败病，分白色破败病和蓝色破败病。果实中含有一定的金属元素，再加上生产过程中所用的设备及容器含的金属也会溶解到酒中，就会造成果酒中的金属含量过高，从而导致果酒的败坏。果酒中的 Fe^{2+}，在有氧的条件下，氧化成 Fe^{3+}，Fe^{3+} 与果酒中磷酸盐反应生成磷酸铁白色沉淀（白葡萄酒常见）；Fe^{3+} 与果酒中单宁化合生成单宁酸盐，与氧接触后被氧化成蓝色或黑色的浑浊与沉淀（红葡萄酒常见）。在生产过程中尽量避免与铁制容器接触；避免与氧气接触；降低 pH，使铁含量降到 5mg/L 以下。

2. 棕色破败病

棕色破败病又称氧化酶破败病，俗称果酒变褐，果酒中氧化酶类过多，在接触空气之后颜色易成棕褐色，酒味平淡发苦。

防治方法：

① 抑制酶类的活性，控制果酒的酸度和二氧化硫含量使其达到要求。

② 果汁在发酵之前先进行热处理，破坏氧化酶。

③ 添加一定量维生素 C。

④ 对于已经患破败病的果酒可将其置于 70～75℃杀菌后再过滤。

果酒在生产过程中，由于原料、设备及生产环境等不符合卫生要求，再加上有时操作上的疏忽或者工艺条件的不恰当，无法保证果酒清洁化生产。所以在整个生产过程中需要注重每个生产环节，比如原料的挑选、破碎以及果酒的澄清、调配等，还要注意果酒发酵每个阶段条件的控制，要杜绝出现果酒病害和果酒破败这些问题，保证果酒的口味和质量。

【思考题】

1. 简述果酒发酵过程中苹果酸-乳酸发酵机制。
2. 简述果酒在陈酿过程中的微生物变化。

3. 简述果酒生产过程中食品安全的关键点及败坏的原因和防治。

第二节 泡菜

一、泡菜概述

泡菜是蔬菜腌制的典型代表之一，千百年来，泡菜以其酸鲜纯正、脆嫩芳香、回味悠久、解腻开胃的品味及功效吸引着国内外众多消费者。

泡菜含有维生素A、维生素B_1、维生素B_2、维生素C、钙、磷、铁、胡萝卜素、纤维素、氨基酸、蛋白质等多种营养成分。

（一）泡菜的发展历史

蔬菜是人类赖以生存的重要食物资源，在原始社会时期蔬菜在收获期出现过剩时，一些废弃的蔬菜被随意扔弃在天然露天盐卤池中。天然露天盐卤池中浸泡的蔬菜不仅能够食用，而且还有一定的特殊风味。随后先民开始有意识地在收获旺季将过剩的生鲜蔬菜浸泡在盐卤中，这就是蔬菜的盐渍，是泡菜制作的第一步。在原始社会后期，当剩余产品进一步丰富，伴随原始部落私有观念出现，各部落间开始对剩余物品掠夺，部落战争随之产生。在原始战争中，一些部落被迫迁徙，但是为了让自己盐渍的蔬菜不被其他部落发现，开始采用土封的办法来保存自己的盐渍蔬菜。战争平息后，当这些先民回到故土，取食自己保藏的蔬菜时，发现经土封盐渍的蔬菜味道比天然露天盐卤池中浸泡的蔬菜味道更加鲜美，于是人们开始有意识地利用土封来盐渍蔬菜，这就是泡菜制作的雏形。

泡菜历史的文字记载，最早出现在《诗经》“中田有庐，疆场有瓜，是剥是菹，献之皇祖”的诗句。庐和瓜是蔬菜，“剥”和“菹”是腌渍加工的意思。我国泡菜的历史起源于3100多年以前的商时期。北魏（公元386～534年）时期，著名农业科学家贾思勰在《齐民要术》中，较为系统和全面地介绍了北魏以前的泡渍蔬菜的加工方法，这是关于制作泡菜的较规范的文字记载。据中国陶瓷史记载，我国三国时期的越窑就有泡菜坛生产；上海金山亭林镇发掘到的战国时期的双口沿黑陶大坛，特别是四川成都三星堆遗址发掘出土的“陶瓮”把我国泡菜坛的历史又向前推进了若干年。

迄今为止，泡菜的制作工艺已经传承了许多年。随着市场需求的提高，在我国政府的引导和推动以及人们的努力下，在继承传统泡菜制作工艺的同时，并且通过生产加工实践之中的不断改进与创新，加快了我国泡菜产业的发展，形成了现今丰富多彩、琳琅满目的泡菜产品。近年来，随着人们对乳酸菌生物功能和保健功能的认识提高，泡菜已日益受到全世界消费者的欢迎。在国内，无论是偏干燥的北方还是潮湿的南方，对于泡菜这种保质期长、口味独特、不分季节、不分地区、不分人群的钟爱食物，市场空间极大，具有很大的发掘潜能。

（二）泡菜的定义

以蔬菜等为主要原料，添加或不添加辅料，经食用盐或食用盐水渍制等工艺加工而成的蔬菜制品。富含以乳酸菌为主的优势益生菌群，产品具有“新鲜、清香、嫩脆、味美”的特点。泡菜中有益微生物的新陈代谢活动贯穿始终，泡渍与发酵伴随着一系列复杂的物理、化学和生物反应的变化，产生出柔和的风味与芳香物质成分，赋予泡菜产品的色、香、味及其健康因子，使得传统特色发酵食品泡菜生生不息传承千年而延续至今。

（三）泡菜的分类

依据口味添加辅料不同，分为中式泡菜、韩式泡菜和日式泡菜。

1. 中式泡菜（简称泡菜）

以蔬菜等为主要原料，添加或不添加辅料，经食用盐或食用盐水泡渍发酵、调味等工艺加工而成的蔬菜制品。

2. 韩式泡菜

以蔬菜等为主要原料，添加红辣椒粉、大蒜、虾酱等选择性辅料调味，经食用盐或食用盐水处理、低温腌渍等工艺加工而成的蔬菜制品。

3. 日式泡菜

以蔬菜等为主要原料，添加红辣椒粉、鱼贝类等选择性辅料调味，经食用盐或酱油或醋等渍制加工而成的蔬菜制品。

二、泡菜生产的原料

泡菜生产的原料包括蔬菜原料与辅料，其质量应符合相应的标准和有关规定。

（一）蔬菜原料

凡肉质肥厚、组织紧密、质地嫩脆、不易软烂，并含有一定糖分的新鲜蔬菜，均可选用作为加工泡菜的原料。一般大多数蔬菜都可以用来加工泡菜，如子姜、甘蓝、大白菜、荠菜、豆角、黄瓜、辣椒、萝卜、胡萝卜等。而小白菜、菠菜、苋菜等叶菜类由于叶片薄、质地柔嫩、易软化，不适宜作泡菜原料。制作时可多选用几种蔬菜混合泡制，使产品的色泽、风味更加丰富。

在适宜用作泡菜的蔬菜中，根据其耐贮藏性又可分为3类：可贮存1年以上的蔬菜：子姜、大蒜、苤蓝、洋葱、苦瓜、藠头等；可贮存3～6个月的蔬菜：萝卜、豇豆、四季豆、青菜头、辣椒、胡萝卜等；可贮存1个月左右的蔬菜：黄瓜、莴笋、甘蓝、大白菜等。要求根据泡制的时间长短选择新鲜原料。

蔬菜原料的新鲜程度也是原料品质的重要标志。原料新鲜，经加工后不仅其营养成分保存多，而且可以保持鲜嫩和原有的风味。新鲜的蔬菜如不及时加工，会发生老化现象，不再适宜用做原料。因为老化的菜一是皮厚、种子坚硬；二是含糖较多、肉质发软，不脆不嫩。因此，原料购买后要尽快加工。如不能及时泡制，要将鲜菜放在阴凉通风处，避免鲜菜由于呼吸作用生热，使微生物大量繁殖而造成腐烂。

蔬菜的成熟度也是原料品质与加工适应性的标准之一。蔬菜的老嫩、口味、外形、色泽都与成熟度有关。选用成熟度适当的原料进行加工，产品的质量高，原料的消耗也低；成熟度不当，不仅影响制品的质量，同时还会给加工带来困难。为了保证制品的质量，一定要严格掌握采收期，并注意适时加工。

对泡菜原料的选择，除有上述要求外，还应当注意尽量避免在采收和运输过程中的机械损伤，否则造成开放性伤口，会使蔬菜的呼吸强度增大，加速营养成分的消耗；致使大量微生物侵染菜体，蔬菜的脆硬度下降，甚至会造成蔬菜腐烂变质。为尽量保持原料的新鲜完整，原料基地距工厂越近越好。

原料选择至关重要，只有满足上述要求的蔬菜品种才能加工生产出优质的泡菜产品。

（二）辅助原料

制作泡菜时常需添加一些佐料，如白酒、料酒、醪糟汁、红糖、白糖等。白酒、料酒和醪糟汁对入坛泡制的蔬菜可起辅助渗透盐味、保脆嫩和杀菌的作用。白糖、红糖则可起调和诸味、增添鲜味等作用。同时也可以在泡菜盐水中加入一些香料以增香味、除异味、去腥味，如八角、排草、胡椒和花椒等。

（三）泡菜生产用水

泡菜的生产最好选用井水和泉水，因为其为含矿物质较多的硬水，适合配制泡菜盐水，可保持泡菜成品的脆度，经处理后的软水不适合配制泡菜盐水。生产用水要求应符合 GB 5749 的规定。

三、泡菜生产用的微生物及生化机制

泡菜的生产实质是一个十分复杂的微生物发酵动力学过程，同时伴随着复杂的生物化学变化和物理变化。

（一）泡菜生产用的微生物

蔬菜表面天然附着的微生物主要包括乳酸菌、酵母菌、丁酸菌、大肠杆菌和一些霉菌等。泡菜发酵主要是乳酸菌以乳酸发酵为主，其他还有酵母菌和醋酸菌等，共同作用完成泡菜风味的形成。

1．乳酸细菌

在泡菜自然发酵过程中，3 种主要乳酸菌进行演替生长，将原料中糖变成乳酸、醋酸和其他化合物。3 种乳酸菌是肠膜明串珠菌、短乳杆菌和植物乳杆菌。

泡菜发酵初期，肠膜明串珠菌生长活跃，肠膜明串珠菌产生醋酸、乳酸、乙醇和二氧化碳，乙醇和酸合成酯从而增强终产品的风味。当肠膜明串珠菌停止活动后，短乳杆菌大量生长产生乳酸。在短乳杆菌失去活性后，植物乳杆菌还能生长产生更多的乳酸。由于肠膜明串珠菌在约 21℃的较低温度下才能达到最佳生长和发酵速度，如果在发酵初期温度高于 21℃，那么乳杆菌生长速度很容易超过肠膜明串珠菌的生长速度，随后产生的高浓度酸进一步阻止了肠膜明串珠菌的生长。在这种情况下，肠膜明串珠菌所产生的醋酸、乙醇和其他期望的产物就无法形成，从而影响到泡菜的风味。在泡菜发酵中，先采用低温，到发酵后期再稍微提高温度。

（1）肠膜明串珠菌　肠膜明串珠菌的菌落形态呈圆形或豆形，菌落直径小于 1.0mm，表面光滑，乳白色，不产生任何色素；细胞形态呈球形、豆形或短杆形，有些成对或以短链排列，不运动，无芽孢；革兰氏染色呈阳性；微好氧性，厌氧培养生长良好；生长温度范围 2～53℃，最适生长温度 30～40℃；耐酸性强，生长最适 pH 为 5.5～6.2，在 pH≤5 的环境中可以生长，而在中性或初始碱性条件下生长速率降低。肠膜明串珠菌自身合成氨基酸的能力极弱，需要从外界补充 19 种氨基酸和维生素才能生长。肠膜明串珠菌包括三个亚种：肠膜明串珠菌肠膜亚种（*L. mesenteroides* subsp. *mesenteroides*）、肠膜明串珠菌右旋葡聚糖亚种（*L. mesenteroides* subsp. *dextranicum*）和肠膜明串珠菌乳脂亚种（*L. mesenteroides* subsp. *cremoris*）

肠膜明串珠菌肠膜亚种为革兰氏阳性菌，为兼氧性厌氧菌，以底物水平磷酸化发酵碳水化合物，异型乳酸发酵，发酵葡萄糖的终产物为二氧化碳、乙醇、左旋乳酸。

肠膜明串珠菌肠膜亚种的细胞呈球形或卵圆形（图 4-1），在成对或链状时，长大于宽，无芽孢，不运动，生长缓慢，发酵葡萄糖产酸产气。

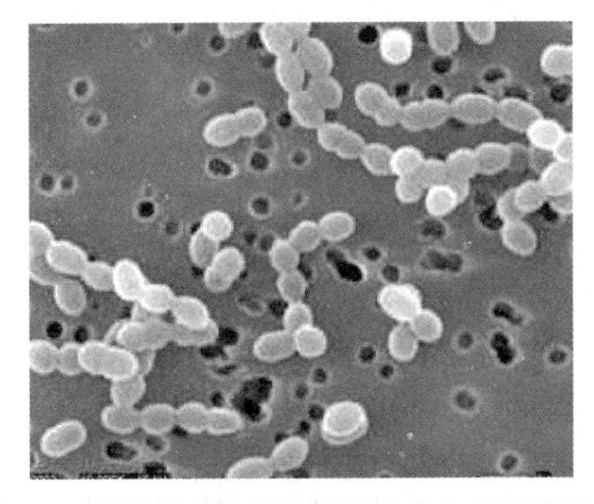

图 4-1　肠膜明串珠菌肠膜亚种的电子显微图片

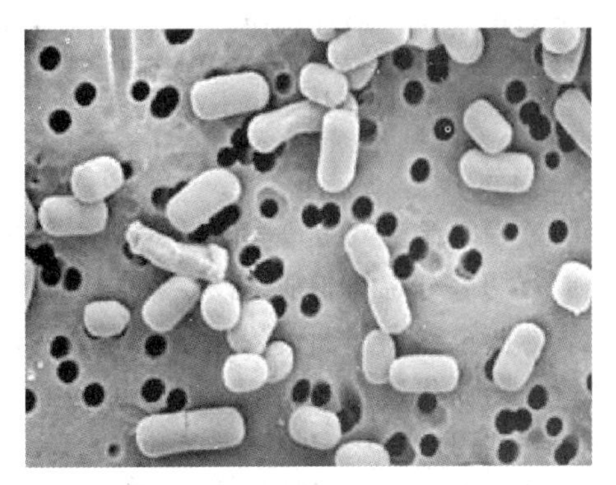

图 4-2　短乳杆菌的电子显微图片

肠膜明串珠菌肠膜亚种生长时会产酸，但酸度增加后，促使对酸容忍度较高的乳酸杆菌生长，肠膜明串珠菌肠膜亚种反而会被乳酸杆菌抑制。肠膜明串珠菌肠膜亚种培养于葡萄糖水溶液中，加热至 55℃，30min 后会死亡，而在黏稠的糖溶液中，则可抗热 80～85℃。

（2）短乳杆菌　短乳杆菌（*Lactobacillus brevis*）为乳杆菌目、乳杆菌科、短乳杆菌属，主要分离于牛奶、酸乳酒、干酪、酸泡菜等。细胞形态呈圆形短杆状，菌体长度 2～4μm，直径 0.7～1.0μm，大部分是单独存在或成短链状（图 4-2），不生孢子，为革兰氏阳性，无鞭毛，无运动性。生长温度 2～53℃，最佳生长温度 30～40℃，在 45℃以上不生长。生长时产生大量的酸，生长适宜的 pH 5.5～6.2。在维生素 B_1、维生素 B_3、维生素 B_5 皆有的环境下才能生长，不需要维生素 B_6、维生素 B_{12}。短乳杆菌不还原硝酸盐，不液化动物胶，即不分解酪蛋白。短乳杆菌为异型乳酸菌，可产生乳酸杆菌素天然抑菌物质。

（3）植物乳杆菌　植物乳杆菌（*Lactobacillus plantarum*）属乳杆菌科、乳杆菌属，为同型发酵的兼性厌氧菌。细胞形态外观为杆状直线形，两端以圆弧形收尾，通常宽 0.9～1.2μm，长 3.0～8.0μm，以单个、两两成对或短链形式排列存在（图 4-3）。适合的生长温度 10～45℃，30～35℃是最佳生长范围，在接近冰点也能生存。最适生长 pH 值在 3.5～4.2，耐盐浓度为 13%～15%。

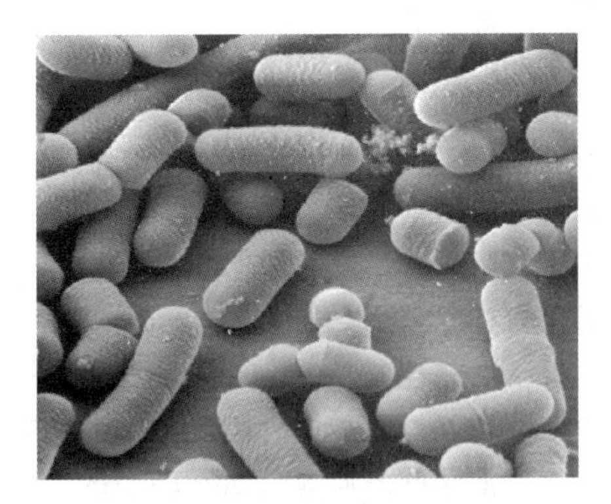

图 4-3　植物乳杆菌的电子显微图片

植物乳杆菌与其他乳酸菌的区别在于此菌的活菌数比较高，能大量产酸，使泡菜卤水的 pH 值稳定不升高，而且其产出的酸性物质能降解重金属。此菌是厌氧细菌（兼性好氧），在繁殖过程中能产出特有的乳酸杆菌素，乳酸杆菌素是一种生物型的防腐剂。

2. 酵母菌

除乳酸菌之外，泡菜中的微生物还有娄德酵母属、毛孢子菌属、假丝酵母属、酵母属、毕赤酵母属和克鲁维酵母菌属等酵母菌，发酵期间酵母菌发酵生成乙醇以及其他醇类，有利于泡菜在发酵后期发生酯化反应生成芳香味物质。

3. 醋酸菌

醋酸菌在好氧条件下可以把酒精转化为醋酸，醋酸不但具有本身独有的风味，还可与乙醇发生酯化反应，增加泡菜特有的芳香气味。

（二）泡菜生产过程中的生化机制

1. 乳酸发酵

乳酸发酵是泡菜发酵过程中最重要的生化过程。蔬菜在乳酸菌的作用下将可发酵性糖如单糖、双糖等分解并生成乳酸、酒精、CO_2 等产物。

乳酸菌虽然在代谢过程中消耗部分的营养物质，但在泡菜发酵过程中能够利用蔬菜原料的可溶性物质代谢合成叶酸等B族维生素，有机酸使pH值降低，增加维生素 B_1、维生素 B_6 和维生素 B_{12} 的稳定性，从而提高了发酵制品的营养价值。同时，乳酸菌不具备分解纤维素和水解蛋白质的酶系统，其在发酵过程中既不会破坏植物细胞的组织，也不会降低蔬菜原料的营养价值。蔬菜在发酵过程中，由于蛋白质的分解作用，提高了游离氨基酸的含量和蛋白质的消化率，同时，形成了酸类、醇类、碳氢化合物、杂环化合物、游离氨基酸和核苷酸等风味物质，使蔬菜制品的营养价值和风味都得到了改善。由于乳酸菌特殊的生理条件，在代谢过程中能产生有机酸、H_2O_2、CO_2、双乙酰、细菌素等多种天然抑菌物质，这些物质协同乳酸菌所产生的乳酸菌素可以有效地抑制食品中革兰氏阳性菌的生长，如微球菌、分枝杆菌、棒杆菌、葡萄球菌和李斯特氏菌等。

蔬菜在腌制发酵过程中，有害微生物将蔬菜中的硝酸盐还原为亚硝酸盐，某些杂菌可将硝酸盐转化为亚硝酸盐。由于乳酸菌产生大量的乳酸，使环境pH降低，在 H^+ 的作用下，NO_2^- 还原成NO，从而降低亚硝酸盐的残留量。同时，由于硝酸还原酶的适宜pH值为7.0～7.5，随着酸度增加，酶活性降低，甚至无活性，促使亚硝酸盐降解，减少亚硝酸盐与二级胺反应生成致癌物质——亚硝胺，提高了食品的安全性和货架期。

2. 酒精发酵

除乳酸发酵外，泡菜发酵过程中还伴有微弱的酒精发酵。这主要是由蔬菜表面附有的酵母菌所引起的，如鲁氏酵母、圆酵母、隐球酵母等，它们在嫌氧条件下将蔬菜中的糖分分解而生成酒精和 CO_2。泡菜中酒精的来源除酵母所进行的酒精发酵外，蔬菜原料在发酵初期被盐水浸没时所引起的无氧呼吸也可生成微量的酒精。此外，肠膜明串珠菌等都可产生酒精。少量酒精的产生，对泡菜并无不良的影响，反而有助于改善泡菜的品质风味。这是由于在酸性条件下，乙醇可与有机酸发生酯化反应，产生酯香味，这些酯香味形成了产品的风味。

3. 醋酸发酵

泡菜在发酵过程中，除乳酸和酒精发酵外，通常还有微量的醋酸发酵。极少量的醋酸不但无损于泡菜的品质，反而对产品的保藏是有利的。但含量过多时，会使产品具有醋酸的刺激味。泡菜中醋酸主要来源于好氧的醋酸菌氧化乙醇而生成，生产中应注意保持泡菜发酵环境的嫌氧条件，以防止过量醋酸的产生。

四、泡菜现代生产流程及技术参数

泡菜发酵过去主要依靠新鲜蔬菜表面的微生物进行自然发酵，现在是通过人为接入单一或混合乳酸菌直投式发酵剂纯种发酵，有利于产品的质量稳定，对于产品的规模化、标准化生产有积极的推动作用。

（一）泡菜现代生产流程

工业化大规模生产泡菜的工艺流程如图 4-4 所示。

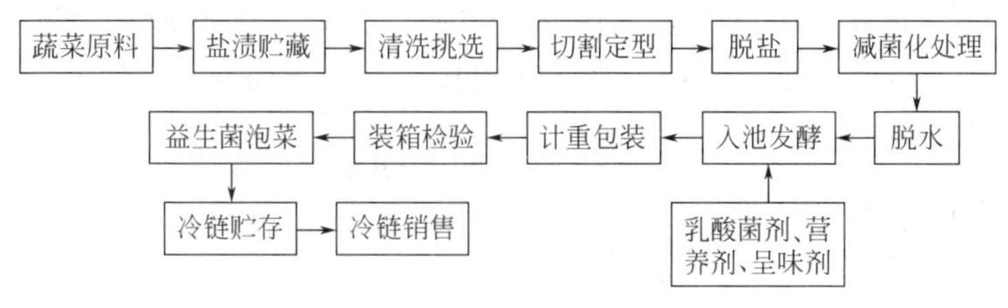

图 4-4 泡菜现代生产流程图

（二）技术参数

1. 原料清洗

原料清洗是规模化生产的第一步。目的在于减少原果胶纤维软化的酶（果胶酶）、尘土和杂菌的数量。采用浸渍法或喷淋法清洗均可。

2. 盐渍贮藏

（1）酸化盐水　利用预先配制好的浓盐水直接浸泡原料，其弊端在于较高的浓盐水虽抑制了其他杂菌的生长，但对泡菜的质量（如营养渗出过多，风味欠佳等）也有很大影响。在工业化生产中，将洗涤后的原料装入密闭罐中，注入浸渍盐水（6.6% ～6.8%NaCl），并立即用冰醋酸或醋（平均浓度为 0.16%醋酸）将盐水酸化到 pH 值 2.8 左右，加盖密封。此条件可抑制洗涤后原料上残存的微生物繁殖与生长。

（2）补盐　由于蔬菜汁液的外渗和蔬菜本身对盐的吸收，降低了酸化盐水的浓度。采用加干盐提高盐浓度，可使盐水浓度平衡并保持在 5%～8%。

（3）缓冲　在抑制并控制了杂菌生长的情况下，酸化盐水腌制 24～36h 之后，加入醋酸钠缓冲剂，使盐水 pH 值调节到 4.6 左右。

以上原料的清洗、酸化盐水、补盐和缓冲工序是工业化生产泡菜的基础，是乳酸发酵能否正常进行的保障。

3. 脱盐

咸坯出池即进入脱盐阶段。脱盐有流水脱盐和机械（鼓气泡）脱盐，为节约用水和提高脱盐效率，现代化泡菜生产一般采用机械脱盐。根据蔬菜的品种和含盐量的多少决定脱盐水的用量和脱盐时间，脱盐时菜水比例是 1 ：(1～3)，即水的用量是菜的 1～3 倍。根据脱盐的程度（或产品要求）决定其间换水次数和脱盐时间。

4. 泡制发酵

咸坯脱盐脱水后即可入大型发酵罐进行泡制发酵，通过现代化发酵调控设备控制发酵过程以及发酵终止，即通常所说的二次发酵。泡制发酵的主要目的是赋予咸坯泡菜特殊的风味。

工业化生产泡菜的泡制发酵所用的盐水和调料配制与家庭和餐饮制作泡菜的配制方式相同，但盐的用量需依据不同产品含盐量和咸坯的含盐量而确定。直投式发酵剂接入量以发酵液中浓度达到 10^5CFU/mL 为标准。在 25～28℃下密闭发酵 10d 左右。接种量视泡制的蔬菜而定，一般接种母液的使用量为 1%左右。发酵时，应控制厌氧条件。发酵时间和温度与原料品种有关，以产品达到适宜口感、酸度来确定发酵终点。发酵时间一般夏季 2～5d，冬季5～15d。

5. 灭菌

直投式发酵剂泡制发酵的泡菜富含乳酸菌，包装后乳酸菌在货架期还会继续发酵，导致产品酸度过高，影响口味，因此需要灭菌终止发酵。工业化生产泡菜关键的工序之一是灭菌，可大大提高泡菜的货架期。灭菌一般采用巴氏灭菌，灭菌温度、时间等参数根据包装产品的重量规格等来确定。

（三）工业化生产中的关键技术

1. 减菌化处理技术

对生产车间进行减菌化处理，使原料在发酵之前的加工操作在低菌环境中进行，最大限度地减少产品的杂菌污染。通常在发酵之前，采用臭氧杀菌以及紫外线杀菌对原料进行杀菌处理，并且通过臭氧杀菌实现对生产车间及产品仓库（包括冷藏库）内空气的净化。可以在盐渍蔬菜脱盐之后注入臭氧水（2.0～7.0mg/L）浸泡蔬菜60min以上（一般细菌的致死率为90%～99%）。此外，在前期处理如原料清洗过程中也可加入2.0～3.0mg/L臭氧水处理1～3min，可有效控制保藏过程中的活菌数。

2. 现代发酵调控技术

大型发酵罐发酵，必须对发酵过程进行发酵参数控制与优化、参数检测与在线监控，通过制冷调控设备控制发酵过程以及发酵终止。

3. 冷链技术

发酵之后的产品由于乳酸菌活性较高，不宜采用热力杀菌方式。因此将产品在冷链条件下进行贮存、运输和销售，抑制乳酸菌发酵，保证产品质量。此技术对于发酵产品的质量保证具有重要作用，冷链条件能够抑制乳酸菌的进一步发酵，既保证产品风味，又延长其保质期。

五、泡菜成品质量标准

泡菜成品质量标准目前采用的是国内贸易行业标准SB/T 10756，该标准规定了其产品的原料要求、感官要求、理化标准和食品安全指标要求。

（一）感官要求

泡菜成品色泽具有泡菜应有的色泽和光泽；香气具有泡菜应有的香气，无不良气味；滋味具有泡菜应有的滋味，无异味；体态具有泡菜应有的形态、质地、无可见杂质。

（二）理化标准

理化指标应符合表4-5规定。

表4-5 理化指标

项目		指标		
		中式泡菜	韩式泡菜	日式泡菜
固形物/(g/100g)	≥	50		
食盐(以氯化钠计)/(g/100g)	≤	15.0	4.0	5.0
总酸(以乳酸计)/(g/100g)	≤	1.5		

（三）食品安全指标

应符合相应的食品安全国家标准。

六、泡菜的安全性及清洁化生产

泡菜加工厂（车间）是泡菜产业化生产的基本场所，泡菜加工厂的设置与管理是关系到泡菜卫生、安全和质量优劣的重要条件之一。进行大批泡菜的工业化生产，必须首先为泡菜的加工制作创造一个良好的环境条件，应考虑泡菜加工厂的位置及其周围环境是否有利于盐水的保护；保证产品质量的同时，必须加强食品的卫生管理，从泡菜加工厂的选址、厂房建筑与设备、原辅材料、生产流程、污水污物处理、从业人员健康管理和卫生知识教育等全部环节，都需要一套完善的卫生监督和管理措施。

（一）厂房的卫生要求

首先，泡菜加工厂（车间）的选址和设计应当符合卫生要求。厂址应选择地势较高和干燥，当地主要风向上风向，交通方便、水源充足的地区；同时周围要无污染源，如“三废”和有害微生物的污染源（如传染病院、大粪场、畜牧饲养场等）；生产区域应与外界设有防护地带，应将生产区和生活区严格隔离开来，以保证工厂周围环境的清洁卫生。

车间建筑、所用设备必须符合卫生要求，按照《工业企业设计卫生标准》（GBZ 1）、《洁净厂房设计规范》(GB 50073)、《食品企业通用卫生规范》(GB 14881）等标准进行设计和卫生处理。布局要合理，防止交叉污染，厂房环境应便于清扫净化，车间地面、墙裙应用易冲刷、不透水的材料建筑；应及时清理污物废水，充分考虑节能和减排，符合国家的“三废”排放标准；还应设有必要的卫生设施，如容器用具的洗刷消毒设施等，并能做到防蝇、防尘、防鼠。

（二）原辅料的卫生要求

原料的好坏直接影响产品的卫生质量，因此对蔬菜原料应进行严格的选择。杜绝使用农药残留量、抗生素残留量、重金属盐类、霉菌毒素超标的原料。适用原料在腌制之前一定要彻底清洗干净，并除净污泥、细菌和农药等污染物。蔬菜原料清洗处要求供水、排水良好，保证定期清除污物，排水通畅，坚决防止蚊蝇虫鼠孳生，保持清洁卫生。对于不易消除污染的原料应坚决废弃，不能使用。

大多蔬菜洗净后还需要晾晒，晾晒利于蒸发蔬菜内的水分，缩小体积，便于腌制，而且通过阳光的照射，可利用紫外线杀菌，以使腌制的咸菜不易腐烂。泡菜加工企业一般设有晒场，晒场应保证清洁卫生，宜采用水泥等硬质材料，使地面平整、无积水，确保干净卫生。

蔬菜腌制需要大量的水，如原料和容器的洗涤，设备的清洗，原料的烫漂、冷却和漂洗，配制腌制液等都离不开水。加工用水应符合饮用水卫生标准，保证澄清透明，无悬浮物质，无臭，无味，静置无沉淀，不含重金属盐类，更不允许有任何致病菌及耐热性细菌的存在。蔬菜腌制对用水的硬度要求随着加工工艺不同而异，如制泡菜和酸菜时加工用水以硬水为宜，因硬水中的钙盐可增进这类制品的脆度，保持蔬菜形态。为保证加工用水的清洁卫生，必须注意水源的卫生条件。一般以深井水和上游未受污染的河水或溪水最为理想。

（三）生产流程中的安全与卫生要求

泡菜属于发酵食品，应采用先进的生产工艺和合理的配方，流程要尽量缩短，生产尽量采用连续化、自动化、密闭化、管道化的设备和生产线，减少食品接触周围环境的时间，防止食品污染，尤其是交叉污染。在每一个加工和包装环节，必须有严格和明确的卫生要求，制定完善的卫生、质量检验制度，按照国家或行业标准规定的检验方法对原料、辅料、半成品、成品各个关键工序环节进行物理、化学、微生物等方面的检验。

为了防止食品腐败变质，或增强食品感官性状，可适量添加食品添加剂。食品添加剂是在食品生产、加工、保藏等过程中有意加入和使用的少量化学合成物或天然物质，这些物质不是食品的天然成分，有些化学合成的添加剂甚至有微毒。因此，必须按照国家标准严格掌握用量。在泡菜加工中最常使用的是防腐剂、甜味剂和色素等。

（四）生产加工人员的卫生管理

对食品企业的从业人员，尤其是直接接触食品的从业人员，必须加强卫生教育，养成遵守卫生制度的良好习惯，保持良好的个人卫生。从业人员要做到勤洗手，勤剪指甲，工作时要穿工作服、戴工作帽，并保持清洁。从业人员都必须进行定期健康检查，只有取得健康证后才能进行泡菜的生产加工活动。从业人员要选用健康的人员，患有传染病的工人应及时调离生产岗位，如我国食品法规定的，对患有痢疾、伤寒、病毒性肝炎等消化道传染病，活动性肺结核，化脓性或渗出性皮肤病以及其他有碍食品卫生的疾病的人员，不得接触直接入口食品的工作。对随时发现的患有有碍食品卫生疾病的从业人员，企业或单位的管理人员或法人代表都应按规定及时采取措施调离患病人员，并应主动地向当地食品卫生监督机构报告。

泡菜生产的卫生管理涉及生产和经营的各个环节。因此要搞好泡菜生产区域的安全及卫生管理，防止产品污染，就要各部门和各工作环节之间同心协力，密切配合，认真地进行这项工作。对各卫生部门来讲，要按照食品卫生法加强对泡菜生产企业的卫生检验和监督，防止不符合卫生质量的产品流入市场。从泡菜生产企业来讲，要严格按国家食品卫生法规，组织好产品的生产加工和经营活动。

【思考题】

1. 如何配制适宜的盐水泡制蔬菜？
2. 新鲜蔬菜泡制过程中如何保持其质地？
3. 简述泡制过程中的发酵历程？
4. 现如今，泡菜行业所存在的主要问题是什么？
5. 泡菜制作过程中，会出现一些什么问题？如何解决？
6. 食用泡菜有什么利弊？
7. 中国泡菜与韩国、日本泡菜有什么不同？

8. 如何避免泡菜亚硝酸盐超标的问题？

第三节 酱腌菜

一、酱腌菜概述

（一）酱腌菜的发展历史

据史料记载，我国酱腌菜制作可以追溯到秦朝之前，至少有二千多年的历史。在许多先秦古书中，如《诗经》、《周礼》、《毛诗》、《礼记》、《孟子》和《楚辞》等中都有不少相关记载。湖南长沙马王堆西汉墓中出土的豆豉姜，是世界上贮藏最久的酱菜。

在魏晋南北朝时期，北魏贾思勰在《齐民要术》中对糟菜、甜味酱菜、酱渍和豉油酱菜的原料、辅料配比及操作方法有较为详细的介绍。宋、元、明朝盐渍、酱渍、醋渍、糖渍等蔬菜品种均有。盐渍菜传沿到清朝，其品种已是丰富多彩，清朝袁枚《随园食单》和李经楠《醒园录》等都有对其详尽的记载。

在生活水平相对落后的年代，腌制蔬菜主要为家庭自制自食，其目的是为了延长蔬菜的贮藏和食用期，弥补粮食的不足。如今，蔬菜的腌制已从简单的保存手段转变为独特风味蔬菜产品的加工技术，传统酱腌菜逐渐向低盐、增酸、适甜的新型腌制品转变，且涌现了一批具有一定规模的、现代化的加工企业，如重庆涪陵榨菜集团公司、联合利华食品公司（中国）等。

（二）酱腌菜的定义

以新鲜蔬菜为主要原料经腌渍或酱渍加工而成的各种蔬菜制品，如酱渍菜、盐渍菜、酱油渍菜、糖渍菜、醋渍菜、糖醋渍菜、虾油渍菜、发酵酸菜和糟渍菜等。

四川三大著名酱腌菜（涪陵榨菜、宜宾芽菜和峨眉赋菜）、镇江酱菜、北京天源酱菜、扬州酱菜、北京六必居酱菜等，都是富有特色、驰誉中外的产品。

（三）酱腌菜的分类

我国酱腌菜制品种类繁多，分类方式各种各样。目前，国内对酱腌菜按工艺和辅料进行分类。

1. 酱渍菜

以蔬菜咸坯，经脱盐、脱水后，用酱渍加工而成的蔬菜制品。如南通酱瓜、山西酱玉瓜、潼关酱笋、山东酱蘑菇、镇江酱萝卜头、北方酱瓜、北京八宝菜、酱什锦菜等。

2. 盐渍菜

以蔬菜为原料，用食盐盐渍加工而成的蔬菜制品。如四川的涪陵榨菜。

3. 酱油渍菜

以蔬菜咸坯，经脱盐、脱水后，用酱油浸渍加工而成的蔬菜制品。如五香大头菜、徐州榨菜萝卜、北京辣菜、酱油渍八宝菜、酱油海带丝、酱油石花菜等。

4. 糖渍菜

以蔬菜咸坯，经脱盐、脱水后，用糖渍加工而成的蔬菜制品。如北京白糖大蒜、天津蜂蜜蒜肉等。

5. 醋渍菜

蔬菜咸坯经脱盐、脱水后用醋腌渍加工而成的蔬菜制品。如酸笋等。

6. 糖醋渍菜

以蔬菜咸坯，经脱盐、脱水后，用糖醋渍加工而成的蔬菜制品。如甜酸藠头、糖醋萝卜、糖醋瓜缨等。

7. 虾油渍菜

以蔬菜为主要原料，用食盐盐渍后再经虾油渍制加工而成的蔬菜制品。如潍坊虾油青萝卜。

8. 发酵酸菜

以新鲜蔬菜为原料，经清水或盐水渍或盐渍等加工方式制作而成的蔬菜制品。如北方酸白菜和泡菜。

9. 糟渍菜

以蔬菜咸坯为原料，用酒糟或醪精糟渍加工而成的蔬菜制品。如福建糟瓜、独山盐酸菜等。

二、酱腌菜生产的原辅料

酱腌菜的原料主要是蔬菜。我国蔬菜资源十分丰富，蔬菜种类和品种繁多，但并不是所有蔬菜都适合制作酱腌菜。酱腌菜主要是采用根菜类和茎菜类，尚有部分叶菜类和果蔬类。腌制用的蔬菜必须新鲜健壮、无病虫害、肉质紧实、粗纤维少，在适当的发育程度时采收为宜。各种不同的蔬菜，其规格质量和采摘期均能直接影响酱腌菜的质量品质。原料蔬菜收获后须及时加工处理，在常温下储藏运输不得超过48h，在冷藏条件下储藏运输不得超过96h。

（一）原料

1. 根菜类

这类菜的食用部分为肉质根或块根。①肉质根类菜：萝卜、胡萝卜、大头菜（根用芥菜）、芜菁甘蓝和根用甜菜等。②块根类菜：豆薯和葛等。

2. 茎菜类

这类蔬菜食用部分为茎或茎的变态。①地下茎类：马铃薯、菊芋、莲藕、姜、荸荠、慈姑和芋等。②地上茎类：茭白、石刁柏、竹笋、莴苣笋、球茎甘蓝和榨菜等。该菜肉质肥厚，脆嫩，粗纤维少，是酱腌菜的良好原料。

3. 叶菜类

这类蔬菜以普通叶片或叶球、叶丛、变态叶为产品器官。①普通叶菜类：小白菜、芥菜、菠菜、芹菜和苋菜等。②结球叶菜类：结球甘蓝、大白菜、结球莴苣和包心芥菜等。③辛番叶菜类：葱、韭菜、芫荽和茴香等。④鳞茎菜类：洋葱、大蒜和百合等。

4. 瓜果菜类

这类蔬菜以嫩果实或成熟的果实为食用部分，其种类包括瓜类、茄果类和荚果类。因其物美价廉，除生食、炒食外，还是酱渍、腌渍、泡渍的原料。如黄瓜、菜瓜（又名蛇甜瓜、梢瓜）、辣椒、甜瓜、茄子、豇豆、扁豆等。

（二）辅助原料

酱腌菜的主要原料是蔬菜，在生产过程中加入一些不同的辅助原料，提高酱腌菜的色、香、味、体等质量，并延长其保存时间。

1. 食盐

食盐是酱腌菜的主要辅料之一，对蔬菜腌制品具有防腐作用，易于半成品的贮存，并赋予产品咸味，并与谷氨酸共同作用给予其鲜味。酱腌菜用盐的要求是氯化钠含量高、水分及杂质少、颜色洁白、无异味。

2. 酱和酱油

酱和酱油是酱腌菜生产的另一主要辅料，在很大程度上酱和酱油的质量决定着酱腌菜的质量和风味，酱腌菜质量的感官鉴定指标（色、香和味）都来源于酱。酱有豆酱和甜面酱两类，高档酱腌菜往往用酱两次，先黄酱然后再用甜面酱各一次。酱油一般选用高盐固稀醪发酵和高盐稀醪发酵生产的，特别是用天然发酵法制作的酱油进行加工。

3. 食醋

食醋是具有芳香的酸性调味品，除含醋酸外还含有多种有机酸，与乙醇结合形成芳香酯。1%食醋就能抑制腐败菌的活动，达到延长产品的贮存期。一般采用含淀粉原料酿造的食醋进行加工。

4. 甜味料

甜味料是酱腌菜中常见的辅料，主要有白砂糖、红糖、饴糖、糖蜜、糖精、木糖醇及其他甜味剂，在酱腌菜中主要起调味、防腐的作用。其中白砂糖在生产中使用广泛，其选用要求是色泽洁白明亮、晶粒晶莹整齐、水分和杂质含量少。

5. 香辛料

酱腌菜除本身所具有的香味之外，各种香辛料在增加风味方面也起到一定的辅助作用。常用的香辛料有花椒、大料（八角、大茴香）、桂皮、胡椒、五香粉、橘皮、味精和香辣粉。此外，还有鲜姜、姜粉、丁香、甘草、砂仁、肉豆蔻、草蔻和山柰等。

6. 着色料

瓜类、蒜苗、豇豆、辣椒、胡萝卜等能保持蔬菜本身的天然色泽，但有些产品如酱萝卜、甜酸藠头、甜咸大头菜等则需要改变颜色才能具有一定的特色。在生产中使用的着色料主要有酱色、酱油、食醋、红曲、姜黄等，其他辅助料如红糖等。

7. 防腐剂

防腐剂的作用是抑制细菌、酵母、霉菌等微生物的繁殖生长，延长酱腌菜制品的贮藏期。常见的防腐剂有苯甲酸、山梨酸钾、冰醋酸等，一般在前期生产过程中不使用，后期包装时可按国家标准 GB 2760 适当使用。

（三）酱腌菜生产用水

酱腌菜的生产离不开水。首先，生产中的一切用水都必须符合国家饮用水卫生标准，保证澄清透明，无悬浮物质，无臭，无色，无味，静置无沉淀，不含重金属盐类，更不允许任何致病菌及耐热性细菌的存在。其次，水的硬度对加工成品的影响也很大，酱腌菜加工时对水的硬度要求随加工工艺不同而不同，但一般硬水以 12～16 度为宜，因为硬水中的钙盐可增进这类制品的脆度，保持蔬菜的形态。

三、酱腌菜生产用的微生物及生化机制

酱腌菜的味鲜、甜、酸、辣以及香气扑鼻，主要是在腌制过程中微生物利用蔬菜中所含的糖分、蛋白质、脂肪等发酵而来。另外蔬菜中含有的酶，在腌制过程中也将蔬菜中的大分

子组分降解为小分子，以增加腌菜的风味，或提供微生物发酵的底物。

（一）酱腌菜生产过程中的微生物

在蔬菜腌渍过程中能分离出细菌类、霉菌类和酵母菌类等，这些微生物主要由菜的根、茎、叶带入。因腌菜的食盐浓度和腌制温度及容器的密闭状态不同，则微生物存在的区系也不一样。例如食盐浓度为6%就可抑制大肠杆菌和肉毒杆菌的生长，食盐浓度为8%可抑制丁酸梭菌，食盐10%可抑制变形杆菌（腐败菌），食盐12%～13%可抑制乳酸菌，就是说食盐浓度在10%以上只有乳酸菌能生长。腐败球菌虽然可抵抗15%的食盐，但这些菌一般都是好氧的，在缺氧条件下，它们都不能生长。为了防止腐败菌，一般酱腌菜的制造除添加适量的盐（10%）外，就是要把腌菜尽量压紧，把容器密封。

1. 细菌

在蔬菜腌制过程中常见的细菌有乳酸菌、醋酸菌、丁酸菌和其他腐败菌。

（1）乳酸菌　乳酸发酵是蔬菜腌制过程中最主要的发酵作用，是指在乳酸菌的作用下，将单糖、双糖、戊糖等发酵生成乳酸以及少量的乙醇、乙酸等的过程。乳酸菌是一种兼性厌氧菌，种类很多，不同的乳酸菌产酸能力各不相同，在蔬菜腌制过程中主要的微生物有肠膜明串珠菌、植物乳杆菌、乳酸片球菌、短乳杆菌、发酵乳杆菌等。这些细菌的生长适温为26～30℃，产酸能力为0.8%～2.5%（以乳酸计）。随着乳酸发酵不断进行，乳酸不断累积，使pH迅速降至5.5以下，抑制了腐败菌的生长以及蔬菜中酶的活性，防止了蔬菜的腐败。乳酸发酵给腌菜带来爽口的酸味，乳酸与乙醇起酯化反应生成令人喜爱的香气。

（2）醋酸菌　醋酸菌是一种好氧细菌，在有氧条件下可将乙醇氧化生成醋酸，少量的醋酸有助于风味的形成，过量则会影响产品品质。因此腌制品要求及时装坛，严密封口，以免在有氧情况下醋酸菌活动大量产生醋酸。同时乙醇也能产生一定的渗透压，有相当强的杀菌作用，有利于抑制微生物的生长。

（3）丁酸菌　丁酸菌是一类专性好氧细菌，在蔬菜腌制过程中发酵糖生成丁酸、二氧化碳和氢气。丁酸无防腐效果且具有强烈的不愉快气味，同时分解乳酸，是酱腌菜的一种腐败菌。

（4）其他腐败菌　其他腐败菌如变形杆菌、腐臭杆菌等，能引起蛋白质和其他含氮物质分解，生成有恶臭气味的物质如尸胺和吲哚等。有些蛋白质分解产物对人类还呈毒性。但这些细菌不能耐高浓度的食盐，食盐浓度在10%以上它们都不能生长。

2. 酵母菌

在蔬菜腌制过程中，正常酵母可在腌制过程中将蔬菜组织中的糖分分解，产生乙醇和二氧化碳，并释放出部分热量。在腌制品后熟存放过程中，乙醇可进一步酯化，赋予产品以特殊的芳香和滋味。但假丝酵母则在产品或盐水表面长一层灰白色的、有皱纹的膜（菌层），或生长出乳白色光滑的“花”，消耗蔬菜组织内的有机物质，同时还分解腌制中生成的乳酸和乙醇，生成二氧化碳和水，再释放不愉快的气味，使蔬菜腌制品酸度降低，品质和保质期下降，甚至引起腌制品的败坏。隔断空气就可防止白花的生长。

3. 霉菌

霉菌在缺氧条件下一般都不能生长，再加上食盐溶液的高渗透压更不能生长。只有当腌菜暴露在空气中而食盐含量较低时，青霉和白地霉能在蔬菜表面和菜卤中生长，引起酸度降低，制品腐败，并可能产生有害物质。

（二）酱腌菜生产过程中的生化机制

酱腌菜发酵主要是蔬菜经食盐的高渗透压作用使细胞壁破坏，营养物质外流，受微生物的作用，从而引起外观、质地、风味和组织的变化。高浓度的卤水会使微生物的生长活动受到抑制，严重时会造成微生物死亡。在整个腌制过程中，发酵是最主要变化，任何腌制品在腌制过程中都存在不同程度的乳酸发酵，同时也进行酒精、醋酸、丁酸发酵和蛋白质的分解及其他生化反应。在这些生化活动中，乳酸发酵占据着最主要的地位，乳酸发酵可以增进腌制品的风味并延长其储藏期；酒精发酵生成的乙醇能与发酵产物中的酸进一步作用生成酯，是腌制品香味的主要来源之一；醋酸发酵可产生微量的酸，可改善腌制品的风味，抑制微生物的生长；丁酸发酵、有害酵母作用、细菌的腐败作用、霉菌的活动则对腌制有害。由于发酵作用和生化作用的结果，各种各样的形成物的共同作用赋予了酱腌菜特有的香气和滋味，也使蔬菜的化学组织发生一系列的变化。

1. 糖酸的相互消长

渍菜类由于乳酸的生成，蔬菜组织内含糖量大大降低甚至消失，酸的含量相应增加。

2. 含氮化合物的变化

清水渍菜和盐水渍菜含氮物质明显减少，因为一部分含氮物质被微生物消耗利用了，一部分是由于含氮物质浸出。盐渍菜因部分含氮物质浸出而稍有减少。酱渍菜由于酱内含氮物质的浸入使其含氮物质增加。

3. 维生素的变化

在腌制过程中，维生素C因氧化作用而大量减少，一般腌制时间越长、用盐量越大、产品接触空气越多，维生素C的损失也越多。但维生素C在酸性条件下较稳定，所以清水渍菜和盐水渍菜中维生素C损失相对减少。其他维生素由于性质较稳定，在腌制过程中变化不大。酱渍菜中由于酱中维生素的渗入还可能会使某些维生素有所增加。

4. 矿物质的变化

经过盐渍的腌制品灰分都有显著增加，是因为食盐中钙的浸入，而磷、铁含量降低的原因正好相反。酱渍菜中钙与其他矿物质均有显著增加。

5. 风味的形成

酱（盐）渍过程中，蔬菜原有的某些香气和味道消失了，却形成了酱腌菜特有的香气和味道。这是因为蔬菜在腌制过程中发生一系列的变化所引起的，主要原因有：①蛋白质水解产生了某些有香气和鲜味的氨基酸，如丙氨酸（本身散发一种令人愉快的香气）和谷氨酸，谷氨酸再与食盐形成谷氨酸盐，为成品增添鲜味。②苷类水解的产物和某些有机物形成的香气。另外，蔬菜本身含有一些有机酸及挥发油（醇、酯、醛、酮、萜等）也都具有浓郁的香气。③细胞失水，一些溶于水的辛辣物随之流出，大大降低其辛辣味道，改进了制品的风味。④细胞对酱和添加剂的香气和滋味的吸附作用。⑤发酵作用促进不同风味物质的形成。

6. 色泽的变化

在蔬菜腌制过程中，色泽的变化和形成主要是酶促褐变和吸附作用。对于深色的酱制品来说，褐变反应所形成的色泽正是此类产品的正常色泽，同时也可以通过吸附酱的色素改变其原有的颜色。

7. 脆度大变化

腌菜过程如处理不当，就会使菜变软而不脆，甚至变为烂泥状而成废品。蔬菜软化主要原因是果胶物质的水解。保存原果胶一定含量，这是保存蔬菜脆性的物质基础。原果胶存在于蔬菜细胞壁的中层里并与纤维素结合在一起，组成植物细胞的支架而不软化。如果原果胶水解为可溶性果胶及其产物时，就会丧失其粘连作用，细胞彼此分离，使蔬菜组织的硬度下降，组织变软，并易腐烂。通常应用具有硬化作用的物质来处理，石灰中的钙能与果胶物质作用生成果胶酸盐，防止细胞解体。

四、酱腌菜现代生产流程及技术参数

酱腌菜的品种很多，风味、口感各异，传统酱腌菜的制作过程、操作方法基本一致，都是先将蔬菜腌制成半成品，切至成型，然后再进行酱制工艺。采用现代科学技术改造传统酱腌菜工艺技术，逐步实现酱腌菜生产机械化、标准化，改变生产的落后状况，提高产品的品质。

（一）酱腌菜现代生产流程

酱腌菜现代加工生产线工艺流程：鲜蔬菜→机械分级清洗消毒→机械切割→拌盐腌渍或初腌→翻池或复腌→半成品起池→切割→脱盐→真空渗酱法酱制→真空包装→灌装→灭菌→冷却→检验→装箱→入库。

（二）操作要点及其原理

1. 鲜菜清洗切割

鲜蔬菜采收后运输到加工企业，机械分级，进行清洗消毒。将清洗干净的蔬菜原料通过切丝提升机运送到全自动进料切料机进行切割。

2. 拌盐腌渍

将切割好的原料直接输入腌菜拌盐机拌盐入池腌制，也可将切割好的蔬菜先输送到太阳能脱水房进行脱水50%后，再输入腌菜拌盐机拌盐入池腌制。用10%～20%（以菜的量计算）的食盐进行盐渍保存，经过约1个月以上的密封发酵。也可采用20%盐水淹没原料面10cm左右进行封池保存。

3. 腌制菜的翻池（倒池）

采用抓斗式翻菜机进行倒池。腌制时先留有一空池，将腌制好的菜抓放到空池，并把该池的卤水抽到放原料的池内进行密封发酵腌制。依次类推。盐腌第二天就可倒池，也可每天用水泵扬池循环至食盐全部溶解后，每隔1～2d循环一次。

4. 脱盐

将池中的蔬菜半成品起池沥卤后，输送到切菜机，根据不同要求切成不同规格形状的咸菜坯，然后输入全自动脱盐机，使原料含盐量低于10%，去盐后输送到脱水送料机失去部分水，输送到真空渗酱罐内。

5. 酱渍

将灭菌好的酱汁输入已放原料的真空渗酱罐内，一般酱的用量与菜坯容量相等。密封，抽空，使菜坯体内的气体排除，然后压入无菌空气，使酱汁渗透菜坯组织内。经48h酱制后使菜坯内外达到平衡，成熟后将酱菜和酱汁一同取出，放入酱缸内3～4d。这样可增加风味，缩短酱渍周期。

6. 包装

腌菜包装采用一定的标准计量袋或瓶装。袋装时必须采用真空包装，真空度789～931 Pa,再采用巴氏灭菌，这样可避免袋内空气受热膨胀，使热传导减慢，影响灭菌效果和影响产品质量。瓶装时先将瓶杀菌，装料留4～8mm顶隙，再迅速加入定量灭菌的酱料，送入排气箱排气，使中心温度达到85℃，立即用封口机封口，然后分段冷却。瓶装酱菜的关键是保持酱菜的脆度。通过真空包装快速降温和降低杀菌温度，既抑制了好氧微生物的生长又达到保脆的目的。

7. 成品检验

真空袋装和瓶装酱腌菜的检验与保存是生产工艺的最后环节。主要进行两项指标检验：感官理化指标和微生物指标检验。通过微生物检测判断是否灭菌充分，找出腐败的原因。

五、酱腌菜成品质量标准

酱腌菜国家已经颁布的质量标准为食品安全国家标准GB 2714—2017《酱腌菜》，规定了其产品的原料要求、感官要求、污染物限量和微生物限量等。

（一）原料要求

蔬菜应新鲜，原料应符合相应的食品标准和有关规定。

（二）感官要求

感官要求见表4-6 。

表4-6 感官要求

项目	要求	检验方法
滋味和气味	无异味、无异臭	取适量试样置于白色瓷盘中，在自然光下观察色泽和状态。闻其气味，用温开水漱口后品其滋味
状态	无霉变、无霉斑白膜，无正常视力可见的外来异物	

（三）污染物限量

污染物限量应符合GB 2762中的腌制蔬菜的规定。

（四）微生物限量

① 致病菌限量应符合GB 29921中即食果蔬制品（含酱腌菜类）的规定。

② 微生物限量还应符合表4-7 的规定

表4-7 微生物限量

项目	采用方案①及限量				检验方法
	n	c	m	M	
大肠菌群②/(CFU/g)	5	2	10	10^3	GB 4789.3 平板计数法

① 样品的采样和处理按GB 4789.1执行。

② 不适用于非灭菌发酵型产品。

六、酱腌菜的安全性及清洁化生产

酱腌菜是人们日常生活中的副食品，其产销量很大，供应面甚广，其卫生质量的好坏直接关系到广大消费者的身体健康，因此应加强酱腌菜制品的安全性生产。其污染来源主要来自两个方面，即微生物的污染和有毒有害物质的污染。

（一）微生物的污染

酱腌菜的加工过程也是一个包含了微生物生命活动的过程，在这一过程中，不仅要促使有益微生物发挥作用，同时也要尽一切方法来防止和抑制有害微生物，主要是真菌和腐败菌的作用。

在酱腌菜有关微生物的卫生标准中主要以大肠杆菌群和致病菌（沙门氏菌、变形杆菌等）为主要检测对象和控制指标。这些有害微生物的主要来源为制品的原辅料、生产用水以及生产环境。

腐败微生物的控制应从微生物的预防、生产过程中的杀菌及产品的抑菌等方面综合进行。

1．防止染菌的措施

（1）防止原辅材料的染菌　腌制品所用蔬菜原料含土壤中的微生物较多，有耐干燥的嗜温生长菌、嫌氧寄生菌和病原菌等。生产前应充分清洗，或使用含清洗液、杀菌剂的水清洗，以减少原料的染菌量。辅料也需进行一系列的杀菌措施再进行下一步操作，总之要尽量减少原辅料污染菌的带入。

（2）防止生产环境污染　原辅料的工作区要单独设立；要杜绝车间内的污染源；车间建筑密闭性要好；车间内表面应光滑，以减少尘土和污染菌的附着；对微生物污染有关的老鼠、昆虫、螨类必须定期防治；生产结束后充分清洗生产过程中所使用的机械器具。

（3）防止生产操作上的染菌　为了确保食品生产的卫生安全，进行相关生产的工作人员应按规定穿戴衣物。对操作工人和车间内的卫生状况进行定期检查并记录。

2．杀菌方法

（1）加热杀菌　加热杀菌是防止酱腌菜变质的最常用、最有效的一种方法。加热杀菌可以防止微生物引起的变色、变味效果。霉菌和酵母菌耐食盐同时也耐受很低的 pH 值，但霉菌不耐热，40℃的温度就不能生长。而引起再发酵现象的酵母，加热至 60～70℃可达到杀菌的目的。故可采用巴氏灭菌法对酱腌菜进行杀菌处理。

（2）次氯酸或臭氧杀菌　可用次氯酸钠或漂白粉的水溶液对蔬菜进行清洗杀菌，也可用臭氧杀菌，从而达到原料除菌的目的。

3．抑菌方法

通过改变食品成分、水分活度、温度、含氧量和 pH 值等条件抑制微生物的生长。如低温处理、改变渗透压、加酸、降低水分活度、添加防腐剂、真空包装等。

（二）有毒有害物质的污染

有毒有害物质主要指重金属（铅、砷、汞、镉）、农药、有害添加剂等非生物性污染与亚硝酸、亚硝胺等致癌物质污染。其中，对人体健康危害较大的是亚硝酸盐。

1．亚硝酸盐的来源

（1）蔬菜中本身具有　大量施用氮肥，土壤中硝酸盐含量过多，造成蔬菜体内硝酸盐的过量积累。一般果蔬中都含有不同数量的硝酸盐和亚硝酸盐，亚硝酸盐含量最多的是叶菜类，其次是根菜类，再次是果菜类，蔬菜越嫩亚硝酸盐含量越高。

（2）收获后堆放过程中生成　堆放时间越长，温度越高，亚硝酸盐含量越高，因蔬菜上附着的硝化细菌产生硝酸还原酶将硝酸盐还原成亚硝酸盐。

（3）腌制过程中生成　加盐越少，亚硝酸含量升高越快，在腌制 4～8d 达最高，20d 后基本消失。

2. 亚硝酸盐的危害

亚硝酸盐是亚硝胺类化合物的前体物质。在自然界里，亚硝酸盐很容易与胺化合，生成亚硝胺。在人体胃的酸性环境里，亚硝酸盐也可以转化为亚硝胺，在人们日常膳食中，绝大部分亚硝酸盐在人体中随尿排出体外，只是在特定条件下才转化成亚硝胺。

若蔬菜不新鲜或在腌制过程中污染有分解蛋白质、多肽和氨基酸的腐败菌，蛋白质、多肽和氨基酸会分解形成胺类物质，如酪胺、尸胺、腐胺、吲哚乙胺和组胺等。这些胺类物质在乳酸发酵产生的酸性环境中与亚硝酸盐反应合成亚硝胺；同时大肠杆菌和某些普通杆菌可利用亚硝酸盐和胺类物质在中性条件下合成亚硝胺。

3. 预防措施

（1）选用新鲜成熟的蔬菜为原料，未成熟的幼嫩蔬菜自身含有较多的硝酸盐和亚硝酸盐；而不新鲜的蔬菜因腐败作用也产生较多的亚硝酸盐和胺类物质，不宜采用。

（2）腌制前，原料经水洗、晾晒可以减少亚硝酸盐含量。

（3）根据具体情况使用合理的食盐浓度或添加醋酸、乳酸造成酸性条件，以及时抑制有害微生物的生长繁殖。

（4）腌制过程中，应保证菜体压紧，不露出腌渍液面；液面尽量少接触空气，取时使用专用的清洁工具。

（5）腌制品食用前，用清水洗涤几遍，尽可能减少亚硝酸盐的含量。

【思考题】

1. 简述辅料的作用。

2. 配制盐水时，需要加热吗？为什么？

3. 适宜浓度的食盐溶液，同时有利于有益微生物和有害微生物的生长，但为什么腌制过程中有益微生物占优势？

4. 蔬菜腌制过程中如何保持其绿色？

5. 对于色泽较浅或泛白的原料如何尽可能地避免在腌制过程中褐变的发生？

6. 腌制过程中产生的亚硝酸盐和亚硝胺对人体的危害如何？如何避免？

参考文献

[1] 张兰威．发酵食品工艺学［M］．北京：中国轻工业出版社，2011.

[2] 樊明涛，等．发酵食品工艺学［M］．北京：科学出版社，2014.

[3] 牛广财，等．果蔬加工学［M］．北京：中国计量出版社，2010：178-204.

[4] 董全，等．果蔬加工工艺学［M］．重庆：西南师范大学出版社，2007：254-255.

[5] 刘军，等．中国古代的酒与饮酒［M］．北京：商务印书馆国际有限公司出版，1995：8.

[6] 陆兆新，等．果蔬贮藏加工及质量管理技术［M］．北京：中国轻工业出版社，2004：324-360.

[7] 武杰，等．新型果蔬食品加工工艺与配方［M］．北京：科学技术文献出版社，2001：355-361.

[8] 狄玉振，等．果蔬加工技术212例［M］．北京：中国计量出版社，1995：398-446.

[9] 康明官，唐是雯．果酒与配制酒生产问答［M］．北京：轻工业出版社，1987：87-135.

[10] NY/T 1508—2017 绿色食品　果酒［S］.

[11] 袁翰青．酿酒在我国的起源［A］．中国化学史论文集［C］．上海三联书店，1956.

[12] 于永利，巴牧仁．我国果酒的生产现状及发展对策［J］．内蒙古民族大学学报：自然科学版，2008，(03)：275-276，280.

[13] 潘训海，李再新，谢万如，等．果酒型保健酒的发展现状及发展前景［J］．酿酒科技，2009，(12)：81-83.

[14] 蔡坤，吴武阳，林雪．果酒酿造工艺及香气成分研究进展 [J/OL]．中国酿造，2017，(11)：20-23 [2017-11-30]．http：//kns. cnki. net/kcms/detail/11. 1818. TS. 20171130. 1422. 010. html.
[15] 马绍威．我国果酒业的现状及发展对策 [J]．中国食物与营养，2005，(03)：37-38.
[16] 葛军，刘婷，刘建龙．果酒生产技术研究进展 [J]．中国果菜，2017，37 (01)：4-7.
[17] 林宁晓．发酵果酒工艺技术的研究进展 [J]．福建轻纺，2015，(08)：32-36.
[18] 何义，林杨，张伟，李英军，马雯，马晓燕．果酒研究进展 [J]．酿酒科技，2006，(04)：91-95.
[19] 杨春哲，冉艳红，黄雪松．果酒稳定性综述 [J]．中国酿造，2000，(03)：9-13.
[20] 范兆军．果酒酵母的研究 [J]．农产品加工，2015，(02)：69-70.
[21] 赵祥杰，陈卫东，刘学铭，涂国全．果酒酵母选育研究进展 [J]．酿酒，2006，(01)：57-60.
[22] 申彤．果酒酵母的选育研究进展 [J]．酿酒，2005，(01)：43-44.
[23] 刘福强．酒类酒球菌苹果酸-乳酸发酵特性研究 [D]．济南：山东轻工业学院，2010.
[24] 甄会英，王颉，李长文，张伟，袁丽．苹果酸-乳酸发酵在葡萄酒酿造中的应用 [J]．酿酒科技，2005，(03)：75-77，79.
[25] 张春晖，罗耀文，李华．葡萄酒苹果酸-乳酸发酵代谢机理 [J]．食品与发酵工业，1999，(05)：64-67.
[26] QB/T 1983—1994 山楂酒 [S]．
[27] QB/T 2027—1994 猕猴桃酒 [S]．
[28] 陈敏，刘新环，刘冬，等．果酒的病害与败坏的原因及其防治方法 [J]．酿酒科技，2003，(03)：75-76.
[29] 陆正清．防治果酒的病害与败坏的方法 [J]．中国酿造，2000，(06)：21-22，24.
[30] 赵雪松．果酒病害的防治 [J]．酿酒科技，1984，(01)：12-16.
[31] 李思行，张森，何苗，等．我国果酒加工技术研究进展 [J/OL]．酿酒科技，2017，11：1-3 [2017-11-29]．http：//kns. cnki. net/kcms/detail/52. 1051. TS. 20171129. 1558. 007. html. DOI：10. 13746/j. nj -kj. 2017071.
[32] GB 2714—2015 食品安全国家标准　酱腌菜 [S]．
[33] 孟霞，裴乐乐，张安，等．泡菜发酵过程中真菌群落结构研究及优势真菌菌群变化分析 [J]．中国调味品，2017，3 (42)：49-54.
[34] 黄盛蓝，杜木英，周先容，等．发软泡菜品质及风味物质主成分分析 [J]．食品与机械，2017，12 (33)：36-44.
[35] 张静，孙鹤宁．规模化生产泡菜工艺 [J]．贮藏与工程，2002，2 (3)：30.
[36] 冯月玲．现代生物制剂在四川泡菜工业化生产中的应用 [J]．中国调味品，2011，12 (36)：23-27.
[37] 陈仲翔，董英．泡菜工业化生产的研究进展 [J]．食品科技，2004，(4)：33-35.
[38] SB/T 10756—2012 泡菜 [S]．
[39] 曹德玉，郝艳丽．酱腌菜常见问题及对策 [J]．果蔬加工，2004，4：36.
[40] 黄道梅，李咏富，孟繁博，等．泡菜微生物与风味品质研究进展 [J]．中国调味品，2017，3 (42)：172-177.

第五章

发酵畜产食品生产工艺

第一节　酸奶

一、酸奶概述

（一）发展历史

酸奶作为食品被全世界广大消费者所喜爱。人类制作酸奶至少有数千年的历史了，虽然许多国家都宣称酸奶是他们本国的发明，然而到目前为止还没有一个有力的证据能表明谁是第一个发现者。

早在公元前3000多年以前，居住在安纳托利亚高原（现称土耳其高原）的古代游牧民族就已经制作和饮用酸奶了。最初的酸奶可能起源于偶然的机会，有一次空气中的乳酸菌偶然进入羊奶，使存放的羊奶变得更为酸甜适口，而不是变质，这就是最早的酸奶。牧人发现这种酸奶很好喝，便把它接种到煮开后冷却的新鲜羊奶中，经过一段时间的培养发酵，便获得了新的酸奶。

公元前2000多年前，在希腊东北部和保加利亚地区生息的古代色雷斯人也掌握了酸奶的制作技术。他们最初使用的也是羊奶。后来，酸奶技术被古希腊人传到了欧洲的其他地方。

十一世纪由麻赫穆德·喀什噶里编写的《突厥语大词典》以及尤素甫·哈斯·哈吉甫撰写的《福乐智慧》两本书中都记载了土耳其人在中世纪已经在食用酸奶了。这两部书在不同层面都提到了“yogurt”这个词，并详细记录了游牧的土耳其人制作酸奶的方法。欧洲有关酸奶的第一个记载源自法国的临床历史记录：弗朗西斯一世患上了一场严重的痢疾，当时的法国医生都束手无策，盟国的苏莱曼一世给他派了一个医生，这个医生宣称用酸奶治好了病人。

公元1000年，德国家庭自制酸奶，容器不是玻璃瓶而是一种扁圆形瓷碗。1008年德国建厂生产酸奶。1908年日本已开始生产酸奶。

直到20世纪，酸奶才逐渐成为了南亚、中亚、西亚、欧洲东南部和中欧地区的食物材料。20世纪初，俄国科学家埃黎耶·埃黎赫·梅契尼可夫在研究保加利亚人为什么长寿者较多的现象时，调查发现这些长寿者都爱喝酸奶。他还分离发现了酸奶的乳酸菌，命名为“保加利亚乳酸杆菌”。梅契尼可夫提出乳酸菌是人类维持身体健康的一项重要元素，于是他开始在全欧洲推广奶酪这种食品。其后，一位西班牙企业家伊萨克·卡拉索将奶酪的生产工业化，于1919年，卡拉索在巴塞罗那建立酸奶制造厂，并以自己儿子的名字Danone（达能）为商品命名，当时他把酸奶作为一种具有药物作用的“长寿饮料”放在药房销售，但销路平平。第二次世界大战爆发后，1947年酸奶由达能公司引入美国。卡拉索来到美国又建了一座酸奶厂，产品销往咖啡馆、冷饮店，并大做广告，很快酸奶就在美国打开了销路，并迅速风靡世界。

1969年，日本又发明了酸奶粉。饮用时只需加入适量的水，搅拌均匀即可。

中国制作酸奶也是历史悠久。

三国时期，魏文帝集：“赐甘酪及樱桃”。又萨都刺诗中言道：“牛羊散漫落日下，野草生香乳酪甜。”

后魏时期，贾思勰编著的《齐民要术》中记载了酸奶的制作法：“牛羊乳皆得作，煎乳四五沸便止，以绢袋滤入瓦罐中，其卧暖如人体，熟乳一升用香酪半匙，痛搅令散泻，明旦酪成。”酪即发酵乳制品中的一种。牛酒古代称它为奶子酒或乳酒。史记孝文帝纪，联初即位，其赦天下，赐民爵一级女子百户牛酒。

唐朝时代，公元641年文成公主进藏时，就有“酸乳”记载。

宋朝已设有“牛羊司乳酪院”专管乳品加工。

元朝时代，成吉思汗的军队中已有乳干。《饮膳正要》中曾记述“酪”的加工方法：用乳半构，锅内炒过，入余乳熬数十沸，常以构纵横搅之，乃倾出罐盛，待冷掠取浮皮，以为酥。入旧酪少许，纸封放之，即成矣。

清朝时代在北京城内就有俄国人开过酸奶铺子。后来在上海法租界时期也有外国人开店出售瓶装酸奶，此外上海著名的大饭店内也有自制酸奶，供应外宾，不过都是手工操作的。1911年上海可的牛奶公司（现上海乳品二厂前身）也开始生产酸奶，所用菌种（发酵剂）是从国外进口的。这也是我国第一家用机器生产酸奶。

1980年北京东直门乳品厂从丹麦引进设备与工艺，是我国第一个生产搅拌型酸奶的厂家。从此酸奶加工业普及到全国各大城市。

据2015年统计，我国酸奶产量逐年增加，且呈直线上升趋势。虽然酸奶在我国整个乳制品中的比重仅为7%～8%，但近两年其产销量增长速度均高达40%以上，大大超过牛奶30%左右的增长率。

（二）酸奶定义及营养特点

1. 定义

酸奶（yoghurt），在国际中定义为酸乳。联合国粮农组织（FAO）、世界卫生组织（WHO）与国际乳业联盟（IDF）对酸乳定义：乳与乳制品（杀菌乳或浓缩乳）在保加利亚乳杆菌（*L. bulgaricus*）和嗜热链球菌（*S. thermophilus*）的作用下经乳酸发酵而得到的凝固型乳制品。成品中必须含有大量的、相应的活性微生物。

我国食品安全国家标准中定义：酸乳为以生牛（羊）乳或乳粉为原料，经杀菌、接种嗜热链球菌和保加利亚乳杆菌（德氏乳杆菌保加利亚亚种）发酵制成的产品。而风味酸乳为以

80%以上生牛（羊）乳或乳粉为原料，添加其他原料，经杀菌、接种嗜热链球菌和保加利亚乳杆菌（德氏乳杆菌保加利亚亚种）发酵前或后添加或不添加食品添加剂、营养强化剂、果蔬、谷物等制成的产品。

2. 营养特点

酸奶除保留了牛奶的全部营养外，其与鲜奶最显著的差异就是它还含有大量的乳酸及对人体肠道健康的活性乳酸菌。

(1) 碳水化合物　牛奶经过乳酸菌发酵后，乳糖有 20%～30% 分解成了葡萄糖和半乳糖，进而转化为乳酸或其他有机酸。半乳糖被人的机体吸收后，可以参与幼儿脑苷脂和神经物质的合成。乳糖还可以在肠道区域被微生物代谢，进而促进对磷、钙、铁的吸收，防止婴儿佝偻病，防治老人骨质疏松症。有些酸奶（如搅拌型果肉酸奶）中添加的稳定剂，如瓜尔豆胶、角豆荚胶、卡拉胶等能促进肠道蠕动，防止脂肪沉积，降低血液中胆固醇的含量。

(2) 蛋白质和脂肪更易吸收　乳酸菌的发酵作用可以使乳白蛋白变成微细的凝乳粒，易于消化吸收。酪蛋白可以一定程度的降解，形成预备消化状态。受乳酸菌作用，部分乳脂肪发生解离，变成易于有机体吸收状态。

(3) 维生素和矿物质　发酵过程中，乳酸菌可以产生机体营养所必需的维生素、烟酸和叶酸。因此，牛奶发酵后其营养价值有很大的提高。

（三）分类

酸乳品种很多，有各种不同的分类方法，可按国家质量标准、加工工艺及组织状态、成品风味、脂肪含量等分类。

1. 按国家质量标准分类

(1) 1999 年国家质量标准　酸乳分为 3 类：

① 纯酸牛乳　以牛乳或复原乳为原料，脱脂、部分脱脂或不脱脂，经发酵制成的产品。

② 调味酸牛乳　以牛乳或复原乳为主料，脱脂、部分脱脂或不脱脂，添加食糖、调味剂等辅料，经发酵制成的产品。

③ 果料酸牛乳 以牛乳或复原乳为主料，脱脂、部分脱脂或不脱脂，添加天然果料等辅料，经发酵制成的产品

(2) 2010 年食品安全国家标准　酸乳可分为 2 类：酸乳和风味酸乳（又叫发酵乳和风味发酵乳）。

2. 按加工工艺及组织状态分类

酸奶可分为 2 类：凝固型酸奶和搅拌型酸奶。

(1) 凝固型酸奶　凝固型酸奶是指发酵过程在包装容器中进行的，成品因发酵而保留了凝乳状态。我国传统的玻璃瓶和瓷瓶装的酸奶即属此类型。

凝固型酸奶的分类：按脂肪含量的不同，可分为全脂酸奶、低脂酸奶和脱脂酸奶。按加糖与否，可分为加糖酸奶和无糖酸奶（每 100g 或 100mL 酸奶中的含糖量不高于 0.5g）。

市场上很流行的塑料碗装的老酸奶严格来讲也属于传统意义凝固型酸奶的一个升级变种，其在凝固型酸奶工艺的基础上为了避免在运输中变稀，它们都添加了明胶、果胶等凝胶剂和增稠剂，不论怎么振荡都不会发生结构的变化。所以，严格来说，市面上所谓的“老酸奶”产品，应当叫做“凝固型酸奶软冻”比较确切。

(2) 搅拌型酸奶　搅拌型酸奶是指将果酱等辅料与发酵结束后得到的酸奶凝胶体进行搅

拌混合均匀，然后装入杯或其他容器内，再经冷却后熟而得到的酸奶制品。

搅拌型酸奶的分类：根据是否加糖分加糖酸奶和不加糖酸奶；加糖酸奶又可分果料型和果味型。果料型是指在酸奶中添加果料（草莓或蓝莓或菠萝等果酱）；果味型是指在酸乳中添加果味香料（草莓或蓝莓或菠萝果香型等）。

搅拌型酸奶和凝固型酸奶相比蛋白质含量低，添加各种不同的甜味剂、增味剂、增稠剂，但由于添加了果料、果酱等配料，使得搅拌型酸奶的风味更加独特。

3. 按成品风味分类

酸奶可分为 2 类：纯天然型酸奶和风味型酸奶。

（1）纯天然型酸奶　不添加任何的添加剂，芳香纯正。

（2）风味型酸奶　发酵前或后添加或不添加食品添加剂、营养强化剂、果蔬、谷物等制成的产品。

4. 按脂肪含量分类

酸奶可分为 3 类：全脂酸奶、低脂酸奶和脱脂酸奶。

（1）全脂酸奶　其含脂率 3%的酸奶。

（2）低脂酸奶　其含脂率 1.5%的酸奶。

（3）脱脂酸奶　其含脂率小于 0.3%的酸奶。

二、酸奶生产的原料

酸奶生产的原料为原料乳、食品添加剂、营养强化剂、果蔬、谷物等。

1. 原料乳

选择生牛（羊）乳或乳粉，不得含有抗生素、噬菌体、CIP 清洗剂残留物或杀菌剂，不得使用患有乳房炎的乳。原料乳色泽应呈乳白或略带微黄；组织状态应呈均匀的胶态流体，无沉淀、无凝块、无肉眼可见杂质和其他异物；对于滋气味的要求是应具有新鲜牛（羊）乳固有的香气，无其他异味。生乳蛋白质含量≥2.8 g/100g，脂肪含量≥3.1 g/100g，细菌总数≤2×10^7CFU/mL，非脂乳固体 ≥8.1 g/100g ，生牛乳酸度在 12～18 °T，生羊乳酸度在 6～13 °T，因此配料前必须对牛（羊）奶标准化，即按照产品质量的食品安全国家标准 GB 19301《生乳》规定的指标进行主成分调整。乳粉应采用符合食品安全国家标准 GB 19644《乳粉》规定的原料使用。

2. 其他原料

食品添加剂、营养强化剂、果蔬、谷物。

食品添加剂和营养强化剂的使用应符合食品安全国家标准 GB 2760 和 GB 14880 的规定。果蔬、谷物应符合相应有关规定。

稳定剂通常用于搅拌型酸奶生产中，常用的稳定剂有 CMC、果胶等，其添加量控制在 0.1%～0.5%范围。

果料通常含有 50%的糖或相应的甜味剂，一般添加 12%～18%的果料到酸奶中能满足酸奶所需的甜味。

3. 发酵菌种

保加利亚乳杆菌（德氏乳杆菌、保加利亚亚种）、嗜热链球菌或其他，由国务院卫生行政部门批准使用的菌种。

三、酸奶生产用的微生物及生化机制

（一）酸奶生产用的微生物

能够用于发酵乳制造的乳酸细菌主要有：嗜热链球菌、保加利亚乳杆菌、嗜酸乳杆菌、双歧乳杆菌等，它们具有各自的生理生化特性。酸奶所使用的发酵剂菌种大多为嗜热链球菌和保加利亚乳杆菌的混合菌种。

1. 嗜热链球菌（*Streptococcus thermophilus*）

革兰氏阳性菌；微需氧；最适生长温度为40～45℃；能发酵葡萄糖、果糖、蔗糖和乳糖；在85℃条件下能耐受20～30min；蛋白质分解能力微弱；对抗生素极敏感；细胞呈卵圆形，成对或形成长链。细胞形态与培养条件有关：在30℃乳中培养时，细胞成对；而在45℃时呈短链；在高酸度乳中细胞呈长链（见图5-1）。

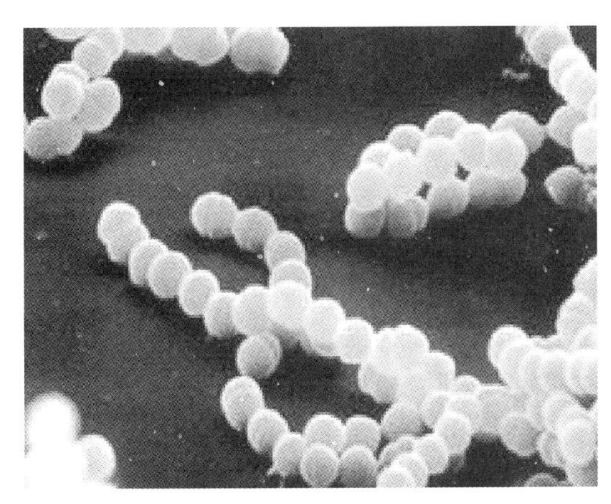

图5-1　嗜热链球菌（电镜扫描）

2. 保加利亚乳杆菌（*Lactobacillus bulgaricus*）

革兰氏阳性菌；微厌氧；最适生长温度为40～43℃；能发酵葡萄糖、果糖和乳糖，但不能利用蔗糖；对热的耐受性差，个别菌株在75℃条件下能耐受20min；菌体粗而长，(2～20) μm×1μm，两端稍圆，单个，平行或短链排列（见图5-2）。根据形态可分A、B两型。A型为短杆菌，排列成链，菌体粗细不匀，有卵圆形或臀形籍节突出，着色均匀；B型为长杆菌，单个存在，似有圆状物黏附于菌体。蛋白质分解能力弱。对抗生素不如嗜热链球菌敏感。将嗜热链球菌和保加利亚乳杆菌混合培养，两者的生长情况都比各自单独培养时好。这是因为保加利亚乳杆菌分解酪蛋白，游离出的氨基酸为嗜热链球菌的生长提供了营养物质；而嗜热链球菌产生的甲酸，能促进保加利亚乳杆菌的生长。对牛乳进行杀菌处理时，如采用90℃加热5min或85℃加热20～30min，牛奶中甲酸的含量比较多，用这样的牛奶来培养保加利亚乳杆菌可得到满意的结果。在发酵过程中可产生乙醛香味物质。

3. 双歧乳杆菌（*Bifidobacterium*）

革兰氏阳性，专性厌氧菌；但目前应用于生产的菌株是耐氧的，甚至可以在有氧环境下培养，经多次传代后，革兰氏染色反应转为阴性；最适培养温度约为37℃；能发酵葡萄糖、果糖、乳糖和半乳糖；细胞的形态很不一样，有棍棒状、勺状、V字状、弯曲状、球杆状

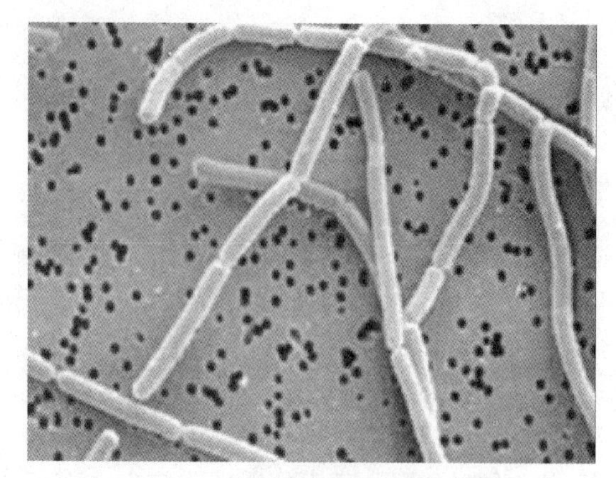

图 5-2　保加利亚乳杆菌（电镜扫描）

和 Y 字形等；对营养要求复杂，含有水苏糖、棉子糖、乳果糖、异构化乳糖、聚甘露糖和 *N*-乙酰-*β*-D-氨基葡萄糖苷中的一种或几种的培养基有助于双歧杆菌的生长。在培养基中添加还原剂维生素 C 和半胱氨酸促进双歧杆菌的生长。

（二）酸奶发酵剂

酸奶发酵剂一般是由嗜热链球菌和保加利亚乳杆菌组成的培养物。

酸奶发酵剂是生产酸奶过程保证其质量稳定及形成酸奶优良感官品质以及组织状态的关键所在。发酵剂从根本上避免了产品自然发酵周期长、质量波动大和食用安全性及卫生性难以保障的缺陷，促进了产品及生产过程的标准化。

按照物理形态的不同可分为液体酸奶发酵剂、冷冻酸奶发酵剂和直投式酸奶发酵剂 3 种。

1. 液体酸奶发酵剂

液体酸奶发酵剂比较便宜，但是菌种活力经常发生改变，存放过程中易染杂菌，保藏时间也较短，长距离运输菌种活力降低很快，已经逐渐被大型酸奶厂家所淘汰，只有一些中小型酸奶工厂还在联合一些大学或研究所进行生产。酸奶发酵剂的菌种要在酸奶生产厂家单独设一菌种车间，以完成“纯菌→活化→扩大繁殖→母发酵剂→中间发酵剂→工作发酵剂”这一工艺过程，该过程工序多、技术要求严格。

2. 冷冻酸奶发酵剂

冷冻酸奶发酵剂乃经深度冷冻而成，其价格也比直投式酸奶发酵剂便宜，菌种活力较高，活化时间也较短，但是其运输和贮藏过程中都需要－55～－45℃的特殊环境条件且费用比较高，使用的广泛性受到限制。

3. 直投式酸奶发酵剂

直投式酸奶发酵剂（directed vat set，DVS）是指一系列高度浓缩和标准化的冷冻干燥发酵剂菌种，可直接加入到热处理的原料乳中进行发酵，而无须对其进行活化、扩大培养等其他预处理工作。而且贮藏在普通冰箱中即可。直投式酸奶发酵剂的活菌数一般为 10^{10}～10^{12}CFU/g。运输成本和贮藏成本都很低，其使用过程中的方便性、低成本性和品质稳定性特别突出。简化了生产工艺。直投式酸奶发酵剂的生产和应用可以使发酵剂生产专业化、社会化、规范化、统一化，从而使酸奶生产标准化，提高酸奶质量，保障了消费者的利益和健康。目前，它已经在一些大型酸奶厂家推广使用。

（三）酸奶发酵剂的制备

发酵剂所用的菌种，随生产的乳制品而异。有时单独使用一个菌种，有时将两个以上的菌种混合使用，混合菌种的使用可以利用菌种间的共生作用，相互影响，相互得益，可以提高产酸力和风味形成力，从而得到酸多、香味成分多的酸奶。生产酸奶主要为保加利亚乳杆菌和嗜热链球菌混合发酵剂，保加利亚乳杆菌产酸、产香，嗜热链球菌增黏（胞外多糖多聚物），最终形成酸奶特有的味道和黏稠感。

1. 菌种的复活及保存

（1）菌种的复活　先将装菌种的试管口用火焰彻底杀菌，然后打开棉塞，如为液状则用灭菌吸管从试管底部吸取 1～2mL，立即移入预先准备好的灭菌培养基中。如为粉末状时，则用灭菌接种针取出少量，移入预先准备好的培养基中，放入保温箱中培养，待凝固后，又取出 1～2mL，再照上述方法反复进行移植活化后，即可用于调制母发酵剂。培养基要求用新鲜的脱脂乳，经 120℃，15～20min 高压灭菌，将乳温降至 35～40℃，便可接种。

（2）乳酸菌纯培养物的保存　如单以维持活力为目的，只需将凝固后的菌种管保存于 0～5℃的冰箱中，每隔两周移植一次即可。但在正式应用于生产以前，仍需按上述方法反复接种进行活化。

2. 母发酵剂的制备

取新鲜脱脂乳 100～300mL（同样两份），装入母发酵剂容器中，以 120℃，15～20min 高压灭菌，然后迅速冷却至 40℃左右，用灭菌吸管吸取适量的乳酸菌纯培养物（均为母发酵剂脱脂乳量的 3%）进行接种后，放入恒温箱中，按所需温度进行培养，凝固后冷藏。为保持乳酸菌一定的活力，培养好的母发酵剂反复接种 2～3 次用于调制生产发酵剂为好。

3. 生产发酵剂的制备

取实际生产量 3%～5%的脱脂乳，配入灭菌的生产发酵剂容器中，以 90℃15min 杀菌，并冷却至 35～40℃，然后以无菌操作边快速搅拌边缓慢添加母发酵剂 3%～5%，其中母发酵剂以保加利亚乳杆菌和嗜热链球菌按 1∶1 的比例混合添加，充分搅拌后在所需温度下培养达到所需酸度后即可取出，贮于冷藏库中待用。

4. 发酵剂的质量要求

菌种的选择对发酵剂的质量有重要作用，可根据生产发酵乳制品的品种，选择适当的菌种，并对菌种发育的最适温度、耐热性、产酸能力及是否产生黏性物质等特性，进行综合性选择，还要考虑到菌种间的共生性，使之在生长繁殖中相互得益。

发酵剂的质量直接影响到生产的产品成功与成品的质量，故在使用前对发酵剂进行质量检查，应符合下列各项指标的要求：

（1）凝乳应有适当的硬度，均匀而细腻，富有弹性，组织状态均匀一致，表面光滑，无龟裂，无皱纹，未产生气泡及乳清析出等现象。

（2）具有良好的风味，不得有腐败味、苦味、饲料味和酒精味等异味。

（3）若将凝块完全粉碎后，质地均匀，细腻滑润，略带黏性，不含块状物。

（4）按规定方法接种后，在规定时间（一般 3～4h）内产生凝固，无延长凝固现象。测定酸度时符合规定指标要求。

（5）镜检，乳酸菌个体形态不发生改变，保持呈长链状，而且两个菌体的数量接近（见图 5-3）。

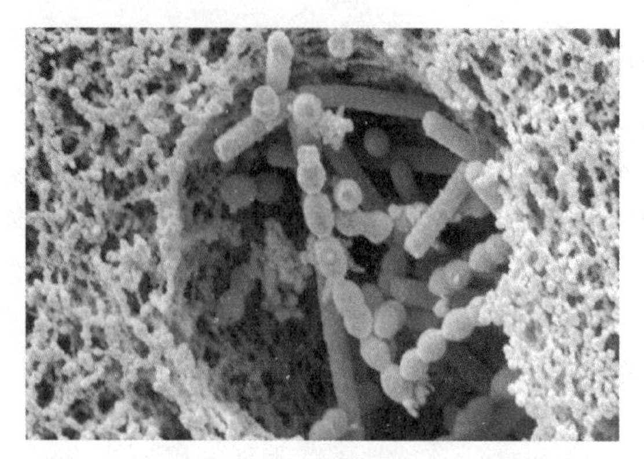

图 5-3 保加利亚乳杆菌和嗜热链球菌混合体

（四）酸奶形成机制及生物化学变化

以乳酸菌为主的特定微生物做发酵剂接种到杀菌后的原料乳中，在一定温度下乳酸菌增殖产生乳酸，同时伴有一系列的生化反应，使乳发生化学、物理和感官变化，从而使发酵乳具有典型的风味和特定的质地。

1. 化学变化

（1）乳糖代谢 乳酸菌利用原料中乳糖作为其生长和增殖的能量来源，产生乳酸，使乳中 pH 值降低，促使酪蛋白凝固，产品形成均匀细致的凝块，并产生良好的风味。在乳酸菌增殖的过程中，其生成的各种酶将乳糖转化成乳酸的同时，生成了半乳糖、寡糖、多糖、乙醛、双乙酰、丁酮等风味物质。另外，乳清酸和马尿酸减少，苯甲酸、甲酸、琥珀酸、延胡索酸增加。

（2）蛋白质代谢 蛋白质轻度水解，肽、游离氨基酸、氨增加，生成乙醛。

（3）脂肪代谢 脂肪的微弱水解，产生游离脂肪酸，部分甘油酯类在乳酸菌中脂肪分解酶的作用下，逐步转化成脂肪酸和甘油。影响这类反应的主要因素是酸乳中的脂肪含量及均质作用。酸乳中的脂肪含量越高，则脂肪水解越多，而均质过程有利于这类生化反应的进行。尽管这类反应在酸乳中是副反应，但经其产生的游离脂肪酸等足以影响乳成品的风味。

（4）维生素变化 乳酸菌在生长过程中，有的会消耗原料乳中的部分维生素，如维生素 B_{12}、生物素和泛酸；有的乳酸菌产生维生素，如嗜热链球菌和保加利亚乳杆菌在生长增殖过程中就产生烟酸、叶酸和维生素 B_6。

（5）矿物质变化 乳发酵过程中矿物质的存在形式发生改变，形成不稳定的酪蛋白磷酸钙复合体，使离子增加。

（6）其他变化 乳发酵可使核苷酸含量增加，也能产生抗菌剂和抗肿瘤物质。

2. 物理性质的变化

乳发酵后乳的 pH 值降低使乳清蛋白和酪蛋白复合体因其中的磷酸钙和柠檬酸钙的逐渐溶解而变得越来越不稳定。当体系内的 pH 值达到酪蛋白的等电点时（pH 值 4.6～4.7），酪蛋白胶粒开始聚集沉淀，逐渐形成一种蛋白质网络立体结构，其中包括乳清蛋白、脂肪和水溶液。这种变化使原料乳变成了半固体状的凝胶体——凝乳（见图 5-4）。

图 5-4 酸凝乳扫描电镜和酸奶

3. 感官性状的变化

乳发酵后使酸奶呈圆润、黏稠、均一的软质凝乳，且具特有的滋味、气味。

4. 微生物数量的变化

由于保加利亚乳杆菌和嗜热链球菌的共生作用，酸乳中的活菌数大于 10^6 CFU/mL，发酵时产生的酸和乳酸链球菌素可抑制有害微生物的生长。

四、酸奶现代生产流程及技术参数

两个不同类型的酸奶生产流程如图 5-5 所示。工艺要根据酸奶的类型、酸奶的组织状态和风味质量决定生产线的设计。现代化的酸奶生产线设计要尽量满足高产量、高质量和连续化生产的要求，自动化程度各不相同，但 CIP 清洗系统应该是完整的。

1. 原料乳的标准化

为了使产品符合食品安全国家标准 GB 19302 的要求，乳制品中脂肪、蛋白质和非脂乳固体要保持一定的含量。但是，原料乳中的脂肪、蛋白质和非脂乳固体含量随乳牛（羊）的品种、地区、季节和饲养管理等因素不同有很大的差异，因此必须对原料乳进行标准化，即调整原料乳脂肪、蛋白质和非脂乳固体的比例，使加工出来的产品符合国家标准。如果原料乳中脂肪含量不足时，应该加稀乳油或脱去部分脱脂乳；当原料乳中脂肪含量过高时，应添加脱脂乳或脱去部分稀乳油。如果原料乳中蛋白质含量不足时，应该加乳清粉。标准化工作采用在线或配料罐中进行。

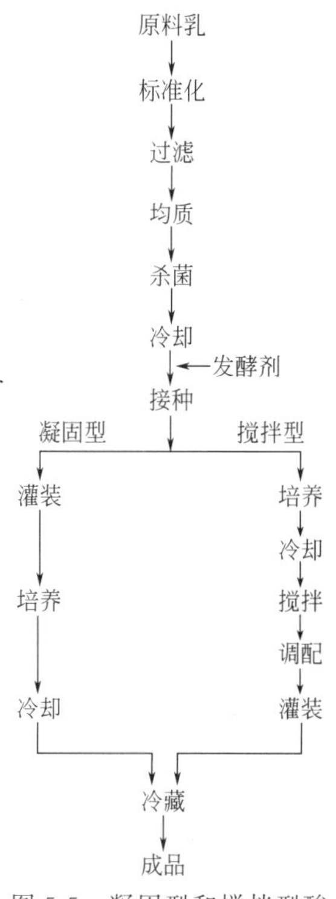

图 5-5 凝固型和搅拌型酸奶生产工艺流程图

2. 过滤

原料乳和辅料在均质前先进行较好的过滤，可采用管式双联过滤器和离心净乳机除去杂质。

3. 均质

均质是酸奶生产的重要程序，目的在于：①促进乳中成分均匀，提高酸奶的黏稠性和稳定性，并使酸奶质地细腻，口感良好；②使乳中的脂肪球破碎、变小，与酪蛋白膜结合，提高脂肪球的密度，降低脂肪球聚集的趋势，使其均匀地悬浮在液体中。均质前先将混合料预热至 50～60℃，采用高压均质机，均质压力一般为 20～25MPa。

4. 杀菌

杀菌目的是：①杀灭乳中的大部分微生物或全部致病菌；②除去原料乳中的氧从而降低氧化还原电位，助长乳酸菌的发育；③热处理使蛋白质变性，改善了酸乳硬度和组织状态；④防止乳清析出。

酸奶的杀菌一般采取90～95℃、15min，经杀菌后的混合料冷却到40～50℃备用。也可采用超高温瞬时灭菌，135～140℃加热3～5s，这样有利于营养成分的保留，减少煮沸气味，提高生产效率。

5. 发酵剂

(1) 常用菌种　保加利亚乳杆菌和嗜热链球菌混合发酵剂[(2～1)∶1]。

(2) 工艺条件　液态菌种先搅拌均匀，当物料温度为40～50℃，边快速搅拌物料边缓慢添加发酵剂4%～5%的量，再搅拌4～5min使之混合均匀。直投式菌种按照其使用量直接添加，同时搅拌5～10min。

6. 凝固型酸奶的发酵及后熟

(1) 灌装　可根据市场需求选择玻璃瓶或塑杯，在装瓶前需对玻璃瓶进行蒸汽灭菌，一次性塑杯可直接使用。

(2) 发酵　温度保持在41～42℃，培养时间为3h左右，达到凝固状态，没有乳清析出时即可终止发酵。一般发酵终点的判断依据下列条件：①滴定酸度达到65°T左右；②pH值低于4.6；③表面有少量水痕；④倾斜酸奶瓶或杯，奶变黏稠。发酵应注意避免震动，否则会影响组织状态；发酵温度应恒定，避免忽高忽低；发酵室内温度上下均匀；掌握好发酵时间，防止酸度不够或过度以及乳清析出。

(3) 冷却　发酵好的酸奶应立即移入2～6℃的冷藏库中存放12h，迅速抑制乳酸菌的生长，以免继续发酵而造成酸度升高。在冷藏中，由于酸奶温度的降低是缓慢进行的，因此酸度仍有上升，同时芳香物质双乙酰产生，酸奶的黏稠度增加。酸奶发酵凝固后必须在冷库贮藏24h再出售，通常把此过程称为后熟。一般酸奶的冷藏期为7～14d。

7. 搅拌酸乳的加工工艺

(1) 发酵　搅拌酸乳的发酵在发酵罐或缸中进行，发酵罐利用罐周围夹层的热溶剂来维持恒定温度，热溶剂的温度可随发酵参数而变化。

若大罐发酵，则应控制好发酵温度，避免忽高忽低。发酵间上部和下部温差不要超过1.5℃，同时，发酵罐应远离发酵间的墙壁，以免过度受热。发酵控制：41～43℃，时间2.5～3h。

(2) 凝块的冷却　当酸乳凝固（pH值4.6～4.7）时开始冷却，冷却过程应稳定进行。冷却速度过快将造成凝块收缩迅速，导致乳清分离；冷却过慢会造成产品过酸和添加果料的脱色。冷却方法采用片式冷却器、管式冷却器、表面刮板式热交换器、冷却缸等冷却。冷却的目的是快速抑制乳酸菌的生长和酶的活性，以防止发酵过度产酸及搅拌时脱水。

(3) 搅拌　通过机械力破碎凝胶体，使凝胶体的粒子直径达到0.01～0.4mm，并使酸乳的硬度和黏度及组织状态发生变化。通常搅拌方法如下：

① 螺旋桨搅拌器　转速较高，适合搅拌较大量的液体。

② 涡轮搅拌器　在运转中形成放射性液流的高速搅拌器，也是制造液体酸乳常用的搅

拌器。

③ 手动搅拌 采用损伤最小的手动搅拌可得到较高的黏度，一般小规模企业使用此法。

搅拌时注意事项：注意凝胶体的温度、pH 及固体含量等。通常搅拌开始用低速，以后用较快的速度。

① 温度 搅拌的最适温度为 0～7℃，此时适合亲水性凝胶的破坏，可得到搅拌均匀的凝固物，既可缩短搅拌时间还可减少搅拌次数。若在 38～40℃进行搅拌，凝胶体易形成薄片状或沙质结构等缺陷。但实际生产中凝胶体的温度降到 0～7℃是不容易的，通常降到 15～22℃为宜。

② pH 值 酸乳的搅拌应在凝胶体的 pH 值 4.7 以下时进行，若在 pH 值 4.7 以上则酸乳凝固不完全、黏性不足而影响质量。

③ 干物质 合格的乳干物质含量对防止搅拌型酸乳乳清分离起到较好的作用。

(4) 调配 果粒、香料及各种食品添加剂等在酸乳自缓冲罐到包装机的输送过程中通过一台变速计量泵连续加入到凝乳中一起灌装。

(5) 灌装 酸奶是人们日常直接饮用的液体食品，它的包装材料和容器应符合一般食品的要求，其包装最主要的目的就是使酸奶不受环境的干扰和伤害。酸奶的包装同时还可以保证产品在运输和货架及保存期间不发生泄漏和不会因为受蒸发而发生损耗。酸奶的终端容器一般为盒状、管状或杯状。经过良好包装的酸奶产品能够防止常温下容易变质、遇氧气容易氧化变质、长时间光照容易发生分解反应和变色反应，延长储存期。

① 灌装方法 经过接种并充分搅拌的酸乳要迅速、连续地灌装到销售用的瓷罐、玻璃瓶、塑料杯和纸制盒容器中。

② 灌装注意事项 灌装时应注意产品上部的空隙要尽可能小，灌装机需保持清洁，最好安装滤菌空调。另外，为了避免产品的后污染，要定期对灌装管道和包装环境进行微生物检测，控制污染源等。

③ 灌装设备 采用螺杆泵和旋转式容积泵经管道形式以低于 0.5m/s 层流输送酸乳到包装机，管道直径避免突然变小，减少对凝乳质地的损害。包装机除了管道和灌装头应用 CIP（清洗机）清洁和热水等消毒外，包装机的卫生死角应定期清洁，灌装头所在的灌装区应适当封闭并用空气过滤网和定期的消毒保证空气洁净。

(6) 成品贮藏 灌装好的酸乳在 2～8℃进行冷藏和后熟，冷藏可促进香味物质的产生和稠度的改变，并延长保质期。

五、酸奶成品质量标准

我国食品安全国家标准 GB19302《发酵乳》，规定了发酵乳和酸乳的概念，表明两者的区别。规定了酸乳的主要质量标准。酸乳必须符合食品安全国家标准 GB19302《发酵乳》各项指标规定并进行检验。

（一）感官要求

应符合表 5-1 的规定。

表 5-1 酸乳感官要求

项目	要求		检验方法
	酸乳	风味酸乳	
色泽	色泽均匀一致，呈乳白色或微黄色	具有与添加成分相符的色泽	取适量试样置于 50mL 烧杯中，在自然光下观察色泽和组织状态。闻其气味，用温开水漱口，品尝滋味
滋味、气味	具有发酵乳特有的滋味、气味	具有与添加成分相符的滋味和气味	
组织状态	组织细腻、均匀，允许有少量乳清析出	具有添加成分特有的组织状态	

（二）理化指标

应符合表 5-2 的规定。

表 5-2 酸乳理化指标

项目		要求		检验方法
		酸乳	风味酸乳	
脂肪[①]/(g/100g)	≥	3.1	2.5	GB 5413.3
非脂乳固体/(g/100g)	≥	8.1	—	GB 5413.39
蛋白质/(g/100g)	≥	2.9	2.3	GB 5009.5
酸度/°T	≥	70		GB 5413.34

①仅适用于全脂产品。

（三）微生物限量

应符合表 5-3 的规定。

表 5-3 微生物限量

项目	采用方案[①]及限量(若非指定，均以 CFU/g 或 CFU/mL 表示)				检验方法
	n	c	m	M	
大肠菌群	5	2	1	5	GB 4789.3 平板计数法
金黄色葡萄球菌	5	0	0CFU/25g(或 mL)	—	GB 4789.10 定性检验
沙门氏菌	5	0	0CFU/25g(或 mL)	—	GB 4789.4
酵母	≤100				GB 4789.15
霉菌	≤30				

① 样品的分析即处理按 GB 4789.1 和 GB 4789.18 执行。

（四）乳酸菌数

应符合表 5-4 的规定。

表 5-4 乳酸菌数

项目	限量/[CFU/g(或 mL)]	检验方法
乳酸菌数[①]	$\geqslant 1\times10^6$	GB 4789.35

① 发酵后经热处理的产品对乳酸菌数不作要求。

≥

（五）其他指标

酸乳中使用的食品添加剂和营养强化剂质量应符合相应的安全标准和有关规定。食品添加剂和营养强化剂的使用量应符合 GB 2760 和 GB 14880 的规定。污染物限量应符合 GB 2762 的规定。

六、酸奶的安全性及清洁化生产

（一）酸奶生产的安全问题

酸奶营养丰富，风味独特，其品质与安全问题已成为消费者关注的重点。酸奶的产品品质和其他食品一样，也受原辅料、生产流程、生产设备、加工人员、生产环境等众多因素的影响，任何一个环节出现问题都可能导致酸奶品质发生不可逆转的改变。

酸奶在生产过程中，由于原料奶的质量、发酵剂的制备、灌装过程的操作等步骤中存在不同程度的安全问题，使得酸奶经常出现乳清析出严重、酸奶硬度不够、稀薄或黏糊状、芳香味不够等问题，对酸奶的质量造成严重影响，酸奶的营养保健作用受到破坏，其中可能染有对人体有害的杂菌，产生有害物质。

1. 原料奶的安全问题

（1）原料奶掺假问题　在原料奶中以复原乳代替生鲜牛（羊）奶，添加氨基酸、淀粉类物质和水，用蛋白粉、脂肪粉等勾兑原料乳等一些掺假手段造成奶品质降低，影响酸奶发酵。常常向奶中添加碱性物质来提高奶的新鲜度。

（2）原料奶抗生素残留问题　奶牛（羊）饲养过程中，用于治疗奶牛（羊）乳房炎、饲料喂养都含有一定量的抗生素，有些奶农为了保鲜甚至将某些抗微生物制剂直接添加到牛奶中来抑制微生物的生长，造成不同程度的药物污染。这些抗生素会对发酵剂产生抑制作用，使发酵不能正常进行。食品中低剂量的抗生素残留会抑制或杀灭人体内的有益菌，使致病菌产生耐药性，长期摄入含有少量抗生素的酸奶，可使寄生在人体中的正常菌群对抗生素敏感而受到抑制，破坏菌群间相互制约的机制，扰乱机体内环境的平衡，造成菌群失调而不利于健康。

（3）原料奶其他安全问题　用于治疗乳房炎的磺胺类药品，其阻碍作用的程度尽管比抗生素小，但对酸奶乳酸菌也有一定作用。在清洗采奶机器等时添加次亚氯酸钠、氯胺和其他杀菌剂，如果使用杀菌剂不注意，杀菌剂就可能混入牛奶中，在酸奶制作过程中会抑制发酵菌的生长而造成重大问题。

2. 发酵剂的安全问题

发酵剂在制备过程中不注意保持无菌状态易感染细菌，使酸奶表面生霉、产气。发酵剂遭噬菌体感染时，析出乳清颜色深，闻不出乳酸菌特有的香味，酸奶喝起来有怪味；噬菌体对嗜热链球菌的侵袭通常使发酵时间比正常时间长、产品酸度低、发酵剂活力下降。

3. 生产环境的安全问题

酸乳在生产加工、运输及储存过程中，使用或接触不清洁的乳桶、挤乳机、离心机等加工设备和包装材料，是造成乳品中微生物含量极高的主要来源。酸奶生产过程中设备和管路的清洗至关重要，如果清洗不彻底留下死角，就会导致噬菌体感染或杂菌污染，从而导致发酵失败，给企业造成巨大的经济损失。生产车间经常用水冲洗，空气湿度较大，适宜大多数细菌和真菌生长。由于车间环境的净化和通风设施不完善以及操作人员个人卫生的不合格，将会造成发酵好的酸奶在灌装前遭受二次污染，从而使酸奶保质期缩短，出现酵母味或表面长霉等质量问题。其他方面的污染包括生产用水不卫生、苍蝇和蟑螂等昆虫的滋生，也可造成酸乳的微生物污染。

（二）酸奶安全生产措施

危害分析与关键控制点（HACCP）体系是一种科学、简便、实用的预防性食品安全体系，它可预防与控制从食品原料生产、加工贮运、销售等全过程可能存在的危害，以最大限度地降低风险。HACCP计划作为一种保障食品安全的预防系统，贯穿食品生成的全过程，能够做到严格控制各项操作程序，加强生产过程的监控，保证产品质量。

1. 危害分析

按产品流程图对各步骤进行危害评估，包括生物危害、化学危害和物理危害3方面。危害评估的依据是国家和企业标准。可以从这些角度考虑食品污染的来源：食品原料的危害；食品从业人员对食品的污染；加工中的交叉污染；工具设备对食品的污染；化学性污染（如添加剂）；食品包装材料引起的污染等。进行危害分析时，需准备必要的仪器设备进行试验，同时需查阅相关的流行病学资料、工厂的有关质量记录，以确定潜在的危害是否为显著危害。可以借助HACCP判断属于各显著危害是否为CCP点。

2. 关键控制点的确定

关键控制点CCP的确定：①原料乳采购与验收（CCP1）；②杀菌（CCP2）；③接种发酵（CCP3）；④无菌袋验收（CCP4）；⑤无菌灌装（CCP5）。

通过对酸奶生产实行HACCP管理并进行工艺分析和危害分析，确定关键控制点，并采取有效的预防纠偏措施，可以保证产品在大批量生产过程中所有的监控点达到规定的要求，从而最终实现保证产品安全卫生的目标。在酸奶生产过程中，应全方位应用和推广这一管理系统，以发展酸奶生产，保证我国城乡居民的食品安全。

（三）酸奶清洁生产分析

酸奶生产工艺主要从原乳过滤、原乳滤渣回收加工、废水循环利用、产品包装等方面进行清洁生产，从源头控制废水及污染物的产生。

（1）原乳过滤　采用压滤机代替过滤糟排糟，减少废水和污染物的排放量，同时提高了原乳的利用率，节约原料，降低了生产成本。

（2）原乳滤渣回收加工　生产过程中的原料残渣经烘干粉碎后，加工成饲料产品出售或用于甲烷发酵，增加了经济效益，减少二次污染。

（3）废水循环利用　①洗瓶的水含有大量的氮，如果直接排放会导致水体富营养化严重，废水经处理后，可作为绿化、冲刷厕所水实现循环利用，既节约水资源，又减少了污染物排放。②用于冷却后升温的废水，若直接排放会引起水体温度上升，使水生态环境破坏。降温后可循环再用，既节约冷却水用量，又减少了废水排放。降温时散发的热量可用于酵母培养。

（4）产品包装　现在市场上用于凝固型酸奶的包装几乎全是塑料包装。塑料包装有降解难、成本高的缺点。改用纸质或玻璃瓶包装可避免上述缺点，但纸质材料可塑性差、强度不够高，对材料与加工技术要求较高。

【思考题】

1. 简述酸奶的分类，发酵剂的概念与种类。
2. 凝固型酸乳和搅拌型酸奶加工工艺的区别？

3. 为何要制备保加利亚乳杆菌和嗜热链球菌混合发酵剂用于生产酸奶?

第二节 干酪

一、干酪概述

(一) 发展历史

干酪，又称为奶酪、芝士、乳酪、起司等。干酪是一种历史悠久的食品，较为普遍的观念认为其起源于公元前6000～7000年的幼发拉底河和底格里斯河流域，当时的人们用皮制的背囊存放牛、羊乳，但通常几天后鲜乳就自然发酵变酸，人们将变酸的乳在凉爽湿润的气候下晾晒数日，使之凝结出现块状物，并挤压沥干多余水分，发现这些凝结的乳块不仅可口并且易于贮藏，这便是早期的干酪。后来人们发现小牛胃里的某种成分能更有效地使乳凝结，压缩的凝乳在储存过程中能形成各种不同的风味，进而演化成了品种繁多的干酪。美索不达米亚、埃及等地区的考古也都发现了干酪存在的痕迹。

在公元前3世纪的古希腊，干酪的制作技术已相当成熟，之后由希腊传入罗马，古罗马的《农学宪章》(公元60年) 是世界上最早详细记载干酪具体制作过程的历史文献，此后罗马人将干酪工艺传播到整个欧洲，干酪的生产在欧洲迅速扩大。到了13世纪，干酪消费在欧洲由贵族阶层逐渐进入到平民阶层，平民阶层开始成为生产干酪的主力军，不同区域的人们，根据他们的饮食习惯创造了不同的干酪制作工艺，如意大利的帕尔玛干酪、罗马诺干酪，希腊的菲达干酪，法国的卡门培尔白霉干酪、罗克福尔蓝纹干酪，英国的切达干酪，瑞士的豪达干酪等。

19世纪，一系列重要的技术革新推动了干酪产业的快速发展，如法国生物化学家巴斯德所发明的巴氏灭菌法；用菌种分离技术所获得的高效发酵剂取代传统发酵剂；酸度计的开发使干酪制作中的酸度有了定量依据，这些技术使干酪的生产由传统化迈入工业化阶段，干酪的生产和消费得到了快速发展。近年来，世界各地的干酪产销仍然保持上升趋势，全球大约有40%的液态乳用于干酪的加工，主要分布在欧洲、北美洲、大洋洲，以及中东的埃及、伊朗、以色列等国家和地区。

在我国历史上，干酪的生产没有出现像欧洲一样的规模化。我国传统干酪的制作主要以少数民族地区为主，具有较强的地域性，如蒙古族的奶豆腐、藏族的曲拉、哈萨克族的奶疙瘩、彝族的奶饼、白族的乳扇等。北魏贾思勰所著《齐民要术》中所描述的“酪”的整个制作工艺与现代新鲜干酪的制作工艺十分接近，说明我国劳动人民在当时就已经掌握了干酪的加工技术，但由于饮食习惯等方面的原因，干酪消费水平在我国历史上一直较低。近年来，随着我国生活水平的不断提高，越来越多的消费者认识到了干酪的营养价值，干酪及其深加工产品的消费量快速增长，有着巨大的市场前景。

(二) 干酪定义

根据联合国粮农组织 (FAO) 和世界卫生组织 (WHO) 的定义，干酪是以牛乳、奶油、部分脱脂乳、酪乳或这些产品的混合物为原料，经凝乳并分离乳清而制得的新鲜或发酵成熟的乳制品。

根据2010年我国发布的干酪国家标准GB 5420—2010规定，干酪是在凝乳酶或其他适当凝乳剂的作用下，使乳、脱脂乳、部分脱脂乳、稀奶油、乳清稀奶油、酪乳中一种或几种原料的蛋白质凝固或部分凝固，排出凝块中的部分乳清而得到的产品。

（三）营养特性

干酪是经过浓缩的乳制品，通常需要消耗约10kg乳才可生产1kg干酪，因其营养价值丰富、容易被人体消化吸收，因而被营养学家视为一种理想的现代食品，赋予其“奶黄金”、“乳业皇冠上的珍珠”等美誉。

在干酪加工过程中，由于发酵剂、凝乳酶、微生物等的共同作用，原料乳中一部分不溶于水的酪蛋白转化为包括肽、游离氨基酸在内的水溶性含氮物质，使干酪中蛋白质的实际消化率达到96.2%～97.5%，高于全脂乳的消化率。每100g干酪就可以满足一个成年人蛋白质日需量的30%～50%。

原料乳中所含碳水化合物以乳糖为主，会引起乳糖不耐受人群消化不良，而在干酪生产过程中大部分乳糖与乳清分离，另一部分通过发酵作用转化为乳酸，成品干酪中乳糖浓度一般在3%以下，适宜乳糖不耐受人群和糖尿病患者食用。

新鲜干酪的脂肪含量通常在12%以上，其中包含大量对人体有益的单不饱和脂肪酸和多不饱和脂肪酸；此外还含有大量的亚油酸、亚麻酸等必需脂肪酸，不仅可以参与体细胞的构建，还可降低人体血清中胆固醇含量，以及预防心血管、高血压、高血糖等疾病的发生，并且由于微生物发酵作用，干酪中胆固醇含量显著低于原料乳。

在干酪制作过程中，为了加速乳的凝结，会在添加凝乳酶前加适量的氯化钙，因此干酪中的钙含量非常丰富，每100g干酪中约含有720mg钙，是理想的补钙食品。此外，干酪还含有丰富的磷、铁、锌等人体必需矿质元素。

干酪中维生素种类和含量随品种的不同差异较大，原料乳质量、加工工艺、发酵剂和成熟条件等都会影响干酪中的维生素含量，一般干酪中以维生素A、维生素E、烟酸、叶酸的含量较高。

此外，干酪中的乳酸菌及其代谢产物也有利于维持人体肠道内正常菌群的平衡和稳定，并增进消化功能，防止腹泻和便秘。

（四）干酪分类

干酪的种类很多，据不完全统计，世界范围内的干酪品种已超过800个，干酪的分类标准较多。主要按产品中非脂物质水分含量和脂肪含量、成熟度、加工方式和凝乳原理的不同等来对干酪进行分类。

1. 按产品中非脂物质水分含量以及脂肪含量分类

根据国家标准GB/T 21375—2008《干酪（奶酪）》标准，按产品中非脂物质水分含量以及干物质脂肪含量的不同对干酪的基本分类见表5-5。

表5-5 我国干酪分类

按非脂物质水分含量分类		按干物质脂肪含量分类	
类别	含量/%	类别	含量/%
软质干酪	>67	高脂干酪	≥60
半软质干酪	54～69	全脂干酪	45.0～59.9
硬质干酪	49～56	中脂干酪	25.0～44.9
特硬质干酪	<51	部分脱脂干酪	10.0～24.9
		脱脂干酪	<10.0

2. 按加工方式分类

根据加工方式的不同，可分为天然干酪和再制干酪。

（1）天然干酪　是指用新鲜乳为原料制得的干酪，也是传统意义上的干酪，如大孔干酪、马苏里拉干酪、荷兰干酪。

（2）再制干酪　是指将两种或两种以上天然干酪（或同种天然干酪的不同成熟度部分）混合加热，并添加乳化剂制作出的一种干酪，也被称为融化干酪或再加工干酪，其口味均匀，易进行其他成分如香料、果仁等的添加，相对天然干酪更易于保存。

3. 按成熟度分类

根据成熟度的不同（GB 5420—2010 干酪的分类），可分为成熟干酪、霉菌成熟干酪和未成熟干酪。

（1）成熟干酪　指生产后不能马上使（食）用，应在一定温度下储存一定时间，以通过生化和物理变化产生该类干酪特性的干酪。

（2）霉菌成熟干酪　主要通过干酪内部和（或）表面的特征霉菌生长而促进其成熟的干酪，如蓝纹干酪、布里干酪。

（3）未成熟干酪　是指生产后不久即可使（食）用的干酪。

4. 按凝乳原理分类

根据干酪制作中凝乳原理的不同，干酪可分为 4 类：酸凝型、酶凝型、酸凝-酶凝混合型以及加热酸凝型。

（1）酸凝型干酪　指在 30 ～32℃条件下，直接使用酸进行凝乳，而不添加凝乳酶的干酪。通常这种干酪是通过乳酸菌发酵产酸，或直接添加葡萄糖酸内酯、醋酸等来酸化乳，使 pH 值降到 4.6～4.8 来达到凝乳目的。产品脂肪含量低、水分高，一般不经过成熟处理，主要用于鲜食，货架期一般只有 2～3 周，如农家干酪、夸克干酪。

（2）酶凝型干酪　指在制作过程中，只使用凝乳酶，而不添加乳酸菌的新鲜干酪。因没有乳酸发酵的过程，干酪的 pH 值比较高，不易保存，货架期通常只有 3 周左右，如墨西哥白干酪、哈罗米干酪。

（3）酸凝-酶凝混合型干酪　在制作过程中同时使用了乳酸菌发酵剂和凝乳酶的干酪。这种方法被大多数干酪生产所使用，由于发酵剂的加入，乳糖被发酵生成乳酸降低干酪 pH 值，使凝乳酶以更高的活性凝乳，同时乳酸和发酵剂中的蛋白酶还能赋予干酪特殊的风味。如菲达干酪、卡门培尔干酪、切达干酪。

（4）加热酸凝型干酪 通过向加热到 75～100℃的乳中直接投入有机酸（主要为乳酸和柠檬酸）来制作的一类干酪。由于乳经过高温处理，会导致乳清蛋白变性而与酪蛋白一起凝固下来，使生产效率和产率都得到提高，且无需添加发酵剂和凝乳酶，生产成本也较低。如意大利里科塔干酪、印度 Paneer 干酪。

二、干酪生产的原料

干酪生产的主要原料包括新鲜乳（牛、羊乳等），主要辅料包括凝乳酶、氯化钙、食盐和微生物发酵剂。

1. 原料乳

选择生牛（羊）乳，不得含有抗生素、噬菌体、CIP 清洗剂残留物或杀菌剂，不得使用患有乳房炎的乳。原料乳色泽应呈乳白或略带微黄；组织状态应呈均匀的胶态流体，无沉淀、无凝块、无肉眼可见杂质和其他异物；对于滋气味的要求是应具有新鲜牛乳固有的香气，无其他异味。生乳蛋白质含量≥2.8g/100g，脂肪含量≥3.1g/100g，细菌总数≤2×10^6CFU/mL，非脂乳固体≥8.1g/100g，生牛乳酸度在12～18°T，生羊乳酸度在6～13°T，因此配料前必须对原料乳标准化，即按照产品质量的食品安全国家标准 GB 19301《生乳》规定的指标进行主成分调整。

2. 凝乳酶

传统干酪的生产是将来源于牛犊的皱胃酶作为凝乳酶，但由于皱胃酶的来源及成本等原因，其代用酶逐渐成为生产上的主流。根据来源，代用酶可分为植物性、动物性及微生物凝乳酶。

(1) 动物性凝乳酶　主要为胃蛋白酶。

(2) 植物性凝乳酶　如无花果蛋白分解酶、木瓜蛋白分解酶、凤梨酶。

(3) 微生物凝乳酶　微生物凝乳酶可分为霉菌、细菌、担子菌 3 种来源，在生产中使用较多的是霉菌性凝乳酶，其主要代表为微小毛霉菌（*Mucor pusillus*）凝乳酶。

3. 氯化钙

为了提高乳的凝结性，通常在其中添加氯化钙，可使凝结时间缩短约一半。氯化钙的使用应符合食品安全国家标准 GB1886.45 的规定，用量不超过 20g/100kg 乳。

4. 食盐

在干酪加工过程中添加食盐可起到抑菌、改良质构、增进风味等作用。食盐的使用应符合食品安全国家标准 GB 2721 的规定。

5. 微生物发酵剂

在生产干酪的过程中，使干酪发酵与成熟的特定微生物培养物称为干酪发酵剂。发酵剂可由一种或多种微生物组成，依据其中微生物的种类不同，可将干酪发酵剂分为细菌发酵剂与霉菌发酵剂两大类。

(1) 细菌发酵剂　目的在于产酸和产生相应的风味物质，目前使用较多的菌种包括乳酸乳球菌、干酪乳杆菌、嗜酸乳杆菌等。

(2) 霉菌发酵剂　主要采用对脂肪分解能力较强的霉菌作为菌种，目前使用较多的包括娄地青霉、白地霉等。

三、干酪生产用的微生物及生化机制

(一) 干酪发酵微生物

1. 乳酸乳球菌（*Lactococcus lactis*）

革兰氏阳性菌，兼性厌氧，最适宜生长温度为 30℃；细胞呈球形或卵圆形，不产荚膜和芽孢（见图 5-6），营养要求复杂。乳酸乳球菌被广泛应用于干酪、黄油的发酵工业中，其在干酪生产中的主要作用，除了将乳糖通过发酵转变为乳酸，产生风味物质双乙酰和乙醛外，胞内的肽酶和胞外的蛋白酶还可促进干酪中的蛋白质水解，从而对成熟干酪风味物质的形成起到重要作用。乳酸乳球菌包含两个亚种，乳酸乳球菌乳脂亚种和乳酸乳球菌乳酸亚种，前者主要用于生产软质干酪，后者主要用于生产硬质干酪。

2. 干酪乳杆菌（*Lactobacillus casei*）

革兰氏阳性菌，厌氧或微好氧，不产芽孢，无鞭毛，兼性异型发酵乳糖；最适生长温度为 37℃；菌体长短不一，宽度一般小于 1.5μm，菌体两端呈方形，多为短链或长链，有时亦可见到球形菌（见图 5-7）；菌落粗糙，灰白色，有时呈微黄色。干酪乳杆菌常被用作酸

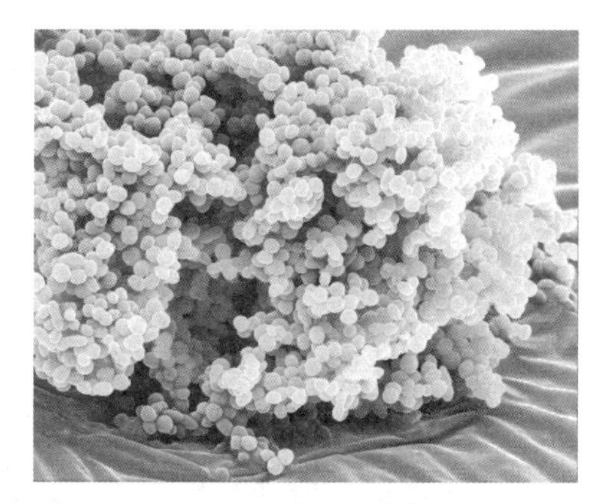

图 5-6 乳酸乳球菌

乳、豆奶、奶油和干酪等乳制品的发酵剂或辅助发酵剂，尤其在干酪中的应用较多，其适应于干酪中的高盐含量及低 pH 值，通过一些重要氨基酸的代谢以增加风味并促进干酪的成熟；干酪乳杆菌还能够有效抑制和杀死食品中的许多腐败菌及致病菌，对食品的防腐保鲜起到积极作用。

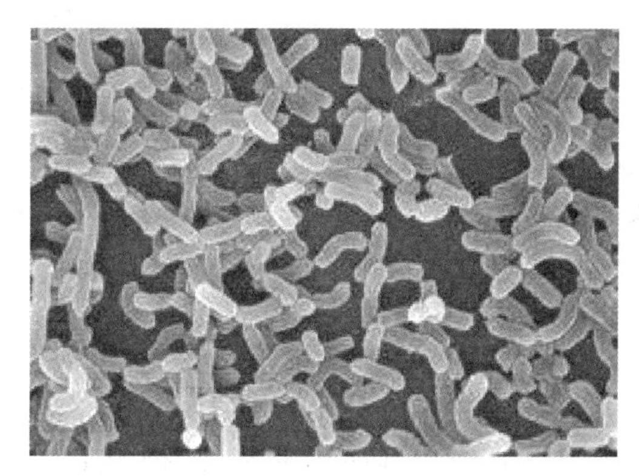

图 5-7 干酪乳杆菌

3. 嗜酸乳杆菌（*Lactobacillus acidophilus*）

革兰氏阳性杆菌，细胞呈杆形，菌体两端呈圆形（见图 5-8），厌氧或兼性厌氧；菌落直径较小（约 0.5 mm）、表面粗糙、中心凸起、边缘卷曲。嗜酸乳杆菌可发酵乳糖产生乳酸、乙酸等有机酸来增加食品酸度。在人体内，嗜酸乳杆菌主要存在于人小肠中，可分泌抗生素类物质（如嗜酸乳菌素、嗜酸杆菌素、乳酸菌素等），以抑制肠道致病微生物的生长与腐败菌的增殖。其发酵的食品对胃肠道功能失调的患者有着较好的保健作用。根据卫生部公告（2011 年第 25 号），嗜酸乳杆菌是可用于婴幼儿食品的菌种。

4. 娄地青霉（*Penicillium roqueforti*）

属半知菌纲壳霉目杯霉科，对低 pH 值、低氧环境具有较强耐受能力。娄地青霉常被用作蓝纹干酪的发酵剂，其菌体在干酪上生长可形成大理石状的纹理；在蓝纹干酪成熟期间，娄地青霉所产生的脂肪酶转化脂肪酸产生甲基酮类物质（如 2-戊酮、2-庚酮、2-壬酮），使干酪拥有浓郁辛辣的风味。娄地青霉的蛋白酶还能极大程度加速蛋白质的水解，使干酪具有奶油般丝滑的口感。

5. 白地霉（*Geotrichum candidum*）

属丝孢纲丝孢目丛梗孢科，最适生长温度为 25℃，最适生长 pH 为 5～7；菌丝为有横

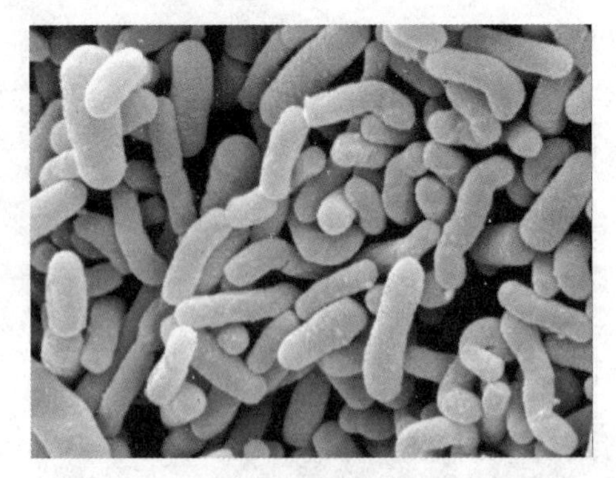

图 5-8 嗜酸乳杆菌

隔的真菌丝，有的为二叉分枝，宽 3～7μm。白地霉常被用作白霉干酪的发酵剂，其酶系较为丰富，所产生的脂肪酶和蛋白酶可促进干酪中脂肪与蛋白质分解，产生的氨肽酶则可进一步降解干酪中低分子量肽，在降低产品苦味的同时也有利于香味的形成。白地霉生长在干酪表面还可形成一层白色的外膜，对形成干酪独特的外观及风味起到了重要的作用。

（二）干酪发酵生化机制

天然干酪风味的形成是一个极其复杂的生物化学变化过程，是微生物代谢和酶类共同作用的结果。风味物质种类由挥发性香气成分和呈味组分两部分构成，主要来源于原料乳中本身所含的风味物质组分及加工过程中碳水化合物的代谢、蛋白质的水解和脂类物质的降解。

1. 碳水化合物代谢过程

原料乳中碳水化合物主要包括乳糖和柠檬酸，在微生物（主要是乳酸菌）的代谢作用下，乳糖分解生成中间体丙酮酸，丙酮酸在酶的作用下进一步转化生成乳酸、乙醛、乙醇、丁二酮和 3-羟基-2-丁酮等风味化合物；同时乳糖代谢降低了发酵液中氧化还原电位和 pH 值，这一条件有利于其他代谢反应进行从而产生更多的风味化合物。原料乳中质量浓度较高的另一种碳水化合物柠檬酸，是产生干酪致香成分的重要前体物质，能被乳酸乳球菌和嗜酸乳杆菌等代谢，分解生成丁二酮、3-羟基-2-丁酮和乙酸等羰基类化合物，这些化合物有助于干酪整体风味轮廓的形成，是构成干酪风味的特征成分（如图 5-9 所示）。

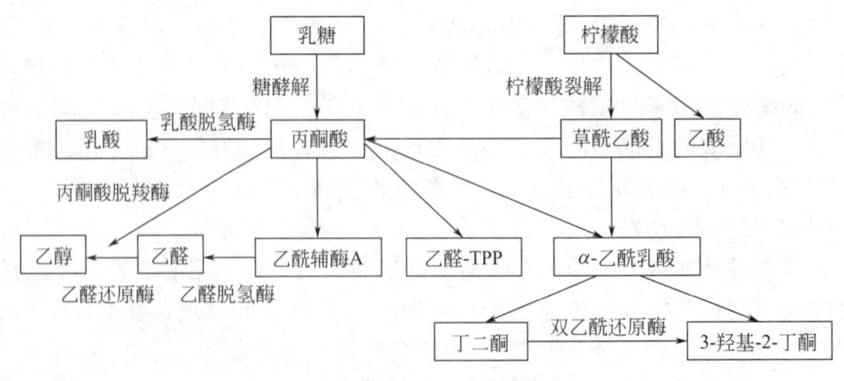

图 5-9 碳水化合物代谢途径

2. 蛋白质代谢过程

原料乳中蛋白质是干酪中呈味组分和部分挥发性香气成分的重要来源，在微生物代谢产生的蛋白酶和肽酶作用下，蛋白质水解形成长短各异的肽链和游离氨基酸等呈味物质或前体物，氨基酸在转氨酶、脱羧酶的作用下进一步分解生成胺、酮酸、醇、醛、酯、含硫化合物等芳香性物质（如图 5-10 所示），这类成分大部分具有香味活性，对干酪整体风味的形成有重要的影响。

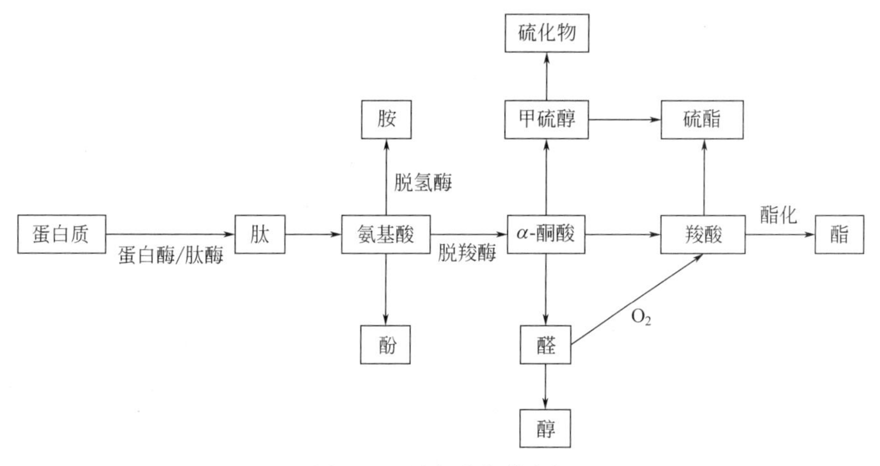

图 5-10　蛋白质代谢途径

3. 脂肪代谢过程

脂肪水解是影响干酪风味最为显著的因素，原料乳中脂肪在微生物脂肪酶的作用下被降解生成甘油和脂肪酸，尤其是短链脂肪酸具有强烈的干酪特征风味，如丁酸、己酸、辛酸等；部分脂肪酸则进一步分解代谢形成酯类、醛类、醇类、内酯类、甲基酮类等香气成分（如图 5-11 所示），这些物质不仅是干酪风味的重要组成成分，同时也决定了产品的风味强度，研究表明脂肪水解所产生的强烈风味可以降低干酪风味对蛋白酶和肽酶水解程度的依赖性。

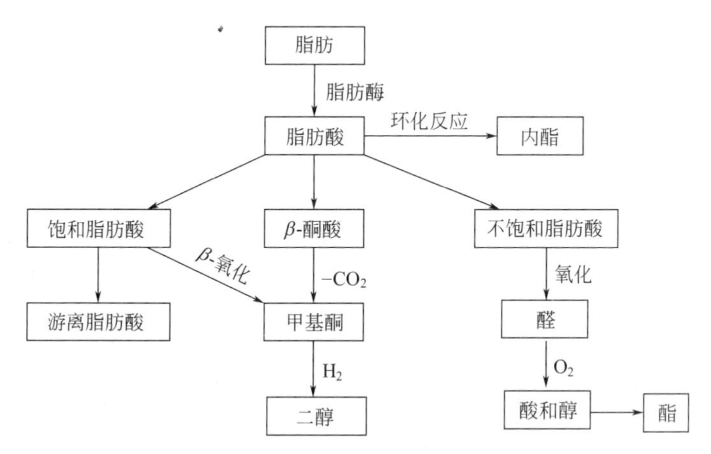

图 5-11　脂肪代谢途径

四、干酪现代生产流程及技术参数

（一）干酪现代生产工艺

干酪现代生产工艺流程见图 5-12。

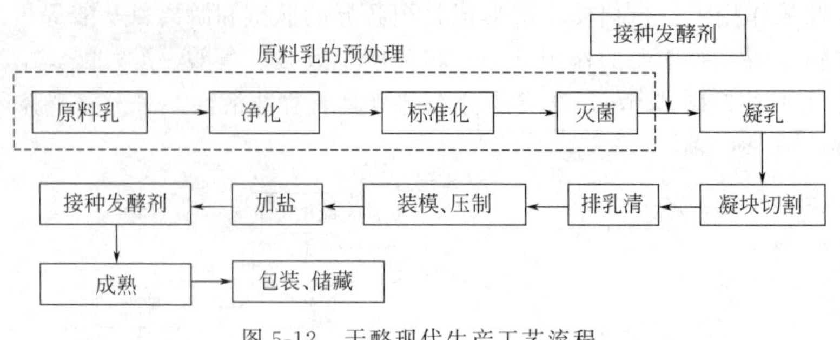

图 5-12　干酪现代生产工艺流程

（二）操作要点

1. 原料乳的预处理

制作干酪的原料主要为新鲜牛乳或羊乳等，原料乳的差异对干酪品质的影响很大，现代工业化生产对原料要求质量统一，因此必须对原料乳进行预处理。原料乳的预处理一般包括3个过程：净化、标准化和灭菌。

（1）原料乳的净化　生乳中常含有杂质，因此需进行净化处理，目前采用较多的是膜过滤法或离心法去除乳中的杂质。对乳进行净化，不仅可以除去大量非乳颗粒，还可将乳中约90%的细菌去除，尤其对密度较大的芽孢去除效果更好。

（2）原料乳的标准化　为了保证产品符合有关标准，质量均一，需要用稀乳油和脱脂乳对原料乳进行调整以使其符合标准。标准化的程序主要分为3个步骤：① 测定原料乳脂肪、蛋白质、乳糖、灰分、柠檬酸的含量；② 根据原料乳理化指标确定标准化量；③ 用稀乳油和脱脂乳等对原料乳进行调整。标准化工作一般在配料罐中进行。

（3）原料乳的灭菌　标准化后的原料乳应立即进行杀菌处理，以消灭有害菌和致病菌，并破坏乳中有害的酶类。原料乳杀菌的温度不能过低，也不能过高。温度过低不能有效杀灭乳中残留微生物，干酪在成熟过程中容易变质；温度过高则会使乳清蛋白变性，导致乳的凝结性降低，凝结时间延长，乳清排出速度变慢，从而形成含水量过高的产品，高温还会导致乳中活性成分损失。

实际生产中，一般使用消毒器将乳加热到60℃持续30min；或71～75℃持续15s。为了确保杀菌效果，防止丁酸发酵，生产中常添加适量的硝酸盐或过氧化氢。对硝酸盐的添加量应特别注意，太多时不仅会抑制正常的发酵，还会影响干酪的成熟速度、色泽及风味。杀菌完成后，将乳转移至冷却器内尽快降温至32～34℃，并在2～4℃条件下储存。

2. 凝乳

乳的凝结，即通过添加乳酸菌发酵剂、凝乳酶和升温等方法来使乳中大量的酪蛋白凝结，从而实现由液态到固态的转变。凝结的状况主要取决于温度、酸度、钙离子浓度等。

实际操作上，一般采用不同规格的凝乳罐作为制备凝固乳的容器，将乳转移至凝乳罐后，加入乳酸菌发酵剂，使乳发酵产酸，这期间凝乳罐内的温度控制在32～34℃，同时进行搅拌，使发酵剂与乳充分融合以促进产酸。发酵45～50min后，在乳中加入凝乳酶以促进乳凝结，加入凝乳酶10min后，关闭搅拌机，使乳静置凝结。凝乳形成大约需要35～40min。起初凝块质地较软，随时间延长逐渐变硬，提高温度和降低pH值都可加快凝块的硬化速度。

通常用以下方法判断凝乳状况：用细棒以45°角斜插入凝乳层下，向上抬起凝乳使其破碎，若在底部形成的裂纹整齐平滑，并有澄清透明乳清渗出，则表明应开始切割凝乳；若形成的裂纹不规则，并出现白色乳清，则说明凝乳太软；若有颗粒状凝乳形成，表明其过硬，凝乳切割时间过迟。

3. 凝块切割

当凝乳达到所需硬度时，应取出进行切割（也有直接在凝乳罐中进行切割）。切割的目的在于增加凝乳块的比表面积，从而缩短乳清从凝块中流出的时间，并改善凝乳的收缩脱水特性。切割方式主要有两种，手工切割和机械切割，用消毒后的刀具将凝乳切割成1～1.5cm^3 的小立方体，手工操作时应注意防止颗粒大小不均匀或过碎。

4. 排乳清

切割完成后40min左右，乳清会自动从乳块中析出，此时需采用外力加速乳清分离，工业生产一般使用干酪槽来进行，将乳清连同凝乳块经过密闭管道转移至干酪槽中，开动搅拌器促进乳清从凝乳块中脱出，并通过干酪槽底部的小孔排出，以获得体积为排乳清前一半左右大小的凝乳块。乳清的排出可分几次进行以保证颗粒均匀一致。

5. 装模、压制

将排除乳清后的凝乳块由干酪槽移至特制的模具，施加外力进行压榨，压榨可进一步排除乳清，并使干酪形成特定的形状，同时具有一定的结构强度。压榨所用的模具应具有细小孔隙以便进一步排出乳清。当压榨的时间越长、温度越高、压力越大时，所制得的干酪质地越硬，应根据产品需要来设计参数。为保证干酪质量的稳定性，压制时间、压力和温度等参数在生产每一批干酪的过程中都必须保持恒定。

6. 加盐

绝大部分种类的干酪都需要加盐，加盐对干酪的主要影响包括：①促进乳清的进一步排放，控制干酪的水分含量和最终硬度；②提高干酪中酪蛋白的持水性，使干酪具有一定柔性；③影响酶活力，促进干酪的成熟与风味的形成；④抑制腐败微生物及致病菌的生长；⑤给予产品适度的咸味。加盐过程中应注意，Na^+浓度过高时会使生产出的干酪松散易碎，应严格控制加盐量。

干酪加盐的具体方法为：①直接将食盐加在凝乳块中，并在干酪槽中混合均匀；②将食盐涂抹在压榨成型后的干酪表面；③将压榨成型后的干酪置于盐水中腌渍。也可用两种以上的方法混合加盐。

7. 接种发酵剂

对后熟过程中有发酵要求的干酪需接种发酵剂，生产上通常采用如下办法：①在加盐前于干酪凝块上喷洒菌种孢子悬液；②用盐和菌种孢子制成的混合物涂抹于干酪表面；③也可在添加凝乳酶之前，直接将菌种接种到原料乳中。

8. 成熟

干酪需经过一段时间的贮存使之成熟（新鲜干酪不需要成熟）。干酪成熟是指在一定条件下干酪中所含的脂肪、蛋白质及碳水化合物在微生物和酶的作用下分解并发生复杂生化变化，形成干酪特有的风味、质地和组织状态的过程。这一过程通常在符合卫生条件的干酪成熟室中进行，以防止杂菌污染。成熟过程中相对湿度一般控制在90%左右，有利于保持干酪的水分、防止开裂，也有利于干酪中微生物的快速生长；成熟温度一般为8～15℃。影响成熟质量的因素较多，从最初的原料乳种类到后来的发酵剂、凝乳酶、含盐量、pH值等，以及贮存过程中的温湿度、时间，每一个因素都会对干酪的品质产生重要影响。不同品种的干酪对成熟时的环境条件要求不同，成熟的时间从几周到几年不等。

9. 包装和储藏

成熟的干酪采用适宜材料包装（目前较多采用无菌袋真空包装）后，入库低温储藏。干酪储藏时，要严格控制温湿度，一般控制温度4℃，相对湿度70%为宜，并注意按期抽样检测，尤其是防止微生物的污染。

五、干酪成品质量标准

目前我国干酪的质量标准主要依据食品安全国家标准 GB 5420《干酪》，干酪必须符合以下指标规定。

（一）成品干酪感官要求

成品干酪感官要求见表5-6。

表5-6　成品干酪感官要求

项目	要求	检验方法
色泽	具有该类产品正常的色泽	取适量试样置于50mL烧杯中，在自然光下观察色泽和组织状态。闻其气味，用温开水漱口，品尝滋味
滋味、气味	具有该类产品特有的滋味和气味	
组织状态	组织细腻，质地均匀，具有该类产品应有的硬度	

（二）成品干酪微生物限量

成品干酪微生物限量见表5-7。

表5-7　成品干酪微生物限量

项目	采样方案[①]及限量(若非制定，均以CFU/g表示)				检验方法
	n	c	m	M	
大肠菌群	5	2	100	1000	GB 4789.3 平板计数法
金黄色葡萄球菌	5	2	100	1000	GB 4789.10 平板计数法
沙门氏菌	5	0	0CFU/25g	—	GB 4789.4
单核细胞增生李斯特氏菌	5	0	0CFU/25g	—	GB 4789.30
酵母[②]	≤50				GB 4789.15
霉菌[②]	≤50				

① 样品的分析及处理按GB 4789.1和GB 4789.18执行。

② 不适用于霉菌成熟干酪。

（三）污染物限量

污染物限量应符合GB 2762的规定，其中铅限量（以Pb计）为0.3mg/kg，总汞限量（以Hg计）为0.01mg/kg，总砷限量（以As计）为0.01mg/kg，铬限量（以Cr计）为0.3mg/kg。

（四）真菌毒素限量

真菌毒素限量应符合GB 2761的规定，黄曲霉毒素M_1限量为0.5μg/kg。

（五）食品添加剂和营养强化剂

干酪中使用的食品添加剂和营养强化剂质量应符合GB 2760和GB 14880的规定。

六、干酪的安全性及清洁化生产

（一）干酪生产的安全问题

我国现代干酪产业目前还处于起步阶段，干酪产量低、品种少，优质奶源以进口为主。

干酪产业存在的主要安全问题包括：①原料乳的安全问题；②发酵剂的安全问题；③生产环境的安全问题；④操作过程的安全问题；⑤副产品污染问题。

1. 原料乳的安全问题

合格的原料乳是安全生产的首要因素，因原料乳中含有丰富的营养物质，挤奶及运输过程中极易污染杂菌，不但破坏乳中的营养成分，某些微生物产生的毒素还会对人体健康造成威胁。此外，乳中的抗生素残留、亚硝酸盐、牛毛等杂质，以及人为掺杂掺假都将直接影响产品的安全性。

2. 发酵剂的安全问题

大多数品种干酪的生产都需要发酵剂的参与，发酵剂质量在干酪品质形成中起着举足轻重的作用。在发酵剂制备及接种过程中容易被其他杂菌所污染，而导致干酪品质劣变，对生产的危害较大。

3. 生产环境的安全问题

干酪在加工、运输及储存过程中，所使用的设备与器具，如储乳桶、凝乳罐、搅拌机、切割刀、包装机，以及储运过程中的管道设施等，如消毒不充分或管理不恰当，极易造成微生物污染，给企业造成经济损失；生产车间环境以及操作人员的卫生状况较差时也会对产品的安全生产造成隐患。

4. 操作过程的安全问题

干酪的制作工艺相对复杂，生产周期较长，从原料至成品一般需要数月时间，部分成熟时间长的干酪需要 1 年以上的生产周期，工艺过程也较其他乳制品更为复杂。优质的干酪需要对生产温度、湿度和时间精细而严格的控制，任何一个环节出现问题都可能导致干酪品质发生不可逆转的改变。

5. 副产品污染问题

加工干酪产生大量副产品——乳清，因其生物需氧量（BOD）极高，直接排放到自然界会污染水体，造成鱼虾大量死亡。乳清及其废水的处理成本较高，一直以来都是干酪生产企业所面临的难题。目前国内企业在乳清处理技术和配套设施建设方面还比较薄弱，这限制了干酪产业的发展壮大。

（二）干酪安全生产措施

1. 原料乳质量控制

原料乳应选用新鲜、优质的乳，验收标准按照食品安全国家标准 GB 19301《生乳》进行，并拒收不合格的乳。

2. 发酵剂质量控制

不同种类的干酪使用菌种不尽相同，大多数采用混合菌种，在使用前应对发酵剂进行检测，保证混合菌种的比例不变，并防止杂菌污染。若发现发酵剂被杂菌污染，应立即更换菌种，或重新进行菌种纯化。

3. 生产环境控制

定期对干酪生产过程中所用的设备和管道进行清洗、消毒，尤其是设施的空隙与接合处等不易清洁的部位应重点清理；加强企业管理，定期对生产车间进行打扫以保持环境的洁净，同时注意操作人员的个人卫生，并防止虫、鼠等对原料及产品造成污染。

4. 操作过程控制

在干酪的加工中，可通过规范化生产技术的方法来稳定品质，获得安全优质的产品，生产过程中的关键控制环节如下：

（1）杀菌环节　干酪生产多采用巴氏杀菌法，如果杀菌温度及时间不够，原料乳中存在的病原菌和腐败菌得不到有效抑制，会影响正常的发酵。因此，杀菌过程中要确保杀菌罐工作参数或程序设定正常，并检测微生物指标以保证灭菌效果。

（2）加盐环节　盐水的卫生状况会直接影响到干酪的成熟和安全性。不同干酪盐渍时间的长短也不尽相同，从几十分钟到一两天时间，盐渍时间长易受微生物污染，应监控产品微生物指标，对受到污染的产品重新灭菌或丢弃处理。

（3）成熟环节　不同品种的干酪对成熟的温度和湿度要求不同，加上成熟时间普遍较长，在环境控制不当时容易造成产品霉变。因此在成熟过程中应严格控制成熟室温湿度，需要调整室温时应缓慢进行，避免温度波动过大。若产品已被污染，则应及时清理以防止污染进一步扩大。

5. 副产品无害化处理

加强企业投入，从国外引进相关技术和配套设施，可将乳清加工成乳清粉、乳清蛋白、乳清干酪、乳清饮料等高附加值产品，或将乳清厌氧发酵转化为生物燃料，以降低对生态环境的污染。

【思考题】

1. 简述干酪、天然干酪、再制干酪的定义。
2. 简述干酪成熟的定义。
3. 简述干酪发酵剂在干酪生产中的作用。
4. 简述在干酪生产过程中压制成型的目的。
5. 简述在干酪生产过程中加盐的目的。
6. 试述原料乳中可能影响干酪凝乳状况的因素。

第三节　发酵香肠

一、发酵香肠概述

发酵香肠是发酵肉制品中产量最大的一类产品，风味独特、色泽美观、营养丰富、保质期长、产品安全性高、质量稳定、无须冷藏、便于贮存和运输。

发酵肉制品起源于地中海地区，2000多年前古罗马人就通过自然发酵、成熟和天然干燥生产出发酵香肠。肉制品腌制和干燥起源于古埃及，最早记录香肠生产的来源要追溯到苏美尔人。第一个已知的记录发酵肉制品来源的参考文献可追溯至公元前600年的古希腊，罗马人可能从高卢人和凯尔特人处借鉴了将肉制品保存过冬的方法，这对于早期的部落生存具有重要的意义。

发酵香肠的发展可大致经历两个历史阶段，第一阶段是20世纪以前以自然发酵为基础采用传统发酵工艺的生产阶段；第二阶段是20世纪前期起在欧美兴起的以人工添加发酵剂即微生物纯培养物为标志采用现代生物技术手段和现代发酵控制技术进行发酵香肠研制和生产的时期。

（一）发酵香肠定义

发酵香肠是以鲜（冻）畜肉为主要原料，添加食盐、葡萄糖、香辛料、食品添加剂等，经修整、切丁、斩拌或绞制、灌装、发酵、晾挂、包装等工艺加工而成的发酵类肉制品（即食）。在欧洲部分地区，一些发酵香肠的最终产品通常在常温下贮存、运输，并且不经过熟制处理直接食用；而中式发酵香肠也可在常温下运输和贮存，但需熟制后方可食用。

我国传统的中式香肠主要利用微生物自然发酵，在西式发酵香肠中，多采用纯微生物发酵，人为控制发酵过程，抑制有害菌的生长，保证产品质量，并可缩短生产周期。

（二）发酵香肠分类

发酵香肠的种类繁多，可以根据肉馅的形状、产品的酸度、产品发酵的方法以及在加工过程中失去水分的多少进行分类。

1. 按肉馅的形状

可分为粗绞香肠和细绞香肠。

2. 按产品的酸度

可分为低酸发酵香肠和高酸发酵香肠。这种分类方法是根据 pH 进行划分。成品的发酵产酸程度是决定发酵香肠品质的最主要因素，因此，这种分类方法最能反映发酵香肠的实质。

（1）低酸度发酵香肠　习惯上是指发酵后 pH 在 5.5 或 5.5 以上的发酵香肠，它有着悠久的历史，形成了许多特色产品，如中式香肠及法国、意大利、匈牙利、西班牙的萨拉米香肠，西班牙火腿等。低酸度发酵香肠通常是采用低温发酵和低温干燥制成，低温和一定的盐浓度是抑制杂菌的手段。低酸度发酵香肠在生产上不添加碳水化合物，发酵、干燥时间较长，温度控制较低。

（2）高酸度发酵香肠　是指产品 pH 在 5.4 以下的发酵香肠。它不同于传统低酸度发酵香肠，绝大多数是通过加发酵剂或添加已发酵的香肠进行接种后发酵生产。

3. 按产品发酵的方法

可分成自然发酵或纯种发酵的香肠。如著名的意大利萨拉米香肠、德国图林根香肠和黎巴嫩肠为固态自然发酵产品。欧美的香肠就是纯种发酵制备的。

4. 按加工过程中失去水分的多少

可分为不干发酵香肠、半干发酵香肠和干发酵香肠。

（1）不干发酵香肠　不干发酵香肠为经细菌作用，pH＜5.3，再经干燥除去 10％的水分。目前的美国市场多以这种经高酸发酵且含水分较高的不干发酵香肠为主。这种分类方法虽然不很科学，但却被业内人士和消费者普遍接受。

（2）半干发酵香肠　半干发酵香肠为经细菌作用，pH＜5.3，再经干燥除去 15％的水分，最终水分与蛋白质之比不超过 3.7∶1 的碎肉制品。一般来说半干发酵香肠不在干燥室内干燥，而是在发酵盒加热过程中完成干燥后立即包装。产品稳定性相对要差，保藏期短。半干发酵香肠为德国香肠的改良品种，起源于北欧，采用传统的烟熏和煮制工艺，由牛肉或牛肉与猪肉混合肉料加工而成，只加少量调味料。这类香肠主要有 Summer sausage（夏季香肠）、Thuringer（图林根香肠）、Cervelat（思华力肠）、Lebanon bologna（黎巴嫩大红肠）等。

（3）干发酵香肠　干发酵香肠为经细菌作用，pH＜5.3，再经干燥除去 25％～50％的水分，最终水分与蛋白质之比不超过2.3∶1的碎肉制品。干发酵香肠产品稳定性好。该产品起源于欧洲南部，是意大利香肠的改良品种，主要用猪肉加工，所含调味料较多，常未经熏制或煮制。干发酵香肠主要有Genoa salaami（热那亚式萨拉米香肠）、Hard salami（意大利腊肠）、Dry sausage（干香肠）、Pepperoni（加红辣椒的猪肉干香肠）等。中式香肠多为干发酵香肠。

二、发酵香肠生产的原辅料

发酵香肠生产的原辅料包括鲜（冻）畜禽肉、食盐、葡萄糖、香辛料、肠衣、食品添加剂等。

（一）鲜（冻）畜禽肉

鲜（冻）畜禽肉应符合GB 2707的规定。

发酵香肠对原料肉的要求特别高，以无微生物和化学污染且修去筋、腱、血块和腺体的鲜肉最为理想。用于生产发酵香肠的肉糜中瘦肉含量为50%～70%。各类肉均可用作发酵香肠的原料，一般常用的是猪肉、牛肉和羊肉。在意大利、匈牙利和法国由于消费者偏爱猪肉的风味和颜色，这些国家仅用猪肉生产发酵香肠，而典型的德国发酵香肠的原料肉则采用1/3猪肉、1/3牛肉和1/3猪背脂为原料。若使用猪肉，则pH应在5.6～5.8，这有助于发酵，并保证在发酵过程中有适宜的pH降低速率。PSE肉（pale soft exudative meat）俗称水猪肉或灰白肉，其颜色暗淡（灰白），pH及系水力较低，肌肉组织松软并伴有大量渗水，嫩度和风味较差，生产发酵香肠其用量应少于20%。老龄动物的肉较适合加工干发酵香肠，并用来生产高品质的产品。

脂肪是发酵香肠的一个重要组分，经干燥后脂肪的含量有时会达到50%。发酵香肠，尤其是干发酵香肠，其重要特性之一是具有较长的保质期（至少6个月），因此要求使用不饱和脂肪酸含量低、熔点高的脂肪。牛脂和羊脂因气味太大，不适于用作发酵香肠。一般认为色白而又结实的猪背脂是生产发酵香肠的最好原料，这部分脂肪只含有很少的多不饱和脂肪酸，如油酸和亚油酸的含量分别为总脂肪酸的8.5%和1.0%。如果猪日粮中多不饱和脂肪的含量较高，脂肪组织会较软，使用这样的猪脂肪会导致最终产品的风味和颜色发生不良变化，也可能发生脂肪氧化酸败，缩短货架期。

（二）食盐

应符合GB/T5461的规定。食盐的含量会影响产品的结着性、风味及保质期，同时能抑制许多其他不需要的菌类生长而使乳酸菌成为优势菌。在发酵香肠中食盐的添加量一般为2.0%～3.5%，涂抹型发酵香肠的最终产品中食盐的含量可能达到2.8%～3.0%，切片型发酵香肠的最终产品中食盐含量可能达到3.2%～4.5%，这可将初始原料的水分活度降低到0.96，但在意大利的萨拉米香肠中，最终产品的食盐含量甚至达到8.0%。高的食盐含量与亚硝酸盐以及低pH结合，使原料中大部分有害微生物的生长受到抑制，同时有利于乳酸菌和微球菌的生长。

（三）葡萄糖

应符合GB/T 20880的规定。在发酵香肠的生产中经常添加碳水化合物，其主要目的是提供足够的微生物发酵底物，有利于乳酸菌的生长和乳酸产生。添加碳水化合物的数量和种类，应满足乳酸发酵，同时避免 pH 降低过多，其添加量一般为 0.3%～0.8%。常添加的碳水化合物是葡萄糖和寡聚糖的混合物。

（四）香辛料

应符合 GB/T 15691 的规定。香辛料主要是以胡椒、大蒜、辣椒、肉豆蔻等最常用。某些天然香辛料通过刺激细菌产酸直接影响发酵速度，这种刺激作用一般不伴有细菌的增加。一般对乳杆菌的刺激作用比对片球菌强，几种香辛料混合使用的发酵时间比用单种香辛料的发酵时间短，刺激程度取决于香辛料的类型和来源。近年来确认锰是香辛料促进产酸的因素。香辛料提取物的刺激活性随锰浓度的增加而增加。无香辛料的发酵香肠添加了锰，其产酸活性与添加了香辛料的香肠相似，香肠中添加天然香辛料或锰，不仅增加了产酸速度，而且降低了产品的最终 pH。

某些天然香辛料特别是胡椒的提取物还对细菌具有抑制作用。肠馅中正常用量的胡椒不足以抑制细菌的生长，添加香辛料挥发油才能起抑制作用。这可能是液体香辛料比同样的天然香辛料发酵时间较长所致。

香辛料的种类和数量视产品的类型和消费者的喜好而定，一般添加量为原料肉重的 0.2%～0.3%。

（五）肠衣

应符合 GB 14967 胶原蛋白肠衣和 GB/T 7740 天然肠衣的规定。肠衣分盐肠衣和干肠衣。品质优良的猪肠衣质地薄韧，透明均匀（羊肠衣以厚为佳）。盐肠衣呈浅红色、白色或乳白色。干肠衣多为淡黄色，具有一定香气。肠衣是香肠的外包装，其基本的功能就是保证香肠在一定条件及时间内不变质，以满足贮存及流通的需要。这种功能由肠衣的阻隔性指标所提供，即：氧气阻隔性、水汽阻隔性、香味阻隔性。

（六）食品添加剂

食品添加剂的种类、使用量和残留量应符合 GB 2760 的规定。其他食品添加剂的质量应符合相应的标准和有关规定。

1. 亚硝酸钠与硝酸钠

应符合 GB 1907 的规定。除干发酵香肠外，其他类型的发酵香肠在腌制时首先选用亚硝酸钠。亚硝酸钠可直接加入，添加量一般少于 150mg/kg。亚硝酸钠对于形成发酵香肠的最终颜色和延缓脂肪氧化具有重要作用，在生产发酵香肠的传统工艺或生产干发酵香肠的工艺中一般加入硝酸钠，其添加量为 200～500mg/kg。如果开始腌制时亚硝酸钠的浓度过高，则会抑制有益微生物产生风味化合物或其前体物质的活力。一般认为，用硝酸钠生产的干香肠在风味上要优于直接添加亚硝酸钠的香肠。

2. 酸味剂

添加酸味剂的主要目的是确保肉馅在发酵早期阶段的 pH 快速降低，这对于不添加发酵剂的发酵香肠的安全性尤为重要。在涂抹型发酵香肠生产中，酸味剂也经常和发酵剂结合使用，因为涂抹型发酵香肠需要在一定时间内将 pH 快速降低以保证其品质。然而，在其他的制品中发酵剂与酸味剂结合使用将会导致产品品质降低，所以很少添加酸味剂。常用的酸味剂是葡萄糖酸-δ-内酯，其添加量一般为 0.5%左右。它能够在 24h 内水解为葡萄糖酸，迅速降低肉的初始 pH。

3. D-异抗坏血酸钠

D-异抗坏血酸钠作为发色助剂，可保持发酵香肠色泽，防止亚硝酸盐形成，改善风味，使香肠切口不易褪色。一般添加量为 0.5～0.8g/kg。

（七）其他原辅料

应符合相应食品安全标准及有关规定，不得使用非食品原料及辅料。发酵香肠的生产中可添加大豆分离蛋白，但其添加量应控制在 2%以内。

三、发酵香肠生产用的微生物及生化机制

发酵香肠亦称生香肠，是指将绞碎的肉（常指猪肉或牛肉）和动物脂肪同糖、盐、发酵剂和香辛料等混合后灌进肠衣，经过微生物发酵而制成的具有稳定的微生物特性和典型的发酵香味的肉制品。产品通常在常温条件下贮存、运输，并且不经过熟制处理制成的产品。在发酵过程中，乳酸菌发酵碳水化合物形成乳酸，使香肠的最终 pH 值为 4.5～5.5，这一较低的 pH 值使得肉中的盐溶性蛋白质变性，形成具有切片性的凝胶结构。较低的 pH 值与添加的食盐和干燥过程降低的水分活度共同作用，保证了产品的稳定性和安全性。

（一）发酵香肠中的微生物

微生物是生产发酵肉制品的关键。传统的发酵肉制品是依靠原料肉中天然存在的乳酸菌与杂菌的竞争作用，乳酸菌作为优势菌群，很快产生乳酸抑制其他杂菌的生长。在香肠的自然发酵过程中，起发酵作用的微生物主要有 3 类：细菌、霉菌和酵母。随着商业化肉品发酵剂的开发，用于肉类发酵的发酵剂品种日益丰富。目前，商业化香肠发酵剂主要包括乳酸菌、微球菌、葡萄球菌、放线菌、酵母及霉菌等（表 5-8）。

表 5-8　发酵香肠中的常用微生物

微生物种类		菌种
酵母		汉逊德巴利酵母（*Dabaryomyces hansenii*）
		法马塔假丝酵母（*Candida famata*）
霉菌		产黄青霉（*Penicillium chrysogenum*）
		纳地青霉（*P. nalgiovense*）
细菌	乳酸菌	植物乳杆菌（*L. plantarum*）
		清酒乳杆菌（*L. sake*）
		乳酸乳杆菌（*L . lactis*）
		干酪乳杆菌（*L. casei*）
		弯曲乳杆菌（*L. curvatus*）
	微球菌	酸乳片球菌（*P. acidilactici*）
		戊糖片球菌（*P. pentosaceus*）
		乳酸片球菌（*P. lactis*）
		变异微球菌（*M. varians*）
	葡萄球菌	肉食葡萄球菌（*S. carnosus*）
		木糖葡萄球菌（*S. xylosus*）
	放线菌	灰色链球菌（*S. griseus*）
	肠细菌	气单胞菌（*Aeromonas* sp.）

1. 酵母

酵母适合加工干发酵香肠。在发酵过程中酵母菌能逐渐消耗肠馅空间中残存的氧气，降低肉的 pH，抑制酸败及红色化，从而有益于产品色泽。同时还能分解脂肪和蛋白质，具有形成过氧化氢酶等的能力，因此对改善产品风味、延缓酸败有益。汉逊德巴利酵母是常用菌种。该菌耐高盐、好氧并具有较弱的发酵性，一般生长在香肠的表面，通过添加该菌，可提高香肠的风味。该菌与乳酸菌、微球菌合用可获得良好的产品品质。酵母除能改善干香肠的风味和颜色外，还能够对金黄色葡萄球菌的生长产生一定的抑制作用。该菌本身没有还原硝酸盐的能力，但会使肉中固有的微生物菌群的硝酸盐还原作用减弱。

2. 霉菌

常用于生产干发酵香肠。常用的两种不产毒素的霉菌是产黄青霉和纳地青霉，它们都是好氧菌。应用方式是接种于肠体表面，可在肠体外良好生长，使产品被一层白色或乳酪色菌丝所包裹，其作用不仅赋予产品特有的外观，更重要的是使香肠阻氧避光而抗酸败，在表面密集生长使得有害菌不再生长。它们有特异的脂肪分解酶，分解脂肪产生强烈而带刺激性的风味。这些霉菌也合成蛋白质分解酶和淀粉酶，这些酶的分解产物影响产品的风味和香气。因而制备干香肠通常在肠体表面接种这些霉菌可增加产品的芳香成分，提高产品品质。

3. 细菌

用作发酵香肠发酵剂的细菌主要是乳酸菌和球菌。乳酸菌能将碳水化合物分解成乳酸，降低原料的 pH，抑制腐败菌的生长。同时，由于 pH 的降低，蛋白质的保水能力下降，有利于香肠的干燥，因此乳酸菌是发酵剂的必需成分，对产品的稳定起决定作用。而微球菌和葡萄球菌能将硝酸盐还原成亚硝酸盐，能分解脂肪和蛋白质以及产生过氧化氢，对产品的色泽和风味起决定作用。因此，发酵剂常采用乳酸菌和微球菌或葡萄球菌制备。

发酵香肠发酵剂的细菌应满足以下条件：①具有与原料肉中的乳酸菌有效竞争的能力，对致病菌或其他的非致病菌具有拮抗作用，与其他的发酵剂菌种具有协同作用；②具有产生适宜数量乳酸的能力，但不代谢产生生物胺和黏液；③耐盐，且能在至少 6.0%的食盐中生长；④耐亚硝酸钠，并在 100mg/kg 的亚硝酸钠中能生长；⑤能在 15～40℃的温度范围内生长，且最适温度范围为 30～37℃；⑥同型发酵乳酸菌；⑦无蛋白质分解能力；⑧不能产生大量的过氧化氢，但必须是过氧化氢酶阳性；⑨具有还原硝酸钠的能力；⑩具备提高产品风味的能力。

能满足以上条件的细菌主要有乳酸菌、片球菌、微球菌和葡萄球菌。乳酸菌包括两个亚群：同型发酵乳酸菌和异型发酵乳酸菌。肉类工业中作为发酵剂常用的乳酸菌包括植物乳酸菌、清酒乳酸菌、干酪乳酸菌和弯曲乳酸菌等。片球菌属于兼性厌氧乳酸菌，某些片球菌产生的细菌素能抑制单核增生李斯特杆菌的生长，生产中常用的片球菌有戊糖片球菌和乳酸片球菌。微球菌是需氧的革兰氏阳性菌，对食盐有较高的耐受性（最高 15%）。微球菌的许多菌株能使产品着色，特别是由 α-胡萝卜素和 β-胡萝卜素衍生而来的黄色。微球菌能有效地将硝酸钠还原为亚硝酸钠，并改善产品的风味。生产上常用的微球菌是变异微球菌。葡萄球菌既可以进行有氧氧化，也可以进行无氧酵解，在 15%的食盐溶液中也能生长。生产上常用的葡萄球菌有木糖葡萄球菌、肉食葡萄球菌和模仿葡萄球菌。

（二）发酵香肠在成熟过程中的生化变化

发酵香肠成熟过程中发生了一系列复杂的生物化学变化，主要有脂肪、蛋白质和碳水化合物变化及特征风味物质的形成等，使发酵香肠获得了独特的风味品质。

1. 脂肪的变化

脂类物质在发酵香肠加工中的变化主要表现在两个方面：脂肪的水解及脂肪的氧化。一方面，发酵香肠在成熟过程中脂肪会发生水解，产生游离脂肪酸和低一级的甘油酯，当添加发酵剂或酶时这种水解尤为强烈。葡萄球菌和微球菌是最重要的脂肪酶来源，乳酸菌的酶活性低很多，但在大多数情况下乳酸菌的数量要比葡萄球菌和微球菌多，故其分泌的脂肪酶类在脂肪水解中的作用不容忽视。另外，在由霉菌成熟的干发酵香肠中，来自霉菌的脂肪酶在脂肪水解中的作用也很重要。另外，脂肪水解产生的游离脂肪酸为其后的脂肪氧化反应提供了底物，发酵香肠脂肪氧化基本只涉及不饱和脂肪酸，氧化通常是自动氧化和酶氧化，生成与发酵香肠风味有关的醛、酮、醇等物质。发酵香肠成熟过程中，温度、pH、盐分含量、成熟时间是控制脂肪降解的主要因素，低温延缓脂肪的分解菌生长并降低脂肪酶水解脂肪的能力；pH 降低也会大大降低脂肪酶产生菌的生长速率；氯化钠能抑制脂肪酶活性，降低脂肪分解作用。

2. 蛋白质的变化

发酵香肠成熟期间，蛋白质也发生降解产生多肽、寡肽及氨基酸等，一部分氨基酸随后脱羧、脱氨或进一步代谢成醛、酮等其他小分子化合物。蛋白质的降解作用主要受温度、pH、盐分含量、硝酸盐和亚硝酸盐含量的影响。研究表明，温度升高时蛋白质降解增强；pH 降低，干香肠中蛋白质的降解增强；盐分含量增加使肌原纤维蛋白质和肌浆蛋白质的降解作用减小；硝酸盐一方面能够抑制具有蛋白质降解活性的微生物的生长，另一方面能促进游离氨基酸的降解，从而减少游离氨基酸的含量。

3. 碳水化合物的变化

碳水化合物的代谢在发酵香肠肉馅制好之后开始。一般情况下，发酵过程中大约有50%的葡萄糖发生了代谢，其中大约74%生成了有机酸（主要是乳酸），同时还有乙酸及少量的中间产物（丙酮酸），21%左右生成 CO_2 和乙醇等。肉馅中添加的葡萄糖大约有18%在干燥过程中被代谢，其余转化为乳酸。乳酸的生成量受到温度、菌群组成以及氧分压等因素的影响。当氧分压较高时有利于碳水化合物完全氧化成 CO_2 和 H_2O。

4. 风味物质的形成

发酵香肠中的风味物质可分为九大类，包括脂肪烃、醛、酮、醇、酯、有机酸、硝基化合物、其他含氮物和呋喃等，这些风味物质主要来源于：①添加到香肠内的成分（如盐、香辛料等）；②非微生物直接参与的反应（如脂肪的自动氧化）产物；③微生物酶降解脂类、蛋白质、碳水化合物形成的风味物质。其中微生物降解是形成发酵香肠风味物质的最主要途径。碳水化合物经微生物酶降解形成乳酸和少量醋酸，赋予发酵香肠（尤其是半干发酵香肠）典型的酸味。脂肪和蛋白质的降解产生了游离脂肪酸和游离氨基酸，这些物质既可以通过自身促进香肠的风味物质形成，又可作为底物产生更多的风味化合物。脂类物质分解成醛、酮、短链脂肪酸等挥发性化合物，其中多数具有香气特征，从而赋予发酵香肠特有的香味。蛋白质在微生物酶的作用下分解为氨基酸、核苷酸、次黄嘌呤等，这些物质是发酵香肠鲜味的主要来源。

总之，发酵香肠的最终风味是来自原料肉、发酵剂、外源酶、烟熏、调料及香辛料等所产生的风味物质的复合体。

四、发酵香肠现代生产流程及技术参数

发酵香肠是西方国家的一种传统肉制品。它经过微生物发酵，蛋白质分解为氨基酸、维生素等，使其营养性和保健性得到进一步增强，加上香肠具有独特的风味，近 20 年来得到了迅速的发展，结合现代发酵技术，采用纯种乳酸菌接种发酵，保证乳酸菌在整个发酵过程中占有绝对优势，使产品的食用安全性和质量得到保证。

（一）发酵香肠的工艺流程

猪肉切碎（瘦肉和脂肪）→斩拌→加入发酵剂和腌制剂→灌肠→发酵成熟→干燥。

（二）操作要点

1. 原料配方

猪肉 80%，猪背脂 20%，食盐 2.5%，$NaNO_3$ 100mg/kg，$NaNO_2$ 100mg/kg，异抗坏血酸钠 0.05%，胡椒粉 0.2%，葡萄糖酸-δ-内酯 1%，葡萄糖 0.6%，发酵剂由清酒乳杆菌和木糖葡萄球菌混合。

2. 原料肉的处理和斩切

首先将精肉和脂肪倒入斩拌机中，稍加混匀，然后将食盐、腌制剂、发酵剂和其他辅料均匀地倒入斩拌机中斩拌混匀。斩拌的时间取决于产品的类型，一般肉馅中脂肪的颗粒直径为 1～2mm 或 2～4mm。生产上应用的乳酸菌发酵剂多为冻干菌，使用时通常将发酵剂放在室温下复活 18～24h，接种量一般为 10^6～10^7CFU/g。

必须采用新鲜合格的原料肉，符合 GB 9959.1 标准；最好选用前后腿精肉，因为前后腿精肉中的肌原纤维蛋白含量较多，能包含更多的脂肪，使香肠不出现出油现象。对于脂肪的选择，一般认为色白而又结实的猪背脂是生产发酵香肠的最好原料，因为这部分脂肪含有很少的多不饱和脂肪酸，如油酸和亚油酸的含量分别占总脂肪的 8.5%和 1.0%，这些多不饱和脂肪酸极易发生自动氧化。

3. 灌肠

将斩拌好的肉馅用灌肠机灌入肠衣。灌制时要求充填均匀，肠坯松紧适度。整个灌肠过程中肠馅的温度维持在 0～1℃。为了避免气泡混入，最好利用真空灌肠机灌制。

将灌好的香肠挂在洁净不锈钢棍或支架上，彼此保持一定距离，在灌肠车间静置数小时，以除去香肠表面的冷凝水，并吸收环境中的热量，减小肠体与发酵箱内温差。

生产发酵香肠的肠衣可以是天然肠衣，也可以是人造肠衣（纤维素肠衣、胶原肠衣）。肠衣的类型对霉菌发酵香肠的品质有重要的影响。利用天然肠衣灌制的发酵香肠具有较大的菌落，并有助于霉菌和酵母菌的生长，成熟更为均匀且风味较好。无论选用何种肠衣，其必须具有允许水分透过的能力，并在干燥过程随肠馅的收缩而收缩。德国涂抹型发酵香肠通常用直径小于 35mm 的肠衣，切片型发酵香肠用直径为 65～90mm 的肠衣，接种霉菌或酵母菌的发酵香肠一般选用直径为 30～40mm 的肠衣。

商业上应用的霉菌和酵母菌发酵剂多为冻干菌种，使用时，将酵母和霉菌的冻干菌制成发酵剂菌液，然后将香肠浸入菌液中即可。配制接种菌液的容器应当是无菌的，以避免二次污染。

4. 发酵成熟

控制发酵和成熟过程中的温度与相对湿度对发酵香肠的生产是至关重要的。如果要获得

质量好且货架期较长的产品应选用较低的温度，通常控制在15～26℃。发酵时环境的相对湿度通常控制在90%左右。干香肠的成熟和干燥通常在12～15℃和逐渐降低相对湿度下进行。成熟间的湿度控制要做到既能保证香肠缓慢稳定地干燥，又能避免香肠表面形成一层干的硬壳。将静置过的香肠入恒温恒湿箱，在24℃、湿度94%的条件下发酵24h，产酸以降低pH值；然后将温度调为22℃、湿度92%，进一步发酵产酸并开始减小湿度，直至肉馅pH值低至5.2时进入下一阶段。

发酵结束时，香肠的酸度因产品而异，对于半干发酵香肠，其pH应低于5.0，在美国生产的半干发酵香肠pH更低，德国生产的干发酵香肠pH为5.0～5.5。香肠中的辅料对产酸过程有影响，在真空包装的香肠和大直径的香肠中，由于缺乏氧，产酸量较大。

5. 干燥

将发酵好的香肠在低温恒温恒湿箱分四步进行干燥，第一步设定温度17℃，相对湿度88%，干燥并后熟24h；第二步16℃，相对湿度85%，24h；第三步16℃，相对湿度81%，24h，在此阶段结束时失重比达20%左右；第四步13～16℃，相对湿度75%，直至失重达一定比例时进行下一操作。

成品分为两种类型：第一种类型是当香肠干燥后熟至失重25%～30%时将其真空包装，4～5℃冷链销售；第二种类型是将产品干燥至失重达35%时进行冷链销售，此时有无真空包装均可。

（三）发酵香肠加工中的关键技术

1. 低温斩拌和灌肠

主要为防止脂肪的熔化，以及由此带来的脂肪包住肉粒的现象。这一现象往往造成香肠水分蒸发不良，从而不能形成肌肉被脂肪浸润的特征质构。

2. 灌肠后静置

香肠灌好后必须在灌肠车间静置数小时，让肠体充分吸收热量并蒸发和吸收掉冷凝水。否则冰冷的香肠直接进入发酵箱中发酵会造成香肠表面潮湿，进一步会引起杂菌的滋生。

3. 阶梯降温、降湿

第一，防止过快降温、降湿造成香肠表面干结，而阻碍香肠内部水分向外扩散；第二，防止温湿度的反复变化造成香肠分层、开裂等不良现象。

4. 防止第二次污染

严格控制原料肉卫生及用具、人员等环境卫生，以防杂菌的生长带来不良的感官现象，防止毒素和病菌危害人体健康。

五、发酵香肠成品质量标准

发酵香肠目前没有国家质量标准，成品质量标准现在只有企业标准Q/YDH 0007 S—2010《发酵香肠（萨拉米）》和Q/YDH 0006 S—2010《广式发酵香肠》两个。以Q/YDH 0007 S—2010《发酵香肠（萨拉米）》介绍发酵香肠成品质量标准。

（一）感官要求

发酵香肠成品感官要求应符合表5-9的规定。

表 5-9　发酵香肠成品感官要求

项目	要求	检验方法
色泽	切面瘦肉呈深红色或玫瑰红色，脂肪呈白色，有光泽	取适量样品置于清洁的白瓷 盘中，在自然光下目测、鼻嗅，熟制后品尝
组织状态	切面肉馅致密，瘦肉与脂肪颗粒界面清晰，结合紧密	
气 味	具有发酵香肠（萨拉米）固有的浓郁的发酵香味	
滋 味	正常的咸、鲜肉味，并有浓郁的乳酸滋味，无异味	
杂 质	无肉眼可见的外来杂质	

（二）理化指标

理化指标应符合表 5-10 的规定。

表 5-10　发酵香肠的理化指标

项目	指标	检验方法
水分活度	≤0.9	GB/T 23490
食盐（以 NaCl 计）/%	≤8	GB/T 9695.8
pH	≤5.6	GB/T 9695.5
三甲胺氮/（mg/100g）	≤2.5	GB/T 5009.179
过氧化值（以脂肪计）/（g/100g）	≤0.25	GB/T 5009.44
亚硝酸盐（以 $NaNO_2$ 计）/（mg/kg）	≤15	GB/T 5009.33
铅（以 Pb 计）/（mg/kg）	≤0.2	GB/T 5009.12
无机砷/（mg/kg）	≤0.05	GB/T 5009.11
镉（以 Cd 计）/（mg/kg）	≤0.1	GB/T 5009.15
铬（以 Cr 计）/（mg/kg）	≤1.0	GB/T 5009.123
总汞（以 Hg 计）/（mg/kg）	≤0.05	GB/T 5009.17

（三）微生物指标

应符合表 5-11 规定。

表 5-11　微生物指标

项目	指标	检验方法
乳酸菌/（CFU/g）	$\geq 1\times 10^4$	GB/T 4789.15
大肠杆菌/（MPN/100g）	≤30	GB/T 4789.3
致病菌（沙门氏菌、志贺氏菌、金黄色葡萄球菌）	不得检出	GB/T 4789.4、5、10

六、发酵香肠的安全性生产问题

1. 生物安全性

肉制品发酵剂的安全包含两方面：① 发酵剂菌株本身安全；② 发酵剂是否受到杂菌污染。使用乳酸菌作为肉制品发酵剂，一定要筛选不具有氨基酸脱羧酶活力的乳酸菌株作为发酵剂。

在发酵香肠中危害性相对较大的寄生虫是旋毛虫。为了使德式香肠 Salami、Cervelat、Teewurst 中 100～800 个旋毛虫幼虫/g 鲜混合物失活，必须要成熟 6～21d，水分活度要达到 0.93～0.95。因此，生产半干和不干发酵香肠的猪肉必须要冷冻保藏或加热到 58.3℃。

一般认为发酵香肠是安全的，因为低 pH 或低 A_w 值抑制了肉中病原微生物的增殖，延长了肉品的贮藏期。在发酵和贮藏期间，成品中的有害菌会因酸性环境而死亡。近年来随着肉类工业的发展，干发酵香肠和半干发酵香肠的加工技术得到了很大的改进，特别注重了质量控制，将金黄色葡萄球菌数量严格控制在公共健康的水平以下。一般认为香肠的 pH 小于 5.3 就能有效地控制金黄色葡萄球菌的繁殖。但在 pH 下降至 5.3 的过程中，必须控制香肠肉馅在 15.6℃以上。

2. 化学安全性

发酵香肠中可能含有大量的胺，它们是亚硝胺的前体，能引起人偏头痛或类似过敏症的病症。生物胺是发酵香肠在发酵和成熟干燥过程中由氨基酸脱羧酶作用于游离氨基酸而产生的一类有机化合物。发酵香肠中常见的生物胺有酪胺、组胺、精胺、亚精胺、腐胺、尸胺、苯乙胺和色胺，其中酪胺在发酵香肠中的含量最高。根据已有的研究资料，酪胺在某些发酵香肠中的最高含量可达 600mg/kg 以上，平均值也达 200mg/kg。因此，虽然相对毒性要小于腐胺、尸胺，但在发酵香肠中酪胺更有意义。发酵香肠中的生物胺都是由相应的氨基酸前体经过脱羧作用而产生，通常被认为与乳酸菌和一些革兰氏阴性的腐败菌如大肠杆菌有关。生物胺的形成需要 3 个条件，即能分泌氨基酸脱羧酶的微生物的存在；这些微生物能利用的底物（氨基酸、可发酵糖）；适宜这些微生物生长和产生氨基酸脱羧酶的环境条件。因此，可以控制这三方面的因素来减少生物胺的产生，如控制原料的卫生质量；筛选不分泌氨基酸脱羧酶的乳酸菌；加速乳酸菌的发酵；适当控制蛋白质的水解，即控制游离氨基酸的量等措施来降低发酵香肠在生产过程中生物胺的产生。

3. 货架期

发酵香肠因为降低了水分含量和 pH，货架期一般较长。美式香肠的水分与蛋白质比值在 3.1 以下，pH 在 5.0 以下，故不需冷藏。货架期稳定的肉制品主要有两类：一类是 pH 在 5.2 以下、水分活度在 0.91 以下的；另一类是 pH 低于 5.0、水分活度低于 0.95 的。这些产品在货架期内一般不发生细菌性变质，但可能发生化学或物理性变质。

微生物培养物固有稳定的可控酸化作用，使肉制品的货架期延长。酸抑制了其他微生物的生长并促进脱水。特制的微生物培养物通过过氧化氢酶系统减少形成过氧化物而加强腌制肉颜色的稳定，并防止发生酸败。

【思考题】

1. 发酵香肠的分类及其特点是什么？
2. 发酵香肠的生产原料主要有哪些？
3. 发酵香肠中的微生物有哪些？各起什么作用？
4. 发酵香肠中生物胺的形成需要哪几个条件？

第四节　火腿

一、火腿概述

中国火腿是以带皮、骨、爪的鲜猪肉后腿为原料，用食盐、亚硝酸盐、硝酸盐、糖和香辛料等物质经腌制、洗晒或风干、发酵加工而成的具有中国火腿特有风味的肉制品。

发酵火腿根据习惯通常分为中式和西式发酵火腿2种。中式发酵火腿香味浓郁，色泽红白鲜明，外形美观，营养丰富，贮藏时间长。我国以前有四大名火腿，即金华火腿、如皋火腿、宣威火腿和恩施火腿。目前恩施火腿已很少见，而金华火腿、如皋火腿、宣威火腿因口味好而深受广大消费者的喜爱，成为南腿、北腿和云腿的代表。南腿主要产于浙江省金华地区；北腿主要产于江苏省北部的如皋、东台、江都等地；云腿主要产于云南省的宣威、会泽等地和贵州省的威宁、盘县、水城等地。3种火腿的加工方法基本相同，其中以金华火腿加工较为精细，产品质量最佳。金华火腿历史悠久，驰名中外。相传起源于宋朝，早在公元1100年间民间已有生产，它是一种具有独特风味的传统肉制品。1915年，金华火腿在巴拿马国际食品博览会上获得一等金质奖章，中华人民共和国成立后，该产品又陆续获得国家和部委的多项奖。宣威火腿产于云南省宣威县，距今已有250余年的历史。在清雍正年间（公元1722~1735年）宣威火腿就已闻名。宣威火腿的特点是腿肥大，形如琵琶，故有“琵琶腿”之称，其香味浓郁，回味香甜。

西式发酵火腿由于在加工过程中对原料的选择、处理、腌制及成品的包装形式不同，品种较多，主要有带骨火腿、去骨火腿等。

中式和西式发酵火腿的加工工艺大同小异，大部分中式发酵火腿仍然采用传统的加工方法生产，而西式发酵火腿有些已完全采用工业化标准化生产。

二、火腿生产的原料

1. 原料

发酵火腿的生产原料一般均选择猪的鲜后腿，不同产品对生产原料有具体的要求。我国的金华火腿采用金华“两头乌”猪的鲜后腿为生产原料，宣威火腿采用乌金猪的鲜后腿为生产原料。原料要求皮薄骨细，腿心（股骨）饱满，精肉多、肥肉少，肥膘厚度适中。金华火腿的腿坯质量为5.5～6.0kg，宣威火腿为7～10kg。法国科西嘉火腿采用科西嘉猪，按照传统饲养或放牧饲养方式，24月龄进行屠宰，体重（141±15）kg，胴体和鲜腿分别为（115.5±14）kg和（11.5±1.1）kg。西班牙伊比利亚火腿采用伊比利亚猪，按照传统饲养或放牧饲养方式，育肥阶段以橡子为饲料，屠宰体重为160kg左右，鲜腿重10～12kg。意大利帕尔玛火腿采用家庭饲养的10～12月龄的肥猪，遗传型为大白×长白×杜洛克，屠宰活重160～180kg，鲜腿平均重12.8kg。

2. 腌制材料

腌制材料有食盐、硝酸盐、亚硝酸盐、蔗糖、葡萄糖、异抗坏血酸钠和香辛料等。

三、火腿生产用的微生物及生化机制

1. 发酵火腿中的微生物

发酵火腿中的微生物系统是由乳酸菌、微球菌、葡萄球菌、酵母菌、霉菌等微生物菌群构成的，它们在肉制品的发酵和成熟过程中发挥了各自独特的作用。

（1）细菌及其作用　乳酸菌包括清酒乳杆菌、弯曲乳杆菌、乳酸片球菌和戊糖片球菌。清酒乳杆菌能分泌蛋白酶和脂肪酶，并含有极为丰富的细菌素，对改善发酵肉制品的风味，提高产品的贮藏性具有重要作用。乳酸片球菌具有较强的食盐耐受性，最适生长温度35～42℃，能还原硝酸盐和发酵糖类物质产生双乙酰等风味物质。金华火腿现代化工艺发酵过程中内部的优势细菌是乳酸菌，其次是葡萄球菌。经鉴定乳酸菌主要是戊糖片球菌、马脲片球菌和戊糖乳杆菌等，葡萄球菌主要是马胃葡萄球菌、鸡葡萄球菌和木糖葡萄球菌等。

微球菌和葡萄球菌在肉制品的发酵过程中通常会发生有益的反应，如分解过氧化物，降解蛋白质和脂肪。

(2) 真菌及其作用　发酵火腿传统发酵工艺检测出的霉菌较多，发酵前期青霉菌占优势，主要有意大利青霉、简单青霉、灰绿青霉、橘青霉等；发酵后期，曲霉菌占优势，主要包括萨氏曲霉、灰绿曲霉、黄柄曲霉等。

在发酵火腿的成熟中，霉菌的作用如下：①形成特征的表面外观，并通过霉菌产生的蛋白酶、脂肪酶作用于肉品形成特殊风味；②通过霉菌生长耗掉氧气，防止氧化、褪色；③竞争性抑制有害微生物的生长；④使产品干燥过程更加均匀。

长期以来人们普遍认为火腿上的霉菌与火腿质量和色香味的形成有直接关系。宣威火腿以“身穿绿袍，肉质厚，精肉多，蛋白质丰富，鲜嫩可口，咸淡相宜，食而不腻”而享有盛名。在金华火腿传统生产工艺中，习惯上在发酵阶段有意识地让火腿上长满各种霉菌，并把它作为感官检查火腿质量好坏的标志之一，火腿外表显“青蛙花”色（指多种霉菌）的质量较好，显有黄污色（指细菌）的则往往成为三级腿或等外品级。火腿上所生长的霉菌对那些污染的腐败细菌生长有抑制作用。在火腿腌制阶段，随着腌制时间的延长霉菌的检出数逐渐减少，而腐败细菌检出数则逐渐增多。在发酵阶段，随着发酵时间的延长霉菌的检出数逐渐增多，而腐败细菌的检出数则逐渐减少。

酵母是火腿发酵成熟的重要条件，在无霉菌的条件下，宣威火腿同样能完成发酵、成熟和风味的形成。在我国的发酵火腿中，腿内优势菌种多为酵母菌。金华火腿现代化工艺发酵过程中内部优势酵母菌主要是欧诺比假丝酵母、红酵母、赛道威汉逊酵母、白色布勒掷孢酵母、多型汉逊酵母和汉逊德巴利酵母等。从宣威火腿中分离到100株以上真菌和放线菌，30株细菌，腿体内酵母含量高时达10^6～10^7CFU/g，酵母不但是宣威火腿全发酵中的优势有益菌群，而且对成熟火腿维生素E、脯氨酸、色氨酸等香甜成分的增加及风味的形成起重要作用。

2. 发酵火腿生物化学机制

发酵火腿特有的风味物质主要来源于蛋白质分解、脂质分解氧化、美拉德反应、硫氨素的降解以及微生物的作用几个方面。

(1) 蛋白质分解　蛋白质分解是发酵火腿生产工艺过程中重要的生化反应，受工艺过程中温度、pH和盐含量、水分含量等因素的影响。在火腿加工过程中肌肉组织的蛋白质在酶的作用下分解为多肽和游离氨基酸。虽然酶种类很多，但起作用的主要是组织蛋白酶和钙激活中性蛋白酶，这两种酶都是酸性酶，活性随肌肉pH升高而下降。在火腿加工过程中，火腿中水分活度不断下降，当$A_w<0.95$时，组织蛋白酶活性下降，成熟温度高，则酶活性增强。长期成熟加工有利于肌肉蛋白酶作用，导致蛋白质大量降解。

发酵火腿中的肽、游离氨基酸与其特征风味密切相关，是火腿酸味、甜味、苦味的前体物质。多肽一般呈苦味，疏水性残基增强苦味感。一些带有亲脂性侧链的小肽是导致苦味的重要物质，特别是分子质量低于1800Da的寡肽。各种氨基酸含量与干燥成熟工艺时间长短密切相关。成熟过程中，肽和游离氨基酸的数量大大增加，对风味影响较大。研究发现赖氨酸和酪氨酸与火腿熟化滋味相关，酪氨酸、赖氨酸含量高的火腿感官评价得分高。色氨酸和谷氨酸对咸味有作用，苯丙氨酸和异亮氨酸对酸味有作用。游离氨基酸除对滋味有贡献之外，对挥发性芳香成分的构成也有贡献，如2-甲基丙醛、2-甲基丁醛、3-甲基丁醛来自于支链氨基酸的降解。发酵火腿中的含硫化合物及来自于斯托勒克降解的硫醇和美拉德反应的吡嗪，其前体物质均是游离氨基酸。

（2）脂质分解氧化　火腿发酵工艺过程的另一个主要生化反应是脂质分解氧化。脂质分解氧化对发酵火腿风味有重要贡献。不饱和脂肪酸的自动氧化或酶促氧化直接产生大量的风味物质，同时一级氧化产物还可以与氨基酸发生美拉德反应而生成更多的风味成分。发酵火腿中特征香味的产生与脂质氧化的开始是一致的，脂肪烃和醇类大多数是由脂质氧化分解而来的。例如，1-戊醇来自于亚油酸，1-己醇可能由棕榈酸和油酸生成，1-辛醇来源于油酸氧化。部分酮类化合物也来源于脂肪酸氧化，如庚酮是亚油酸氧化产物，甲基酮可能是β-酮酸脱羧和脂肪酸β-氧化的产物。

发酵火腿的醛类物质主要包括直链醛、支链醛、烯醛和芳香族醛。其中，直链醛、烯醛主要来源于不饱和脂肪酸，如亚油酸、亚麻酸和花生四烯酸氧化形成的过氧化物裂解，由于醛的风味阈值低及在脂质氧化过程中生成速率快，它们是发酵火腿中特征风味形成的重要因素。脂肪族的酯由肌肉组织中脂质氧化产生的醇和游离脂肪酸之间相互作用而产生，是食品的重要组分。

（3）美拉德反应　发酵火腿生产过程中，水分活度不断降低，干制结束后火腿半膜肌水分活度为0.88，二头肌水分活度为0.92，pH为6.02，这种环境条件和长时间的生产过程有利于美拉德反应的进行，该反应既有氨基酸与还原糖之间的反应，也有氨基酚与醛之间的反应。美拉德反应过程复杂，形成的风味物质众多，反应的中间产物活泼，易于发生进一步的反应，如羟基丙酮、二羟基丙酮、羟基乙酰、乙二酰、丙酮醛、羟乙醛、甘油醛等，它们容易与其他化合物发生反应或发生自身缩合反应。美拉德反应的最终产物主要是含N、S、O的杂环化合物，如糖醛（呋喃甲醛）、呋喃酮、噻吩、吡咯、吡啶、吡嗪、噻唑等物质，这些杂环化合物往往具有C_5～C_{10}的烷基取代基，氨基酸是N、S的主要来源，烷基则通常由脂肪族醛衍生而来。在已鉴定的火腿风味成分中，含有吡啶、吡嗪、呋喃、吡咯类化合物，构成发酵火腿的主要风味。

（4）硫氨素的降解　发酵火腿中硫氨素降解主要产生含硫杂环化合物，虽然在挥发性物质中含量较低，但其阈值很低，能赋予火腿一定的香味。

四、火腿现代生产流程及技术参数

（一）欧美发酵火腿生产工艺

欧美发酵火腿生产选料考究，工艺精细，腌制和发酵（成熟）是制作的关键环节。

1. 伊比利亚火腿

西班牙的伊比利亚火腿是用猪的后腿经腌制、干燥和发酵成熟等加工步骤制作而成的一种干腌肉制品，是国际著名的发酵火腿。伊比利亚火腿的制作工艺和品质特点与金华火腿相似，据传是由马可波罗将金华火腿的生产技术带回西欧而发展起来的。

（1）工艺流程

原料猪选择及屠宰→冷却→上盐腌制→清洗和烘干→涂猪油→发酵→检验→成品

（2）生产工艺

① 原料选择　伊比利亚火腿采用黑猪猪腿做原料，一般以重12kg左右的为宜。

② 冷却　在0～4℃快速冷却48h，使原料腿冷却至2℃。

③ 上盐腌制　将原料腿挤血后，堆叠入不锈钢桶上盐，温度控制在2～5℃，以2℃/2h在2～5℃间循环变化1周，目的是热胀冷缩有利于盐的渗入，再上盐，重复操作1周。有

的工厂只上一次盐，总上盐量为3.5%。

④ 清洗和烘干　腌制好后，清洗、压模、挂架于3～5℃下干腌9周后修腿，然后干燥，干燥温度为22～25℃，共4周。

⑤ 发酵　在22～24℃下发酵，发酵开始时需要在火腿上抹猪油或其他添加剂（或通过浸渍上油），目的是防止氧化，发酵时间为18～20个月，结束前3周升温到28℃。

⑥ 成品检验　发酵结束后经插签检验后即为成品。产品最终含盐量约为2.5%。

2. 帕尔玛火腿

意大利的帕尔玛火腿以其优良的风味和鲜艳的红色闻名，其制作工艺与中国的金华火腿、西班牙的伊比利亚火腿基本相似。

（1）工艺流程

原料猪选择及屠宰→冷却→修割→上盐腌制→放置→清洗和烘干→涂猪油→成熟和陈化→检验、做标记。

（2）生产工艺

① 原料猪选择及屠宰　用于制作帕尔玛火腿的猪必须产自意大利中部和北部的11个地区，饲料以奶酪副产品、粟、玉米和燕麦为主。猪饲养期必须超过9个月，体重不低150kg。鲜猪后腿重12～14kg，皮下脂肪最好厚20～30mm。选用新鲜的猪后腿用于火腿制作。

② 冷却　新鲜的猪后腿被放入冷却间（0～3℃）冷却24h，直到猪腿的温度达到0℃，这时猪肉变硬，便于修整。用于生产帕尔玛火腿的猪后腿不能冷冻贮藏，宜放置在1～4℃条件下的钢制或塑料制作的架子上24～36h，在这一时间内按后腿质量完成分类和修割。

③ 修割　需修割成鸡腿的形状。修割环境温度需控制在1～4℃，修割时要去掉一些脂肪和猪皮，为后面的上盐腌制做好准备。修割损失的脂肪和肌肉量大约是总质量的24%，在操作过程中，如果发现一些不完美的地方则必须将其切除。

④ 上盐腌制　冷却并修割后的猪后腿从屠宰车间被送到上盐车间。腌制时需先对猪腿进行机械排血，然后腌制。腌制全部用海盐，上盐的方式根据不同的部位有所不同，猪皮表面部位使用粗粒湿盐（约含20%的水分），其用量为后腿质量的1%～2%；在瘦肉部位要抹上中粒干盐，用盐量为后腿质量的2%～3%。将上盐后的猪腿放入冷藏室，冷藏室的温度为1～4℃，相对湿度为75%～90%，存放7d，完成第一阶段的腌制。然后取出进行盐的更新，进入第二阶段的腌制。放入另一间冷藏室（1～4℃），相对湿度为70%～80%，在冷藏室保存约21d，时间长短要取决于猪后腿的质量，后腿重的时间要长，后腿轻的时间要短。

⑤ 放置　除掉猪后腿表面上多余的盐分，将其吊挂到冷藏间（1～4℃）里存放60～90d，分两个阶段控制湿度，第一段时间为14d，相对湿度为50%～60%；余下时间为第二阶段，相对湿度为70%～90%。在放置阶段需要进行“呼吸”，不能太湿也不能太干，目的是防止干燥过快而使后腿肉形成表面层，防止形成后腿肉组织的空隙。

⑥ 清洗和烘干　放置阶段结束后，后腿要用温水（38℃以上）进行清洗，目的是去除盐渍形成的条纹，或微生物繁殖所分泌黏液的痕迹，去除盐粒和杂质。洗涤后的后腿需放入干燥室内逐步烘干，前期为12d，热流空气温度为20℃，后期为6d，温度逐渐降至15℃，或利用周围环境的自然条件，选择晴朗干燥有风的天气进行风干，其目的是防止后腿膨胀和酶活力不可控制地增长。

⑦ 涂猪油　涂猪油的目的是使后腿肌肉表面层软化，避免表面层相对于内部干燥过快，避免进一步失水。猪油里掺入一些盐、胡椒粉，有时掺入一些米粉。

⑧ 成熟和陈化　传统的悬挂方式，火腿在车间里自然风干，根据车间内的湿度适时打开窗户，逐渐、均匀地风干。在成熟阶段要求温度为 15℃，相对湿度为 75%，时间长短视后腿质量而定，小于 9kg 的后腿风干约需 7 个月，大于 9kg 的后腿风干约需 9 个月，其质量损失为 8%～10%。陈化阶段要求时间为 4～5 个月，温度为 18℃，相对湿度为 65%。在第 7 个月，帕尔玛火腿放入“地窖”，地窖凉爽、风更小。在这一过程中，会发生非常重要的酶促反应，这是决定帕尔玛火腿香味和口感的重要因素。

⑨ 检验、做标记　当陈化过程结束后，后腿质量会减少 25%～27%，最高可达 31%。理化测试部位取脱脂的股二头肌，火腿成品水分活度为 0.88～0.89，水分含量低于 63.5%，盐分含量小于 6.7%，蛋白质水解指数小于 13%。感官检验以嗅觉为主。经检验合格的火腿，用火打上“5 点桂冠”印记，作为企业的识别标记。

（二）中国发酵火腿生产工艺

中式发酵火腿是我国著名的传统腌腊制品，因产地、加工方法和调料不同而分为金华火腿、宣威火腿和如皋火腿等。中式发酵火腿皮薄柔嫩、爪细、肉质红白鲜艳，肌肉呈玫瑰红色，具有独特的腌制风味，虽肥瘦兼具，但食而不腻，易于保藏。中式发酵火腿都是用猪的前后腿肉经腌制、发酵等工序加工而成的一种腌腊制品。下面以金华火腿加工介绍其工艺。

1. 金华火腿现代生产工艺流程

金华火腿现代生产工艺流程见图 5-13。

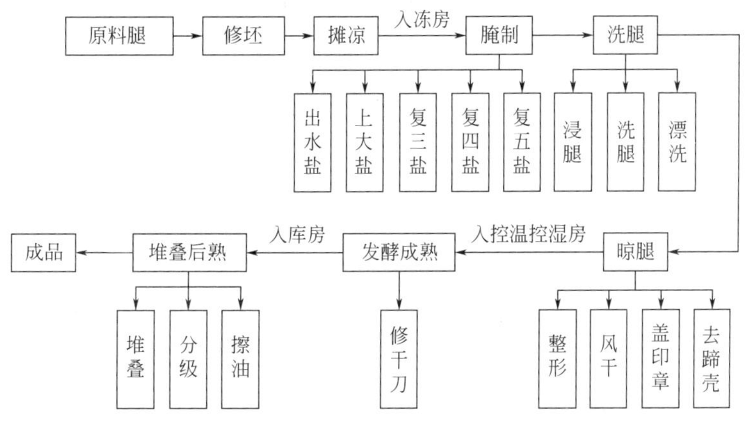

图 5-13　金华火腿现代生产工艺流程图

2. 金华火腿加工操作要点

(1) 原料选择　原料是决定成品质量的重要因素，符合 GB9959.1—2001《鲜、冻片猪肉》和 GB2707—2005《鲜(冻)畜肉卫生标准》的规定。金华地区猪的品种较多，其中两头乌最好。其特点是头小、脚细、瘦肉多、脂肪少、肉质细嫩、皮薄（皮厚约为 0.2cm，一般猪为 0.4cm），特别是后腿发达，腿心饱满。原料腿的选择：一般选质量为 5～6.5kg/只的健康卫生鲜猪后腿（指修成火腿形状后的净重），皮厚小于 3mm，皮下脂肪不超过 3.5mm。要求选用屠宰时放血完全、不带毛、不吹气的健康猪。

(2) 修割腿坯　刮净皮面和脚蹄间的残毛及血污物，用小铁钩勾去小蹄壳和黑色蹄壳。把整理后的鲜腿斜放在肉案上，左手握住腿爪，右手持削骨刀，削平腿部趾骨（俗称眉毛骨），削平髋骨（俗称龙眼骨），并不露股骨头（俗称不露眼）；从荐椎骨处下刀削去椎骨；

劈开腰椎骨突出肌肉的部分，但不能劈得太深（俗称不塌鼻）；根据腿只大小，在腰椎骨1～1.5节处用刀斩落。把鲜腿腿爪向右、腿头向左平放在案上，把胫骨和股骨之间的皮割开，成半月形。开面后将油膜割去，操作时刀面紧贴皮肉，刀口向上，慢慢割去，防止硬割。然后将鲜腿摆正，腿爪向外，头向内，右手拿刀，左手捋平后腿肉，割去腿边多余的皮肉，沿股动、静脉血管挤出残留的淤血，最后使猪腿基本形成竹叶形。

（3）腌制　修整腿坯后，即转入腌制过程，腌制是加工火腿的主要环节，也是决定火腿质量的重要过程。金华火腿腌制采用干腌堆叠法，就是采用上盐机多次把盐撒布在腿上，将腿堆叠在“腿床”上，使腌料慢慢渗透。总用盐量以每次10kg鲜净腿计算，控制在700～800g，做到大腿不淡，小腿不咸。由于食盐溶解吸热，一般腿温要低于环境温度4～5℃，因此腌制火腿的最适温度应是腿温不低于0℃，室温不高于8℃，腌制时间与腿的大小、脂肪层的厚薄等因素有关，一般腌制6次，约需30d。

（4）洗腿　鲜腿腌制结束后，清洗腿面上油腻污物及盐渣，以保持腿的洁净，有助于提高腿的色、香、味。把腿坯挂架，放置在洗腿机中间，用45℃温水，用高压水枪进行冲洗。清洗后从挂架上拿下腿坯进行修整和整形。整形是在晾晒过程中将火腿逐渐校成一定的形状。将小腿骨校直，脚步弯曲，皮面压平，腿心丰满，使火腿外形美观，而且使肌肉经排压后更加紧缩，有利于贮藏发酵。整形之后继续晾晒。

（5）晾腿　整形后重新挂到架上，用22℃的热风吹干，放入温度10～15℃、相对湿度50%～70%的控温控湿库中进行晾挂60d。晾晒时间的长短根据季节、气温、风速、火腿大小、肥瘦、含盐量的不同而异。在冬季晾晒5～6d，在春季晾晒4～5d。晾晒时避免在强烈的日光下暴晒，以防脂肪熔化流油。晾挂期间腿坯中的盐分继续由边上往中间进行平衡渗透，同时含水量进一步蒸发降低，一部分的发酵也开始进行。晾晒以紧而红亮并开始出油为度。晾挂期间要进行充分的换气。此工艺结束，腿坯挂架移入发酵间。

（6）发酵　发酵阶段的温度、湿度控制是影响火腿风味物质形成的关键环节。发酵分三个阶段进行。第一阶段：提高控温控湿室的温度到22～24℃、相对湿度50%～70%，60d，控温控湿室每天控制温度±4℃波动一次。第二阶段：提高控温控湿室的温度到28～32℃、相对湿度50%～70%，30d，控温控湿室每天控制温度±5℃波动一次。第三阶段：控制控温控湿室的温度到22～26℃、相对湿度50%～70%，30d，控温控湿室每天控制温度±4℃波动一次。

（7）下架堆叠　产品经过发酵，在常温下，下架堆叠。由于本工艺生产的火腿含水量比传统金华火腿的要高，所以堆叠的层数不宜太高，要勤于管理，堆叠一般以6～8层为宜，每隔7d进行翻堆一次。翻堆时要用食用油擦涂腿坯的表面，产品堆叠45d。

五、中式火腿成品质量标准

中式火腿成品质量要求应符合中华人民共和国商业行业标准SB/T 10004—1992《中国火腿》的规定。

（一）外观与感官要求

1. 色泽

皮色淡棕黄色、蜡黄或黄色，肉面瘦肉褐红色，肌肉切面呈深玫瑰色或桃红色，脂肪切面呈乳白色或微红色，骨髓桃红色或蜡黄色。

2. 形态

腿形完整、无毛、腿心丰满、皮面平整，肉面无裂缝，皮与肉不脱离，造型美观，印鉴标记明晰，能显示各地方产品的形态特色（如竹叶形、琵琶形等）。

3. 组织状态

肌肉致密结实，切面平整，有光泽。

4. 香气

具有火腿特有香味。

5. 外观与感官要求的分级

中式火腿成品的外观与感官要求的分级见表 5-12。

表 5-12 中式火腿成品的外观与感官要求的分级

指标	优级	一级	二级
香气	三签香	三签香	上签香，中、下签无异味
肉质	腿心饱满，瘦肉比例≥65%	腿心饱满，瘦肉比例≥60%	腿心稍薄，瘦肉比例≥55%
外形	皮薄，腿脚细，油头小，无损伤、无虫，肉面无裂缝，皮与肉不脱离	同优级	无损伤，无虫蛀

（二）理化要求

中式火腿成品的理化要求见表 5-13。

表 5-13 中式火腿成品的理化要求

指标		优级	一级	二级
三甲胺氮/(mg/kg)	≤	13	20	20
过氧化值/(mg/kg)	≤	20	20	32
亚硝酸盐(以 $NaNO_2$ 计)/(mg/kg)	≤		20	

六、火腿的安全性分析

1. 微生物安全性

在火腿制作过程中存在于火腿表面和内部的大多数种类的微生物不会对火腿的品质产生不利影响，有些甚至可能有积极的作用，如有利于火腿特有风味的形成。然而有些种类的微生物，如果在腿肉表面或内部大量繁殖，可能引起腿肉的腐败变质，因而严重影响火腿的品质，甚至使整个火腿完全丧失食用价值。

另外，在火腿中也可能存在着致病微生物和微生物毒素。火腿中的致病微生物，一般来源于加工过程中的污染。由于火腿加工过程的时间很长，加工过程中发生致病微生物污染的可能性是很大的。然而另一方面，火腿加工过程的各个阶段中腿肉内的各种条件（如温度、食盐浓度、水分含量、水分活度以及非致病微生物的竞争性生长等），并不适合致病微生物的存活、生长、繁殖或产生毒素。

在腌制阶段，低温对致病微生物有着很强的抑制作用。在干燥阶段，温度仍然较低，致病微生物的活动受到一定的抑制；同时，腿肉中的食盐也抑制了致病微生物的生长繁殖。所以在这一时期，低温和食盐共同起到了抑制致病微生物的作用。在发酵阶段，虽然这时的温度条件非常适合致病微生物的生长繁殖，但是火腿已经足够干燥，食盐含量也足够高，完全能够抑制致病微生物的生长、繁殖或产生毒素。因而，在长期的加工过程中，只要操作条件正确，致病微生物就难以在腿肉中存活、生长、繁殖或产生毒素。加工完成后的成品火腿，也可以在常温条件下安全保存半年以上。

2. 化学安全性

研究表明，肉品在加工过程中，会发生不同程度的缓慢氧化，消费者的健康可能也会受到不同程度的影响。食品中脂类的氧化会产生两种不利的影响：一是脂类发生氧化后产生的“哈喇”味会降低人的食欲；二是脂类氧化的过程中会产生一些有害物质。如脂类氧化产生的氢过氧化物及其分解产物会破坏人体内蛋白质和细胞膜，进而影响细胞的功能。

食品中氧化了的胆固醇称为羟胆固醇。脂肪和氧之间的氧化反应，会产生羟胆固醇。研究表明被氧化的胆固醇可能是心血管健康的最严重威胁之一，它比未经氧化的胆固醇更易导致动脉粥样硬化，增加心脏病和中风发作的风险。

【思考题】

1. 发酵火腿的生产原料主要有哪些?
2. 发酵火腿中的微生物有哪些? 各起什么作用?
3. 发酵火腿的特有风味主要由哪些物质经什么途径变化而来?
4. 影响火腿安全性的因素有哪些?

参考文献

[1] 东秀珠．常见细菌系统鉴定手册［M］．北京：科学出版社，2001.
[2] 郭本恒．现代乳品加工学［M］．北京：中国轻工业出版社，2001.
[3] 李建文．乳制品加工技术［M］．北京：中国农业出版社，2003.
[4] 孔保华．乳品科学与技术［M］．北京：科学出版社，2004.
[5] 吴祖兴．乳制品加工技术［M］．北京：化学工业出版社，2007.
[6] 陈历俊，薛璐．中国传统乳制品加工与质量控制［M］．北京：中国轻工业出版社，2008.
[7] 张和平，张佳程．乳品工艺学［M］．北京：中国轻工业出版社，2009.
[8] 罗红霞．乳制品加工技术［M］．北京：中国轻工业出版社，2012.
[9] 郭本恒．干酪科学与技术［M］．北京：中国轻工业出版社，2015.
[10] 林亲录，秦丹，孙庆杰．食品工艺学［M］．长沙：中南大学出版社，2014.
[11] 夏文水．肉制品加工原理与技术［M］．北京：化学工业出版社，2003.
[12] 马美湖．动物性食品加工学［M］．北京：中国轻工业出版社，2003.
[13] 梵明涛，张文学．发酵食品工艺学［M］．北京：科学出版社，2014.
[14] 马美湖，葛长荣，杨富民，徐明生．动物性食品加工［M］．北京：中国农业出版社，2017.
[15] 张兰威．发酵食品工艺学［M］．北京：中国轻工业出版社，2017.
[16] 张柏林，裴家伟，于宏伟．畜产品加工学［M］．北京：化学工业出版社，2008.
[17] Brina J B Wood. 发酵食品微生物学［M］．北京：中国轻工业出版社，2001.
[18] 张和平，张佳程．乳品工艺学［M］．北京：中国轻工业出版社，2010.
[19] 李平兰，王成涛．发酵食品安全生产与品质控制［M］．北京：化学工业出版社，2005.
[20]［英］厄尔利著．乳制品生产技术［M］．张国农，吕兵，卢蓉蓉译．第二版．北京：中国轻工业出版社，2002.
[21] 陈志．乳品加工技术［M］．北京：化学工业出版社，2006.
[22] 蔡惠平．乳制品包装［M］．北京：化学工业出版社，2006.
[23] 阮征．乳制品安全生产与品质控制［M］．北京：化学工业出版社，2004.
[24] 王建．乳制品加工技术［M］．北京：中国社会出版社，2009.

[25] 竺尚武．火腿加工原理与技术［M］．北京：中国轻工业出版社，2010.

[26] 吕志平．国内外技术法规和标准中食品微生物限量［M］．北京：中国标准出版社，2002.

[27] 中国肉类食品综合研究中心．肉类食品安全知识问答［M］．北京：中国纺织出版社，2008.

[28] GB/T 21375—2008 干酪［S］．

[29] Cummings J H，Englyst H N. Fermentation in the human large intestine and the Available substrates［J］. Am Clin Nutr，1987，45：1243-1255.

[30] 田召芳，牛钟相，常维山，等．乳酸菌细菌素的研究进展［J］．微生物学杂志，2003，23（6）：47-49.

[31] 吴晖，牛晨艳，黄巍峰，等．乳糖不耐受症的现状及解决方法［J］．现代食品科技，2006，22（1）：152.

[32] Sutas Y，Hurme M，Solauri E. Oral cow milk challenge. abolishes antigen specific interferon gamma production in the peripheral blood of children with atopic dermatitis and cow milk allergy，1997，27（3）：277-283.

[33] 张建友，赵培城，徐静波，等．真空冷冻干燥酸奶发酵剂的研究现状［J］．河南工业大学学报：自然科学版，2005，26（2）：86-89.

[34] 辜义洪，姜红伟．酸奶的生产工艺［J］．辽宁农业职业技术学院学报，2003，5（2）：28-31.

[35] 杨文雄．我国酸奶发酵剂的使用现状及发展趋势［J］．中国食品添加剂，2007：123-127.

[36] 郭宏伟，贾朝阳．酸奶的加工工艺［J］．农产品加工，2003，（5）：28-29.

[37] 乔淑清，张建军，刘志广．HACCP 在酸奶加工工艺中的应用［J］．食品科学，2004，11：452-456.

[38] GB 5420—2010 食品安全国家标准　干酪［S］．

[39] GB 19301—2010 食品安全国家标准　生乳［S］．

[40] GB 2721—2015 食品安全国家标准　食用盐［S］．

[41] GB 1886.45—2016 食品安全国家标准　食品添加剂-氯化钙［S］．

[42] QYDH 0007 S—2010 发酵香肠（萨拉米）［S］．

[43] 李琦，侯永新，魏秀然．酸法生产干酪工艺参数优化研究［J］．畜产品加工，2001，（11）：28-29.

[44] 黄永，崔旭海，褚福娟．干酪成熟过程发酵剂的作用及快速成熟的研究进展［J］．食品研究与开发，2006，27（5）：172-176.

[45] 杨炳壮，杨白云，唐艳，等．原料奶中脂肪与干物质比例对水牛奶 Mozzarella 鲜干酪质地的影响［J］．中国乳品工业，2008，36（11）：17-20.

[46] 贺家亮，李开雄，陈树兴，等．成熟温度和时间对半硬质干酪成熟特性影响研究［J］．食品科学，2010，31（3）：123-126.

[47] 欧阳霞，靳晔，倪春梅，等．发酵剂添加量对干酪品质的影响研究［J］．食品科技，2010，35（10）：77-79.

[48] 翟硕莉，张秀丰．HACCP 在干酪生产中的应用［J］．衡水学院学报，2011，13（4）：110-112.

[49] 杨永龙，任宪锋，张杰，等．蓝纹奶酪生产工艺及质量控制［J］．中国食物与营养，2011，17（11）：40-43.

[50] 祝战斌，马兆瑞，姚瑞祺．HACCP 在山羊乳软质干酪加工中的应用［J］．食品工业，2012，33（7）：122-124.

[51] 陈丹，曾小群，潘道东，等．特色鲜奶酪加工工艺研究［J］．中国食品学报，2013，13（11）：15-20.

[52] 莫蓓红，刘振民，郭本恒．干酪的微生物安全风险及控制［J］．食品与发酵工业，2015，41（1）：169-174.

[53] 王磊，莫蓓红，刘振民，等．干酪风味分析研究进展［J］．食品与发酵工业，2016，42（6）：230-235.

[54] 白婷．发酵肉制品中组胺等成分及其对产品安全性的影响［D］．成都：西华大学，2015.

[55] 靳志强，刘子宇．发酵香肠的研究现状及发展趋势［J］．肉品卫生，2005，10：22-25.

[56] 韦利军，郭海．发酵香肠及其生产工艺的研究进展［J］．沈阳农业大学学报，2001，32（5）：394-398.

[57] 卢智，朱俊玲，马俪珍．发酵香肠中生物胺含量的影响因素［J］．肉类研究，2003，（3）：15.

[58] 陈玉勇，刘靖，展跃．萨拉米干发酵香肠的生产工艺［J］．肉类工业，2009，333（1）：8-9.

[59] 彭聪．不同成熟时期干腌火腿的品质变化及安全性研究［D］．大连：大连工业大学，2015.

[60] 施延军，竺尚武，王守伟，等．发酵火腿的生食安全性与分类特征［J］．肉类研究，2010，140（10）：3-8.

[61] SB/T 10004—1992 商业标准　中国火腿［S］．

[62] 陈胜．金华火腿成熟过程中霉菌菌相构成、安全性及与其品质关系的研究［D］．浙江：浙江工商大学，2007.